KB267527

사이언스 쿠킹

레시피 속에 숨겨져 있던 요리의 과학

사이언스 쿠킹

레시피 속에 숨겨져 있던 요리의 과학

스튜어트 페리몬드 지음 | **김은지** 옮김

사이언스 쿠킹

발행일 2026년 1월 31일 초판 1쇄 발행

지은이 스튜어트 페리몬드
옮긴이 김은지
펴낸이 한승수
펴낸곳 문예춘추사

마케팅 박건원, 김홍주
에디터 구본영
디자인 홍 시

등록번호 제300-1994-16호
등록일자 1994년 1월 24일
주소 서울특별시 마포구 동교로27길 53 지남빌딩 309호
전자우편 hvline@naver.com
전화 (02) 338-0084
팩시밀리 (02) 338-0087
ISBN 978-89-7604-757-1 03590

이 책에 대한 번역 출판 판매 등의 모든 권한은 문예춘추사에 있습니다.
간단한 설명을 제외하고는 문예춘추사의 서면 허락 없이 이 책의 내용을
인용 촬영 녹음 재편집하거나 전자문서 등으로 변환할 수 없습니다.

책값은 뒷표지에 있습니다.
잘못된 책은 구입처에서 교환해 드립니다.

First published in Great Britain in 2017 by Dorling
Kindersley Limited, One Embassy Gardens, 8 Viaduct
Gardens, London, SW11 7BW

A Penguin Random House Company

2 4 6 8 10 9 7 5 3 1
001—261482—Oct/2017

Original Title: The Science of Cooking: Every Question
Answered to Perfect your Cooking

A CIP catalogue record for this book is available from
the British Library.

ISBN 978-0-2412-2978-1

NOTE: The author and publisher advocate sustainable
food choices, and every effort has been made to
include only sustainable foods in this book. Food
sustainability is, however, a shifting landscape, and so
we encourage readers to keep up to date with advice
on this subject, so that they are equipped to make their
own ethical choices.

Printed and bound in China

All images ©
Dorling Kindersley Limited

www.dk.com

차례

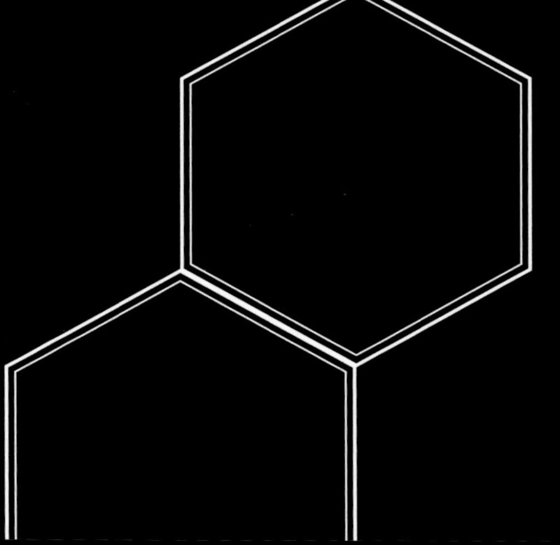
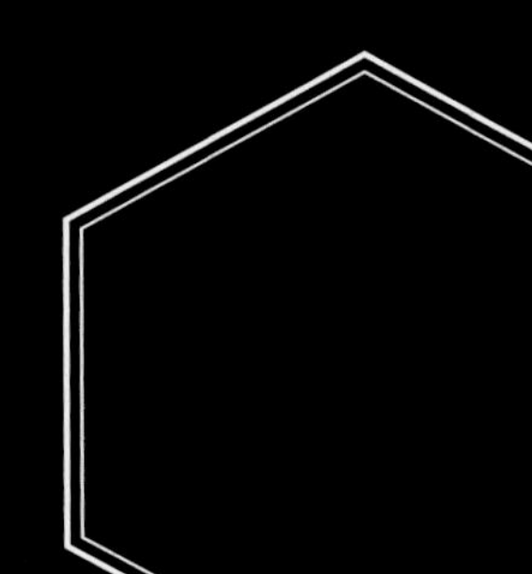

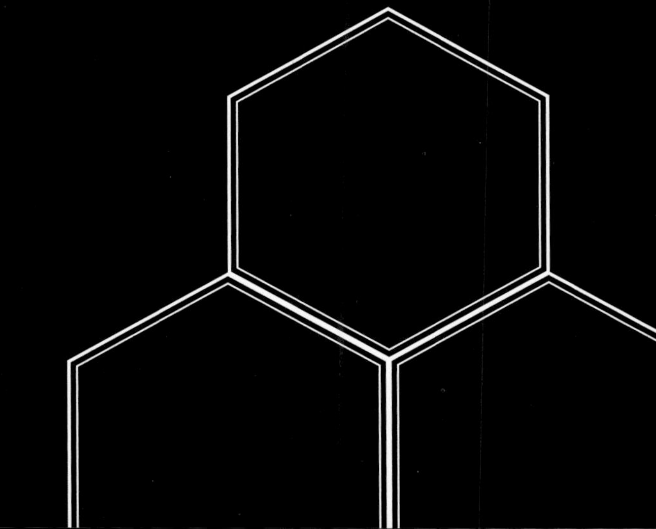

시작하며

요리를 해본 사람이라면 누구나 다른 사람을 위해 음식을 만드는 것이 직접 맛보는 것보다 훨씬 더 보람 있고 즐거운 경험이라는 점을 잘 알고 있을 것이다.

흔히 요리를 가리켜 '예술'이라고 말한다. 시대를 막론하고 수많은 요리사가 정해진 조리 방식과 절차를 맹목적으로 따라왔다. 하지만 이러한 '규칙'은 창의적인 생각을 가로막는 걸림돌이 되기도 한다. 과학적이고 논리적인 관점으로 바라보면 잘못된 것들이 많다. 요리 또한 마찬가지다. 예컨대 반드시 콩을 오랫동안 물에 불린 후 조리해야 하는 것은 아니다. 고기 육즙이 빠져나가지 않게 하려면 고기를 한동안 상온 보관해야 한다거나 양념장에 재운 고기는 다섯 시간보다는 한 시간 정도 놔두는 것이 적당하다는 것 역시 틀린 정보다.

이 책에는 요리를 하다 보면 갖게 되는 160가지의 궁금증과 고민에 대한 해답이 담겨 있다. 모두 최근 진행되는 연구 결과와 과학적인 정보를 바탕으로 한 의미 있고 실질적인 대답들이다. 또한 이 책은 매일 부엌에서 일어나는 신기한 경험을 이해하는 데 과학이 굉장히 큰 도움이 될 수 있다는 점을 보여준다. 현미경을 통해 우리는 거품기가 어떻게 걸쭉한 달걀노른자를 눈처럼 하얗고 솜처럼 보송보송한 머랭으로 변화시키는지 볼 수 있다. 또한

화학의 도움을 조금만 빌리면, 아무 맛도 나지 않는 질긴 고깃덩어리가 뜨거운 그릴 위에서 지글지글 굽고 나면 왜 군침이 도는 스테이크로 변신하는지 그 이유를 이해할 수 있다.

이 책은 한눈에 들어오는 사진과 도표뿐만 아니라 가장 많이 쓰이는 조리 과정과 테크닉을 보다 자세하게 다룬다. 고기와 생선, 유제품, 향신료, 밀가루, 그리고 달걀과 같은 주요 식재료에 대한 기본적인 정보와 가장 효율적인 부엌을 위한 조리 도구를 선택하는 요령도 배울 수 있다.

이 책을 쓴 가장 큰 목적은, 음식과 요리의 과학에 대한 독자들의 이해를 도와 상상력의 나래를 마음껏 펼칠 수 있도록 하기 위함이다. 그래서 전문 용어는 최대한 쓰지 않고 격식 없는 문장으로 글을 썼다.

레시피의 굴레에서 벗어나면 요리를 보다 과학적으로 접근할 수 있고, 실험을 통해 색다른 음식을 발명할 수도 있다. 이 책이 여러분에게 영감을 불어넣기를 바란다. 또한 이 책을 통해 전혀 상상하지 못했던 즐겁고 새로운 방식의 요리를 경험하기를 진심으로 바란다.

"이 책을 쓴 가장 큰 목적은,
음식과 요리의 과학에 대한 독자들의
이해를 도와 상상력의 나래를 마음껏
펼칠 수 있도록 하기 위함이다."

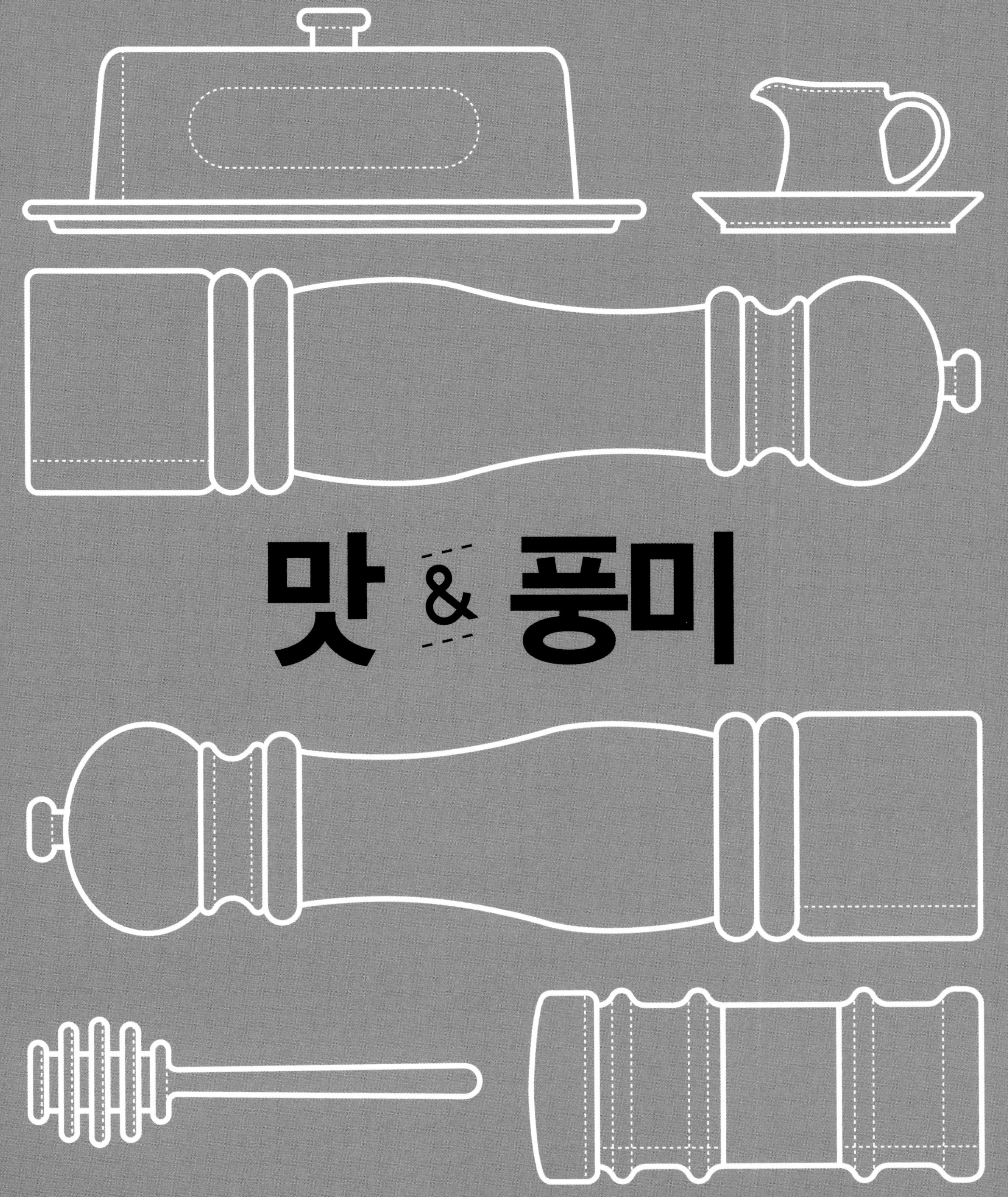
맛 & 풍미

우리는 왜
요리를 할까?

요리가 그저 실용적이라고 여기는 것은 요리의 극히 일부분에만 집중하는 것이나 마찬가지다.

우리는 다양한 목적을 가지고 요리한다. 하지만 가장 근본적인 이유는 요리할 수 있느냐 혹은 없느냐에 우리의 생사가 달렸기 때문이다. 재료가 조리 과정을 거치면 먹을 수 있는 상태로 바뀔 뿐만 아니라 소화하는 데 걸리는 시간도 단축된다. 인간의 조상이자 영장류인 유인원은 하루의 80%를 음식을 씹으면서 보냈다. 인간이 음식을 갈고, 건조하고, 저장하는 방법을 배우면서 음식물을 소화하는 데 걸리는 시간이 비교적 짧아졌다. 하지만 우리가 음식물을 씹고 소화하면서 보냈던 대부분의 시간을 다른 일에 집중하는 데 쓸 수 있었던 것은, 약 100만 년 전에 오늘날 우리가 알고 있는 요리라는 개념이 탄생하면서부터다. 지금 우리는 하루의 5% 정도를 음식을 먹는 데 할애한다. 이미 시간 단축이라는 목표는 달성한 셈인데, 그렇다면 요리를 통해 어떤 다른 이익을 얻을 수 있을까?

음식을 더욱 안전하게 만든다

세균과 미생물뿐만 아니라 이들이 만들어내는 수많은 독성이 조리 과정에서 제거된다. 생고기와 날생선을 안전하게 보관할 수 있고, 강낭콩 안에 들어 있는 피토헤마글루티닌과 같은 식물의 치명적인 독성 물질 또한 뜨거운 열을 가해 없앨 수 있다.

풍미를 더한다

요리 과정을 통해 음식은 한층 더 맛있어진다. 고기와 채소, 빵, 그리고 케이크에 열을 가하면 먹음직스러운 갈색으로 변한다. 열은 설탕을 캐러멜라이즈(캐러멜화)하는 역할도 한다. 허브와 향신료가 열에 닿으면 세포 안에 갇혀 있던 맛과 풍미가 살아나는데, 이 과정을 가리켜 마이야르 반응(16~17쪽 참고)이라고 부른다.

소화를 촉진한다

지방이 액체화되고 딱딱한 고기의 결합조직이 부드럽고 영양가 있는 젤라틴으로 바뀐다. 단백질 또한 변성 과정을 통해 원래의 촘촘한 나선 형태가 느슨해지는데, 때문에 소화 효소가 더 잘 침투할 수 있다.

탄수화물을 부드럽게 만든다

작은 알갱이로 이루어진 탄수화물은 소화하는 데 오랜 시간이 걸린다. 하지만 탄수화물을 물에 넣고 끓이면 느슨해지고 부드러워진다. 이와 같은 '젤라틴화'는 채소와 곡분처럼 에너지 밀도가 높은 탄수화물이 장에서 훨씬 더 잘 흡수되도록 한다.

영양가가 높아진다

조리를 통해 탄수화물 분해 과정을 거치지 않으면 음식 안에 들어 있던 대부분의 영양분이 흡수되지 않는 '저항성' 전분으로 남아 있게 된다. 재료에 열을 가하면 세포 안에 들어 있던 비타민과 미네랄이 활성화되어 흡수율이 높아진다.

친목을 돕는다

요리를 만들어 여러 사람과 나누어 먹는 행위는 우리가 가지고 있는 습성 중 하나다. 이를 통해 가족 또는 친구들과 화목한 관계를 형성한다. 다른 사람들과 주기적으로 음식을 함께 먹으면 행복감 역시 향상된다는 사실을 뒷받침하는 연구 결과도 있다.

"요리한 음식은 맛이 훌륭하다.
조리 과정을 거치면서 재료 본연의 맛이 고스란히 살아날 뿐만 아니라
새로운 식감이 더해지기 때문이다."

풍미를 더한다

소화를 촉진한다

음식을 더욱
안전하게 만든다

친목을 돕는다

탄수화물을
부드럽게 만든다

영양가가
높아진다

우리는 어떻게 맛을 느낄까?

맛을 느끼는 과정은 생각보다 훨씬 더 복잡하다.

맛을 느끼려면 여러 감각이 필요하다. 냄새와 질감, 그리고 열이 모두 합쳐져 전체적인 맛과 느낌이 결정된다.

우리가 음식을 입으로 가져오는 동안 음식 냄새가 코를 통해 들어온다. 음식을 입에 넣기 전에 후각이 먼저 활성화되는 것이다. 다음으로 이가 음식을 분해하면서 한 번 더 냄새를 맡고 음식의 질감을 느낀다. 음식이 입에 닿는 느낌, 즉 '식감'은 최종적인 맛을 결정하는 필수 요소다. 음식 냄새는 입안 깊숙한 곳을 거쳐 후각 수용기까지 퍼져나간다. 이때 포착되는 냄새는 마치 혀에서부터 전달되는 맛처럼 느껴진다. 단맛과 짠맛, 쓴맛, 신맛, 감칠맛, 그리고 기름진 맛을 느끼는 감각기관(15쪽 참고)이 자극을 받기 시작하면서 여러 신호들이 마치 폭포수처럼 뇌로 흘러 들어간다. 음식을 입안에서 씹을수록 음식 온도가 내려가고 풍미는 한층 더 진해진다. 미각 수용기는 30~35℃에서 가장 활성화된다.

미각 신경 경로

오해와 진실

오해
부분에 따라 혀가 느끼는 맛이 다르다.

진실
1901년, 독일의 과학자 D.P. 헤니히는 혀가 부분에 따라 특정 맛을 더 예민하게 느낀다고 주장했다. 그의 연구는 나중에 만들어진 '혀 지도'의 바탕이 되었다. 하지만 이는 사실이 아니다. 혀는 전반에 걸쳐 모든 맛을 똑같이 느낀다. 부분적으로 차이는 있으나 그 정도가 아주 미미하다.

짠맛
짠맛을 느끼는 미각 수용기는 일반적으로 소금에 들어 있는 나트륨에 의해 활성화된다. 나트륨은 체내 염분 농도를 균형 있게 유지하는 데 매우 중요하다.

단맛
단맛을 느끼는 미각 수용기는 주로 설탕을 섭취했을 때 활성화되며, 음식물이 쉽게 소화할 수 있는 에너지원이라는 신호를 몸에 전달한다.

신맛
신맛은 과일의 산 등에 자극을 받아 활성화된다. 음식 안에 비타민 C(아스코르브산)가 들어 있음을 알 수 있다. 음식이 상했을 때도 신맛이 난다.

쓴맛
쓴맛을 느끼는 미각 수용기는 몸에 해로운 여러 가지 천연 독성 물질에 반응하며, 음식이 위험하다는 신호를 몸에 전달한다.

기름진 맛
기름진 맛을 느끼는 미각 수용기가 활성화되면 에너지가 풍부한 음식이라는 신호가 몸에 전달된다.

감칠맛
아미노산의 글루타민산염에 의해 활성화되며, 짭짤한 고기 맛을 감지한다. 감칠맛을 느끼는 미각 수용기는 음식에 단백질이 들어 있다는 신호를 전달한다.

조리한 음식은 왜 맛있을까?

조리 중 분자 변화가 일어나 맛이 풍부해진다.

1912년, 프랑스 출신의 의학 연구원 루이 카미유 마이야르의 발견은 요리 과학의 판도를 완전히 바꾸어놓았다. 그는 단백질의 구성단위인 아미노산과 설탕이 만나면 어떤 반응이 일어나는지를 분석했다. 나아가 고기와 견과류, 곡물, 그리고 채소와 같이 단백질을 함유한 음식이 140℃의 열에 노출되었을 때 일어나는 복잡한 연쇄 작용을 밝혀냈다.

　오늘날 '마이야르 반응'이라고 부르는 분자의 변화 과정은 음식이 조리 과정에서 왜 갈색으로 변하고 맛이 풍부해지는지를 이해하는 데 도움이 된다. 불에 살짝 익힌 스테이크와 바삭한 생선 껍질, 먹음직스러운 냄새를 풍기는 빵 껍질, 그리고 구운 견과류와 향신료는 모두 마이야르 반응 덕분에 먹을 수 있는 음식들이다. 두 가지 요소의 상호 작용으로 인해 각 요리 특유의 군침 도는 냄새가 완성되는 것이다. 마이야르 반응을 완벽하게 이해하면 보다 다양한 조리법을 자유자재로 응용할 수 있다. 마리네이드에 과당이 풍부한 꿀을 넣으면 마이야르 반응이 일어난다. 끓인 우유에 크림을 넣으면 우유 단백질과 설탕이 만나 버터 스카치와 캐러멜 맛이 살아난다. 또는 페이스트리 위에 달걀 푼 물을 바르면 단백질이 더해져 껍질의 색깔이 더욱 진해진다.

마이야르 반응

단백질의 기본 구성단위인 아미노산이 설탕 분자(고기에도 약간의 설탕이 들어 있다)를 만나면 새로운 물질이 만들어진다. 이 새로운 물질은 스스로 활발하게 움직이며 셀 수 없이 다양한 방법으로 서로 합쳐지고 분리되었다가 다시 합쳐진다. 이렇게 탄생한 수백 개의 새로운 물질 중 일부는 갈색이며 대부분이 냄새를 가지고 있다. 조리 과정에서 온도가 올라가면 더 많은 변화가 일어난다. 음식 고유의 단백질과 설탕의 조합에 따라 갈변 과정을 통해 만들어지는 맛과 냄새가 달라진다.

변화 과정

반응 전

~140℃

요리 시작

설탕 분자와 아미노산이 반응하려면 온도가 대략 140℃까지 올라가야 한다. 재료의 겉면이 축축하면 온도가 물의 끓는점(100℃)보다 올라가지 않으므로, 표면의 물기를 닦는 것이 중요하다. 재료가 가지고 있는 단백질의 종류와 설탕의 조합에 따라 갈변 과정을 통해 만들어지는 맛과 냄새가 달라진다.

그림으로 보는 변화 과정

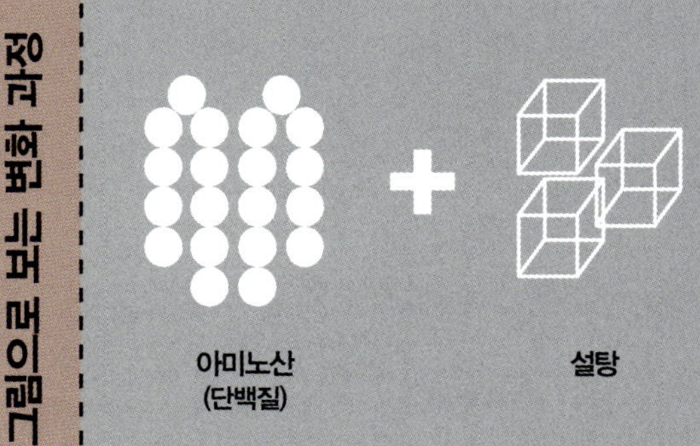

마이야르 반응

반응 후

140~160℃

180℃

140℃
온도가 140℃ 정도로 오르면, 마이야르 반응이 시작되면서 단백질을 함유한 음식의 색이 갈색으로 변한다. 이를 가리켜 '갈변 반응'이라고 한다. 하지만 색이 변하는 것은 마이야르 반응의 일부에 지나지 않는다. 단백질과 설탕이 서로 부딪히고 합쳐지면서 수백 개의 새로운 맛과 냄새 분자가 탄생한다.

150℃
온도가 올라가면서 마이야르 반응이 더욱 활발하게 나타난다. 음식의 온도가 150℃가 되면 140℃일 때보다 새로운 맛을 가진 분자가 두 배 정도 빠르게 생겨난다. 그 결과 맛과 냄새가 더욱 복잡하고 다양해진다.

160℃
온도가 더 오르면 분자가 계속해서 변형한다. 한층 더 풍부하고 다양한 맛과 냄새가 만들어진다. 160℃에 다다르면 가장 활발한 반응이 일어난다. 기름진 맛, 고소한 맛, 고기 맛, 그리고 캐러멜 맛 등을 느낄 수 있다.

180℃
음식의 온도가 180℃까지 올라가면 열분해 작용이 일어난다. 쉽게 말해 음식이 타거나 그을리게 된다. 겉면이 까맣게 타고 음식 고유의 향이 사라지며 매캐하고 쓴맛만 남는다. 탄수화물과 단백질, 그리고 지방 순으로 분해되면서 몸에 해로운 물질이 만들어진다. 따라서 주의 깊게 살펴보고 겉면이 검게 변하기 전에 불을 꺼야 한다.

어울리는 맛은 따로 있을까?

맛의 조합은 과학이다.

음식에는 저마다 고유의 맛을 만들어내는 화합물이 들어 있는데, 바로 이 화합물이 독특한 향과 매운 정도, 그리고 맛을 결정한다. 이러한 물질들은 이름도 화학 공식도 매우 다양한데, 과일 향이 나는 에스테르, 매콤한 향의 페놀, 달콤한 꽃과 오렌지 향이 나는 테르펜, 톡 쏘는 향이 특징인 유황을 포함한 물질 등이 있다. 지금까지는 서로 잘 어울리는 재료를 찾으려면 이런저런 시행착오를 거쳐야만 했다. 하지만 최근 들어 실험적인 셰프들이 발 벗고 나서서 한층 더 과학적인 방법으로 재료를 조합하고 있다. 맛을 결정하는 화합물에 따라 수백 개의 음식을 분류해놓은 연구 결과도 있는데, 이를 보면 보편적으로 함께 요리하는 재료들에는 비슷한 맛을 내는 화합물이 들어 있으며 쉽게 상상할 수 없는 재료들이 찰떡궁합을 이루는 것을 알 수 있다. 그러나 이와 같은 연구 자료는 음식이 가지고 있는 식감을 고려하지 않을뿐더러 약간 비슷하거나 아예 겹치는 맛이 없는 여러 향신료를 조합해 사용하는 아시아와 인도 요리에는 해당되지 않는다.

19쪽 그림에서 소고기와 잘 어울리는 음식을 공통된 화합물에 따라 분류한 것을 볼 수 있다. 공통으로 가지고 있는 화합물이 더 많을수록 연결선이 더 두껍다.

일러두기

- 고기
- 곡류
- 향신료
- 생선과 해산물
- 채소
- 술
- 달걀과 유제품
- 식물 생성물

홍차

찻잎을 따서 건조하고 열에 볶은 후 숙성시키는 과정에서 생기는 스모키한 맛이 구운 소고기의 풍미를 한층 더 끌어올린다.

밀

먹음직스러운 갈색빛에 바삭한 식감을 자랑하는 통밀빵 껍질과 구운 소고기는 특히 향을 가지고 있는 화합물이 많이 겹친다(마이야르 반응 덕분이다). 열 가지가 넘는 성분 중에서도 메틸프로판(또는 이소부탄)은 엿기름 맛을 내고 피롤린 분자는 흙과 구운 고기, 그리고 팝콘 맛을 낸다.

호로파

특유의 카레 냄새는 호로파 안에 들어 있는 소톨론이라는 성분 때문인데, 소량의 소톨론은 메이플 시럽과 비슷한 맛이 난다. 구운 소고기에도 같은 분자가 들어 있다. 소스에 호로파 잎을 넣거나 소고기와 호로파를 함께 구우면 특유의 은근한 맛을 살리면서 매콤한 향과 꽃향을 더할 수 있다.

소고기

구운 소고기에서는 고기와 육수, 풀, 흙, 그리고 매콤한 맛까지 느껴진다. 분석에 따르면 소고기는 다른 음식과 겹치는 화합물이 가장 많은 재료다.

양파

조리 과정을 거쳐 갈색으로 변한 양파(‘캐러멜라이즈’ 또는 ‘캐러멜화’라고 부르는데, 이는 틀린 표현이다)에는 황을 포함한 분자가 들어 있어 특유의 양파 맛이 난다. 조리한 소고기에서도 비슷한 맛이 난다.

땅콩버터

땅콩버터를 만드는 과정에서 땅콩에 열을 가하고 잘게 갈면 피라진이라는 고소한 맛이 생겨나는데, 특히 소고기와 찰떡궁합을 자랑한다.

에다마메

풋콩이라고도 부르는 에다마메는 초록색 식재료 특유의 신선한 맛이 특징이다. 하지만 조리한 에다마메는 소고기의 고소한 향과 비슷한 냄새가 난다.

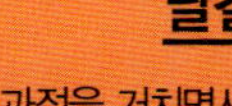

달걀

조리 과정을 거치면서 달걀노른자의 지방이 분해되어 여러 가지 새로운 맛이 생겨난다. 녹색의 풀 맛이 나는 성분인 헥산알과 기름에 튀긴 냄새가 나는 분자인 데카디에날은 조리한 소고기에서도 찾아볼 수 있다.

캐비아

생선 알과 소고기는 흔히 볼 수 없는 조합이지만, 단백질과 지방이 풍부한 캐비아에는 글루타민산이 들어 있어 짭짜름한 감칠맛이 매우 뛰어날 뿐만 아니라 고기와 비슷한 향을 내는 화합물인 아민을 함유하고 있다.

마늘

마늘에는 황을 함유한 화합물이 들어 있어 입맛을 자극하는 특유의 향이 난다. 이 강력한 화합물에서는 생고기 또는 소고기와 같은 냄새가 나기도 한다.

버섯

육수 맛과 짭짤한 맛이 나는 글루타민산(또는 글루타민산염)이 풍부하게 들어 있다. 조리하면 황을 함유한 화합물이 생겨나 고기 맛이 난다.

주방의 필수 아이템

아주 미세하게 폭이 좁아지는 칼날의 절단면을
가리켜 베벨(bevel)이라고 부른다.

칼에 대한 모든 것

엄선한 칼 몇 자루면 충분하다.

모든 셰프에게 튼튼하고 날카로우며 품질 좋은 칼은 가장 소중한
자산이다.

칼을 만드는 방법

칼은 크게 두 가지 방법으로 만드는데, 철을 벼려서 만들 수도 있고
기계로 찍어서 만들 수도 있다. 주로 시중에서는 강철판에 기계로
구멍을 뚫어 찍어낸 가벼운 칼을 판다. 반면 철을 내리친 다음 열을
가하고 식히는 과정을 거쳐서 만든 칼은 금속 원자가 더욱 단단하
고 촘촘하게 뭉치므로 결이 곱고 오랫동안 쓸 수 있다. 다음을 참고
해 나에게 꼭 필요한 칼을 찾아보자.

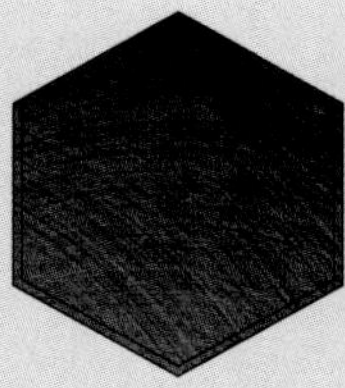

탄소강

철과 탄소를 섞은 가장 기본적인 형태의 합금으로, 성분이 추
가된 다른 종류의 철과는 차이가 난다. 잘 만들어진 칼날은 스
테인리스강보다 오랫동안 날카로움을 유지한다. 하지만 탄소강
은 녹이 잘 슬기 때문에 꼼꼼한 관리와 청소, 건조, 그리고 기
름칠이 필요하다.

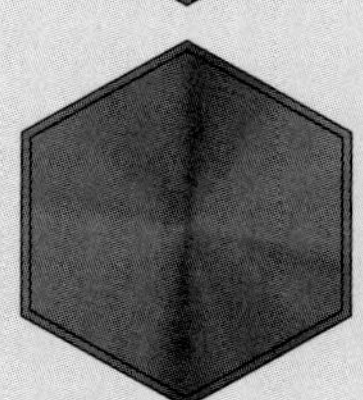

스테인리스강

철과 탄소 혼합물에 크롬을 더하면 더욱 유연하고 녹에도 강한
스테인리스강이 만들어진다. 좋은 품질의 스테인리스강은 결이
매우 곱고 날카롭다. 또한 내구성을 높이기 위해 다른 종류의
금속과 합금도 가능하다. 쉽게 칼날을 갈 수 있고 튼튼하다는
장점이 있어 가정용으로 가장 적합하다.

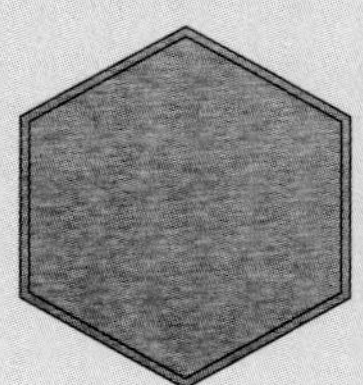

세라믹

세라믹 칼날은 매우 날카롭고 가벼울 뿐만 아니라 단단해서 고
기를 자를 때 안성맞춤이다. 주로 산화지르코늄을 매우 얇고
날카롭게 갈아서 만든다. 녹이 잘 슬지 않지만 칼날을 갈기가
까다롭고 강철만큼 유연하지 않다. 따라서 동물의 뼈에 부딪히
거나 떨어뜨리면 부러지거나 이가 빠질 수 있다.

톱날 칼

사용 목적

정확도가 요구될 때 사용한다. 빵처럼 껍질이
딱딱하거나 케이크 또는 커다란 토마토처럼 표
면이 부드럽고 약한 음식을 자를 때 유용하다.

좋은 칼 고르기

칼날이 길고 칼자루를 잡은 손이 편하며 톱니
가 움푹하고 뾰족해야 한다.

고기를 얇게 썰 때 사용하는 카빙 나이프는
셰프 나이프보다 더 얇아야 한다.

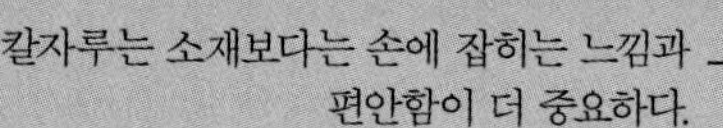

칼자루는 소재보다는 손에 잡히는 느낌과
편안함이 더 중요하다.

칼날이 칼자루 끝까지 이어지는 것을 풀탱(full tang)이라고 부른다.
손잡이 중간까지만 이어지는 제품도 있다. 주로 풀탱으로
만든 칼이 더 오래가고 단단하다.

셰프 나이프(조리칼)

사용 목적

큰 고깃덩어리를 얇게 썰거나 네모난 모양으
로 썰 때, 또는 뼈를 바를 때 사용한다. 칼날
을 옆으로 눕혀 마늘쪽을 으깰 때도 쓴다.

좋은 칼 고르기

한 손에 칼자루가 들어오고 너무 무겁지 않
은 칼이 좋다. 전체적으로 안정적이고 어느
정도 무게감이 느껴져야 고기와 뼈를 분리하
기 수월하다.

휘어진 정도가 클수록
로킹(칼을 움직이면서 재료를
빠르게 써는 방법)이 쉬워
재료를 정교하게 자를 수
있다. 반면 납작한 칼은
슬라이싱에 적합하다.

파링 나이프(과도)

사용 목적

얇게 썰거나 껍질을 벗겨낼 때, 또는 재료의
속을 도려낼 때 사용한다.

좋은 칼 고르기

끝이 화살 모양이고 두께가 얇은 칼이 좋다.
절단면과 도마가 직각을 이루어 재료를 빠
르고 정확하게 자를 수 있도록 칼날이 납작
한 것을 고른다.

철을 벼려서 만든 칼날은 끝으로 갈수록
점점 가늘어지는 반면, 기계로 찍어서 만든
칼날은 두께와 길이가 일정하다.

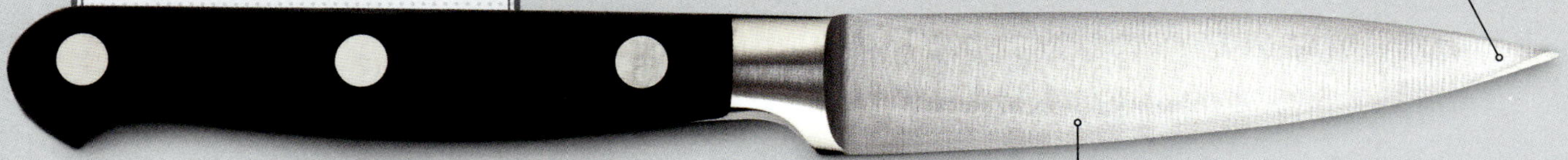

길이가 짧은 칼(6~10cm)은 더욱 정교한
작업을 할 때 좋다.

칼날이 칼자루를 향할수록 넓어지는 것을
가리켜 볼스터(bolster)라고 부르는데,
철을 벼려서 만든 칼의 특징이다.

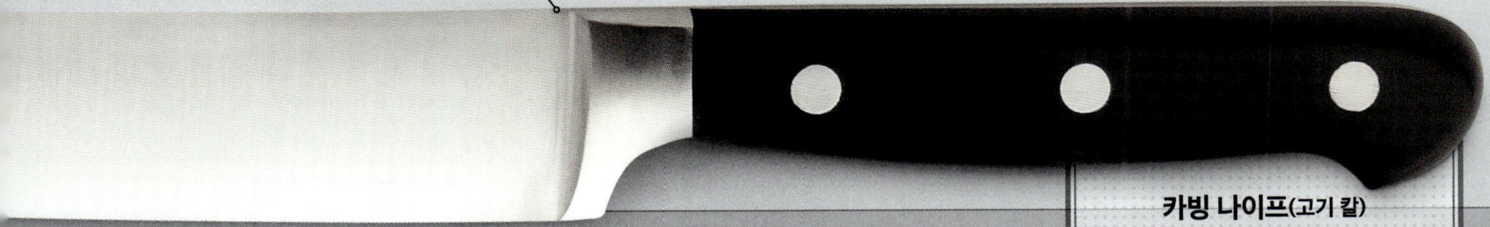

카빙 나이프(고기 칼)

사용 목적

커다란 관절에서 고기를 얇게 발라낼 때 사
용한다.

좋은 칼 고르기

길고 얇으며 절단면이 매우 날카롭고 끝이
뾰족한 칼을 골라야 한다. 로킹이 아닌 슬라
이싱 용도이므로 셰프 나이프보다 덜 휘어진
것이 좋다.

톱니가 40개 이하이고 두께가 얇은 칼이 좋다. 톱니
개수가 적을수록 음식의 껍질을 한층 더 깔끔하게
자를 수 있다.

끝부분이 톱처럼 날카롭고 울퉁불퉁해 재료 표면을
효과적으로 자른다.

냄비에 대한 모든 것

자주 쓰는 핵심 냄비를 갖추면 더욱 완성도 있는 요리를 만들 수 있다.

어떤 소재의 냄비를 고르느냐에 따라 완성된 요리가 달라진다. 하지만 무엇보다 중요한 것은 냄비의 두께다. 바닥이 두꺼울수록 열기가 골고루 전달된다.

　탄소강과 주철처럼 부식이 잘 되는 금속은 사용하기 전에 사전 작업인 '시즈닝'을 거쳐야 한다. 기름을 붓고 서너 번 열을 가하면 녹청이 생겨 음식이 냄비에 잘 들러붙지 않는다. 시중에서 파는 논 스틱 냄비는 수지 코팅이 되어 있지만, 온도가 260℃ 이상으로 올라가면 효과가 떨어진다.

스테인리스강

무겁고 튼튼한 스테인리스강은 다용도 냄비에 알맞다. 하지만 알루미늄이나 구리로 덮여 있지 않은 냄비는 열전도율이 낮고 음식이 잘 들러붙는다. 표면이 반짝거려 데글레이즈(deglaze) 또는 소스를 만들 때 음식이 갈변하는 과정이 쉽게 보인다.

구리강

무겁고 비싸지만 온도 변화에 민감하다. 바닥이 두꺼운 구리 냄비는 다른 소재보다 열을 빨리 전달한다. 산에 반응하지만 주로 음식의 색이 변하거나 금속 냄새가 배지 않도록 코팅이 되어 있다. 소테팬 또는 웍으로 쓰기에는 적합하지 않다.

알루미늄

열을 빠르게 전도하고 온도 변화에 민감하다는 장점이 있지만, 불에서 내리면 쉽게 식는다. 매우 가벼워 프라이팬이나 소테팬, 소스팬으로 안성맞춤이다. 산과 반응하지 않도록 코팅을 발라 '양극처리'한 알루미늄 냄비도 있다.

웍

사용 목적

뜨거운 불에서 볶는 스터 프라잉, 스티밍, 또는 디프 팻프라잉에 적합하다.

좋은 냄비 고르기

뚜껑이 잘 맞고 바닥이 얇으며 손잡이가 길고 튼튼한 것이 좋다. 탄소강 소재가 가장 적합하다. 시즈닝을 하려면 냄비의 오일 코팅을 벗겨낸 다음 열을 가해 검게 만든다. 연기가 나도록 기름을 붓고 냄비가 식으면 기름을 닦아낸다. 서너 번 반복한다.

주철 프라이팬

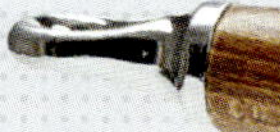

사용 목적

뿌리채소와 고기를 요리할 때 좋다. 시즈닝을 한 냄비라면 들러붙는 재료를 써도 된다.

좋은 냄비 고르기

손잡이가 길고 열에 강한 제품이 좋다. 주철이 열을 유지하기 때문이다.

둥근 캐서롤 냄비

사용 목적

고기를 천천히 삶을 때 쓴다.

좋은 냄비 고르기

뚜껑이 잘 들어맞고 손잡이가 한 손에 들어오는 제품이 좋다. 굉장히 무겁지만 온도가 일정하게 유지되는 장점이 있다. 안쪽이 법랑으로 되어 있으면 더욱 오래 쓸 수 있고 산에도 잘 반응하지 않는다.

16cm(약 2L) 냄비는 버터를 녹이거나 설탕을 캐러멜라이즈할 때, 또는 소스나 수란을 만들 때 사용한다.

주철은 열을 오랫동안 가해야 하는 요리에 적합하다.

바닥이 타원형이 아닌 원형이어야 열이 골고루 전달된다.

소스팬

사용 목적

소스, 스튜, 수프, 그리고 육수를 만들 때 사용한다. 채소나 쌀, 그리고 파스타를 삶을 때도 쓴다.

좋은 냄비 고르기

수분이 날아가지 않도록 뚜껑이 있는 제품이 좋다. 크기가 큰 냄비에 작은 손잡이가 달려 있는 제품 역시 쉽게 들 수 있어 편리하다.

24cm 논 스틱 프라이팬

사용 목적

요리하기 까다로운 생선이나 달걀, 크레이프를 만들 때 사용한다.

좋은 냄비 고르기

바닥이 두툼하고 논 스틱 코팅이 두꺼운 제품이 좋다.

손잡이가 길다.

탄소강

스테인리스강보다 더 빨리 뜨거워진다. 하지만 철처럼 녹이 잘 슬고 음식에 반응하기도 하므로 스테인리스강 냄비처럼 오래 쓰려면 시즈닝을 해야 한다. 웍이나 프라이팬의 소재로 제일 좋다.

주철

굉장히 무겁고 밀도가 높다. 열전도율이 낮지만 한번 달궈지면 열기가 오랫동안 잘 유지된다. 프라이팬으로 고기를 갈변하거나 캐서롤을 만들 때 가장 적합하다. 가공하지 않은 주철은 녹이 잘 슬고 산에 반응한다. 따라서 음식이 잘 들러붙지 않도록 코팅막을 만드는 시즈닝 작업을 꼼꼼하게 하고 깨끗이 씻어서 사용한다.

스테인리스강으로 덮은 알루미늄 제품은 가벼워서 음식을 섞기 쉽다.

바닥이 두꺼우면 열이 골고루 전달된다.

옆면이 굴곡져 있어 재료를 휘젓거나 그레이비를 만들기에 적합하다.

시즈닝을 한 주철 냄비는 재료가 들러붙지 않아서 좋다. 단, 마모성 세제는 피해야 한다.

작은 손잡이가 달려 있다.

30cm 소테팬

사용 목적

많은 양의 재료를 시어링하거나 프라잉할 때, 또는 소스를 대량으로 만들 때 사용한다.

좋은 냄비 고르기

손잡이가 길고 바닥이 적당히 무거운 것이 좋다.

◀계량컵

투명한 유리 계량컵은 액체의 부피를 정확하게 측정한다. 특히 물은 표면 장력 때문에 일반 컵으로는 정확한 분량을 측정하기 어렵다.

전자저울▶

아날로그 저울보다 더욱 정확한 계량이 가능하다. 밑판 크기는 커다란 그릇을 올려놓을 수 있을 정도가 좋고, 무게 용량은 최소 5kg이 되어야 한다. 숫자를 쉽게 읽을 수 있고 소수점 첫째 자리까지 측정하는 제품을 고르면 활용도가 더욱 높다.

조리기구에 대한 모든 것

다양한 형태와 소재의 제품을 준비해두면 필요에 따라 다양하게 응용할 수 있다.

알맞은 도구가 없으면 좋은 요리를 만들기 어렵다. 핵심 조리기구를 활용해 전문가 수준의 요리를 완성해보자.

필요한 조리기구

요즘에는 셀 수 없이 다양한 소재와 종류의 조리기구가 시중에 나와 있다. 도구를 고를 때는 장단점을 꼼꼼히 따져봐야 한다. 모든 발명품이 요리를 더욱 수월하게 하는 것은 아니다. 다목적으로 쓸 수 있는지 그리고 각기 다른 재료를 요리할 때 사용해도 괜찮은 소재인지를 확인해야 한다.

호닝 스틸▲

칼날을 날카롭게 갈기보다는 휘어진 칼날을 똑바로 만들 때 사용하는 도구로, 무거운 철 소재의 제품이 좋다. 길이는 25cm가 적당하다. 다이아몬드 코팅 처리가 된 세라믹 봉 부분으로 칼 표면을 살짝 갈 수 있다.

밀방망이▲

밀가루가 잘 붙는 나무 소재는 손의 열기가 잘 전달되지 않는다. 손잡이가 없고 길이가 길며 끝으로 갈수록 좁아지는 제품을 골라야 굴리거나 기울여서 사용하기 쉽다.

그 외 유용한 주방용품

- Y자 껍질 칼은 오른손잡이와 왼손잡이 요리사 모두에게 유용한 아이템이다. 칼날이 날카롭고 칼날과 손잡이가 2.5cm 정도 떨어진 제품이 편리하다.
- 재료를 뒤섞고 집어 올리는 용도로는 스프링이 튼튼하고 끝부분이 조개 껍데기 모양인 집게가 좋다. 집게 부분이 실리콘 소재인 제품은 냄비나 팬의 표면에 상관없이 다양하게 쓸 수 있다.
- 푸드 프로세서의 경우 칼날이 날카롭고 단단하며 도우용 날과 조각 내기용, 채썰기용 원반이 들어 있고 반죽 그릇 밑에 모터가 있는 제품이 좋다.
- 매셔는 물결 모양의 구멍이 난 제품보다는 길고 단단한 금속 손잡이가 달려 있고 재료를 으깨는 원반에 여러 개의 작은 원이 뚫려 있는 제품이 사용하기 편리하다.
- 케이크 굽기용 금속 틀은 고리를 쉽게 해체할 수 있고 바닥을 분리할 수 있는 제품이 좋다.
- 막자와 막자사발은 화강암처럼 표면이 단단하고 살짝 거친 소재가 좋다.

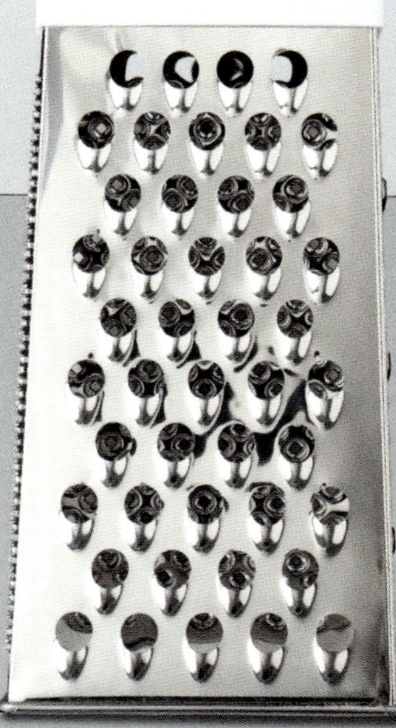

거품기▲

살이 적어도 10개인 풍선 모양의 거품기가 좋다. 다양하게 응용할 수 있고 효과도 뛰어나기 때문이다. 금속 소재의 거품기는 딱딱하고 공기가 잘 통해 작은 지방 덩어리를 잘 분해한다. 실리콘 소재는 논 스틱 조리도구를 사용할 때 적합하다.

◀ 강판

강판 면적이 넓어야 조리 시간을 줄일 수 있다. 밑부분이 단단한 사각형 모양의 강판의 경우 큼직하게 채썰기, 잘게 채썰기, 껍질 벗기기, 가루내기 등의 용도로 사용할 수 있다.

슬로티드 스푼▲

구멍이 뚫린 큰 스푼으로, 손잡이가 길고 움푹한 제품이 좋다. 스테인리스강 소재는 얇고 단단해 두꺼운 플라스틱이나 실리콘 스푼보다 음식 아래로 밀어넣기 좋다.

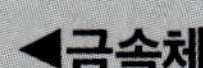◀금속체

망이 촘촘해서 아주 작은 알갱이도 거를 수 있다. 손잡이 반대편에 고리가 달려 있으면 냄비 위에 체를 올려놓고 쓸 수 있어 편리하다.

레이들(국자)▲

손잡이가 긴 스테인리스강 국자는 스튜와 육수의 지방과 거품을 떠내기 좋다. 음식을 뜨는 부분을 용접해 붙인 제품보다는 전체를 하나의 금속으로 만든 제품이 더 오래간다.

금속 스패츌러(주걱)▲

폭이 넓고 길쭉하며 구멍이 뚫려 있는 스패츌러, 특히 얇고 유연한 제품이 다루기 까다로운 음식 아래로 밀어넣기 수월하다. 논 스틱 조리기구의 경우 단단한 플라스틱이나 실리콘 소재가 적합하다.

온도계▲

냄비 위에 걸쳐서 사용할 수 있는 제품이 좋다. 설탕을 졸이는 용도로는 온도를 210℃까지 측정할 수 있는 제품이면 된다.

고무 스패츌러(주걱)▲

다루기 까다로운 재료를 요리할 때 적합하다. 특히 거품 낸 달걀흰자를 접거나 초콜릿을 템퍼링할 때 유용하다. 뜨거운 요리에는 열에 강한 실리콘 스패츌러가 좋다.

나무 숟가락▲

논 스틱 표면이나 금속 소재의 조리도구에 사용할 수 있고 열전도율이 낮아 뜨거운 음식에 닿아도 손잡이가 달구어지지 않는다. 다공성 소재인 나무 안으로 음식 입자와 맛이 스며들 수 있으므로 사용 후에는 깨끗이 씻어야 한다.

믹싱볼

스테인리스강 제품은 오랫동안 쓸 수 있어서 좋지만, 전자레인지에는 사용할 수 없다. 강화유리는 내열성이 뛰어나고 전자레인지에도 넣을 수 있다. 세라믹과 사기는 이가 빠지는 것이 단점이지만 열전도율이 낮아 반죽을 만들 때 적합하다.

도마

나무 도마는 튼튼하고 화강암이나 유리와는 달리 탄력성이 있어 칼이 무뎌지지 않는다. 플라스틱 도마는 틈새 사이로 세균이 번식할 수 있지만 나무 도마는 세균을 억제하는 타닌이 들어 있어 더욱 위생적이다.

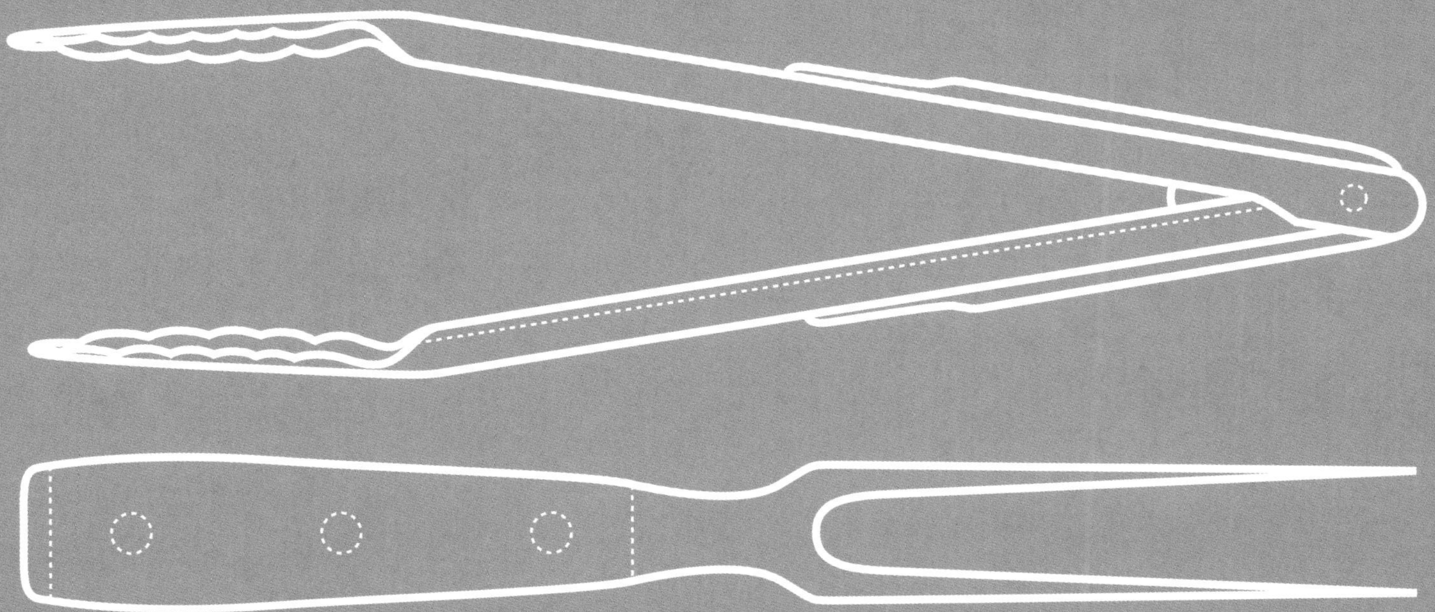

육류 & 가금류

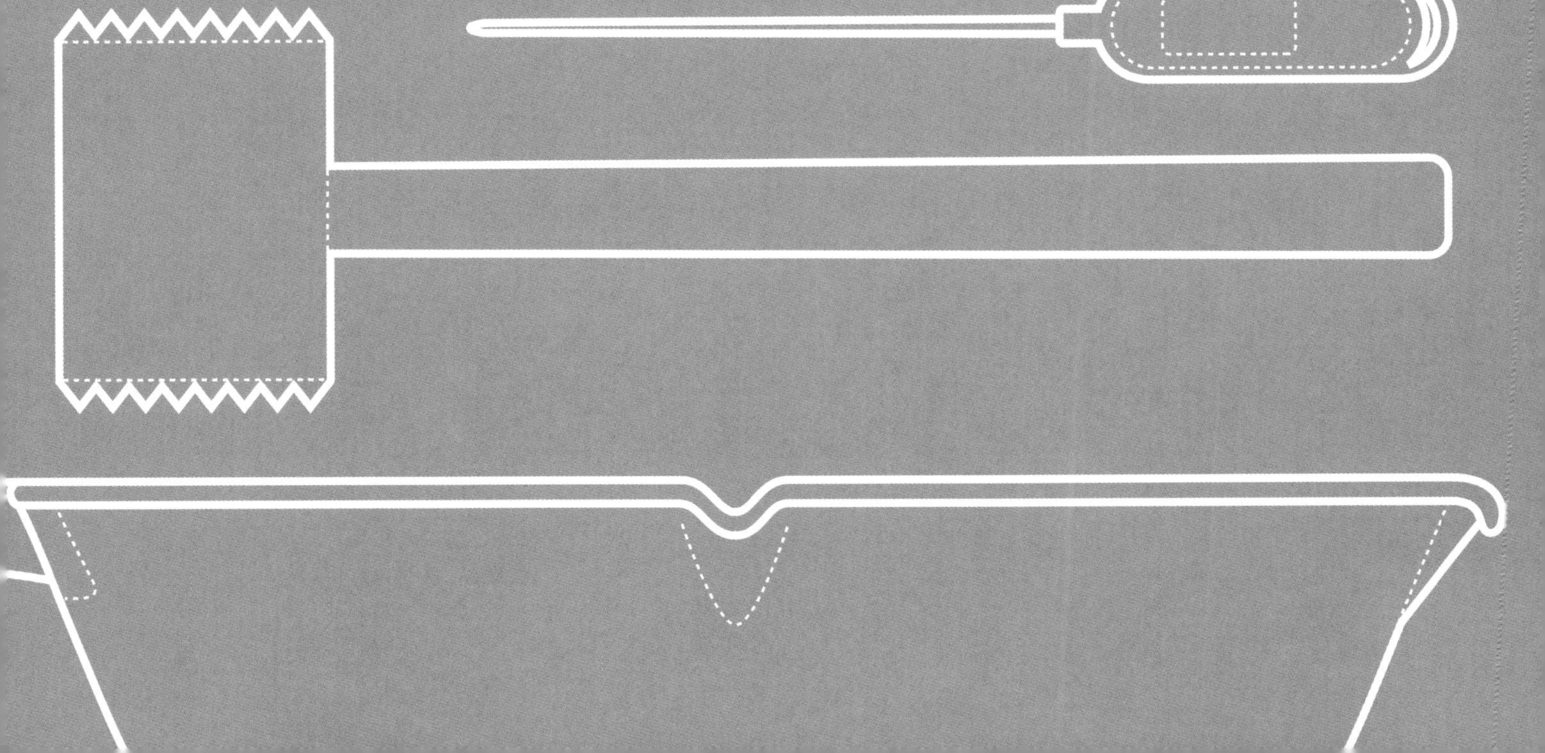

재료 포커스:
고기

고기는 흔히 전통 요리의 중심 재료로 쓰인다. 따라서 고기의 기본 구조와 구성 요소를 이해하면 보다 다채로운 방법으로 고기를 활용할 수 있다.

고기의 종류는 셀 수 없이 다양하다. 하지만 기본 구성 요소는 모두 같다. 모든 고기는 근육과 결합조직, 그리고 지방으로 이루어져 있다. 이 세 가지 조직이 어떻게 분포되어 있는지와 고깃덩어리 안에 어떤 종류의 근육 조직이 포함되어 있는지에 따라 고기의 맛과 식감, 나아가 고기를 먹는 경험이 달라진다. 동물이 움직일 때 쓰는 근육은 붉은색 또는 분홍색을 띠는데, 고깃덩어리의 대부분이 이러한 근육으로 이루어져 있다. 70~85%가 수분인 고기는 조리 과정에서 수분을 그대로 유지해야 육즙이 풍부해진다. 근섬유를 감싸고 있는 결합조직은 근육과 뼈를 연결한다. 조리 과정에서 천천히 분해되면서 고기에 살살 녹는 맛을 더한다. 하지만 고온에서 오그라들어 수분이 고기 밖으로 빠져나간다. 조리하기 전에는 딱딱하고 아무 맛도 안 나던 지방이 조리 과정을 거치면서 지방 세포가 열려 풍부한 고기 맛이 살아난다.

과학적인 논리

결합조직은 단백질로 이루어져 있으며 52℃에서 부드러워지면서 분해된다.

결합조직

요리 테크닉

결합조직을 오랫동안 천천히 요리하면 부드러운 젤라틴으로 변한다. 고기의 육즙이 한층 더 진해진다.

딱딱한 결합조직은 근섬유를 단단하게 결합하고 근육과 뼈를 연결한다.

뼈가 들어 있는 덩어리

이 티본 스테이크는 뼈를 기준으로 한쪽에는 살코기가, 한쪽에는 지방이 많은 등심이 자리 잡고 있어 다양한 육질을 맛볼 수 있다.

고기 제대로 알기

고기는 기본 성분의 구성에 따라 지방과 단백질의 비율이 다르다. 즉, 지방과 근육이 어떻게 분포되어 있는지, 결합조직의 양이 얼마인지, 그리고 근육의 종류가 무엇인지가 중요하다. 모든 고기는 훌륭한 단백질 공급원이다. 종류별 고기의 특징은 다음과 같다.

흰 살 고기

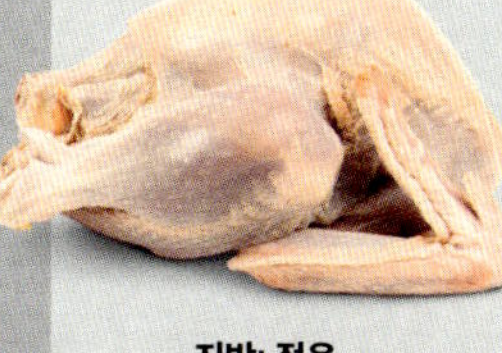

닭고기

색깔이 창백한 닭고기는 지방량이 적어 너무 오래 익히면 퍽퍽해질 수 있다. 수분을 더하기 위해 소스와 함께 요리하는 것도 좋은 방법이다.

지방: 중간
단백질: 많음

오리고기

오리고기는 가죽 아래에 두꺼운 지방층이 자리 잡고 있다. 가장 좋은 조리법은 로스팅, 프라잉, 또는 그릴링이다. 지방이 잘 녹도록 먼저 껍질을 찌르거나 자국을 낸다.

지방: 중간
단백질: 중간

칠면조고기

근육이 많고 지방은 적다. 칠면조고기는 스터프라잉과 그릴링으로 요리하기에 적합하다. 색깔이 어두운 다리 부분에는 결합조직이 많아 스튜 재료로 좋다.

지방: 적음
단백질: 많음

붉은 살 고기

소고기

소 근육은 크고 단단하며 색이 어둡고 기름지다. 그래서 소고기는 속도에 상관없이 모든 요리법에 적합하다. 근육마다 적합한 지방이 낀 고기일수록 육즙이 풍부하다.

지방: 많음
단백질: 중간

양고기

양은 매일 움직이는 데 필요한 힘을 지방으로부터 얻는다. 그래서 양고기는 대부분 지방을 많이 포함하고 있다. 모든 조리법에 적합하지만, 힘줄이 있는 어깨와 다리 관절 부분은 오랫동안 천천히 요리해야 한다.

지방: 중간
단백질: 중간

돼지고기

연한 분홍색에서부터 장밋빛까지 색이 다양하다. 돼지고기는 대부분 두꺼운 지방층을 포함하고 있어 조리 과정에서 수분이 날아가지 않는다. 기름이 적은 살코기와 스테이크는 빨리 요리해도 퍽퍽해지지 않는다.

지방: 많음
단백질: 가장 적음

사슴고기

사슴고기에는 지방보다 근육과 결합조직이 많다. 기름기가 없는 사슴고기를 잘게 썰거나 브레이징하거나 스튜로 만들면 촉촉함을 유지할 수 있다. 모든 경우를 함유하고 있는 다리 관절 부분을 로스팅하기도 한다.

지방: 적음
단백질: 많음

근육

요리 테크닉
부드러운 고기는 조리 시간을 최소한으로 줄여야 수분이 남아가지 않는다. 지방이 균일하게 섞인 근육은 오랫동안 요리해도 좋다.

과학적 논리
근육은 머리카락처럼 얇은 수천 개의 가닥으로 이루어져 있으며, 근육 안에는 수분과 단백질이 풍부하게 들어 있다.

지방

과학적 논리
각 지방 세포에는 적은 양의 기름이 들어 있는데, 열을 가하면 지방 세포가 터지고 기름이 흘러나오면서 고기 맛을 풍부하게 한다.

요리 테크닉
지방은 요리 전에는 아무런 맛도 나지 않는다. 하지만 조리 과정에서 지방이 기름으로 변하면 고기 특유의 육즙이 살아난다.

좋은 품질의 고기는 어떻게 구분할까?

랩 포장된 고기들이 혹독한 조명 아래 줄지어 서 있는 슈퍼에서
좋은 품질의 고기를 고르는 일은 생각보다 어렵다. 고기는 흔히 전통 요리의 중심 재료로 쓰인다.

붉은 살 고기의 색이 선명한 체리색일수록 가장 신선하고 맛좋은 고기라고 생각하는 사람이 많다. 정육점에서 가장 맛있는 고기를 달라고 하면, 오랫동안 숙성시켜 어두운 색의 고기를 건넬 것이다. 숙성한 고기는 맛이 깊고 식감도 훨씬 부드럽다. 고기를 살 때 좋은 품질의 상품을 고르는 요령을 익혀보자. 아는 만큼 보이는 것처럼, 고기에 대해 잘 알고 있어야 가장 맛있는 고기를 즐길 수 있다.

흰 살 고기를 고를 때는?

가장 신선한 흰 살 고기를 고를 때는 다음의 체크리스트를 떠올려보자.

가슴살은 단단하고 통통할수록 좋다.

뼈가 부러지지 않고 온전한지 확인한다.

살은 흠집 없이 깨끗한 것이 좋다.

껍질은 부드럽고 매끄러워야 한다.

흰 살 고기인 닭가슴살 ▶

붉은 살 고기를 고를 때는?

가장 품질 좋은 붉은 살 고기를 고르려면 다음을 기억하자.

지방은 고기 맛에 깊이를 더한다. 잡초를 먹고 자란 동물의 지방은 노란색을 띤다.

겉면이 부드러운지 확인한다.
세균이 퍼진 곳은 끈적이거나 걸쭉하다.

고기 냄새가 기분 나쁘지 않을 정도로 은은하게 나는 것이 좋다.

연한 고기의 경우 결이 가늘고 결합조직이 적은 것을 고른다. 질긴 고기는 많이 사용된 근육일수록 결이 두껍다.

스튜용 고기는 지방과 결합조직이 섞여 있는 부위가 좋다.

마블링은 고기의 맛을 가늠할 수 있는 훌륭한 척도다.

◀ 붉은 살 고기인 우둔살

색이 갈색으로 변한 고기는 피해야 할까?

고기의 색깔만으로는 신선도와 품질을 헤아리기 어렵다.

근섬유에 들어 있는 미오글로빈은 산소를 나르는 적색 색소로, 고기가 자연적으로 붉은색을 띠는 이유가 바로 이 미오글로빈 때문이다. 동물마다 미오글로빈 수치가 다른데, 붉은 살 고기는 흰 살 고기보다 미오글로빈 함유량이 많다. 또한 동물의 나이가 많을수록 미오글로빈의 양이 많아 고기의 색이 더 짙다. 고기를 진공 포장하면 산소가 빠져나오므로 보라색을 띤다. 하지만 고기가 공기와 접촉하면 미오글로빈의 색이 변하면서 고기 색이 선명한 붉은색을 띠게 된다. 도축 과정에서 가축이 심한 스트레스를 느낄 경우 고기 색이 계속해서 보라색으로 유지되기도 한다. 이런 고기는 퍽퍽하고 딱딱하다. 정육점에서 건조 숙성한 고기는 시간이 지나면서 색이 짙어지고 맛이 깊어진다. 또한 수분이 빠져나가면서 고기가 수축한다. 갈색이라고 해서 못 먹는 고기는 아니다. 따라서 직접 손가락으로 만져보고 냄새를 맡아 먹어도 좋은 고기인지 확인해봐야 한다.

도축 직후

도축 직후 진공 포장한 고기는 자연적으로 보라색을 띠기도 한다.

0시간

고기를 진공 포장하면 산소가 차단되어 고기 색이 짙어진다.

3시간 후

산소에 노출된 고기의 색이 선명한 붉은색으로 변한다.

3시간

포장을 뜯으면 고기 안에 들어 있는 미오글로빈이 산소와 접촉하고 조직이 점점 선명한 붉은색을 띤다.

7시간 후

계속해서 공기에 노출되면 검붉은색으로 변한다.

7시간

산소에 노출되면서 미오글로빈의 구조가 변하기 시작한다.

9일 후

산소에 오랫동안 노출되면 미오글로빈의 색이 갈색으로 변하면서 고기의 색 역시 적갈색을 띠게 된다.

9일

온도 제어 환경에서 건조 숙성한 고기는 색이 천천히 짙어지는데, 가장자리 주변이 회색으로 변하기도 한다.

고기의 색을 더 붉게

종종 진공 포장 안에 일산화탄소를 주입하기도 한다. 미오글로빈이 반응해 고기의 색을 더욱 붉게 만들기 때문이다.

산소가 고기의 색을 바꾸는 원리

근육 속 미오글로빈이 산소와 만나게 되면 처음에는 붉은색이 되었다가 나중에는 갈색으로 변한다. 정육점에서 건조 숙성되는 동안 고기의 겉면 색이 짙어지고, 고기에 들어 있는 효소가 살성을 더욱 부드럽게 하고 풍미를 더한다.

왜 고기마다 생김새와 맛이 다를까?

종류에 따라 고기 색뿐만 아니라 손질 방법 또한 다르다.

고기의 색은 동물의 근육에 들어 있는 붉은색의 산소 공급 단백질인 미오글로빈의 함유량에 따라 결정된다. 미오글로빈이 많을수록 고기의 색이 짙고 붉은 반면, 미오글로빈이 부족하면 고기가 전체적으로 연하다.

근육에 따라 미오글로빈의 함유량이 다른 동물도 있는데, 근육의 사용량이 미오글로빈의 수치에 영향을 끼치기 때문이다. 따라서 동물 한 마리에서 나온 고기의 색이 부위에 따라 다를 수 있다. 다리와 같이 지구력이 필요할 때 사용하는 이른바 슬로우 트위치 근육(지근 또는 적색근)은 색이 짙다. 산소가 일정하게 공급되어야 하므로 비교적 많은 양의 미오글로빈이 필요하다. 반면 색이 연한 패스트 트위치 근육(속근 또는 백색근)은 에너지를 단기간 최대치로 끌어올릴 때 사용하며 산소를 덜 필요로 한다. 날개를 움직이는 역할을 하는 닭의 가슴 근육이 이에 해당한다.

색이 짙은 고기와 옅은 고기의 비율에 따라 요리의 맛과 식감이 달라진다. 운동량이 많은 어두운 색의 근육에는 단백질과 지방구, 철분, 그리고 맛을 내는 효소가 훨씬 더 많이 들어 있다.

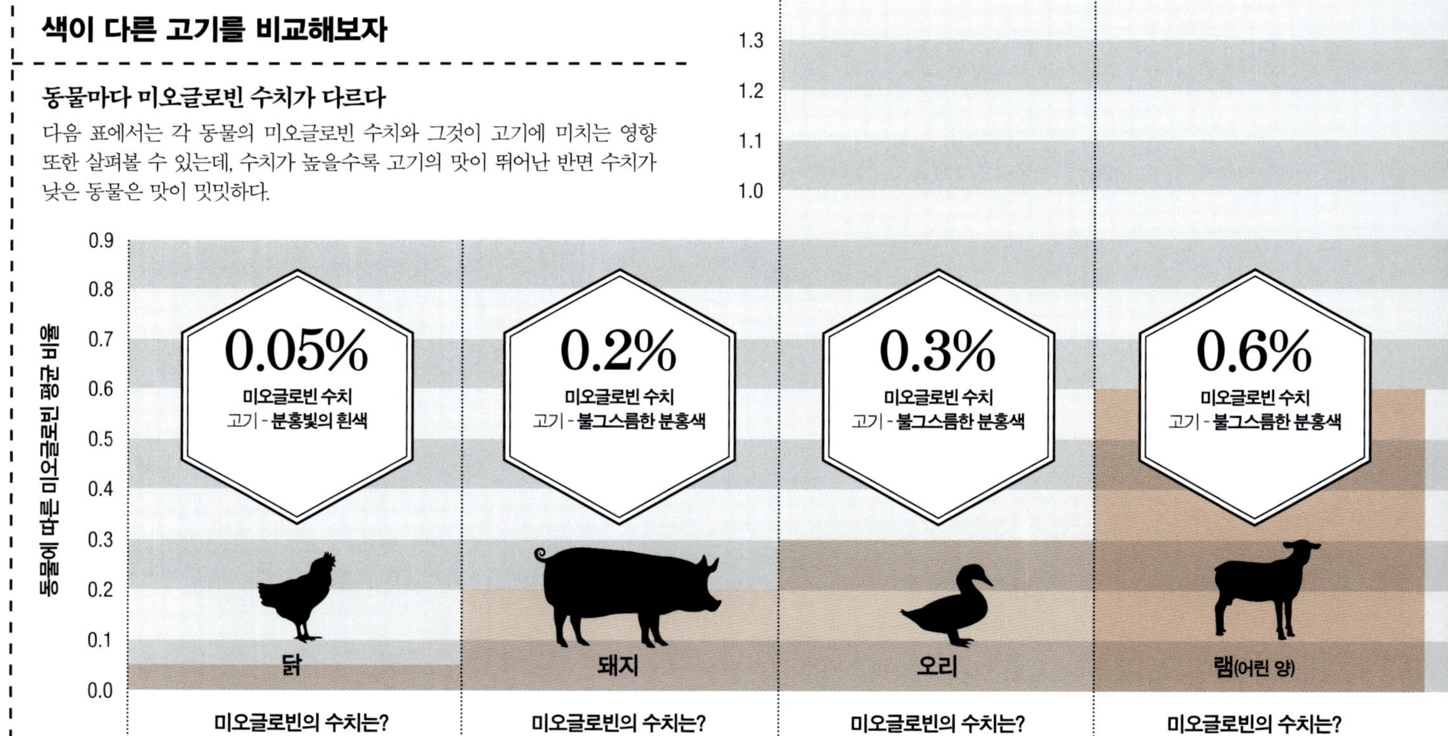

닭	돼지	오리	램(어린 양)
미오글로빈의 수치는? 닭의 미오글로빈 함유량은 0.05% 이하로, 고기는 분홍색과 흰색의 중간 정도다.	**미오글로빈의 수치는?** 돼지의 미오글로빈 수치는 평균 0.2% 정도로, 고기는 불그스름한 분홍색이다.	**미오글로빈의 수치는?** 오리의 미오글로빈 수치는 평균 0.3% 정도로 주로 닭이나 가금류보다 고기의 색이 짙다.	**미오글로빈의 수치는?** 미오글로빈 수치는 평균 0.6%이다. 고기 색은 불그스름한 분홍빛이다.
부위마다 근육의 차이점은? 슬로우 트위치 근육 중 하나인 다리 근육으로 걸어 다니므로 다리 부분의 살은 가슴보다 색이 더 짙다.	**부위마다 근육의 차이점은?** 등 쪽에 자리 잡은 허릿살은 색이 연하기도 하고 짙기도 하다. 그러나 다리 부위는 어두운 색을 띤다.	**부위마다 근육의 차이점은?** 오리는 끊임없이 움직이는 동물이다. 따라서 체력을 유지하기 위해 대부분 근육 색이 짙고 지방이 많다.	**부위마다 근육의 차이점은?** 첨프(chump)와 같은 다리 위쪽 고기는 경련이 천천히 일어나는 슬로우 트위치 근육으로, 짙은 붉은색을 띤다.
고기의 색이 중요한 이유? 비교적 덜 사용하는 가슴 근육보다는 색이 짙은 다리 부위에 미오글로빈과 맛을 내는 효소, 철분, 그리고 지방이 더 많다. 따라서 닭가슴살로 요리할 때는 양념 등으로 맛을 더해야 한다.	**고기의 색이 중요한 이유?** 전체적으로 지방이 없고 색이 옅은 돼지고기로 요리할 때는 양념 등으로 맛을 내는 것이 좋다.	**고기의 색이 중요한 이유?** 고기의 맛과 풍미를 더욱 깊게 만드는 지방이 풍부하므로 양념은 최소한으로 사용한다.	**고기의 색이 중요한 이유?** 미오글로빈과 지방이 비교적 많아 육즙도 풍부하고 맛도 뛰어나다. 따라서 양념은 필요에 따라 조금만 하는 것이 좋다.

유기농 고기를 선택하는 것이 나을까?

유기농 고기는 맛도 좋고 몸에도 좋을 뿐만 아니라 기존의 고기를 대체하는 더 나은 선택으로 주목받고 있다. 우리가 알고 있는 사실이 정말일까?

좋은 먹이와 충분한 운동량, 그리고 스트레스 없는 환경에서 자란 가축일수록 근육의 질감이 뛰어나고 맛이 우러나오는 지방도 많이 들어 있다는 사실이 과학적으로 입증되었다. 유기농 인증을 받은 고기라면 이 세 가지 요건을 모두 충족한다고 볼 수 있다. 하지만 내가 먹을 고기의 출처를 확인하려면 추가적인 요소를 확인해야 한다(하단에 있는 상자를 참고할 것).

유기농 고기에 대해 우리가 아는 것들

고기의 유기농 인증은 곧 엄격한 규칙에 따라 가축을 사육했음을 의미한다.

- 유기농 농장에서는 가축을 꼼꼼하게 관리한다. 스트레스 없는 환경에서 바깥을 마음대로 돌아다닐 수 있어 가축이 전반적으로 건강하고 고기의 품질도 좋다.

- 인공 첨가제가 없는 유기농 사료를 먹고 자라지만, 그렇다고 해서 고기의 품질이 나아지는 것은 아니다.

- 유기농 사육 방법은 가축에 항생제나 성장을 촉진하는 호르몬을 투여하지 않는다. 이미 많은 나라에서 이 같은 약물 사용을 법적으로 제한하고 있다.

- 유기농 농장주에게 가축의 생활 환경을 돌보도록 권장한다.

- 유기농 가축의 도축 과정이 비교적 덜 잔인하다. 이는 고기의 최종 품질에 좋은 영향을 미친다. 가축이 도축 직전 극도의 스트레스를 받으면 아드레날린이 치솟는데, 그 결과 에너지 소비량이 늘어나면서 고기가 건조하고 딱딱하며 색이 어두워진다.

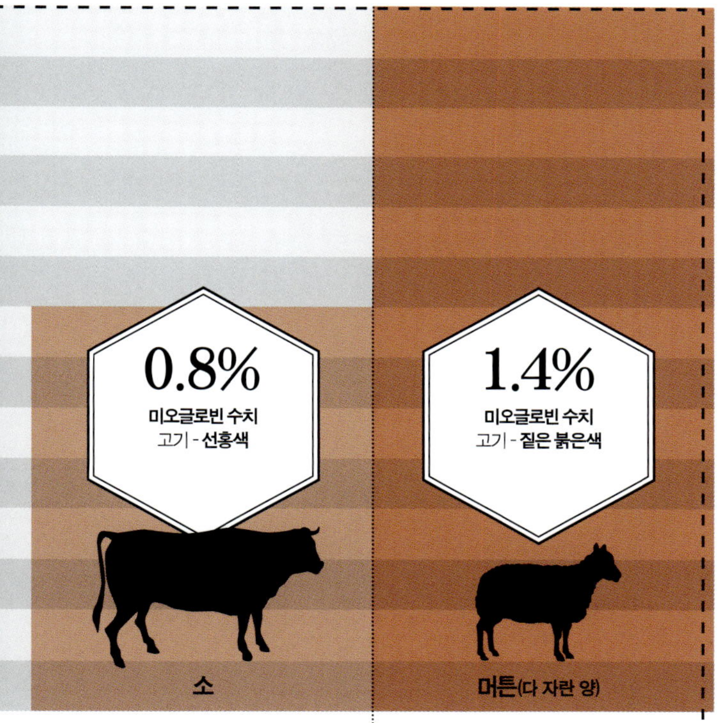

미오글로빈의 수치는?
소의 미오글로빈 수치는 평균 0.8%다. 고기는 밝은 선홍색이다.

부위마다 근육의 차이점은?
소는 움직이는 거리가 상당한 만큼, 대부분 색이 짙은 슬로우 트위치 근육으로 이루어져 있다.

고기의 색이 중요한 이유?
미오글로빈이 많이 들어 있는 지구근은 지방도 풍부해 맛이 더욱 진하고 육즙이 뛰어나다. 따라서 추가 양념은 거의 필요 없다.

미오글로빈의 수치는?
생후 1년 이상이 된 양을 머튼이라고 하는데, 미오글로빈 수치가 평균 1.4%다. 고기는 진한 붉은색이다.

부위마다 근육의 차이점은?
다 자란 양의 근육은 사용량이 훨씬 더 많으므로 결합조직이 더욱 단단하고 고기의 밀도가 높다.

고기의 색이 중요한 이유?
지방이 충분해 어린 양고기인 램보다 훨씬 맛이 좋다. 하지만 램을 선호하는 사람도 있다. 고기 자체의 맛이 강하므로 허브와 향신료가 오히려 맛을 떨어뜨릴 수도 있다.

유기농 여부 외에 고려해야 할 것들

유기농 사육 방법 외에도 다양한 요소들이 고기의 품질에 영향을 미친다. 사료의 종류가 풀이었는지 또는 곡물이었는지에 따라 고기의 맛이 달라진다. 곡물을 먹은 가축의 근육에는 맛을 내는 지방이 많고 산 함유량이 적으며 입에서 감도는 맛을 좋게 하는 락톤이라는 물질도 들어 있다. 반면 풀을 먹고 자란 소고기에서는 쌉쌀한 풀 맛이 날 수 있다. 부주의한 저장 또는 운송 역시 고기의 품질에 영향을 주기도 한다. 하지만 유기농 고기에 대한 수요가 높아지면서 운송 거리와 저장 기간 역시 늘어나고 있다. 이보다는 인도적인 도축 과정을 거쳐 주변 지역에 고기를 공급하는 일반 농장에서 사육한 고기가 훨씬 더 좋은 선택일 수 있다.

순종 또는 유명한 품종일수록 고기 맛이 더 좋을까?

전통을 자랑하는 순종 가축은 가격이 비싸다. 하지만 과연 고기의 품질 역시 훨씬 뛰어날까?

전 세계적으로 가축 농장이 하나의 산업으로 자리 잡으면서 순수 혈통을 자랑하는 품종은 점점 더 개체 수가 줄어들고 있다. 100년 전에는 노스 데본과 갤러웨이 등 대략 열두 개의 품종이 자유롭게 초원을 누볐지만, 오늘날에는 몇 안 되는 전통 품종만이 남아 있다. 북미에서는 몸집이 크고 마블링(근육 사이사이에 지방이 자리 잡은 것)이 좋은 앵거스를, 영국에서는 좀 덜 연한 리무쟁을 선호한다.

맛도 좋을까?

소고기에서는 여러 가지 복합적인 맛이 나는데, 품종에 따른 유전적 차이가 소고기 맛에 큰 영향을 미치는 것은 아니다. 연구 결과에 따르면 고기 맛은 소의 품종보다 마블링의 양이 더 중요하다. 물론 올바른 방법으로 키워서 도축하고 도축 후에도 적절한 방법으로 저장하고 조리한 고기가 순종 소고기보다 맛이 더 강하고 육즙이 풍부하며 씹는 맛 또한 뛰어나다는 연구 결과도 있다. 이처럼 미묘한 맛의 차이가 중요하다면 최상급 소고기를 골라보자.

전반적으로 최상급 품종은 좋은 환경에서 사육되었을 가능성이 크다. 그리고 도축과 저장, 숙성 과정 또한 대부분 바람직하다. 모두 고기의 맛과 식감을 좌우하는 조건들이다.

풀을 먹고 자란 소

풀을 먹인 소는 지방이 적어 가죽 바로 밑에 지방층이 있다.

닭은 클수록 맛이 없을까?

구입하는 닭고기의 크기에 따라 품종과 맛을 가늠할 수 있다.

오늘날 가장 흔히 길러지는 닭인 육용계(고기 생산을 목적으로 길러지는 닭)는 몇십 년에 걸쳐 적극적으로 선발하여 번식시킨 결과물이다.

육용계는 크기가 크거나 빨리 자라는 천성을 가진 품종들을 한데 섞은 잡종이다. 요즘 공장화된 농장에서 자라는 닭은 50년 전 키웠던 자연 방목 닭보다 크기가 네 배나 더 크다. 그뿐만 아니라 생후 35일 만에 도축 체중에 다다르기도 한다 (기존 품종은 두 배 이상 걸린다). 하지만 비정상적인 비율 때문에 건강 문제에 시달린다. 오늘날 육용계는 비교적 저렴하지만, 고기 맛이 밋밋하다는 단점이 있다.

순종 닭은 기르는 데 오래 걸리고 비용도 많이 든다. 그러나 연구 결과에 따르면 양계장에서 키운 닭보다 고기 맛과 식감이 뛰어나다는 장점이 있다.

특대 사이즈

50년 전에 비해 오늘날 양계장에서 키운 닭은 크기가 4배 더 크다.

곡물을 먹고 자란 소

곡물을 먹인 소는 마블링이 골고루 퍼져 있다.

가축의 사료는 고기의 맛과 식감에 어떤 영향을 미칠까?

풀이나 곡물을 먹는 가축은 어떤 사료를 먹는지에 따라 칼로리 섭취량과 생활 방식이 달라진다.
이러한 요소들은 또한 최종 생산된 고기의 종류에도 영향을 미친다.

많은 가축이 일생의 대부분을 풀을 먹으면서 자란다. 그러나 풀이 자라지 않는 겨울철과 살을 찌워야 하는 도축 직전 마무리 시기에는 고에너지 식단인 곡물을 먹기도 한다. 평소에도 곡물을 먹고 자란 가축의 고기에서는 좀 더 '고기다운' 맛이 나는데, 이 맛을 선호하는 사람도 있다.

최근 연구 결과에 따르면 사람들의 입맛이 바뀌기 시작하면서 요즘에는 특유의 고기 맛이 덜한 풀 먹인 소가 더 인기를 끌고 있다. 풀과 곡물 사료가 고기의 식감과 맛에 미치는 영향에 대해 살펴보자.

차이점 알기

풀을 먹고 자란 소

풀을 먹고 자란 소는 먹이를 위해 더 많이 움직여야 하므로, 몸집이 작고 호리호리하며 고기가 더 단단하다. 초원 상태가 좋지 않으면 풀을 먹고 자란 소와 사료를 먹고 자란 소의 크기가 더 많이 차이 난다.

풀을 먹고 자란 가축은 가죽 바로 아래에 지방이 많다. 고기를 팔기 전에 지방을 제거하는 경우도 있다. 풀을 먹고 자랐기 때문에 지방의 색이 누런빛을 띨 수 있다.

지방이 적어 너무 오랫동안 요리할 경우 고기가 질기고 건조해진다. 맛이 살짝 강한데, 이를 좋아하는 사람도 있다. 근육의 지방 안에 들어 있는 테르펜이라는 물질에서 거름 같은 냄새와 약간 쓴맛이 난다.

곡물을 먹고 자란 소

풀을 먹고 자란 소는 초원이라는 외부적인 요소에서 자유롭지 못하다. 반면 곡물을 먹고 자란 소는 고열량 식단을 섭취했기 때문에 체중이 더 빨리 그리고 일정하게 는다.

평균적으로 곡물을 먹인 소의 고기가 풀을 먹고 자란 소보다 마블링이 더 뛰어나며 식감 또한 부드럽다.

곡물을 먹고 자란 소는 마블링이 좋기 때문에 요리했을 때 훨씬 맛있다. 곡물을 먹인 소고기의 맛을 가리켜 고기 본연의 풍미가 살아있다고 표현하기도 한다.

알고 있나요?

풀을 먹고 자란 소에 오메가-3 지방산이 훨씬 더 많다

풀을 먹인 소는 곡물을 먹인 소보다 지방이 4% 정도 적다. 또한 지방이 근육 주변에 마블링 형태로 자리 잡지 않고 가죽 바로 밑에 형성되어 있다.

풀을 먹고 자란 소고기는 지방이 적지만 몸에 좋은 오메가-3 지방산이 곡물을 먹인 소보다 더 풍부하다. 물론 기름기가 많은 생선과 비교하면 오메가-3 함유량이 적지만, 풀을 먹인 소가 곡물을 먹인 소보다는 영양가가 약간 더 높다.

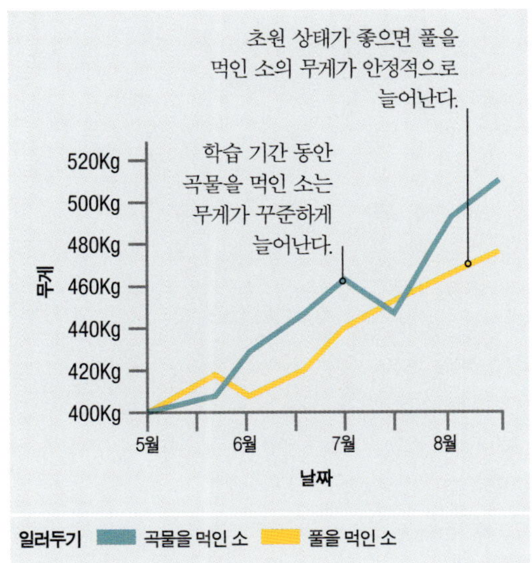

소의 무게 증가와 관련한 연구

위 표는 풀을 먹고 자란 소와 곡물을 먹고 자란 소의 무게 변화를 보여준다. 좋은 풀을 먹고 자란 소는 곡물을 먹고 자란 소보다 무게가 하루에 0.2kg씩 더 적게 늘어났다.

소고기 안심으로 만든 필레 스테이크가 가장 맛있을까?

소고기는 부위별로 가격이 천차만별이라서 네 발 달린 증권시장이나 다름없다.

필레 스테이크 또는 필레 미뇽은 쉽게 구할 수 없는 인기 상품이다. 필레 스테이크를 찾는 사람이 많은 이유 중 하나는 바로 움직임이 적은 근육 중에서도 움직임이 제일 적은 부위인 등 쪽 안심을 사용하기 때문이다. 매우 부드러운 안심 부위는 부위 자체가 적기 때문에 수요보다 공급이 훨씬 부족하다. 그렇다면 필레 스테이크가 정말 소문대로 뛰어난 맛을 자랑할까?

지방이 고기의 맛에 미치는 영향

필레 스테이크에는 지방이 적다. 소의 몸 중 안심 부위는 많이 쓰이지 않아 에너지를 필요로 하지 않기 때문이다. 흔히 포화지방이 나쁘다고 생각하지만, 지방은 고기의 풍미와 식감을 살리는 역할을 한다. 조리 과정 중 지방이 녹으면서 육즙이 풍부해지고 부드러워진다. 또한 열에 노출되면 화학 반응(또는 산화 반응)이 일어나면서 깊은 맛이 우러난다. 지방이 맛 분자를 분해한 후 우리의 혀까지 가져오는 셈이다. 이러한 지방이 없는 필레 스테이크는 매우 세심하게 조리하지 않으면 특유의 부드러운 질감이 사라지거나 고기가 퍽퍽해질 수 있다. 미디엄 굽기의 고기를 즐긴다면 잘 조리된 필레 스테이크야말로 가장 맛있는 소고기다. 하지만 그보다 고기를 더 익힌 미디엄에서 웰던을 좋아하는 사람이라면 다른 부위의 고기가 훨씬 더 먹기 쉽고 맛있을 것이다. 39쪽에 있는 표를 통해 여섯 개 부위의 식감과 맛, 그리고 가장 좋은 조리법을 살펴보자.

더 두꺼운 고기

가운데를 너무 익히지 않으면서 겉이 바삭한 스테이크를 만들려면 두께가 4cm 정도인 두꺼운 고기가 좋다.

> *"소의 움직임이 가장 적은 부위로 만든 필레 스테이크는*
> *굉장히 부드럽고 인기도 많다."*

목살과 어깨살
가격이 저렴하고 결합조직이 풍부하다.

윗갈비
움직임이 많은 근육으로 마블링이 뛰어나다.

옆구리살
지방이 많고 맛이 풍부한 옆구리살은 얇게 썰거나 잘게 다져서 요리하기 좋다.

가슴살
딱딱한 부위인 가슴살은 오랫동안 요리해야 한다.

입맛에 맞는 부위 고르기
부위별로 어떤 근육으로 이루어져 있느냐에 따라 고기의 맛과 부드러움에 차이가 나며 조리 방법 또한 달라진다.

인기 있는 소고기 부위

안심

육질

지방이 없고 굉장히 부드러운 살코기다.

맛

지방은 적지만 부드러운 씹는 맛이 일품이다.

조리법

결합조직과 지방이 거의 없는 살코기라서 조심해서 요리하지 않으면 쉽게 퍽퍽해진다. 미디엄 굽기로 요리하는 것이 좋다.

등심

육질

윗등심은 마블링이 살짝 들어가 연한 반면, 아랫등심은 마블링이 더 풍부하지만 살짝 질기다.

맛

지방이 많아 육즙이 풍부하고 맛이 뛰어나다.

조리법

살짝 덜 익힌 미디엄 레어에서 미디엄 굽기로 빠르게 요리해야 고기가 연하다.

티본

육질

한쪽에는 부드러운 안심 살코기가, 다른 쪽에는 마블링이 빽빽한 등심이 자리 잡고 있다.

맛

풍부한 맛을 내는 척추를 포함하고 있다.

조리법

레어에서 미디엄 레어 굽기로 팬프라이 또는 그릴링한다.

립아이

육질

스카치 필레라고도 불리는 비교적 저렴한 부위로, 움직임이 많고 덜 연한 갈비 주변 근육을 포함한다.

맛

마블링이 뛰어나 맛이 좋다.

조리법

적어도 미디엄으로 구워야 지방과 결합조직이 부드러워진다.

우둔살

육질

총 세 가지 근육이 모여 있는데, 필레(살코기)나 등심보다 덜 연한 편이다.

맛

전체적으로 지방이 골고루 퍼져 있어 맛이 풍부하다.

조리법

미디엄 레어에서 미디엄으로 빠르게 팬프라이하는 것이 좋다.

목살

육질

움직임이 많은 목 근육과 딱딱한 결합조직이 많은 어깨 근육을 포함한다.

맛

지방이 많아 맛이 좋다.

조리법

결합조직을 분해해 젤라틴으로 만들려면 액체에 넣고 천천히 조리해야 한다.

와규 소고기는 왜 비쌀까?

지방이 많은 와규 소고기는
전 세계적으로 찾는 이들이 많다.
한번 맛보면 왜 인기가 많은지 알 수 있다.

와규(和牛)는 '일본 소'라는 뜻을 지니고 있으며, 마블링이 매우 뛰어난 소수의 일본 소 품종군을 일컫는다. 고깃덩어리에 따라 마블링이 40%에 달하며, 뛰어난 맛과 육즙을 자랑한다. 칼페인이라는 효소는 고기를 분해해 더욱 부드럽게 만드는데, 특히 와규 소고기에 이 칼페인이 많다.

일본에서는 와규 품종을 최상급으로 유지하기 위해 소 사육에 투자를 아끼지 않는다(아래 참고). 일부 농장에서는 근육이 부드러워지도록 마사지를 하거나 지방률을 높이기 위해 차가운 맥주를 먹이기도 한다. 이렇듯 많은 노력과 시간이 필요한 와규 소고기는 맛과 육질이 견줄 수 없을 정도로 뛰어나기 때문에 1킬로그램당 500파운드(약 75만 원)에 달한다.

> *"일부 농장에서는*
> *소의 근육이 부드러워지도록 마사지를*
> *하거나 차가운 맥주를 먹이기도 한다."*

와규 등급 제도

와규는 마블링의 상태, 색깔, 그리고 육질에 따라 등급이 나뉜다. 가장 등급이 높은 A급 와규는 다시 1에서 5로 분류되는데, A5 등급이 가장 좋은 고기다. A5 와규는 루비처럼 선명한 붉은색을 띠며 육질이 촘촘하다. 반질거리는 지방이 리본처럼 섞여 있어 매끈하고 부드럽다.

유기농과 방목, 그리고 실내 양계장은 어떤 점이 다를까?

사육 방식에 따라 닭고기의 품질과 맛이 달라진다.

식용 고기 생산을 위해 대규모로 사육하는 가축 중에서 닭의 생활 환경이 가장 열악하다. 대부분의 브로일러(육용으로 쓰는 잡종)는 수명이 짧은데, 그나마도 빽빽하게 들어선 격납고 같은 닭장에서 평생을 보낸다. 하지만 안타깝게도 사육 가축의 복지를 개선하려는 노력은 더디기만 하다. 어떤 환경에서 자란 닭의 고기인지 가늠하려면 포장에 붙어 있는 라벨을 확인해야 한다. 방목 또는 유기농 방식으로 자란 닭의 생활 환경이 양계장에서 키운 닭보다 나은지, 그 결과 고기의 맛이 뛰어나고 영양가가 높은지는 논란의 여지가 있다.

그렇다면 진실은?

사료와 가축 공간, 스트레스 지수, 그리고 수명은 닭고기의 맛을 좌우하는 중요한 요소다. 라벨에 잘못된 정보가 기재되는 경우도 종종 있지만, 닭이 어떤 환경에서 사육되었는지를 알면 닭고기의 품질을 어느 정도 가늠해볼 수 있다. 방목 사육한 닭은 수명이 더 긴 편이지만, 돌아다닐 수 있는 공간이 한정되어 있어 스트레스를 많이 받는다. 따라서 고기가 퍽퍽하고 신맛이 나기도 한다. 반대로 실내 양계장에서 키운 닭은 살코기가 연한 어릴 때 도축한다. 전반적으로 소규모 농장에서 다양한 사료를 먹여 키운 성장 속도가 느린 품종일수록 고기가 더 단단하고 맛이 좋다.

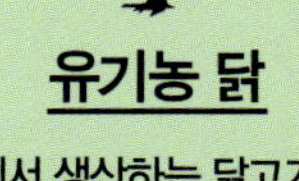

유기농 닭

영국에서 생산하는 닭고기 중 유기농 사육은 1% 이하이고 미국은 2%에 불과하다.

방목 사육

농장이 갖추어야 할 조건

닭이 바깥으로 자유롭게 나갈 수 있어야 한다. 실내 양계장보다 사육 환경이 훨씬 더 좋은 것은 사실이지만, 가축용인 작은 문 사이로 드나드는 것이 어려울 수 있어 생각보다 많은 닭이 밖으로 나가지 못한 채 안에서 생활한다.

고기에 미치는 영향

바깥으로 자유롭게 나갈 수 있는 닭의 고기는 단백질이 많다. 그러나 방목형 양계장에서 자란 닭은 스트레스를 많이 받는다. 이는 닭고기 품질에 좋지 않은 영향을 미칠 수 있다.

옥수수를 먹이면 고기가 맛있어진다?

똑같이 옥수수를 먹여서 키워도 농장에 따라 사육 환경은 천차만별이다. 라벨에 적힌 사료 정보만으로 고기의 품질을 확신하면 안 되는 이유다.

맛에 미치는 영향

닭의 식단에 따라 닭고기의 맛이 진하거나 연해진다. 하지만 사육 환경 역시 고기의 맛과 육질에 큰 영향을 미친다. 옥수수를 먹인 닭은 주로 실내 양계장에서 사육되지만, 방목 또는 유기농 사육을 하는 경우도 있으므로 라벨을 꼼꼼히 살펴보는 것이 좋다.

실내 양계장

농장이 갖추어야 할 조건

대규모 사육 양계장에서는 격납고처럼 생긴 커다란 닭장 안에 여러 마리의 닭을 가두어 키운다. 닭들은 바깥으로 나가지 못한다. 1제곱미터당 19~20마리의 닭을 키우기도 하는데, 평생 햇빛을 보지 못하는 닭도 있다.

고기에 미치는 영향

닭이 아직 어려 움직임이 많지 않을 때 도축하므로 살코기는 연하지만 색이 창백하고 맛도 덜하다.

실내 양계장

19~20마리

1제곱미터당

방목 사육

13~15마리

1제곱미터당

물을 주입한 고기는 어떻게 구분할 수 있을까?

고기를 통통하게 만들기 위해 흔히 물을 주입하는데, 이는 고기의 맛과 육질에 다양한 영향을 미친다.

대규모 고기 생산업체는 종종 고기에 물을 주입한다. 이를 통해 육질이 개선된다는 주장이다. 관절을 포함한 닭의 모든 부위에 작은 바늘을 찔러넣은 후 펌프를 통해 물을 주입하는 방식이다. 베이컨과 햄을 짭짤한 소금물에 담그거나 주입하기도 하고 회전식 진공 장치처럼 소금물에 고기를 넣고 굴리기도 한다.

확실히 닭과 같은 일부 고기의 경우 소금물에 담그면 충혈된 근섬유가 부드러워지면서 육질이 개선된다. 그러나 고기에 물을 주입하면 오히려 맛의 강도를 떨어뜨려 고기가 싱거울 수 있다.

물을 주입한 흔적

포장 용기 아래에 액체가 고여 있다고 해서 고기에 물을 주입했다고 단정 지을 수는 없다. 물을 넣어서 통통하게 만들지 않은 일반 고기에서도 물이 흘러나온다. 그보다는 주성분을 잘 살펴보고 고기 양에 해당하는 백분율이 나와 있는지, 목록에서 '물'이 상단에 기재되어 있는지, 또는 라벨에 '추가' 또는 '보유' 수분이 쓰여 있는지를 확인하는 편이 안전하다.

37%
플럼핑을 통해 가금류 무게의 3분의 1 이상 물을 주입할 수 있다.

25%
습식염지법을 통해 베이컨 무게의 4분의 1까지 물을 주입할 수 있다.

고기를 냉동하면 맛과 육질이 나빠질까?

냉동고는 장기간 음식을 보관할 수 있는 편리한 도구다.
하지만 출력이 낮은 가정용 냉동고는 고기를 급속 냉동하는 업체용 제품보다 효율성이 떨어진다.

고기는 겉에서부터 얼기 시작한다. 가정용 냉동고에서는 고기를 얼리는 데 더 많은 시간이 든다. 가장자리에서부터 날카로운 얼음 결정이 생기기 시작해 점점 더 커지면서 연약한 근육 사이를 파고든다. 해동 과정에서 손상된 세포에서 수분이 날아가면서 육즙과 부드러움이 줄어든다.

냉동상이란 얼음이 건조한 냉동고 안 공기 중으로 증발하면서 표면에 딱딱한 '화상' 자국이 남는 것을 말한다. 고기가 냉동고 안에 오랫동안 방치될수록 냉동상이 생길 가능성이 크다. 냉동상을 예방하려면 공기가 통하지 않는 포장지로 단단하게 감싼 후 보관해야 한다. 오른쪽 표는 지방이 분해되거나 육질이 나빠지지 않게 고기를 얼릴 수 있는 최대 냉동보관 기한을 나타낸다.

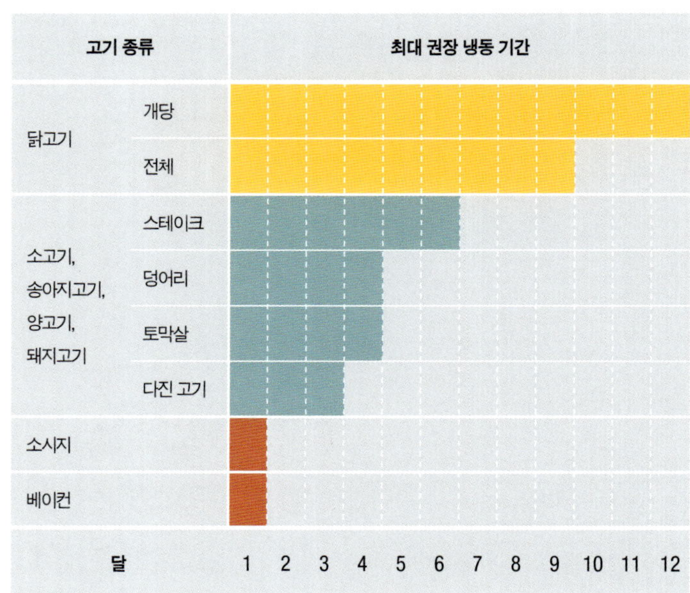

권장 냉동 기간

표를 보면 최대 권장 냉동 기간을 알 수 있다. 이 기간을 넘기면 육질과 맛이 눈에 띄게 나빠지기 시작한다. 스테이크와 덩어리는 비교적 오랫동안 냉동해도 괜찮지만, 시간이 지나면 지방이 점차 분해되고 (산화 작용에 의해) 맛이 변질된다. 따라서 표에 나온 냉동 기간을 넘기지 않는 것이 좋다.

고기를 두드리면 정말로 효과가 있을까?

요리하기 전에 망치로 왜 고기를 두드리는지
언뜻 이해하기 어렵겠지만, 사실 장점이 많다.

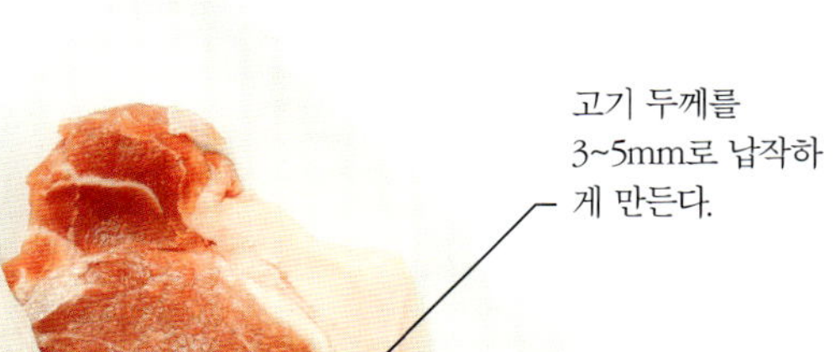
고기 두께를 3~5mm로 납작하게 만든다.

고기 망치로 고깃덩어리를 두드리면 근섬유가 부서지거나 망가지는데, 섬유를 단단하게 연결하는 결합조직에도 미세한 상처가 생긴다. 이와 같은 방법으로 근섬유와 조직을 두드리면 조리 과정에서 수분을 5~15%가량 더 유지할 수 있다. 근섬유가 덜 축소할뿐더러 손상된 섬유 내 단백질이 수분을 빨아들이면서 고기의 맛이 한층 더 깊어진다. 질긴 스테이크와 고깃덩어리는 특히 두드리면 좋다. 지방이 없는 닭가슴살은 두드릴 필요가 없다. 대신 망치의 매끄러운 면으로 가볍게 쳐 납작하게 만들면 고기를 골고루 익힐 수 있다. 이 과정을 거치지 않으면 닭가슴살의 얇은 끝부분이 두꺼운 가운데보다 빨리 익는다.

고기 두드리기

고기를 두드릴 때에는 힘을 많이 들이지 않아도 된다. 단, 고기 양쪽을 모두 두드려야 고기가 고르게 펴진다.

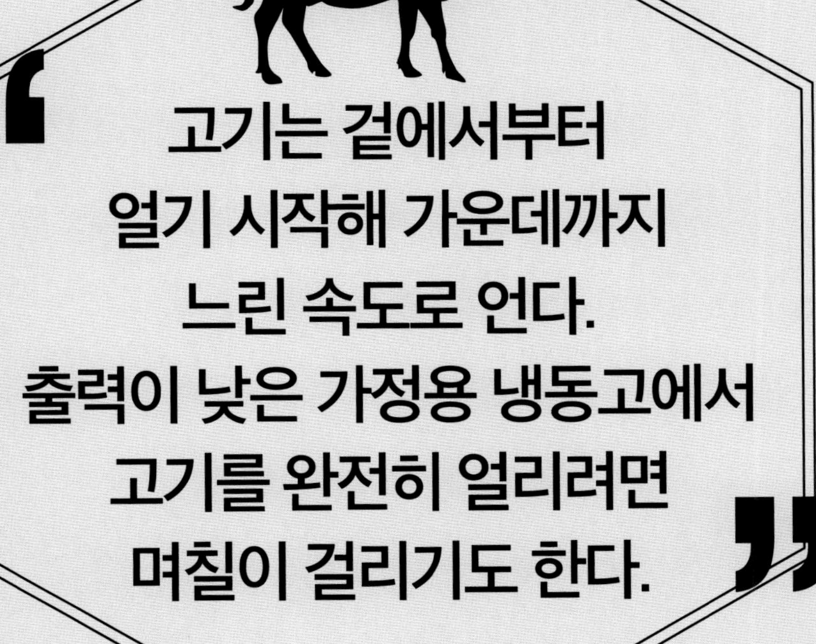

고기는 겉에서부터
얼기 시작해 가운데까지
느린 속도로 언다.
출력이 낮은 가정용 냉동고에서
고기를 완전히 얼리려면
며칠이 걸리기도 한다.

바비큐 요리 과정

숯불에 구운 음식은 향과 맛이 독특하다. 여기에는 여러 가지 요인이 있다.

활활 타는 불 위에 음식을 올려놓고 굽는 바비큐는 비교적 간단한 요리처럼 보이지만, 사실 완벽하게 조리하려면 약간의 과학적 지식이 필요하다. 숯을 어떻게 놓아야 하는지, 언제 요리를 시작해야 하는지, 그리고 숯불과 음식 사이에 얼마간의 거리를 두어야 하는지 등 조리 과정의 모든 요소가 음식을 완전히 익히고 맛을 내는 데 영향을 미친다. 숯불을 이용해 바비큐할 때 고기에서 빠져나온 지방이 숯불에 닿아 증발하면서 맛 분자가 생겨난다. 온도가 높아지면서 분자가 위로 올라가 고기의 밑면을 코팅하듯 덮는다. 토막살이나 립처럼 지방이 많은 부위는 고기에서 떨어지는 지방의 양이 훨씬 더 많은데, 이 지방이 맛 분자와 만나 자극적이고 깊은 맛의 입자가 가득 만들어진다. 가스를 활용한 바비큐 역시 효율적이지만, 숯불로 구웠을 때보다 맛의 강도가 약한 편이다.

기본 원리
바비큐 그릴 위에 음식을 올려놓고 숯불이나 가스를 이용해 불을 피운다. 열기로 인해 음식이 익는다.

알맞은 재료
스테이크, 조인트(joint, 큰 덩어리), 닭고기, 버거, 소시지, 통생선, 그리고 사탕옥수수와 같은 부드러운 채소.

고려해야 할 점
숯불로 요리할 때는 음식의 겉면이 타지 않으면서 가운데 부분까지 완전히 익도록 신경 써야 한다.

가장 좋은 색깔
바비큐 그릴의 안쪽이 은색이면 가장 좋다. 은색은 열선을 반사하므로(복사의 원리) 온도가 더욱 높이 올라간다.

나뭇조각 효과
나무 위에서 조리하면 고기 맛이 좋아진다. 400℃ 이상이 되면 나무에 들어 있는 리그닌이 분해되면서 향을 내는 입자가 생긴다.

작은 차이
숯불과 음식 사이의 거리를 10~20cm에서 두 배로 늘려도 음식에 닿는 열기가 3분의 1 정도만 줄어든다.

음식을 올린다
중간 크기의 바비큐를 숯불에서부터 10cm 정도 공간을 두고 올리면 열이 고기에 골고루 닿는다. 숯불의 거리가 더 가까우면 고기의 겉면이 타기 쉽다.

#3

숯불을 피운다
숯불을 피우고 나면 불꽃이 꺼질 때까지 기다렸다가 음식을 올린다. 회색빛의 재가 숯불을 덮으면서 숯불이 타는 속도가 일정해지고 열기가 그릴 전체에 골고루 퍼진다.

#2

#1

숯을 골고루 깐다
바비큐 하단 겉이 위에 숯을 깐다. 숯과 바닥 사이의 공간으로 공기가 순환하면서 숯불의 온도가 올라가고 재가 바닥으로 떨어진다.

자세히 들여다보기

고기가 익으면서 수분이 날아간 겉면이 딱딱해진다. 일정 온도를 지나면 온도가 100℃로 유지되는 '비등 부분'이 생기기 시작한다. 비등 부분에 속하는 고기는 촉촉한 상태를 지속한다. 열기가 비등 부분으로부터 고기 가운데로 옮겨간다.

두께가 4cm 이상인 고기는 가운데까지 완전히 익히는 데 더 많은 시간이 걸리므로 뚜껑을 덮고 요리하는 것이 좋다.

비등 부분

고기 겉면의 수분이 날아가면서 마이야르 반응이 일어나고 고기가 점점 더 딱딱해진다.

일러두기

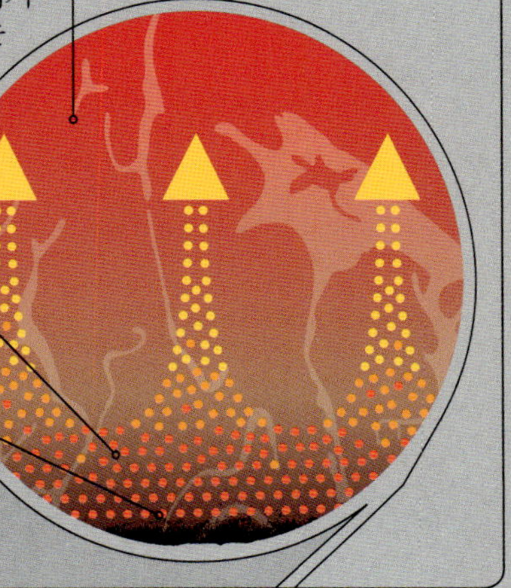

음식 겉면에서부터 열이 이동하는 방향

수분이 날아간 겉면

뜨거운 공기가 바비큐 내부를 순환하면서 고기 겉면을 사방에서 데운다.

뚜껑을 덮으면 불꽃이 필요로 하는 공기 공급량이 줄어들어 온도가 내려간다.

공기 구멍을 살짝 열어두어야 연기 가스가 밖으로 배출된다.

숯을 고깃덩어리로부터 멀리 두어야 고기 안이 익기 전에 겉이 타는 일이 생기지 않는다.

뚜껑을 덮지 않으면 음식의 겉면에서 열이 새어나가 고기 윗면이 식는다.

공기 유입 구멍을 통해 들어오는 차가운 공기는 불꽃을 더 활활 태운다. 이 구멍으로 온도를 조절할 수 있다.

온도 유지하기

바비큐 위에 딱 맞는 뚜껑을 덮으면 오븐과 같은 효과를 낼 수 있다. 두꺼운 고깃덩어리와 조인트를 요리할 때 뚜껑을 활용하는 것이 좋다.

중간 크기의 바비큐는 음식과 숯 사이에 10cm 정도의 간격을 두는 것이 가장 좋다.

#4

맛이 깊어진다

조리 과정에서 지방이 숯 위로 떨어지고, 지방이 증발하면서 대량의 맛 분자가 만들어진다. 이 분자가 열과 함께 위로 올라가면서 고기 전체로 퍼진다.

차이점 알기

숯

숯은 고기 맛을 풍부하게 하지만, 조리 시간을 맞추기가 까다롭다.

- 숯은 달구는 데 30~40분이 걸린다. 공기 유입 구멍으로 온도를 조절하는 방법이 가장 수월하다. 숯은 공기 흐름의 변화에 비교적 천천히 반응한다.

- 숯은 온도가 650℃ 이상까지 올라간다.

- 바비큐의 뚜껑을 꽉 닫으면 쉽게 훈연할 수 있다.

- 가스 바비큐보다 맛이 뛰어나다. 육즙이 숯 위로 떨어지면서 맛을 내는 수증기가 발산하기 때문이다.

가스

가스를 활용하는 바비큐는 불을 피우고 제어하기가 쉽다.

- 5~10분 안에 불을 피울 수 있다. 다이얼로 온도를 쉽게 제어할 수 있다. 버너 또한 여러 개라 한꺼번에 다른 온도에서 요리할 수 있다.

- 온도가 107~315℃로 숯보다 낮다.

- 오븐처럼 사용하기에 적합하다. 안전상의 이유로 뚜껑이 딱 맞지 않아 훈연 요리는 어렵다.

- 햄버거처럼 빨리 조리해야 하는 음식의 경우 숯불로 구웠을 때와 맛에서 차이가 난다.

고기를 절이면 어떤 점이 좋을까?

고기를 재운다는 뜻의 마리네이트(marinate)는 원래 '바닷물에 절인다'는 의미를 가지고 있다.

많은 사람들이 마리네이드(marinade, 밑간)를 잘못 이해하고 있다. 옛날부터 고기를 보존하기 위해 썼던 짠 수프를 마리네이드라고 불렀는데, 요즘에는 고기를 찍어 먹는 깊은 맛의 '양념'을 뜻한다. 하지만 이는 오해다(아래 참고). 물론 적절한 마리네이드를 사용하면 고기에 색다른 향과 맛을 더할 수 있고 표면을 더욱 부드럽게 만들 수 있다.

얼마나 절여야 할까?

고기는 최대 24시간까지 절여도 좋지만, 되도록이면 24시간 미만이 적절하다. 너무 오랫동안 절이면 마리네이드의 소금이 고기 겉면에서부터 굳기 시작하기 때문이다. 이렇게 되면 고기 요리의 바깥층이 흐물흐물해지기 쉽다. 요리하기 전에 30분 정도 절이는 것이 바람직하다.

연하고 맛있는 고기

마리네이드에 넣은 재료들이 함께 섞여 고기 맛에 깊이를 더하고 바깥층을 더욱 부드럽게 만든다. 요리하는 동안 마리네이드에 들어 있는 설탕과 단백질이 갈변화를 촉진해 고기 겉면이 더욱 바삭하고 맛있어진다.

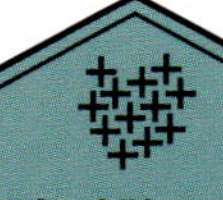

잘 익힌 고기

달걀흰자와 베이킹소다와 같은 알칼리성 재료는 갈변 반응을 더욱 가속시킨다.

오해와 진실

─── 오해 ───
마리네이드가 고기의 맛을 더욱 깊게 한다.

─── 진실 ───
양념이 고기 깊숙이 침투하는 것은 물리적으로 불가능하다. 대부분의 맛 분자는 크기가 너무 커서 고기의 근섬유 안으로 들어갈 수 없다. 꽉 들어찬 근섬유는 75%가량이 수분으로, 흠뻑 젖은 스펀지와 비슷한 모양이다. 맛 분자의 대부분을 분산시키는 기름 분자 역시 근육 세포 깊숙이 들어가지 못한다. 따라서 기름과 맛 분자가 몇 밀리미터 이상 침투하지 못하고 고기 겉면을 감싸는 데 그친다.

마리네이드 재료

무수히 많은 재료로 마리네이드를 만들 수 있지만, 깊은 맛을 위해 꼭 필요한 재료들이 있다. 주로 소금, 기름과 같은 지방, 산성 재료(갈변화를 늦추기 때문에 없어도 상관없다), 그리고 설탕과 허브, 향신료와 같은 양념이 들어가야 한다.

기본 재료

- **소금**
  가장 중요한 재료다. 전체적인 맛을 살릴 뿐만 아니라 고기 맨 위층의 단백질 구조를 바꾸는 역할을 한다. 고기 안으로 약간의 수분이 들어와 씹는 맛이 더욱 부드러워진다.

- **지방**
  올리브유와 같은 기름은 마리네이드의 기본 재료다. 맛 분자를 넓게 도포하고 고기를 더욱 부드럽게 하는 윤활유 역할을 한다. 전통 인도식 마리네이드는 요구르트를 사용한다. 유제품에 들어 있는 설탕과 단백질이 고기의 설탕과 단백질과 만나 색다른 향을 만들어낸다.

산성 재료(선택 사항)

- **레몬즙**
  톡 쏘는 맛을 더한다. 쓴맛을 감지하는 미각 수용기를 자극한다. 또한 고기의 바깥층을 연하게 만든다.

- **식초**
  고기를 연하게 만든다. 식초의 시큼한 맛이 고기 본연의 강한 맛과 마리네이드의 지방 또는 기름 맛을 적당히 잡아준다.

- **와인**
  알코올 성분이 마리네이드 맛을 더욱 넓게 퍼뜨린다. 또한 고기의 바깥층을 더욱 연하게 만든다.

양념

- **설탕**
  쓴맛을 감지하는 혀의 감각을 둔하게 만든다. 맛을 풍부하게 하며 갈변과 캐러멜라이즈 과정을 가속한다. 일반 설탕보다는 꿀과 당밀이 좋다.

- **허브와 향신료**
  향이 나는 허브와 향신료는 독특한 맛을 낼 뿐만 아니라 마리네이드를 한층 더 달거나 맵게, 상하게 또는 신선하게 만든다. 마리네이드의 기름과 섞여 맛을 낸다.

레몬   고추

요리를 할 때 언제 소금간을 해야 할까?

큰 차이가 없는 것처럼 보일 수 있지만, 소금간의 타이밍을 제대로 맞춰야 완벽한 요리를 만들 수 있다.

만약 소금간이 단순히 맛의 문제라면 타이밍은 크게 중요하지 않을지도 모른다. 하지만 소금은 풍미를 더하는 것 외에 훨씬 더 많은 일을 한다. 쏟아진 레드 와인 위에 소금을 뿌리면 소금의 놀라운 흡수 능력을 볼 수 있을 것이다. 이와 같은 성질을 가리켜 '흡습성'이라고 한다. 생고기 위에 소금을 문지르는 것 역시 비슷한 효과를 낸다. 근육 속 수분이 빠져나와 소금기 있는 표면층이 만들어진다.

육질을 더 좋게 한다

오른쪽 그림을 보면 요리를 시작하기 훨씬 전과 직전에 소금간을 했을 때의 효과를 살펴볼 수 있다. 요리 직전에 소금간을 하면 표면에 짭짤한 층이 생기는데, 소금층을 닦아 고기의 물기를 제거하면 갈변 반응을 더욱 가속시킬 수 있다. 요리를 시작하기 훨씬 전에 소금간을 해두면 더욱 효과적이다. 오랜 시간이 지나면서 소금이 고기 표면의 단백질을 변성시키는데, 그 결과 고기가 한층 더 연해진다. 40분가량이 지나면 고기가 눈에 띄게 부드러워진 것을 알 수 있다. 요리를 하기 전에 표면의 물기를 닦아 갈변 반응을 더욱 촉진한다.

소금간이 필요 없는 경우

소금은 부위를 가리지 않고 모든 고기를 연하게 만든다. 하지만 다진 고기의 경우 미리 소금간을 하지 않는 것이 좋다. 다진 고기의 가는 입자를 더욱 부드럽게 만들어 고기가 서로 뭉칠 수 있기 때문이다. 버거 역시 미리 소금간을 하면 고무처럼 질겨진다. 이 상태로 조리한 고기는 땅에 떨어뜨리면 튕겨 올라올 정도로 단단하다.

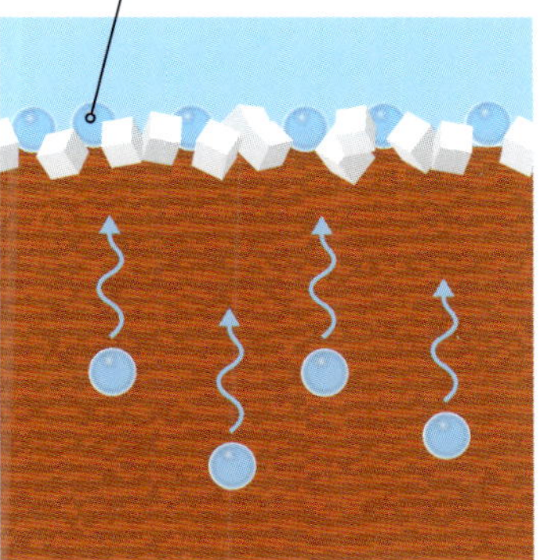

요리 직전에 소금간을 하면

소금간을 하고 2분 정도 지나자마자 소금이 고기의 수분을 밖으로 끄집어낸다. 겉면에 바른 소금과 수분이 합쳐져 땀처럼 끈적하고 얇은 소금층이 형성된다.

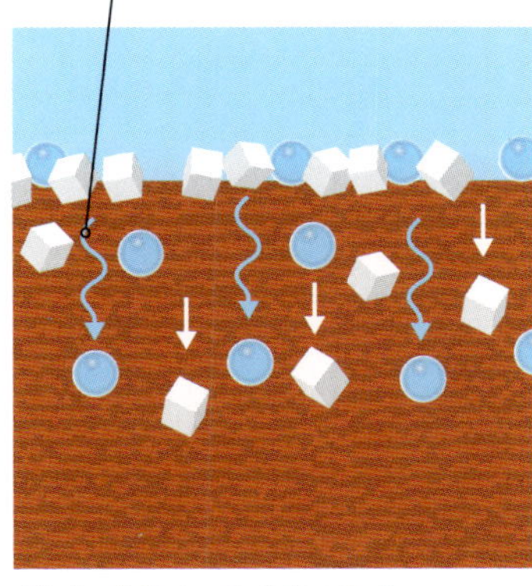

훨씬 전에 소금간을 하면

오랜 시간이 지나면 짭짤한 소금물이 단백질을 변성하고 분해해 고기가 부드럽고 연해진다.

고기를 집에서 훈연하려면?

오래전부터 고기를 오랫동안 보존하기 위해 훈연 기술을 이용했다.
오늘날에는 음식의 향을 바꾸고 매력적인 맛을 이끌어내기 위해 훈연한다.

훈연은 크게 두 가지 방법으로 할 수 있다. 바로 냉훈법(콜드 스모킹)과 온훈법(핫 스모킹)이다. 냉훈법은 최대 30℃의 열을 이용한다. 별도의 조리 없이 나무에서 발생하는 수증기만으로 음식을 익힌다. 반면 온훈법은 55~80℃의 열로 요리하는데, 잘 구워진 고기와 식감이 비슷하다(아래 참고). 하지만 냉훈법처럼 다양한 단맛과 매운맛을 살리지 못하는 단점이 있다.

훈연의 과학적인 원리

나무에 불이 붙으면 나무 속에 있는 리그닌이라는 물질이 분해되면서 냄새와 맛 분자가 터져 나온다. 분자가 점점 더 퍼져 나와 고기 표면에 달라붙는다. 리그닌이 분해되기 시작하고 온도가 170℃까지 올라가면 연기가 피어오른다. 200℃에 다다르면 연기가 더욱 짙어지고 어두워진다. 리그닌이 손쉽게 갈라지면서 캐러멜과 꽃, 그리고 빵 냄새가 분출된다. 온도가 400℃에 이르면 나무가 검게 그을리고 연기가 더욱 짙어진다. 분자의 반응 역시 가장 활발해지는데, 그 결과 더욱 강한 향이 퍼져나간다. 연기가 옅어지면 나무의 온도가 너무 높거나 더 이상 쓸 수 없음을 의미한다.

오크나무

온훈법으로 고기 훈연하기

기본적인 주방 도구로도 훈연 기술을 응용할 수 있다. 닭가슴살과 날갯살, 돼지갈비(폭립)처럼 양이 적은 고기를 온훈법으로 요리할 때는 아래와 같이 웍 또는 팬을 이용할 수 있다. 딱딱한 치즈와 생선을 요리할 때 역시 같은 방법을 응용한다.

향료 준비하기

웍의 옆부분에 다용도 알루미늄 포일을 크게 잘라 붙인다. 냄비 바닥에 5cm 크기의 구멍을 남긴다. 웍 바닥 위로 요리용 나뭇조각 2테이블스푼을 골고루 뿌린다. 피칸 나무와 오크나무, 또는 너도밤나무의 조각이 좋다. 이 외에 찻잎이나 향신료와 같은 향료를 준비하는 것도 좋은 방법이다.

맛 분자 활성화하기

강한 불 위에 웍을 올려놓고 나뭇조각에서 연기가 올라올 때까지 5분 정도 달군다. 연기가 날 때까지 나뭇조각을 달구면 나무에서부터 맛 분자가 발산되어 고기 표면에 축적된다(주로 170℃).

연기 가두기

연기가 짙고 어두워지면 고기를 받침대 위에 올려놓는다. 고기 사이에 어느 정도 공간을 남겨두어야 연기가 순환할 수 있다. 뚜껑을 덮고 밖으로 튀어나온 포일을 조심스럽게 접어 뚜껑을 감싸 맛을 내는 연기가 웍 바깥으로 빠져나오지 않도록 한다.

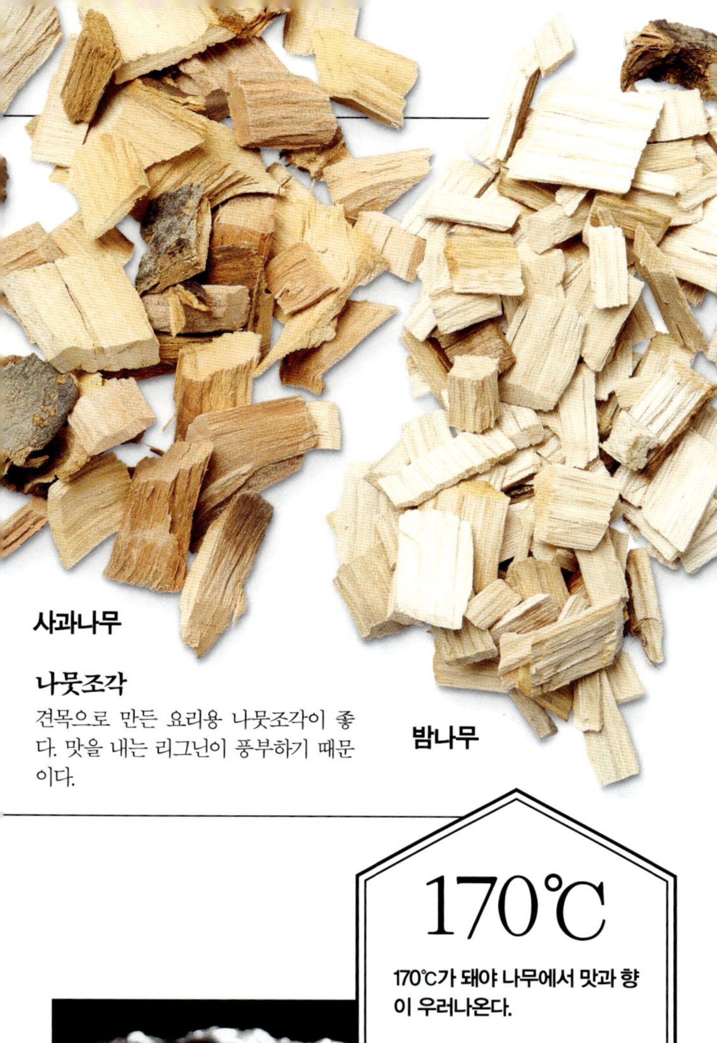

사과나무

나뭇조각
견목으로 만든 요리용 나뭇조각이 좋다. 맛을 내는 리그닌이 풍부하기 때문이다.

밤나무

170℃
170℃가 돼야 나무에서 맛과 향이 우러나온다.

훈연하기
고기가 웍 안에서 충분히 훈연되도록 강한 불에 10분 정도 놔둔다. 그런 다음 불을 끄고 뚜껑을 덮은 채로 20분 정도 둔다. 향이 더 깊이 배도록 하려면 더 오랫동안 놔둔다. 고기를 굽거나 얇게 자른 후 볶아서 마무리하면 바삭한 갈색 껍질을 완성할 수 있다.

고기를 집에서 숙성시킬 수 있을까?

숙성된 고기는 맛과 향이 훨씬 더 깊지만, 장기간 숙성시킨 고기는 엄청나게 비싸다.

고깃덩어리의 부피가 줄어들 때까지 기다려야 하는 건조 숙성의 과정은 많은 시간과 공간을 필요로 한다. 건조 숙성한 고기가 비싼 이유이기도 하다. 선선하고 습도가 높은 환경에 고기를 장기간 보관해야 효소가 콜라겐과 근섬유를 분해하고 육질을 더욱 부드럽게 만들 시간을 충분히 확보할 수 있다. 또한 이 과정에서 크고 맛이 나지 않는 분자가 작고 향긋하며 깊은 맛을 가진 분자로 탈바꿈한다. 특수 시설의 경우 커다란 고깃덩어리를 온도와 습도가 조절되는 환경에서 몇 달 동안 숙성시킬 수 있다. 집에서도 일반적인 소고기와 냉장고를 활용해 비슷한 효과를 낼 수 있다.

숙성 타임라인
건조 숙성한 고기는 맛이 다채롭고 육질이 부드럽다. 숙성 기간에 따라 소고기는 다음과 같은 변화를 겪는다.

시간	소고기의 변화
1~14일	**점점 더 연해진다** 커다란 소고기 덩어리를 걸이에 걸고 그 밑에 소량의 물을 부은 방울받이를 놓는다. 선선한 냉장고(3~5℃) 안에 고기를 넣는다. 이렇게 하면 효소가 소고기를 연하게 만들기 시작하는데, 14일이 지나면 고기의 80%까지 연해진다.
15~28일	**맛이 진해지기 시작한다** 효소가 조직을 분해하기 시작하면서 단맛과 고소한 맛이 생겨난다. 방울받이 안에 물을 채워 넣어 냉장고 안에 습도를 유지해야 고기가 바싹 건조되는 것을 막을 수 있다.
29~42일	**부드러움과 맛이 최고조에 달한다** 고기를 오래 숙성할수록 효소가 활동할 수 있는 시간이 길어지면서 고기 맛이 더욱 풍부해진다. 지방이 분해되면서 치즈를 비롯한 다양한 맛이 난다. 요리하기 전에 곰팡이가 핀 부분과 석탄색과 비슷한 겉면을 제거하면 진홍색 고기 속이 드러난다.

지방은 전부 제거해야 할까?

건강을 위해 동물성 포화지방은 되도록 피하는 게 좋지만, 요리할 때 맛을 내려면 어느 정도 지방이 있어야 한다.

붉은 살 고기의 포화지방이 콜레스테롤과 칼로리에 어떤 영향을 미치는지는 이미 잘 알려져 있다. 그렇지만 고기의 맛을 결정하는 것은 지방이다. 그래서 요리 관점에서는 지방을 제거하지 않고 그대로 두는 것이 더 좋다.

단, 몇 가지 예외사항이 있다. 플래시프라이(flash-fry, 높은 온도에서 튀기듯 굽는 것-역주)한 스테이크 다이앤은 조리 시간이 짧다. 지방이 완전히 익을 시간이 충분하지 않아 반만 익는 경우도 있다. 스튜용 살코기 역시 조리하는 동안 콜라겐이 덜 분해되고 지방이 완전히 녹지 않을 수도 있으므로 커다란 지방 덩어리는 제거하는 것이 좋다.

더 맛있는 고기

고기에 열이 가해지면 지방이 산화하면서 맛이 더욱 풍부해질 뿐만 아니라 지방이 녹아 육즙이 생긴다.

고기를 자르는 방향이 중요할까?

고기의 표면을 살펴보면 근섬유의 방향을 알 수 있다.

고기를 어떤 방향으로 자르느냐에 따라 조리했을 때 부드러움과 육즙이 완전히 달라진다. '고깃결'이란 근섬유의 방향을 가리킨다. 고기 표면에 보이는 근섬유의 각도와 결합조직의 선을 잘 살펴보자. 고기의 근육을 찢으면 고깃결을 따라 갈라진다. 스테이크와 같이 고기를 두툼한 덩어리로 잘라 요리할 때는 칼과 고깃결이 직각이 되는 '통썰기'로 잘라야 한다. 그래야만 가닥을 하나씩 감싸고 있는 질긴 결합조직을 이로 수월하게 끊을 수 있다. 뿐만 아니라 고기를 씹었을 때 입안에서 더욱 쉽게 분해되고 부드러운 젤라틴이나 지방이 미각을 자극한다. 반면 고깃결의 방향대로 자르면 통썰기로 자른 고기보다 열 배 정도 더 세게 씹어야 한다.

바삭한 포크 크랙클링을 만드는 비법은 무엇일까?

반지르르한 갈색의 포크 크랙클링은 많은 고기 애호가들이 손꼽는 별미다.

핏기없이 창백하고 질감이 고무 같은 돼지 껍질로 만드는 가볍고 바삭한 크랙클링은 꽤 까다로운 요리다. 하지만 꼼꼼하게 준비해 차근차근 단계별로 요리하면 생각보다 수월하게 포크 크랙클링을 완성할 수 있다.

크랙클링은 어떻게 만들까?

주로 포크 크랙클링이 지방 덩어리라고 생각하지만, 사실 돼지 껍질의 모든 층뿐만 아니라 크랙클링을 단단하게 만들어주는 결합조직과 단백질까지 모두 사용한다. 그 밑에 있는 지방층도 같이 요리하는데, 절반 정도가 불포화지방으로 이루어져 있다.

포크 크랙클링 만들기

반지르르하고 바삭바삭한 크랙클링을 만들려면 여러 개의 주요 단계를 거쳐야 한다. 먼저 요리하기 전에 돼지 껍질을 잘 건조한

소금을 문지른 후 건조하기

완벽한 포크 크랙클링을 만들려면 먼저 돼지 껍질을 건조해야 한다. 돼지고기에 소금을 문지른 다음 충분한 시간 동안 그대로 둔다. 소금은 수분을 제거하는 역할을 한다. 돼지고기를 가볍게 두드려 남아 있는 물기를 닦은 다음 냉장고 안에 넣어 완전히 건조한다.

바삭한 크랙클링을 좀 더 쉽게
만들려면 통돼지를 꼬치에 끼워
돌리면서 굽는 스핏-로스팅 방식
을 응용해보자.

"크랙클링은 돼지 껍질의 모든 층으로
만들며 단단한 결합조직과 단백질을
함유하고 있다."

후 칼집을 낸다. 본격적인 조리 방법은 크게 두 단계로 나뉜다. 돼지고기를 낮은 온도에서
구워 식힌 후 센 불에서 다시 한 번 굽는다.

요리 면적 넓히기

돼지 껍질에 칼집을 내는 것이 포인트다. 열
에 노출되는 고기의 면적이 넓을수록 오븐
의 뜨거운 열이 껍질 안까지 골고루 들어가
기 때문이다. 돼지 껍질에 손가락 한 개 너
비로 사선 방향의 칼집을 낸다. 껍질 아래
에 있는 지방까지 칼집을 내되, 칼이 고기
를 완전히 통과하지 않도록 한다. 조리되는
동안 칼집을 통해 수분이 빠져나가고 껍질
표면에 지방이 올라와 오돌토돌하게 튀겨
진다.

천천히 구운 후 식히기

190℃ 정도의 중간 불로 고기 450g당 35분
동안 조리한다. 칼로 살코기를 살짝 찔렀을
때 쉽게 들어가면 거의 익은 것이다. 이렇게
조리된 고기는 육즙은 풍부하면서 지방이
쫀득하고 흐물흐물하다. 오븐에서 고기를
꺼낸 다음 포일로 싸서 식힌다. 고기가 식는
동안 오븐을 240℃로 예열한다.

센 불에 굽기

오븐 온도가 준비되면 껍질 속까지 열이 전
해지도록 식힌 고기 위에 기름을 조금씩 붓
거나 끼얹는다. 그런 다음 고기를 다시 오븐
안에 넣고 20분 정도 굽는다. 중간중간 고
기를 뒤집어야 골고루 구울 수 있다. 껍질이
갈색빛으로 변하기 시작한다. 또한 미처 밖
으로 빠져나가지 못한 껍질 속 수분이 증발
하면서 크랙클링의 표면이 오돌토돌하게 부
풀어 오른다.

고기는 상온에서 요리해야 할까?

냉동고에서 고기를 미리 꺼낼 필요는 없다.

요리하기 전에 고기를 미리 준비해 상온에서 요리하는 전략이 조리 속도를 높이는 효율적인 방법처럼 보일 수 있다. 하지만 실제로 고기 맛에 큰 차이가 없을뿐더러 고기를 상온에 놔두면 오히려 위생 문제가 발생기기도 한다. 두께가 중간 정도인 스테이크의 가운데 부분은 온도가 5℃ 오르는 데 2시간이 걸린다. 그동안 감염을 일으키는 세균이 고기 표면에 번식할 수 있다. 고기를 재빠르게 굽는 시어링 테크닉을 활용하면 표면의 세균을 제거할 수 있지만, 고기 안으로 침투한 독소를 모두 빼내지는 못한다. 요리하기 전에 고기를 녹여야 하는 유일한 경우는 얇은 프라이팬을 사용할 때다. 하지만 이때도 상온에서 고기를 녹일 필요는 없다. 물론 스테이크가 너무 차가우면 팬이 갈변 과정에 필요한 온도인 140℃ 이상 올라가기 어렵다.

고기를 그슬려 구우면 육즙이 빠져나가지 않을까?

시어링한 고기는 빨리 마른다.

강한 불에 고기를 재빨리 굽는 테크닉을 가리켜 시어링이라고 부르는데, 흔히 바삭한 겉면이 수분이 밖으로 빠져나가는 것을 막는다고 생각한다. 하지만 과학적 이론을 살펴보면 이와는 반대 현상이 일어나는 것을 알 수 있다. 강한 불에 빠르게 그슬린 스테이크의 겉면은 방수 기능이 없다. 실제로 그슬려 구운 스테이크는 그렇지 않은 고기보다 훨씬 더 빨리 마른다. 고기를 갈색으로 만드는 데 필수적인 강한 불 때문에 고기 안쪽의 수분이 더욱 빨리 증발하기 때문이다. 그럼에도 불구하고 갈색빛을 띠는 그슬린 고기 겉면은 맛이 매우 뛰어나다. 높은 온도가 마이야르 반응을 촉진시켜 입안을 촉촉이 적시는 풍부한 맛이 우러나오기 때문이다.

그슬린
스테이크

완벽한 스테이크를 만들려면 어떻게 해야 할까?

'완벽한' 스테이크를 위한 기본 원칙이 있다.

완벽하게 맛을 낸 스테이크의 정의는 어느 정도 개인의 취향에 달렸다. 그러나 몇 가지 주요 원칙과 도움 되는 팁을 알면 스테이크를 만드는 실력을 높이고 최상급의 고기를 가장 알맞게 요리할 수 있다. 팬 또는 그릴의 온도가 충분히 뜨거운지 확인한 다음 아래 나오는 팁을 참고해보자. 두께가 4cm까지인 스테이크에 해당한다.

훌륭한 스테이크를 만드는 최고의 팁

스테이크를 만들 때 다음을 기억하면 최상의 맛과 육질을 끌어낼 수 있다.

고기의 마블링이 좋고 두께가 두꺼워야 촉촉하고 깊은 맛의 스테이크를 만들 수 있다.

바삭하게 마무리하려면 요리하기 40분 전에 소금을 바른 후 키친타월로 닦아낸다.

겉은 바삭하고 속은 연한 스테이크를 만들려면 강한 불에 재빨리 그슬려 굽는다.

부엌에서는 완성할 수 없는 스모키한 맛을 내려면 바비큐를 이용해보자.

스테이크를 자주 뒤집어야 골고루 익힐 수 있다.

스테이크를 충분히 식혀야 육즙이 최대한 진해진다.

두께가 4cm 이상인 스테이크는 오븐에 넣어 마무리한다.

더욱 풍부한 맛을 내려면 마무리 단계에서 숟가락으로 버터를 얇게 펴 발라 녹인다.

같은 팬에서 소스를 만들면 고기에서 나온 젤라틴 때문에 더욱 진해진다.

고기가 완전히 익었는지를 알려면?

고기의 익은 정도를 파악할 때 육류용 온도계를 사용하는 방법이 가장 정확하다. 붉은 살 고기의 경우 눈에 보이는 색깔과 육질을 보고 익은 정도를 가늠할 수 있다. 눈으로 확인한 고기 상태와 아래의 손가락 테스트 결과를 종합해 고기가 알맞게 익었는지 알아보자.

블뢰(엑스트라 레어)

한쪽당 1분 정도 구운 고기로, 구성 요소와 육질이 생고기와 비슷하다. 만졌을 때 부드러우며, 엄지손가락 밑부분의 촉감처럼 느껴진다. 스테이크 가운데 부분의 온도는 54℃ 정도다.

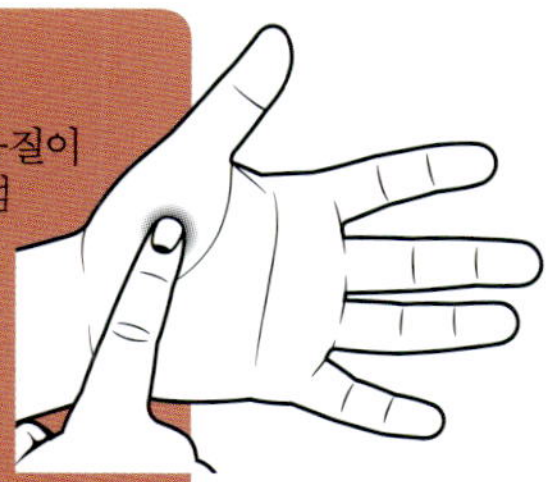

레어

엄지와 검지가 만나도록 오므린 상태에서 엄지손가락 밑부분의 촉감과 비슷하다. 대부분의 수분이 그대로 유지되어 육즙이 풍부하다. 한쪽당 2분 30초가량 구우면 온도가 57℃에 달한다.

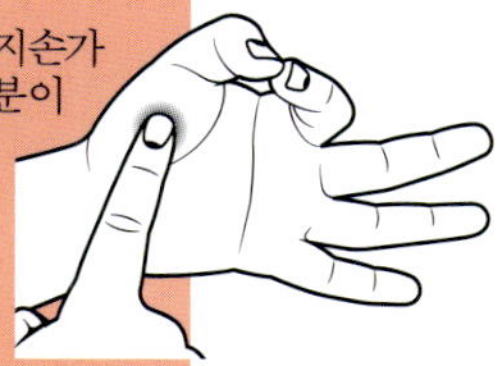

미디엄 레어

엄지와 세 번째 손가락이 만나도록 오므린 상태에서 엄지손가락 밑부분을 만지는 촉감과 비슷하다. 한쪽당 3분 30초 정도 요리하면 스테이크 내부 온도가 63℃까지 올라간다.

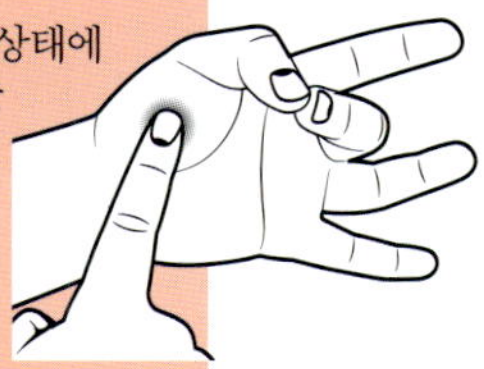

미디엄

71℃ 정도가 되면 대부분의 단백질이 서로 엉키고 고기가 연한 갈색을 띤다. 단단하고 촉촉하며 엄지와 네 번째 손가락을 오므렸을 때 엄지손가락 밑부분의 촉감과 비슷하다. 한쪽당 5분 정도 굽는다.

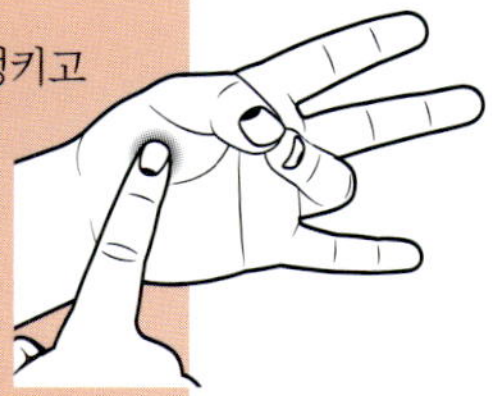

웰던

74℃까지 온도가 오르면 단백질이 응고하면서 세포에서 수분이 빠져나가 고기가 퍽퍽해지며 색도 진해진다. 엄지와 다섯째 손가락을 오므린 상태에서 엄지손가락 밑부분을 만졌을 때의 촉감과 비슷하다. 한쪽당 6분가량 굽는다.

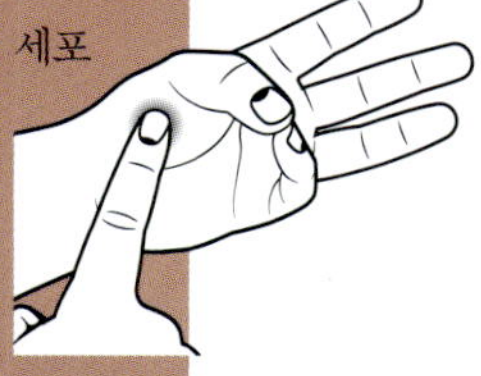

슬로우 쿠킹 요리 과정

약한 불에서 오랫동안 요리하는 슬로우 쿠킹을 통해 질긴 고기를 녹아내릴 듯한 육질로 바꿀 수 있다.

오랫동안 낮은 온도로 요리하면 단단한 고기 안의 질긴 콜라겐이 흐물흐물한 젤라틴으로 바뀐다. 온도가 65~70℃일 때 이러한 반응이 일어난다. 액체 안에서 분해된 젤라틴은 깊은 맛을 내는 지방을 더욱 진하게 유화시켜 풍부하고 감미로운 육즙을 완성한다. 조리 후에는 고기를 액체 안에 넣은 상태에서 식혀야 더욱 촉촉해진다. 흡습성이 강한 젤라틴이 액체를 빨아들인다. 지방이 적은 근육은 빨리 익으므로, 결합조직이 적은 고기를 천천히 요리하면 퍽퍽해질 수 있다.

과학적인 자료

기본 원리
음식을 액체에 담근 채로 오랫동안 요리한다.

알맞은 재료
흰색 결합조직이 붙어 있는 질긴 고기, 뿌리채소, 두류.

고려해야 할 점
낮은 온도로 요리하기 때문에 말린 강낭콩은 미리 익혀두었다가 사용해야 한다(140쪽 참고). 양파와 고기는 갈변시킨 후 요리해야 구운 맛을 살릴 수 있다.

낮을수록 좋다

온도는 낮게 유지한다. 근섬유는 65℃에서 익기 시작한다. 온도가 올라갈수록 수분이 빠져나간다.

68℃

온도가 68℃에 다다르면 콜라겐이 분해되어 젤라틴으로 변한다.

더욱 걸쭉하게

고기를 익힌 전기 찜솥으로 걸쭉한 소스를 만들려면 먼저 고기를 꺼낸 다음 요리판 위에 올리고 끓인다.

재료를 넣는다

안쪽 냄비에 재료를 넣는다. 전기 찜솥은 마이야르 반응이 일어나는 온도까지 올라가지 않기 때문에 필요한 경우 양파와 고기는 미리 팬에 구워 갈변시키는 것이 좋다.

#1

열을 내부에 가둔다

향신료를 넣을 때 빼고는 뚜껑을 열지 않는 것이 좋다. 열린 틈 사이로 수증기와 열이 빠져나오게 되면 액체를 다시 채워 넣어야 하기 때문이다.

#6

열이 위로 올라온다

냄비 하단에서부터 올라온 열이 바닥 전체와 내부 냄비 양옆으로 골고루 퍼진다. 열은 조리액을 지나 바닥에 닿아 있는 음식에 그대로 전달된다.

#5

바닥 또는 옆면(일부 제품은 둘 다)에 발열체가 있다.

액체를 더한다

요리판 위에 놓인 팬처럼 전기 찜솥은 바닥에서부터 데워진다. 따라서 마른 냄비는 쉽게 탄다. 음식이 잠길 정도로 액체를 넣는다. 단, 너무 많이 부으면 소스가 묽고 맛이 싱거울 수 있다.

#2

뚜껑을 닫는다

뚜껑을 닫아 열과 수증기가 빠져나오지 못하도록 한다. 내부 냄비 안쪽의 온도가 일정하게 유지되고 액체의 증발을 막는다.

#3

자세히 들여다보기

하얗고 딱딱한 결합조직은 콜라겐과 엘라스틴 단백질로 이루어져 있다. 콜라겐은 온도가 52℃에 다다르면 변성되기 시작한다. 58℃가 되면 수축과 이완을 반복하면서 수분을 밖으로 짜낸다. 그리고 68℃에 다다르면 콜라겐이 젤라틴으로 바뀐다. 그 결과 수분이 빠져나간 고기에 육즙이 더해진다(아래 그림 참고). 반면 엘라스틴은 일반적인 조리 온도에서는 분해되지 않으므로 연골 형태로 남는다.

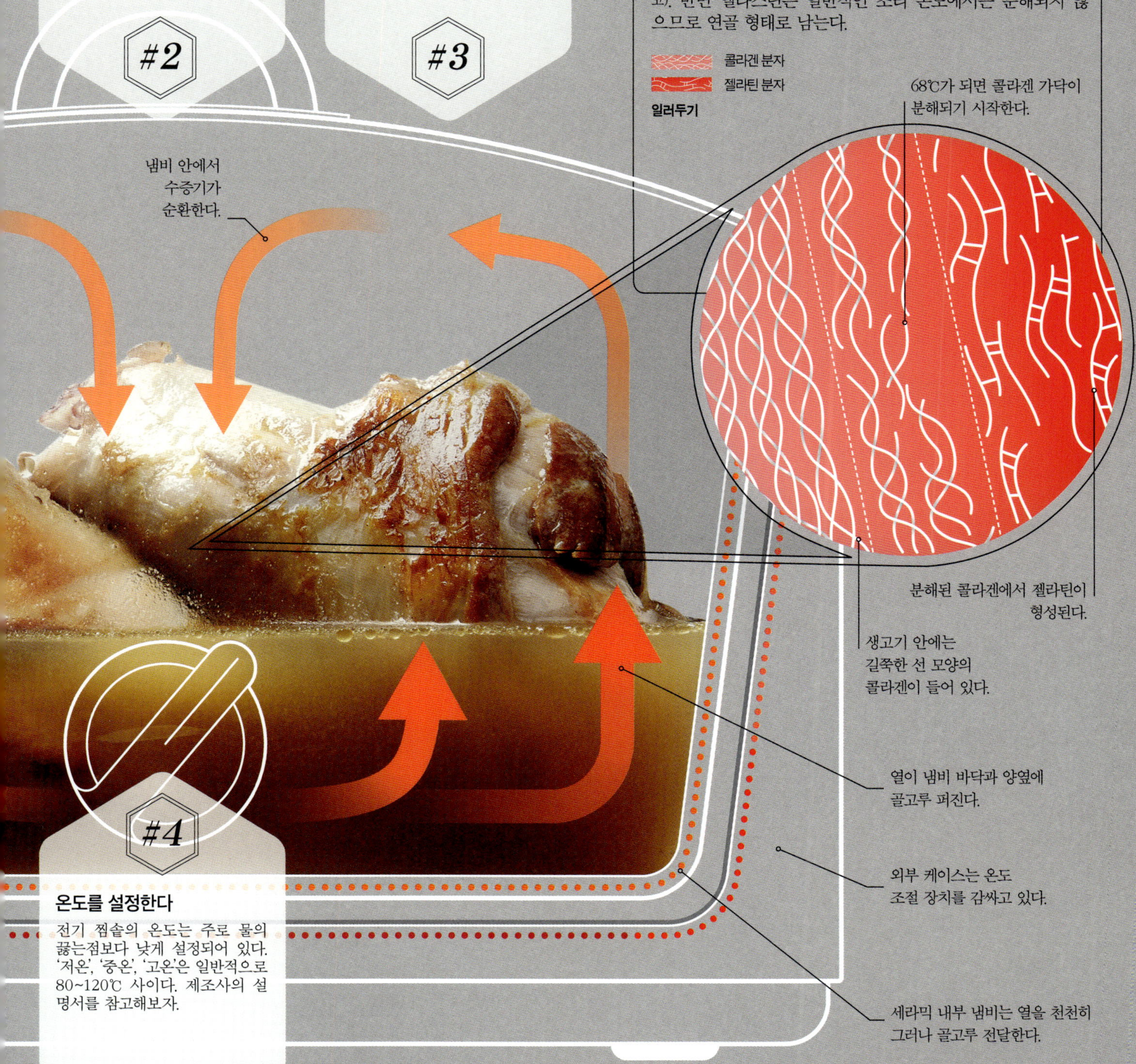

냄비 안에서 수증기가 순환한다.

68℃가 되면 콜라겐 가닥이 분해되기 시작한다.

분해된 콜라겐에서 젤라틴이 형성된다.

생고기 안에는 길쭉한 선 모양의 콜라겐이 들어 있다.

열이 냄비 바닥과 양옆에 골고루 퍼진다.

외부 케이스는 온도 조절 장치를 감싸고 있다.

#4

온도를 설정한다

전기 찜솥의 온도는 주로 물의 끓는점보다 낮게 설정되어 있다. '저온', '중온', '고온'은 일반적으로 80~120℃ 사이다. 제조사의 설명서를 참고해보자.

세라믹 내부 냄비는 열을 천천히 그러나 골고루 전달한다.

어떻게 하면 닭고기나 칠면조고기가 퍽퍽해지지 않을까?

지방이 적은 고기를 촉촉하게 유지하기 위해서는 다양한 재료와 조리 과정을 응용할 수 있다.

다루기 까다로운 가금류의 흰 살 고기는 부피가 크고 부드러운 패스트 트위치 근육(34쪽 참고)에 많이 분포되어 있다. 빠르고 강한 움직임에 주로 쓰이는 이 근육은 비교적 빨리 조리된다. 가슴살은 지방이 매우 적고 결합조직을 찾아보기 힘들다. 지방과 결합조직은 고기의 육즙과 식감을 결정하는 중요한 요소다. 닭고기와 칠면조고기를 일반 가정용 오븐에서 조리하면 편리하지만 오븐의 뜨거운 열 때문에 연약한 고기가 쉽게 퍽퍽해진다.

다음에 나오는 재료 및 조리 과정은 고기를 통째로 또는 조각으로 잘라 요리할 때 모두 해당된다. 닭과 칠면조를 촉촉하게 유지할 수 있는 다양한 해결책을 살펴보자.

지방이 적은 고기

닭고기 중에서 지방이 가장 적고 조리 도중에 퍽퍽해질 가능성이 제일 큰 부위는 바로 창백한 가슴살이다.

통구이	수비드	즉석구이	소금물에 절이기

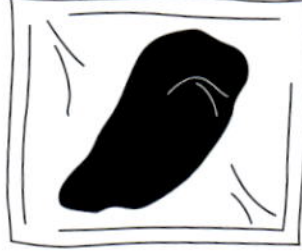

요리 방법

'꼬치구이'라고도 부르는데, 닭이나 칠면조 한 마리를 통째로 꼬치에 끼워 불 위에 얹은 다음 돌려가면서 굽는 방법을 가리킨다.

장점

꼬치가 회전하면서 불에서 나오는 열선이 고기 전체에 골고루 닿는다. 이러한 방법으로 요리한 고기는 일반적인 오븐의 뜨겁고 건조한 공기로 익힌 고기보다 훨씬 덜 퍽퍽하다.

요리 방법

작은 고깃덩어리를 요리할 때 적합하다. 공기가 통하지 않는 봉지 안에 고기를 넣고 온도를 미리 설정한 뜨거운 물에 담근다.

장점

고기가 세심하게 데운 물에 둘러싸여 있으므로 너무 오래 익어 퍽퍽해지는 위험을 피할 수 있다. 하지만 수비드 방식은 갈변 반응을 일으키지 않는다. 따라서 마이야르 반응으로 생기는 감미로운 맛을 더하고 싶다면 다 익힌 후에 팬 또는 토치를 사용해 그을려야 한다.

요리 방법

닭이나 칠면조를 통째로 오븐에 넣고 굽는 것을 말한다. 등뼈를 제거하면 가운데를 가른 고기를 양쪽으로 편편하게 펼칠 수 있다. 가슴이 가운데에 오고 다리가 양쪽에 오도록 고기를 펼친다.

장점

고기를 납작하게 눌러 골고루 익힌다. 닭가슴살을 두드리는 테크닉(42쪽 참고)과 비슷한 효과라고 볼 수 있다. 이러한 방법으로 조리 속도를 높이면 바깥층이 건조해지는 것을 막을 수 있다.

요리 방법

닭이나 칠면조를 통째로 소금물에 넣고 하루 동안 절인다.

장점

생고기 안으로 물이 침투한다. 몇 시간 동안 절이면 소금이 고기 안으로 들어가는데, 이 과정에서 수분이 고기 가운데까지 끌려들어 간다. 하지만 소금이 이동하는 속도가 느려 일부 근육에는 닿지 않을 수 있어 다소 불완전한 요리 방법이다.

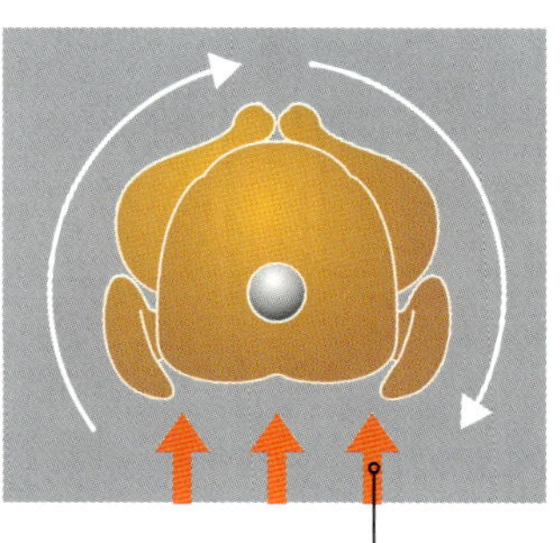

회전하는 고기에 열이 골고루 전달된다.

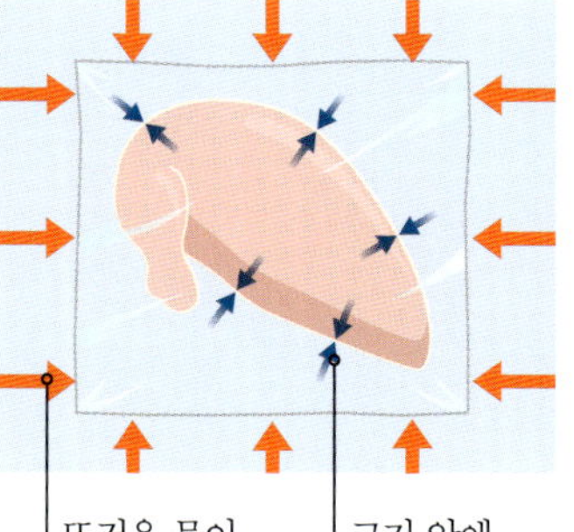

뜨거운 물이 사방에서 고기를 익힌다.

고기 안에 수분이 유지된다.

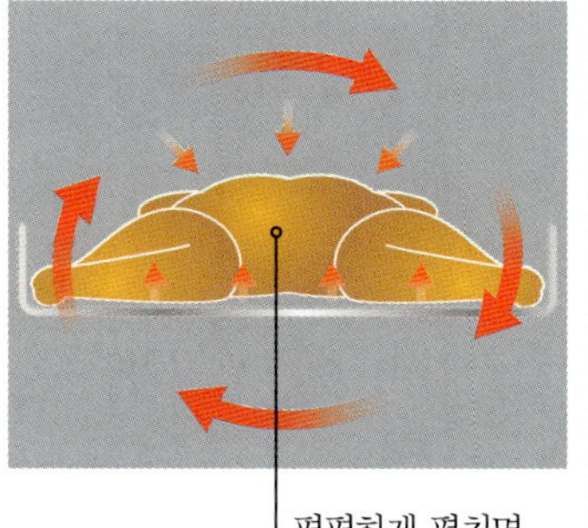

편편하게 펼치면 가운데 부분이 더 빨리 익어 고기가 퍽퍽해지지 않는다.

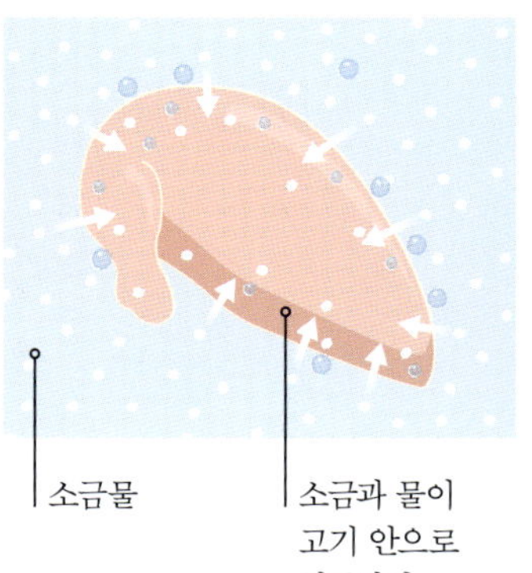

소금물

소금과 물이 고기 안으로 침투한다.

베이스트는
어떤 효과가 있을까?

**육즙을 끼얹으면서 고기를 구우면
고기의 맛이 한층 더 향상된다.**

흔히 고기를 구울 때 육즙을 계속해서 끼얹는 베이스트 테크닉을 사용하면 촉촉하고 깊은 맛을 낼 수 있다고 생각한다. 하지만 과학적인 관점에서 보자면 이는 사실이 아니다(아래 '오해와 진실' 참고). 물론 고기에 육즙을 뿌리면서 구우면 고기의 맛과 육질이 나아지는데, 표면의 온도를 높여 마이야르 반응을 촉진하기 때문이다. 그 결과 고기 특유의 맛이 더욱 진해지고 껍질이 바삭해진다. 겉이 반짝거릴수록 고기가 촉촉하지만, 기름은 조리 속도를 높이므로 바깥층이 푸석해지지 않도록 신경 써야 한다.

지방 첨가하기

요리 방법
얇게 썬 가슴살과 지방을 함유한 촉촉한 음식을 합친다.

장점
가장 이상적인 환경에서 요리하더라도 가슴살이 퍽퍽해질 수 있다. 지방이 적기 때문이다. 얇게 자르거나 가늘게 썬 고기, 수분과 지방이 많은 음식, 고기 맛이 나는 젤리 같은 소스를 합하면 퍽퍽한 고기 맛을 줄이고 전체적인 식감을 향상시킬 수 있다.

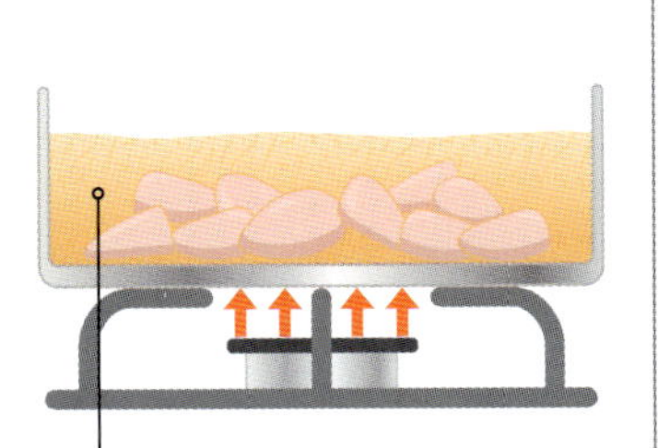

지방과 젤라틴이 들어 있는 액체를 활용하면 고기의 퍽퍽한 맛을 줄일 수 있다.

토막 내기

요리 방법
닭이나 칠면조 한 마리를 여러 개의 토막으로 자른다.

장점
소금물에 절이는 방법과 비슷하다. 닭이나 칠면조를 분해하거나 이미 토막 낸 고기를 사면 너무 오래 익혀 고기가 퍽퍽해지는 위험을 피할 수 있다. 빨리 익는 가슴살과 천천히 익는 다리살은 따로 요리하는 것이 좋다. 가금류는 다리 두 개와 허벅지 두 개, 가슴살, 날개 두 개, 이렇게 총 여덟 토막으로 나눌 수 있다.

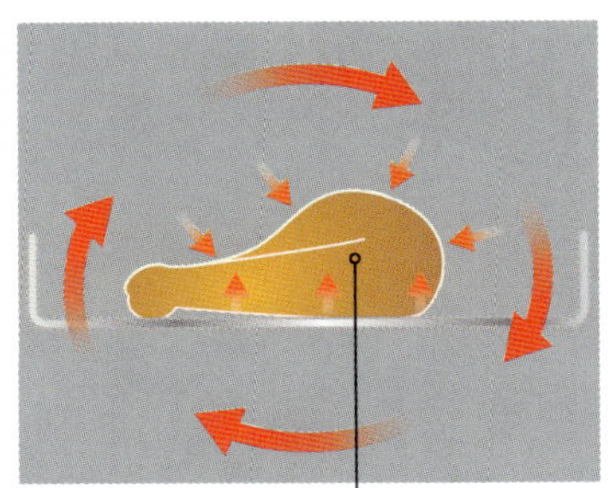

비슷한 성질의 고기를 토막 내 요리하면 열이 골고루 닿아 비슷한 속도로 익는다.

그레이비 소스

요리를 하면서 나온 육즙과 팬에 남아 있는 고깃조각을 활용해 맛이 깊고 풍부한 그레이비 소스를 만들 수 있다.

베이스트 도구

육류용 베스터는 육즙을 빨아당겨 고기 위에 골고루 뿌릴 수 있는 도구다.

오해와 진실

── 오해 ──
베이스트는 고기를 촉촉하게 만든다.

── 진실 ──
오븐에서 구운 고기는 대체로 퍽퍽하다. 정통 요리법은 베이스트 기법을 활용해 고기의 육즙을 끼얹으면서 구우면 촉촉하고 맛있는 고기를 완성할 수 있다고 설명한다. 하지만 사실 육즙은 거의, 또는 아예, 고기 안으로 흡수되지 않는다. 대신 고기 겉면을 따라 흐르면서 글레이즈를 형성한다. 이미 육즙으로 가득 찬 근섬유는 액체를 흡수하지 못하며, 오히려 온도가 올라가면 줄어들고 콜라겐 섬유가 수분을 뱉어낸다.

어떻게 하면 고기가 완전히 익었는지 알 수 있을까?

고기를 익힐 때는 언제 멈춰야 하는지를 알아야 한다.

고기마다 두께와 수분 함유량, 지방 밀도, 결합조직의 양, 그리고 뼈의 위치가 다르다. 이러한 요소들은 모두 조리 시간에 영향을 미친다. 지방은 열전도율이 떨어진다. 따라서 지방이 많은 고기는 완전히 익히는 데 오랜 시간이 필요하다. 딱딱한 흰색 결합조직이 있는 고기 역시 천천히 요리해야 질긴 조직이 분해되어 맛을 내는 젤라틴으로 변한다. 뼈는 고기 가운데까지 열을 빨리 전달해 조리 시간을 단축시킨다.

고기가 완전히 익었는지 알 수 있는 가장 좋은 방법은 육류용 온도계를 활용하는 것이다. 붉은 살 고기는 모양과 촉감을 이용해 익은 정도를 가늠할 수 있으므로(53쪽 참고), 취향에 따라 고기를 익히면 된다. 하지만 닭과 같은 흰 살 고기는 완전히 익혀서 먹어야 한다. 돼지고기는 분홍빛이 거의 없어질 때까지 충분히 익히는 것이 좋다. 아래를 참고해 고기의 익은 정도를 파악해보자.

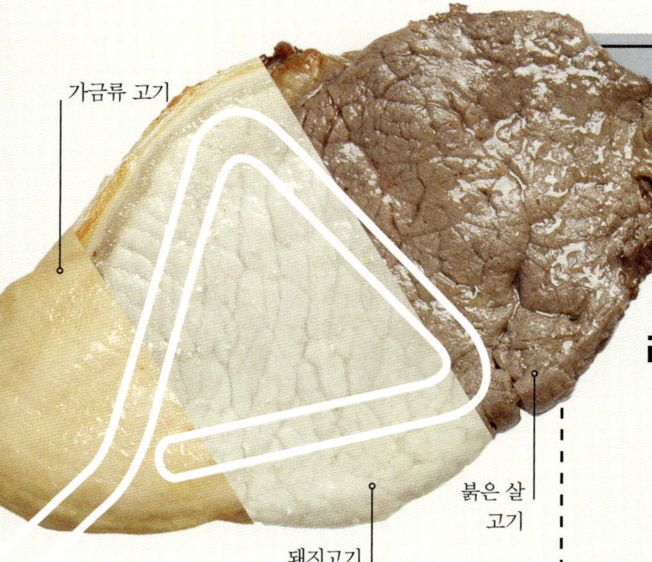

붉은 살 고기의 익은 정도

양고기와 소고기 같은 붉은 살 고기는 취향에 따라 레어, 미디엄, 또는 웰던으로 요리할 수 있다.

거의 익히지 않은 레어 상태의 붉은 살 고기는 가운데가 피처럼 붉은색이고 육질이 부드럽다.

미디엄으로 구운 고기는 단단하고 촉촉하며 연한 갈색을 띤다.

웰던으로 구운 붉은 살 고기는 색이 짙고 만졌을 때 딱딱하다.

가금류 고기의 익은 정도

가늘고 날카로운 칼이나 꼬치로 고기를 찔렀을 때 육즙이 투명한 색이면 완전히 익은 것이다. 분홍색이 거의 안 보이면 미오글로빈이 부드러워지고 가운데 부분의 온도가 최저 안전 온도인 74℃를 넘었음을 뜻한다.

나무나 숯으로 구울 경우 연료를 태우면서 발생한 가스가 닭고기의 표면을 통과해 가장 바깥층에 있는 붉은 물질인 미오글로빈의 색을 영구적으로 분홍빛으로 만들 수도 있다. 하지만 고기는 완전히 익은 상태다.

덜 자란 골수는 붉은색이다. 따라서 뼈에 붉은색이 보인다면 닭이 어렸을 때 도축되었음을 의미한다.

돼지고기의 익은 정도

닭고기와는 달리, 돼지고기는 고기가 완전히 흰색이 될 때까지 익히지 않아도 된다. 돼지고기의 색은 원래 창백한 편인데, 온도를 쉽게 확인할 수 있는 디지털 온도계가 62℃가 되면 다 익은 것이다.

웰던 굽기로 익은 돼지고기는 살짝 분홍빛이 도는 흰색이다.

고기를 요리한 후에는 왜 식혀야 할까?

많은 사람들이 고기를 익힌 후 식히는 과정을 거친다. 하지만 왜 고기를 식히는지 정확하게 이해하는 사람은 많지 않다.

고기를 식히는 데는 여러 가지 장점이 있다. 먹을 때 피가 덜 나오고 더 쉽게 썰리며 육즙이 그대로 살아있다. 고기를 식히는 시간이 정해져 있는 것은 아니다. 중간 크기의 스테이크는 상온에서 몇 분 정도 놔두는 것만으로도 충분하다. 고기가 식는 동안 바깥층의 열이 안쪽으로 퍼지고 시원한 안쪽의 수분이 바깥쪽으로 전달된다. 따라서 고기의 전체적인 온도와 육즙이 균형을 이루게 된다. 가장 중요한 점은 고기를 식히는 과정을 통해 근섬유 사이의 수분과 분해된 단백질이 합쳐지면서 내부 육즙이 진해진다는 것이다. 스테이크를 식히는 동안 진해진 내부 육즙이 맛있는 소스로 변하는 셈이다.

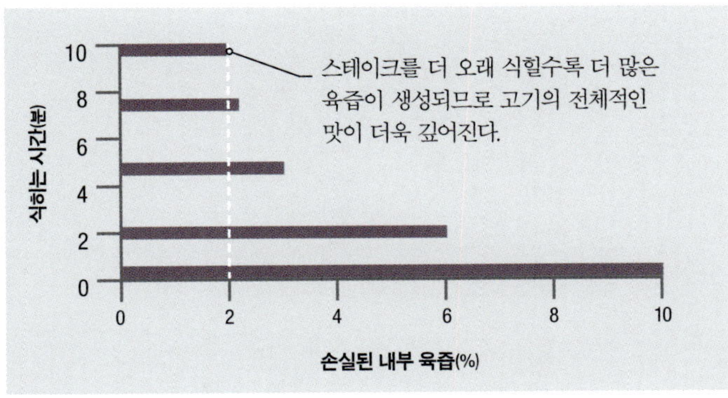

조리 후에 손실되는 고기 무게
위 표에서 똑같은 크기의 소고기 스테이크를 조리한 후 식히는 시간에 따라 '출혈'을 통해 고기 무게가 어떻게 줄어드는지를 볼 수 있다. 2분이 지나면 무게가 6% 줄어들며, 10분이 지나면 2% 줄어든다.

오해와 진실

— 오해 —
고기를 식히면 긴장한 근육이 이완한다.

— 진실 —
도축된 이후 근육은 사후 경직 기간을 거친다. 근육 내 단백질이 분해되면서 더 이상 수축 또는 이완할 수 없다. 그뿐만 아니라 근육 단백질을 50℃ 이상 데우면 영구적으로 풀어진다. 식히는 과정을 통해 육즙이 진해지고 일부 액체가 근섬유로 다시 흡수되지만, 근육이 실제로 '이완'하는 것은 아니다.

너무 익힌 고기로는 무엇을 할 수 있을까?

쏟아진 우유처럼, 너무 익힌 고기는 되돌릴 수 없다.

고기를 너무 익히거나 구우면 단백질이 응고되고 섬유질에서 수분이 빠져나가 쪼글쪼글해진다. 결과적으로 고기가 딱딱하고 퍽퍽해진다. 하지만 그렇다고 버려야 하는 것은 아니다. 너무 익힌 고기를 구제하는 가장 효과적인 방법은 스튜를 만들 때 사용하는 슬로우 쿠킹 테크닉을 활용하는 것이다. 천천히 조리한 고기는 단단한 부위라도 부드러운 젤라틴(54~55쪽을 참고)으로 둘러싸여 있기 때문에 육즙이 풍부하다. 너무 익힌 살코기를 잘게 자른 후 고기 육수와 기름 또는 버터, 그리고 부들부들한 젤라틴으로 만든 그레이비와 함께 섞는다. 이 외에도 아래와 같이 수분을 함유한 재료를 넣은 요리에 퍽퍽한 고기를 추가해 육즙을 다시 살리는 방법이 있다.

튀길 때 사용하는 기름 때문에 촉촉한 음식처럼 느껴진다.

걸쭉한 소스는 요리에 수분감을 더한다.

튀김(프리터)에 추가한다
잘게 다진 고기와 양파, 그리고 기름을 넣고 튀김을 만든다.

다진 후 소스에 넣는다
퍽퍽한 고기를 잘게 다져 파스타 소스에 활용한다.

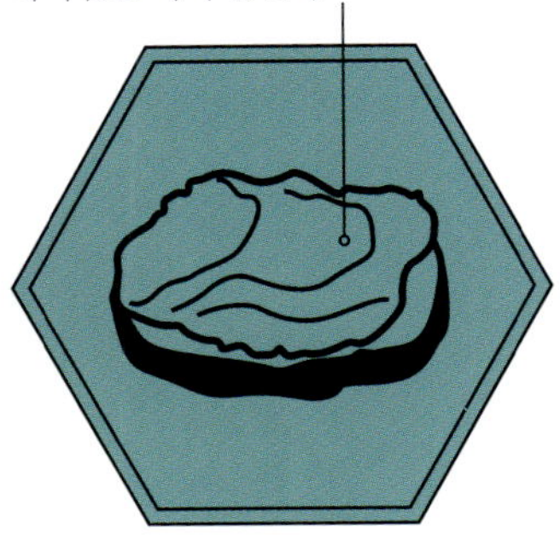

채소를 넣으면 더 다양한 식감을 살릴 수 있다.

혼합한 고기의 지방이 촉촉함을 다시 살린다.

볶음 요리에 활용한다
너무 익은 고기를 얇게 썬 다음 볶음 요리에 넣는다.

파테에 섞는다
파테(pâté, 고기가 든 파이)에 혼합한 고기를 넣어 기름기를 더한다.

맛있는 소스를 만드는 비법은?

소스 만들기의 관건은 바로 고기 맛과 조화를 이루고 육질을 더욱 완벽하게 만드는 데 있다.

훌륭한 소스가 되려면 맛과 향, 식감, 그리고 풍미가 모두 맞아떨어져야 한다. 비프 브루기뇽의 기름진 소스처럼 소스는 주재료의 맛을 더욱 풍요롭게 하거나 특정 재료의 맛을 강조하고 보완할 수도 있다. 또는 너무 익힌 고기의 맛을 회복시킬 수도 있다.

소스 만들기

소스는 물보다는 진하지만 주재료보다는 가벼우며 일정한 농도로 만드는 것이 중요하다. 오른쪽에 보이는 그림에는 액체와 농후제로 만든 다양한 소스가 나와 있다. 녹말은 가장 흔히 쓰이는 농후제로, 용도가 다양하지만 소화가 잘 안 된다. 또한 녹말 분자가 맛 분자에 달라붙으므로 맛이 밍밍해질 수 있어 양념을 추가해야 하는 경우도 발생한다. 기름과 지방을 바탕으로 한 소스는 맛이 더 강하다. 맛 분자가 지방 속에 녹아들기 때문이다.

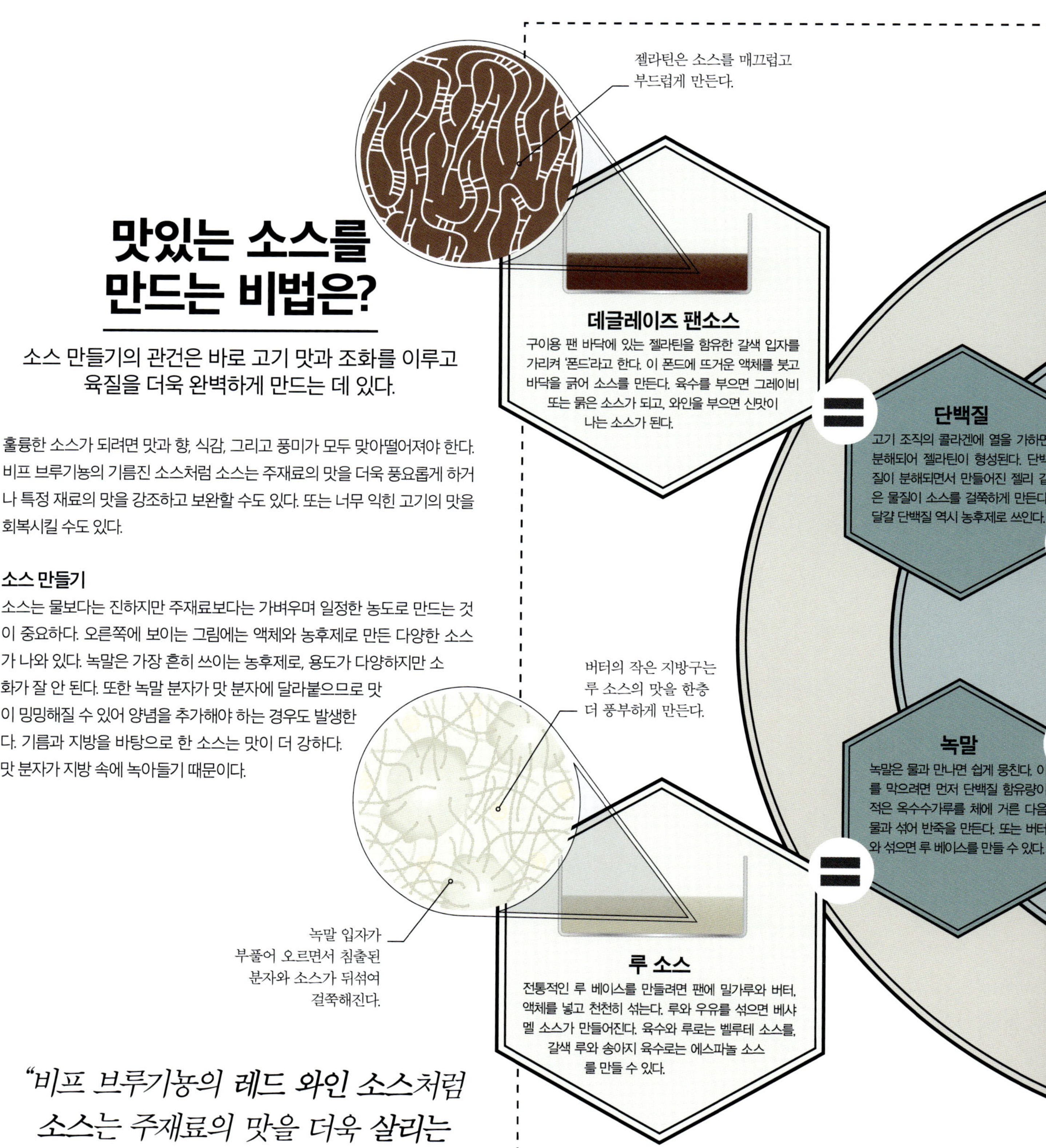

"비프 브루기뇽의 레드 와인 소스처럼 소스는 주재료의 맛을 더욱 살리는 역할을 하기도 한다."

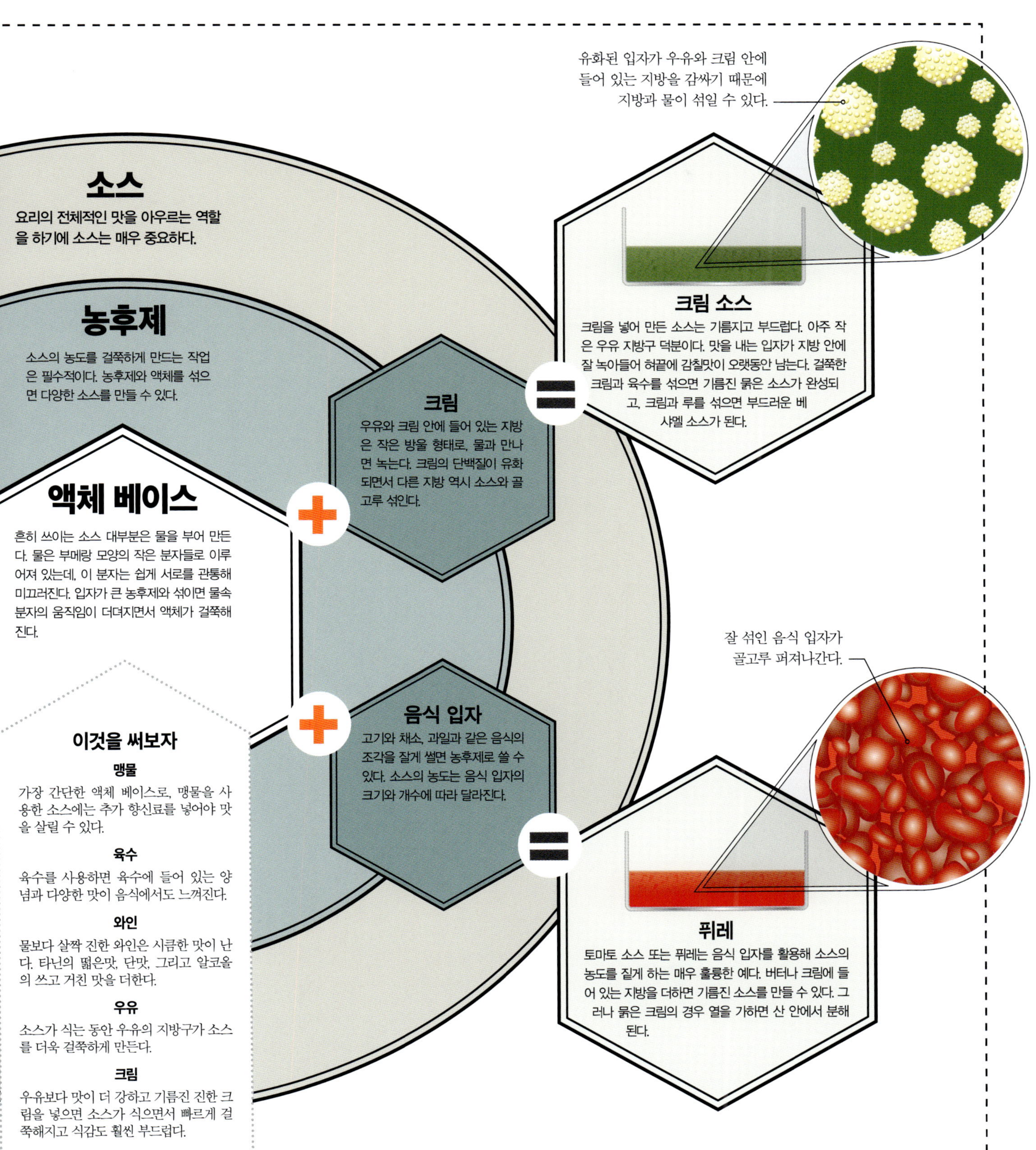

유화된 입자가 우유와 크림 안에 들어 있는 지방을 감싸기 때문에 지방과 물이 섞일 수 있다.

소스

요리의 전체적인 맛을 아우르는 역할을 하기에 소스는 매우 중요하다.

농후제

소스의 농도를 걸쭉하게 만드는 작업은 필수적이다. 농후제와 액체를 섞으면 다양한 소스를 만들 수 있다.

액체 베이스

흔히 쓰이는 소스 대부분은 물을 부어 만든다. 물은 부메랑 모양의 작은 분자들로 이루어져 있는데, 이 분자는 쉽게 서로를 관통해 미끄러진다. 입자가 큰 농후제와 섞이면 물속 분자의 움직임이 더뎌지면서 액체가 걸쭉해진다.

크림

우유와 크림 안에 들어 있는 지방은 작은 방울 형태로, 물과 만나면 녹는다. 크림의 단백질이 유화되면서 다른 지방 역시 소스와 골고루 섞인다.

크림 소스

크림을 넣어 만든 소스는 기름지고 부드럽다. 아주 작은 우유 지방구 덕분이다. 맛을 내는 입자가 지방 안에 잘 녹아들어 혀끝에 감칠맛이 오랫동안 남는다. 걸쭉한 크림과 육수를 섞으면 기름진 묽은 소스가 완성되고, 크림과 루를 섞으면 부드러운 베샤멜 소스가 된다.

이것을 써보자

맹물
가장 간단한 액체 베이스로, 맹물을 사용한 소스에는 추가 향신료를 넣어야 맛을 살릴 수 있다.

육수
육수를 사용하면 육수에 들어 있는 양념과 다양한 맛이 음식에서도 느껴진다.

와인
물보다 살짝 진한 와인은 시큼한 맛이 난다. 타닌의 떫은맛, 단맛, 그리고 알코올의 쓰고 거친 맛을 더한다.

우유
소스가 식는 동안 우유의 지방구가 소스를 더욱 걸쭉하게 만든다.

크림
우유보다 맛이 더 강하고 기름진 진한 크림을 넣으면 소스가 식으면서 빠르게 걸쭉해지고 식감도 훨씬 부드럽다.

음식 입자

고기와 채소, 과일과 같은 음식의 조각을 잘게 썰면 농후제로 쓸 수 있다. 소스의 농도는 음식 입자의 크기와 개수에 따라 달라진다.

잘 섞인 음식 입자가 골고루 퍼져나간다.

퓌레

토마토 소스 또는 퓌레는 음식 입자를 활용해 소스의 농도를 짙게 하는 매우 훌륭한 예다. 버터나 크림에 들어 있는 지방을 더하면 기름진 소스를 만들 수 있다. 그러나 묽은 크림의 경우 열을 가하면 산 안에서 분해된다.

직접 육수를 만들 필요가 있을까?

셰프에게 요리를 경이적인 예술품으로 탈바꿈시키는 비법을 묻는다면 모두 '육수'라고 대답할 것이다.

나만의 육수를 만드는 데에는 반박할 수 없는 장점이 있다. 집에서 직접 만든 육수는 시중에서 파는 파우더 또는 큐브 육수가 따라올 수 없는 깊은 맛을 낸다. 프랑스 출신의 셰프 오귀스트 에스코피에는 프랑스 요리의 선구자로 잘 알려져 있다. 그의 말을 빌리자면 신선한 재료로 직접 만든 좋은 육수 없이는 절대로 평균 이상의 수준급 요리를 선보일 수 없다.

육수를 만들고 활용하려면?

육수란 신선한 재료의 맛을 뽑아낸 추출물을 가리킨다. 천천히 조리되는 동안 물이 끓는점에 다다르면 채소와 고기에서 맛 분자가 빠져나온다. 정해진 규칙은 없지만, 되도록 육수에는 소금을 넣지 않는 것이 좋다. 또한 육수의 맛은 최대한 간결하고 은은해야 다양한 요리에서 활용할 수 있다. 강한 맛을 내는 허브와 향신료는 나중에 더하면 된다. 기본적인 고기와 채소 육수는 여러 요리의 기초가 된다. 밀가루를 넣어 걸쭉한 루를 만들거나 와인과 허브, 향신료를 더해도 좋다. 농축시켜 묽은 소스인 쥐(jus)를 만들 수 있다. 또한 크림이나 버터를 더해도 훌륭하고 수프를 만들어도 좋다.

부용이란?

프랑스어로 '육수'를 뜻하는 부용(bouillon)은 주로 미리 제조한 육수 가루를 가리킨다.

닭고기 육수 만들기

닭고기를 잘게 자르면 조리 면적이 넓어져 맛이 빨리 우러나온다. 또한 맛 분자와 고기에 있는 젤라틴이 활발하게 움직인다. 소스팬 대신 압력솥을 사용해도 좋다. 물을 끓이지 않고도 온도를 높이 끌어올리기 때문에 재료의 맛이 빨리 빠져나오고 액체가 투명하게 유지된다(134쪽 참고).

닭고기를 노릇노릇하게 굽는다

닭 한 마리를 해체한 다음 200℃로 예열한 오븐에 넣고 20분 동안 굽는다. 또는 프라이팬에 기름을 살짝 두른 후 닭고기 조각이 노릇노릇한 갈색이 될 때까지 중간 불로 조리한다. 마이야르 반응이 일어나 육수의 맛이 한층 더 진해진다.

채소와 향료를 추가한다

닭뼈를 커다란 냄비에 넣는다. 깍둑썰기 한 양파 한 개, 깍둑썰기 한 당근 두 개, 조각으로 자른 셀러리 두 개, 마늘 세 쪽, 검은 후추알 1/2티스푼, 그리고 파슬리와 신선한 타임, 또는 월계수 잎처럼 향이 나는 허브 한 줌을 넣는다. 재료보다 2.5cm 정도 위까지 찬물을 붓는다.

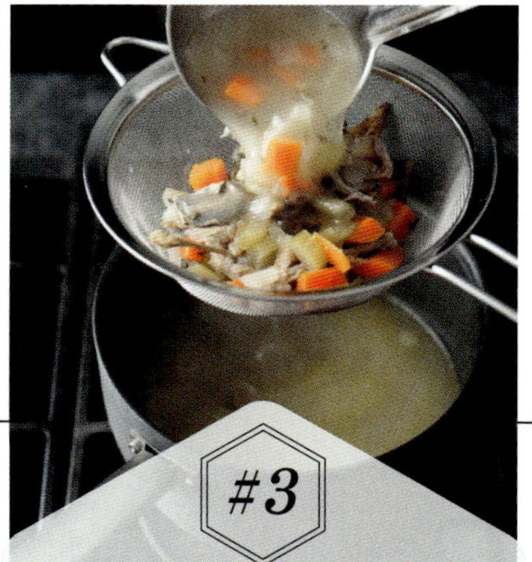

요리판 위에 놓고 열을 가한다

보글보글 끓인 다음 불을 줄인다. 최소 1시간 30분(되도록이면 3~4시간) 동안 약하게 끓인다. 표면에 생기는 거품을 걷어낸다. 압력솥을 활용하는 경우 30분에서 1시간 동안 조리한다. 불을 끄고 육수를 식힌 다음, 고운 체에 부어 지방을 걷어낸다. 바로 사용하거나 냉장고 또는 냉동고에 보관한다. 냉장고의 경우 3일, 냉동고의 경우 3달을 넘기지 않는 것이 좋다.

왜 소고기는 살짝 익혀도 되지만,
닭고기와 돼지고기는 완전히 익혀야 할까?

살짝 익힌 레어 스테이크를 먹다 보면 다른 종류의 고기는 왜 바짝 익혀 먹어야 하는지 궁금해진다.

고기의 종류에 따라 식중독에 더 취약할 수 있다. 사육 방법과 사료 배분 방법, 그리고 도축 과정 역시 고기의 안전성에 영향을 미친다.

닭고기는 조심해서 먹자

많은 사람들이 덜 익은 닭고기를 꺼리는데, 이는 매우 현명한 선택이다. 닭고기는 살모넬라와 캄필로박터와 같은 위험한 세균의 온상이다. 대부분의 세균은 고기 안이 아니라 겉에서 번식한다. 주로 대변과의 접촉을 통해 닭이 세균에 감염된다. 닭고기 공장에서는 죽은 닭의 사체를 컨베이어 벨트 위에 한꺼번에 놓고 보관한다. 그래

공식 지침

가금류 고기는 최소 74℃에서, 돼지고기는 62℃에서 조리해야 위험한 세균을 없앨 수 있다.

서 고기의 모든 부위가 세균의 위험에 노출된다. 소와 돼지처럼 몸집이 큰 가축은 관리 수준이 훨씬 낫다. 그래서 고기가 오염될 가능성이 작다. 그래서 소고기와 돼지고기는 겉만 빠르게 익혀도 세균을 완전히 없앨 수 있다. 음식물 쓰레기와 다른 동물을 먹고 자란 돼지의 고기에서는 근육 깊숙한 곳에 알을 까는 기생충이 발견되기도 한다. 하지만 전반적으로 돼지 사육 환경이 개선되면서 많은 전문가가 살짝 분홍빛이 도는 돼지고기는 먹어도 안전하다고 제안한다. 가금류와 돼지는 세균을 죽일 수 있는 최소한의 온도에서 요리해야 한다.

왜 여러 음식에서
닭고기 맛이 날까?

거위, 개구리, 뱀, 거북이, 도롱뇽, 그리고 비둘기에서 모두 닭고기 맛이 난다! 여기에는 논리적인 이유가 있다.

붉은 살 고기에서는 특유의 맛이 난다. 하지만 흰 살 고기를 처음 먹으면 주로 닭고기의 맛이 떠오른다. 단서는 동물 근육의 종류에 숨어 있다.

근육의 종류

닭은 지구적 운동을 많이 하지 않는 편이다. 그래서 닭고기는 대부분 창백한 패스트 트위치 근육으로 이루어져 있다. 이러한 근육을 이용해 날개를 퍼덕이는 것과 같은 짧고 강력한 움직임이 가능하다. 패스트 트위치 근섬유는 부드럽고 맛을 더하는 지방이 없는 살코기라서 맛이 밋밋하다. 비둘기와 개구리와 같이 닭과 비슷한 맛이 나는 동물 대부분은 이러한 창백한 근육을 비슷한 비율로 가지고 있다. 반면, 붉은 살 고기에서 흔히 볼 수 있는 더 어둡고 붉은색을 띠는 슬로우 트위치 지구근에는 특유의 맛을 내는 물질과 지방이 더 많이 들어 있다. 그래서 이러한 고기는 맛을 쉽게 구별할 수 있다. 각 고기에 들어 있는 맛 분자는 동물의 종에 따라 매우 다양하다. 과학자들이 고기 맛이 어떻게 유전되는지를 분석한 결과, 우리가 오늘날 먹는 동물의 대부분(돼지고기와 소고기, 사슴고기를 제외한)이 닭과 비슷한 맛이 나는 조상을 가지고 있다.

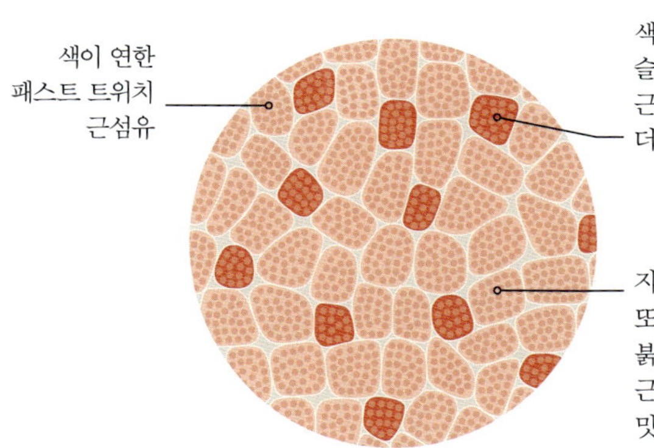

흰 살 고기의 근육

붉은 살 고기의 근육

근육 종류와 고기 맛

위 그림에서 두 가지 종류의 근육에 따라 붉은 살 고기와 흰 살 고기의 근육 구조가 고기의 외형과 맛에 어떤 영향을 미치는지 볼 수 있다.

생선 & 해산물

재료 포커스:
생선

각양각색의 맛을 느껴보고 싶다면 바다로 시선을 돌려보자. 육지의 포유류보다 다섯 배나 많은 종류의 생선이 바다 밑에서 살아 움직이고 있다.

단백질과 필수영양소가 풍부하지만 포화지방 함유량이 적은 생선은 그야말로 영양의 보고다. 은근한 맛과 섬세한 식감 때문에 요리하기 까다로운 편이다. 땅에서 움직이는 동물로부터 나오는 고기와 마찬가지로, 생선 역시 근육과 결합조직, 그리고 지방으로 이루어져 있다. 하지만 생선의 조직은 고기와는 완전히 다르다. 살의 대부분이 근육이라서 짧고 강력한 움직임에 능하고 빠르게 속도를 낼 수 있다. 또한 차가운 바다와 강에서 살기 때문에 낮은 온도에서도 근육을 수월하게 움직인다. 따라서 육지 동물을 다룰 때보다 저온에서 조리해야 생선의 단백질이 느슨해지고 응고될 수 있다. 비슷한 이유로 생선을 고기처럼 오랫동안 냉장고에 보관하는 것은 바람직하지 않다. 생선에 들어 있는 소화효소는 바다와 비슷한 온도에서 활성화되므로 생선이 빨리 상한다. 얼음통에 넣어서 보관해야 효소의 활동을 늦춰 신선함을 두 배 이상 지속할 수 있다.

머리
대부분 뼈와 결합조직으로 이루어져 있다. 결합조직은 조리 과정에서 젤라틴으로 변한다. 육수와 스튜에 깊은 맛과 식감을 더한다.

눈
눈의 색이 선명하고 밝으며 툭 튀어나와야 신선한 생선이다. 신선도가 떨어지는 생선은 눈알이 흐릿하다. 먹을 수 있으며 지역에 따라 최고급 요리 재료로 쓰인다.

아가미
가늘고 긴 실 모양으로 물에서 산소를 빨아들이는 역할을 한다. 혈류가 빨라 붉은색을 띠지만 맛이 쓰다. 따라서 제거하는 것이 가장 좋다.

살코기(필레)
생선 몸통 양쪽 중 한쪽을 자른 후 척추뼈를 제거한다. 살이 가장 많은 부분이다.

생선 제대로 알기

단백질과 지방이 많은 생선은 지방의 함유량에 따라 조리 방법이 달라진다. 연어와 같이 지방이 굉장히 많은 생선은 다양한 방법으로 요리할 수 있는 반면, 송어처럼 지방이 없는 흰살 생선과 비교적 연약한 고기는 포칭(가볍게 데치는 것)과 같이 좀 더 섬세한 조리법을 응용해야 한다.

기름기가 많은 생선

연어
살에 기름기가 많고 식감이 두툼한 연어는 다양하게 요리할 수 있다. 자연산 연어는 양식 연어보다 지방이 적고 단단하다.

지방: 많음
단백질: 중간

고등어
몸집이 작은 생선으로 식감이 부드럽고 약간 짠맛이 난다. 살코기가 단단하고 튼실하며 통째로 바비큐하거나 그릴 위에 구울 수 있다. 빨리 상하기 때문에 얼음 위에 보관해야 한다.

지방: 많음
단백질: 중간

참치
피가 따뜻한 육식 생선인 참치는 진하고 깊은 맛이 난다. 하지만 살코기가 잘 부스러지고 쉽게 마르므로 두껍게 잘라 빠르게 요리해야 본래의 부드러운 식감을 살릴 수 있다.

지방: 적음
단백질: 많음

흰 살 생선

숭어
숭어는 흙 맛이 나고 살코기가 잘 부스러져 다루기가 까다롭다. 지방을 적당히 함유하고 있어 구이 요리 또는 찜 요리에 좋다.
지방: 중간
단백질: 많음

대구
지방이 거의 0.3% 정도이다. 살살 요리해야 하며 지방이 들어 있는 재료를 넣으면 촉촉함을 더할 수 있다.
지방: 적음
단백질: 중간

해덕
대구와 비슷한 해덕은 지방 함유량이 적고 살 수분이 80%에 달한다. 그래서 요리했을 때 쉽게 부스러진다. 굽거나 포칭 요리가 적당하다.
지방: 적음
단백질: 중간

아귀
지방 함유량이 적고 맛이 담백하다. 단단한 아귀 꼬리는 부피나 팬프라이 요리를 할 때 필요한 높은 열을 잘 견딘다. 커다란 머리는 주로 버린다.
지방: 적음
단백질: 중간

농어
농어에는 다양한 종이 있다. 두께와 비늘이 특징이다. 살에 단맛이 나는 살은 잘 부스러진다. 굽거나 그릴로 익혀도 좋고, 팬프라이에도 좋다.
지방: 적음
단백질: 중간

근육구조

과학적 논리
생선은 물 사이를 헤엄칠 때 몸을 쉽게 구부릴 수 있도록 근육이 한 겹씩 켜켜이 쌓여 있다.

요리 테크닉
열을 가하면 생선의 근육층이 분리되어 조각조각 찾아지는데, 이는 익힌 생선에서 흔히 볼 수 있는 모습이다.

각종으로 나누어진 분절 형태의 근육 사이로 얇은 결합조직이 마치 띠처럼 자리 잡고 있다.

스테이크
주로 몸집이 크고 둥근 생선을 스테이크로 요리한다. 몸통을 자른 부위로 척추뼈와 위 구멍을 제거하지 않고 그대로 둔 채 먹는다.

비늘
뼈와 비슷하며 안쪽에 있는 콜라겐층을 보호한다. 크기가 매우 작은 경우를 제외하고는 일반적으로 먹을 수 있지만, 가볍게 긁어내서 제거하는 것이 좋다.

꼬리 살코기(테일 필레)
이 부분의 근육은 늘 움직임에 쓰이는 어두운 색 지구근이며 훨씬 더 깊은 맛이 난다. 조리 과정에서 젤라틴으로 변한다. 육수와 스톡에 깊은 맛과 식감을 더한다.

꼬리
꼬리 지느러미라고도 하며, 생선이 앞으로 나아갈 수 있도록 한다.

신선한 생선을 고르는 방법은?

신선한 생선은 먹을 수 있는 기한이 짧다.
눈으로 신선도를 구분할 수 있으면 요리할 때 도움이 된다.

생선이 죽고 난 후에도 소화 효소는 계속해서 움직인다. 또한 생선이 자연적으로 가지고 있는 세균이 살을 분해하기 시작한다. 생선의 세균은 낮은 온도에서도 살아남는 데다가 다른 동물성 지방에 비해 생선의 불포화지방이 더 빨리 맛을 변질시킨다. 따라서 생선은 잡은 후 일주일 안에 먹는 것이 좋다. 아래를 참고해 생선의 신선도를 가늠해보자.

껍질과 비늘

신선한 생선의 경우 색이 밝고 금속 빛을 띠며, 얼룩이 있거나 비늘이 부러져 있지 않다.

냄새

약한 소금 냄새에 전체적으로 신선한 냄새가 나야 한다.

눈

색이 선명하고 반짝이며 눈알이 툭 튀어나온 생선이 신선하다.

연어

감촉

신선한 생선은 전체적으로 단단하고 만졌을 때 탄력이 느껴진다.

아가미

신선한 생선의 아가미는 선명한 붉은색으로 촉촉하고 깨끗하다.

오해와 진실

오해
모든 생선에서는 '생선 냄새'가 난다.

진실
갓 잡은 생선에서는 기분 좋은 풀냄새가 난다. 하지만 2~3일이 지나면 향기로운 냄새가 사라진다. 바닷물고기의 경우 요소와 산화트리메틸아민(TAMO)이 분해되면서 역겨운 냄새가 나기 시작한다. 민물고기에는 산화트리메틸아민이 없지만 시간이 지나면서 세균으로부터 썩은 냄새가 난다. 따라서 갓 잡은 생선에서는 특유의 '생선 냄새'가 나지 않지만, 신선도가 떨어지면서 점차 생선 냄새가 나기 시작한다.

생선은 왜 두뇌에 좋은 음식일까?

역사를 거슬러 올라가면 고대 인류가 살던 2백만 년 전부터 생선을 잡았다.
오늘날 연구자들은 생선의 풍부한 영양소가 뇌 성장 촉진에 도움을 준다고 믿는다.

요오드와 철분, 미네랄이 풍부한 생선은 아동기 뇌 성장에 꼭 필요한 음식이다. 뇌에 좋은 미네랄 외에도 생선 기름에는 신경 세포가 제 역할을 하도록 감싸고 있는 지방 피복의 주요 구성 요소인 오메가-3 지방산이 많이 들어 있다. 연어와 멸치, 정어리, 고등어, 송어, 참치와 같이 기름이 많은 생선은 특히 뇌를 건강하게 하는 오메가-3 지방산을 많이 함유하고 있다.

생선을 손질하고 요리하는 방법에 따라 필수지방산의 함유량이 달라진다. 통조림을 만드는 과정에서 오메가-3 대부분이 손실되며, 튀김 요리처럼 강한 불에서 조리하면 오메가-3가 분해되거나 산화된다. 따라서 구이 또는 찜 요리 등 비교적 섬세한 조리법을 활용해야 생선에 들어 있는 지방을 최대한 유지할 수 있다.

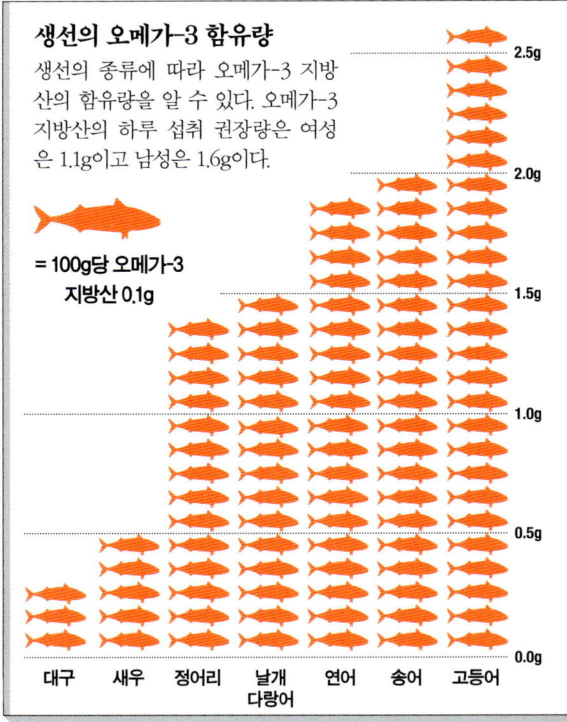

생선의 오메가-3 함유량

생선의 종류에 따라 오메가-3 지방산의 함유량을 알 수 있다. 오메가-3 지방산의 하루 섭취 권장량은 여성은 1.1g이고 남성은 1.6g이다.

= 100g당 오메가-3 지방산 0.1g

대구	새우	정어리	날개 다랑어	연어	송어	고등어

2.5g
2.0g
1.5g
1.0g
0.5g
0.0g

기름이 많은 생선은 몸과 뇌 건강에 필수적인 오메가-3 지방산을 가장 많이 함유한 식재료다.

생선을 많이 먹으면 치매 예방에 도움이 된다.

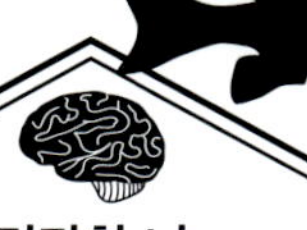

건강한 뇌

기름이 많은 생선을 주기적으로 먹는 사람의 뇌는 나이가 들어서도 수축 정도가 낮다는 연구 결과가 있다.

오메가-3는 학습의 필수 단계인 새로운 세포 연결망 구축에 도움을 준다.

연구 결과에 따르면 생선을 많이 먹어야 지적 능력과 반응 속도가 향상된다.

생선 기름이 주의력 결핍 장애를 가진 아이의 집중을 돕는다는 사실이 밝혀졌다.

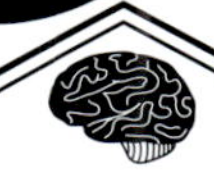

뇌를 더욱 건강하게

미숙아에게 생선 기름을 함유한 영양제를 먹이면 뇌가 정상적으로 발달한다.

생선을 먹으면 수면의 질 또한 높아진다.

지방산은 뇌로 가는 혈액의 흐름을 향상시킨다.

안전한 섭취량

생선은 수은과 같이 바다에 떠다니는 오염 물질을 흡수한다. 따라서 일주일에 네 번 미만으로 먹는 것이 좋다.

슈퍼 피시

놀랍게도 고등어에는 100g당 오메가-3 지방산 2.6g이 들어 있다.

뇌에 좋은 영양소

연구 결과에 따르면 생선은 뇌의 활발한 활동에 도움이 된다. 또한 지적 능력과 뇌 기능을 높인다.

왜 연어 살코기는 색깔이 다양할까?

일반적으로 사람들은 연어의 색을 보고 품질을 결정한다.

섭취하는 음식이 피부색에 영향을 주기도 한다. 예컨대 당근을 많이 섭취하면 피부의 색깔이 주황색으로 변한다. 당근 안에 들어 있는 카로틴이라는 물질 때문이다. 마찬가지로 연어의 먹이에는 아스타크산틴이라는 천연 색소가 들어 있는데, 카로틴과 성질이 비슷해 연어의 살코기가 주황빛을 띤다.

주황색의 명암

자연산 연어는 어떤 먹이를 찾아서 먹느냐에 따라 다양한 색을 띤다. 왕연어에 속하는 일부 어종은 예외인데, 붉은색의 아스타크산틴 색소를 전혀 처리하지 못하기 때문이다.

공통의 색소

갑각류의 주황빛을 내는 아스타크산틴 색소는 플라밍고가 분홍빛을 띠는 이유이기도 하다.

따라서 다른 자연산 연어에 비해 살코기의 색이 연하다. 양식 연어의 경우 색이 일정하게 선명하며 자연산 생선보다 더 주황빛이 돈다.

양식 연어는 조개류를 직접 사냥할 필요가 없다. 대신 반지르르한 분홍색과 주황색을 유지하기 위해 양식업자가 알갱이 사료에 아스타크산틴을 추가해서 먹인다. 연어의 색이 짙을수록 더 신선하고 맛도 좋으며 품질 또한 좋을 것이라고 생각하는 소비자의 눈길을 사로잡기 위함이다. 살코기의 색이 연해도 뛰어난 맛을 자랑하는 왕연어를 보면 물론 틀린 생각이다.

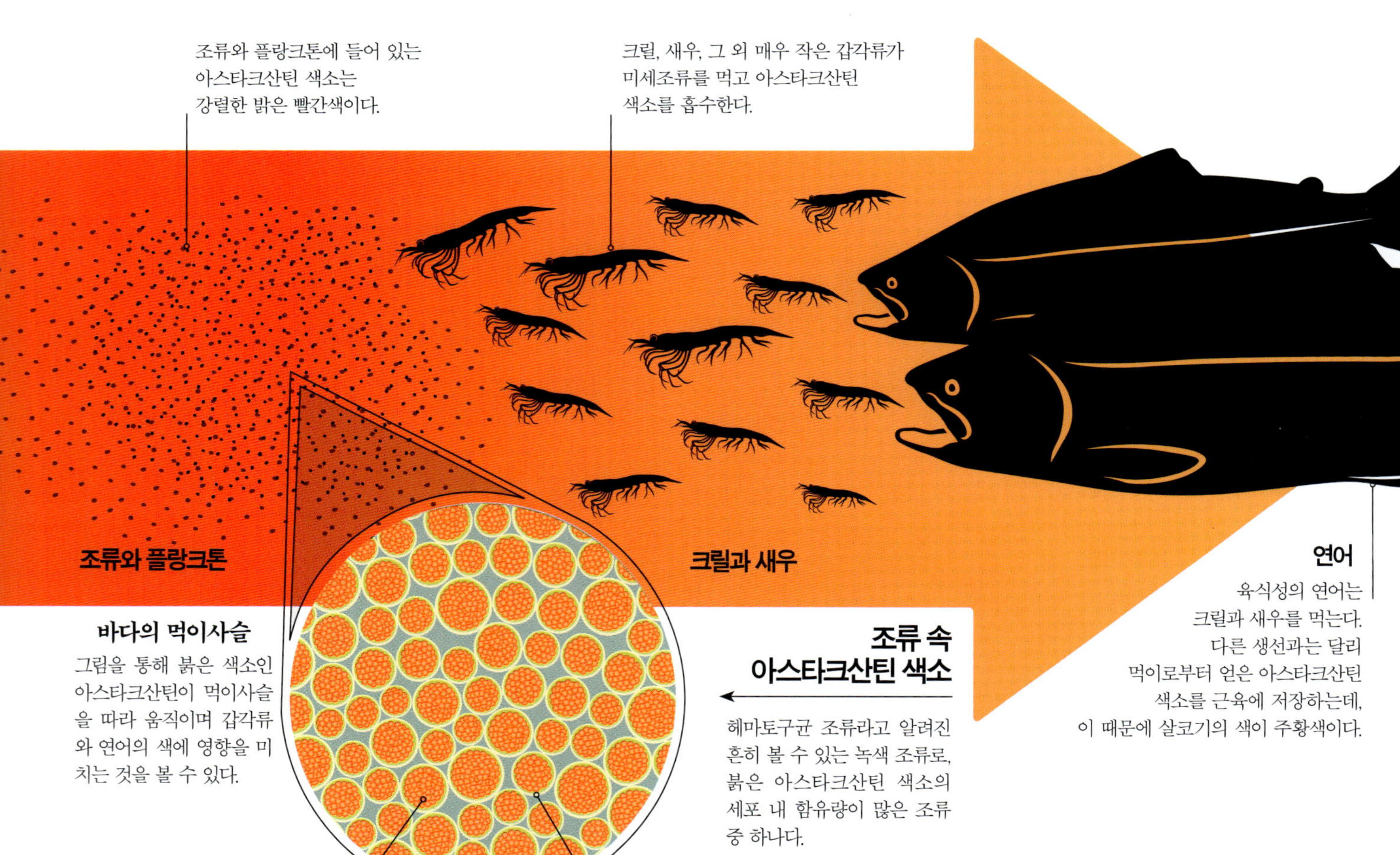

바다의 먹이사슬
그림을 통해 붉은 색소인 아스타크산틴이 먹이사슬을 따라 움직이며 갑각류와 연어의 색에 영향을 미치는 것을 볼 수 있다.

조류 속 아스타크산틴 색소
헤마토구균 조류라고 알려진 흔히 볼 수 있는 녹색 조류로, 붉은 아스타크산틴 색소의 세포 내 함유량이 많은 조류 중 하나다.

연어
육식성의 연어는 크릴과 새우를 먹는다. 다른 생선과는 달리 먹이로부터 얻은 아스타크산틴 색소를 근육에 저장하는데, 이 때문에 살코기의 색이 주황색이다.

양식 생선은 자연산 생선만큼 좋을까?

생선을 평가할 때는 사료를 먹이는 방법과 양식 환경, 그리고 포획 과정 등을 모두 고려해야 한다.

농장에서 가축과 양, 돼지, 닭을 키우는 것을 흔히 볼 수 있는 반면, 생선 양식에 대해서는 잘 모르거나 부자연스럽다고 생각하는 사람들이 많다. 생선은 아직까지도 자연에서 직접 얻을 수 있는 음식 중 하나다. 자유롭게 바다를 누빌 수 없는 양식용 물고기보다 자연산 물고기가 맛이 더 좋고 건강하며 품질도 뛰어나다는 생각이 일반적이다. 하지만 맛과 식감에서는 큰 차이가 없으며, 입안에서는 다 비슷하게 느껴진다.

양식 생선에 항생제와 살충제, 인공 염료를 투여해 살코기 색이 더 선명하도록 만든다는 이야기가 많은 논란과 걱정을 불러일으키고 있다. 여러 연어 양식장이 양식 환경의 기준을 높이기 위해 노력 중이다. 윤리적인 관점에서 보자면 자연산 연어 역시 생각해볼 문제들이 많다. 포획 과정에서 다른 물고기가 망에 걸려 다치거나 죽기도 한다. 또한 지속 가능성의 문제도 있다. 가장 높은 기준을 충족한 '올바르게 잡거나 포획한' 자연산 그리고 양식 생선을 고르면 이러한 걱정을 떨쳐내고 질 좋은 생선을 맛볼 수 있다.

최근의 변화

자연 포획보다는 양식이 늘어나는 추세이며, 2030년까지 모든 해산물의 약 3분의 2가 양식될 것이라는 전망이다.

차이점 알기

자연산 연어

자연산 연어의 근섬유는 양식 연어보다 더 빽빽하다. 그래서 살코기를 만지면 더 단단하다. 흐르는 물과 싸우며 먹이를 찾고 포식자를 피해 다니면서 자연스럽게 근육이 발달한다.

자연산 언어는 양식 연어보다 지방 함유량이 적지만, 몸에 좋은 필수 오메가-3 지방의 비율이 더 높다.

자연산 연어의 경우 죽기 직전 더 많은 스트레스에 노출된다. 그물망을 필사적으로 벗어나려 노력하기 때문이다. 도축 순간 스트레스를 느끼는 다른 동물들과 마찬가지로 근육 안에 젖산이 쌓여 입안에 쇠맛이 남을 수 있다.

양식 연어

조절 급사를 통해 신중하게 먹이를 먹인 양식 연어는 잘 자란다. 먹이를 먹는 속도가 느릴 때는 먹이 양을 줄인다. 생선이 바다에서처럼 배고픈 상태를 유지해 효율적으로 움직이도록 하기 위함이다.

양식 연어의 먹이는 생선이 최대한 잘 자라도록 영양소가 배합되어 있다. 주로 콩과 어분, 그리고 어유를 포함한다.

죽기 직전 스트레스에 노출되어 맛이 떨어지는 것을 방지하기 위해 포획은 효율적인 방법으로 진행한다. 잡은 생선은 찬물에 넣은 다음 기절시킨 후 빠르게 죽인다.

머리가 달린 통새우를 사는 것이 좋을까?

새우는 세계에서 가장 많이 먹는 해산물로, 다양한 형태로 판매되고 있다.

새우는 다양한 형태로 구입할 수 있다. 통째로 팔기도 하고, 머리는 떼고 몸통만 팔기도 하며, 껍데기만 벗기고 팔거나 아예 살만 팔기도 한다. 대체로 아무것도 더하지 않은 음식 재료를 통째로 먹을 때 가장 풍부하고 신선한 맛을 느낄 수 있다고 생각하는데, 새우만큼은 예외다.

새우 머리가 맛을 좌우하는 이유

죽은 직후 새우의 소화 기관에서 나온 물질이 살 안으로 흘러 들어간다. 이 액체 물질에 들어 있는 효소가 빠르게 살을 먹어나가는데, 때문에 살이 물컹해진다. 대부분의 효소는 머리 아래에 있는 작은 분비선인 간췌장에서부터 나오므로, 최대한 빨리 머리를 제거하면 새우가 상하는 속도를 늦출 수 있다. 아주 신선한 새우를 제외하고, 주로 보관 장소로 수송하기 전에 머리를 떼어내야 가장 좋은 상태를 유지할 수 있다. 하지만 갓 잡은 새우를 요리할 때는 통째로 사용해야 새우의 감칠맛과 촉촉함을 살릴 수 있다. 껍데기와 머리 대부분은 그냥 먹거나 육수로 활용한다.

새우 해부하기

새우의 소화 기관은 머리 바로 아래 아가미 위에 자리 잡고 있다. 죽은 직후 살을 부패하게 하는 효소를 내보내는 분비선을 포함한다.

날새우와 익힌 새우, 신선한 새우와 냉동 새우 중 어떤 것이 더 좋을까?

바다 또는 양식장에서 새우를 잡을 때는 시간이 가장 중요하다.
새우는 단 몇 시간 안에 부패할 수 있기 때문이다.

새우는 쉽게 상하기 때문에 잡은 직후 손질하는 경우가 대부분이다. 바다에서 잡은 후 곧바로 얼리거나 물가로 돌아온 후 얼음 위에 올려놓고 손질하기도 하고, 배 위에서 바닷물에 넣고 팔팔 끓여 익히기도 한다. 육지에서 요리하거나 양식장에서 잡은 새우는 약한 불에서 끓이지만, 너무 익혀서 건조한 경우가 많다.

−20°C

−20°C에서 새우를
급속 냉동할 수 있다.

날새우, 냉동 새우, 껍데기를 제거하지 않은 새우를 살 때는 머리를 뗀 것을 사야 맛과 신선함을 동시에 즐길 수 있다. 단, 갓 잡은 새우는 예외로, '개별 급속 냉동(individually quick frozen, IQF)'한 새우가 가장 좋다.

새우 커리

"
몸통이 세분화되어 있고
껍데기가 뼈대 모양인 새우는
'바다의 곤충'이라고 불린다.
바닷가재와 게의 친척이며,
세계적으로 가장
많이 먹는 해산물이다.
"

굴은 왜 생으로 먹을까?

조리 과정에서 살코기의 단백질이 분해되는데, 이는 굴과 같은 연체동물에게는 치명적이다.

대부분의 재료는 조리 과정을 통해 맛이 풍부해진다. 단백질이 아미노산으로 분해되면서 미각을 자극하고 녹말은 단맛을 내는 설탕으로 해체된다. 단단한 섬유질이 부드러워지면서 촉감은 탱탱해지고 불필요한 수분이 날아간다. 하지만 굴과 가리맛조개와 같은 조개류는 정반대다. 조리 과정이 1분씩 늘어날 때마다 맛이 사라진다.

대부분의 생선과는 달리 조개류는 글루타메이트와 같이 맛을 내는 아미노산을 활용해 짠 바닷물에서 탈수되는 것을 방지한다. 글루타메이트는 감칠맛을 감지하는 혀의 미각 수용기를 자극하므로(14~15쪽 참고) 짭짤하고 풍부한 맛이 난다. 하지만 조리 과정에서 굴과 조개에 들어 있는 맛 분자가 서로 뒤엉키고 근육 단백질이 응고하면서 훌륭한 짠맛이 사라진다.

맛 분자를 다시 느슨하게 만들려면 단백질이 분해될 때까지 오랫동안 요리하는 방법밖에 없다. 하지만 요리 시간이 길어지면 식감이 마치 고무탄처럼 질겨진다.

흔히 먹는 굴

굴은 종에 따라 독특한 맛을 가지고 있지만, 양식장 물의 소금기와 미네랄 함유량 또한 맛에 영향을 미친다. 아래에는 가장 쉽게 구할 수 있는 종류의 굴이 나와 있다.

아틀란틱

미국에서 많이 양식되는 종류의 굴이다. 아틀란틱 오이스터는 북미 동해안의 유일한 토종 굴로, 독특한 눈물 모양의 껍데기를 가지고 있다.

맛

소금기와 미네랄이 느껴지는 짭짤하고 깔끔한 맛이 난다. 식감은 아삭아삭하다.

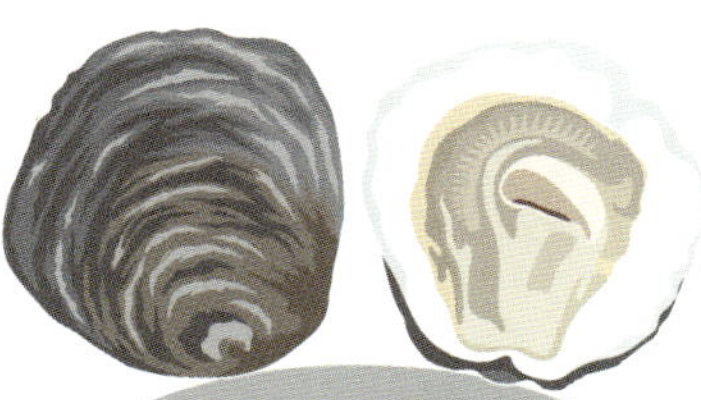

유러피안

유럽이 원산지로, 납작하고 얄팍한 모양이 특징이다. 19세기와 20세기 들어 자연산의 숫자가 줄었다. 유럽을 제외한 지역에서는 찾아보기 힘들다.

맛

가벼운 쇠 맛이 살짝 느껴진다. 아삭한 식감에 가깝다.

구마모토

원래는 일본에서 잡히는 굴로, 전 세계적으로 인기가 높다. 다른 굴보다 크기가 작고 다 자라는 데 오래 걸린다. 껍데기가 깊고 세로로 홈이 파여 있다.

맛

다른 굴에 비해 가벼운 맛이 난다. 멜론 향과 부드러운 식감을 가지고 있다.

퍼시픽

아시아태평양이 원산지로, 오늘날에는 전 세계에서 양식되고 있다. 원산지의 개체 수가 줄어들면서 미국과 유럽에서 차례로 양식을 시작했다.

맛

맛이 제각각이지만, 대체적으로 다른 굴보다 짠맛이 덜하다.

굴은 언제가 제철일까?

**여름에는 되도록 굴을 먹지 않는 것이 좋다?
예전에는 충분히 근거 있는 이야기였다.**

5월에서 8월 사이의 여름에는 굴을 먹으면 안 된다는 영국의 오래된 속담이 있다. 아마도 식중독을 예방하기 위해서일 것이다. 여름에 가장 활발하게 성장하는 해조류는 식중독을 일으키는 독성 물질로 바닷물을 가득 채운다. 여름이 되면 조류의 수가 증폭하면서 해안이 '붉은 파도'로 넘실댄다.

여름에 굴을 피하는 또 하나의 이유는 바로 굴이 이 시기에 번식하기 때문이다. 여름이 오면 굴은 모든 에너지를 알을 낳는 데 할애한다. 그래서 크기가 작고 부드러우며 잘 찢어진다. 맛 또한 다른 계절에 비해 현저하게 떨어진다.

굴 양식

여름에는 굴을 피하라는 말은 이제 옛이야기다. 시중에서 파는 대부분의 굴은 잘 관리된 물속에서 기른 양식 굴이다. 상업 양식장은 또한 산란기가 굉장히 짧은 굴을 선별하거나 아예 알을 낳지 못하도록 만든다. 요즘은 일 년 내내 맛있는 굴을 생으로 즐기거나 요리해서 먹을 수 있다.

> "대부분의 재료가
> 요리 과정에서 맛이 더 풍부해지지만,
> 굴과 조개는 그렇지 않다."

날음식 안전하게 먹기

생굴과 생조개는 분명 위험한 음식이다. 굴과 조개를 포함한 조개류는 여과 섭식 동물로, 물을 빨아들인 후 그 속에 들어 있는 플랑크톤과 조류를 걸러서 먹는다. 이때 우리 몸에 해로운 미생물도 함께 섭취하기 때문에 병균이 득실대는 작은 오수조나 다름없다.

대부분의 미생물은 오수 오염에서 발생한다. 하지만 시중에서 파는 굴은 세균과 몸에 안 좋은 화학 물질을 걸러낸 안전한 해안에서 채집하므로 안심하고 먹어도 된다. 굴은 또한 판매 전에 깨끗한 바닷물에 넣어 스스로 세척하도록 하는 '제거' 과정을 거친다.

안전하게 조개류를 먹으려면 믿을 수 있는 곳에서 구입하는 것이 좋다. 그리고 매우 차가운 곳(되도록 얼음)에 저장하고 최대한 빨리 섭취해야 한다. 면역력이 약한 사람은 생조개를 피하는 것이 현명하다.

오해와 진실

──── 오해 ────
굴이 정력에 좋다.

──── 진실 ────
굴의 높은 아연 함유량이 정력에 좋은 이유라고 말하는 사람이 많다. 아연은 성호르몬인 테스토스테론을 생산하는 미네랄이다. 즉, 굴을 통해 부족한 아연을 섭취할 수 있다. 하지만 아연이 풍부한 다른 음식과 비교하면 굴을 통해 얻는 아연은 큰 도움이 되지 않는다. 그보다는 다른 동물에는 없는 굴의 독특한 두 가지 성분이 성호르몬 생산에 도움을 준다. 바로 아스파르트산과 NMDA이다. 하지만 쥐를 대상으로 이 두 가지 물질을 실험한 결과는 뚜렷한 결론으로 이어지지 못했다. 한 가지 분명한 점은 아연이 지나치게 많으면 '만족 호르몬'인 프로락틴이 과다 분비되어 오히려 성적 충동이 저하된다는 것이다.

기본 원리

기름을 두른 프라이팬을 뜨겁게 달구면 열이 재료에 골고루 전달된다. 고온이 겉면을 바삭한 갈색으로 만든다.

알맞은 재료

생선 필레, 스테이크와 폭찹, 얇게 썬 닭고기, 감자.

고려해야 할 점

타이밍이 중요하다. 열은 천천히 음식을 통과하는데, 가운데가 익기도 전에 겉면이 타기 쉽다.

팬프라이 요리 과정

고기나 생선을 요리하는 가장 효과적인 방법 중 하나는 프라이팬에 기름을 살짝 두르고 열을 가하는 것이다. 정확히 어떤 원리일까?

튀긴 음식은 맛이 훌륭하다. 액체 지방은 물보다 두 배 이상 빨리 가열되어 온도가 높게 올라간다. 강한 불이 가해지면 마이야르 반응이 일어나 음식의 겉면이 향긋하고 바삭해진다. 기름은 음식을 부드럽게 하는 윤활유 역할을 하는 동시에 맛 분자가 팬에 골고루 퍼지도록 한다. 또한 특유의 기름지고 신선한 맛을 더한다. 아래 그림은 팬프라이 요리를 완벽하게 마스터하는 데 도움이 된다.

두꺼운 재료

열은 고기와 생선을 느린 속도로 통과한다. 4cm보다 두꺼운 살코기는 오븐에 넣어 마무리해야 한다.

75%

팬프라이할 때는 보일링할 때보다 75% 더 뜨거운 온도로 요리해야 한다.

재빠른 테크닉

기름은 물의 끓는점보다 더 높은 온도까지 올라가므로, 팬프라이 조리법은 빠르게 끝내야 한다.

팬에 기름을 두른다

해바라기유 또는 발연점이 높은 기름이나 지방을 최소 1테이블스푼 정도 팬에 두른다 (192~193쪽 참고). 팬은 열을 재료까지 전달하고 재료와 프라이팬의 금속 부분이 달라붙지 않도록 하는 역할을 한다. 기름이 번질거릴 때까지 가열한다.

#2

재료를 팬에 넣는다

팬 안에 재료를 넣는다. 온도가 100℃ 이상이 되면 재료 표면에 있던 수분이 날아가면서 바로 지글거리는 소리가 난다. 겉면을 향긋하게 요리하려면 수분이 최대한 빨리 날아가야 하므로 140℃ 이상에서 요리해야 한다.

#3

팬에 재료를 너무 많이 넣으면 온도가 내려간다. 생선이 튀겨지는 대신 원래 생선에 들어 있던 수분에 의해 익는다.

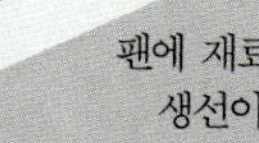

불을 켠다

바닥이 무거운 프라이팬을 불 위에 올리고 중간 불에서 센불 사이로 맞춘다. 금속이 달궈지도록 적어도 1분 동안 가열한 다음 기름을 두른다.

#1

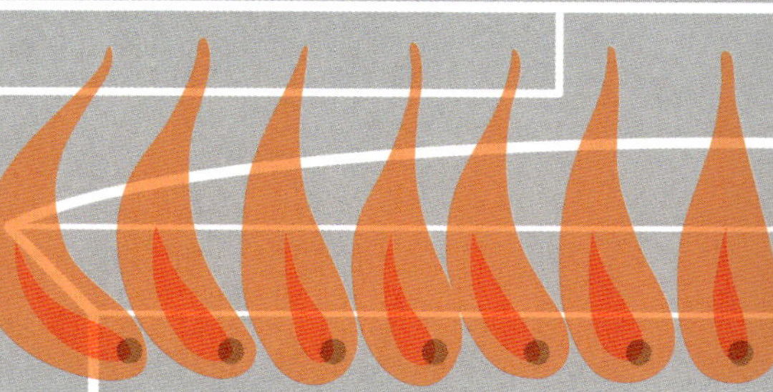

자세히 들여다보기

재료가 뜨거운 기름 안에 처음 들어가면, 물을 흡수하지 않는 기름이 재료 바닥에 막을 형성하면서 골고루 열이 전달된다. 재료 표면의 수분이 날아가면서 재료가 익는 속도보다 열이 가운데까지 퍼지는 속도가 더 느리다.

소테 요리 만들기

소테를 만들려면 생선을 잘게 토막 내 기름을 얇게 바른 후 강불에 달군 고밀도 팬에 넣고 조리한다.

뒤집어서 완전히 익힌다

음식을 규칙적으로 뒤집으면서 골고루 익힌다. 단, 생선 근육은 잘 부스러지기 때문에 3~4분 후에 한 번만 뒤집는 것이 좋다(86쪽 참고). 원하는 굽기로 구운 후에는 팬을 불에서 내린다. 완성된 요리는 바로 먹는다.

#4

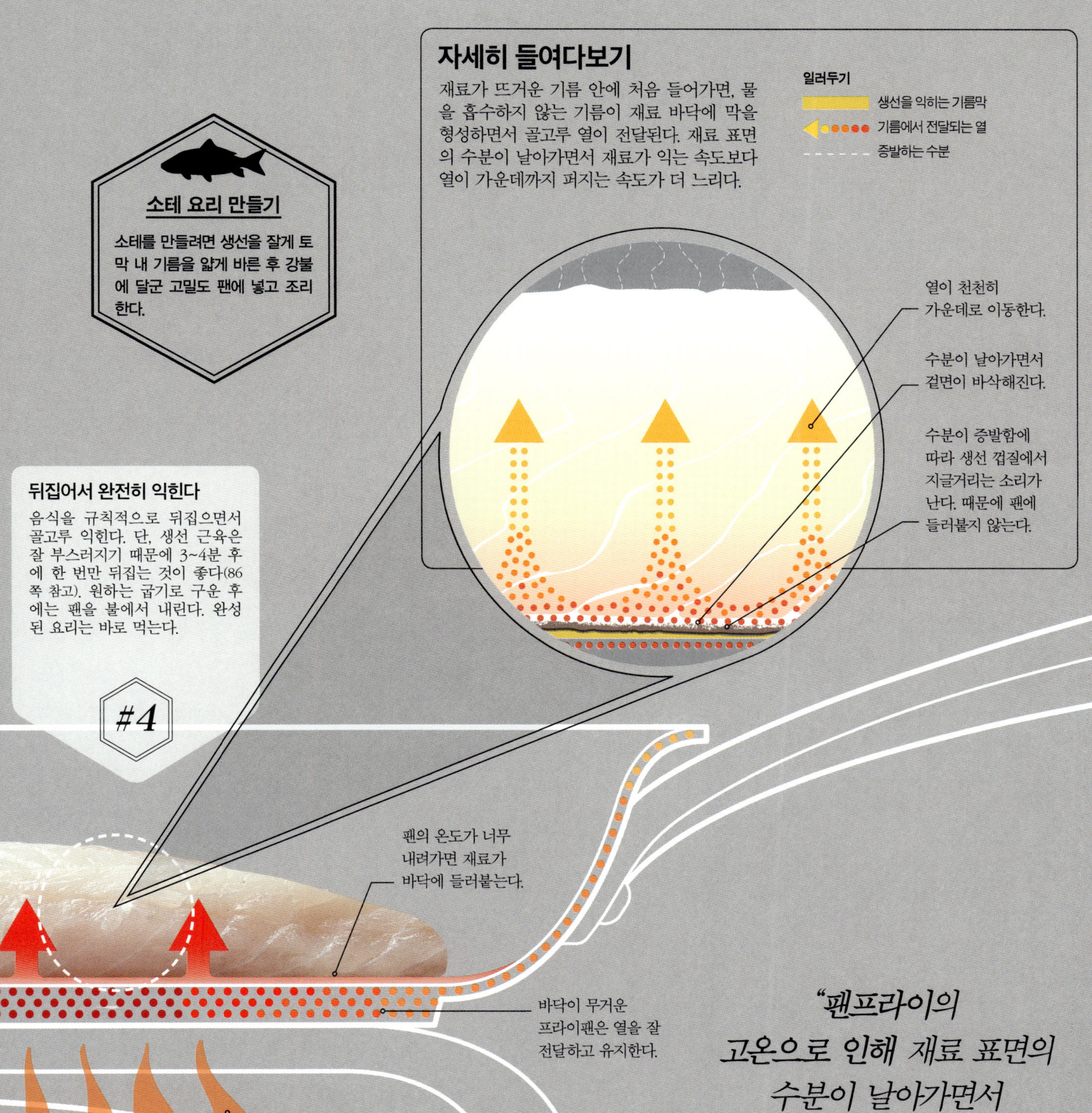

"팬프라이의 **고온**으로 인해 재료 표면의 수분이 날아가면서 겉면이 바삭한 갈색빛으로 변한다."

집에서 생선을 보존하려면 어떻게 해야 할까?

염지(큐어링)는 생선을 장기 보존하는 가장 오래된 방법으로, 집에서도 간단하게 할 수 있다.

생선은 부드럽고 촉촉한 것일수록 좋다. 하지만 냉동 보관하는 대신 냉장고에 넣어두면 입에서 살살 녹는 살코기의 맛은 온데간데없이 사라지고 축축한 세균의 소굴로 변질된다. 옛날부터 미생물 걱정 없이 해산물을 안전하게 저장하기 위해 소금에 절인 다음 건조한 후 냉장 보관하는 방법이 사용되어 왔다. 노르웨이에서는 오늘날까지도 내장을 제거한 대구를 통째로 밖에다 걸어놓고 말리는 전통적인 방법으로 건대구를 만든다. 하지만 이러한 방법은 야외 건조 공간이 필요하고 건조하는 데 몇 달이 걸릴뿐더러 냄새도 고약해서 집에서 따라 하기는 어렵다.

날생선을 소금에 절이면 건조하는 방법보다 훨씬 더 빠르고 간편하게 집에서 생선을 저장할 수 있다. 생선을 소금으로 덮으면 요리할 때와 마찬가지로 살 안에 있는 단백질 분자가 느슨해진다. 소금이 천천히 살 안으로 들어가면서 수분이 밖으로 빠져나와 생선을 더욱 단단하고 맛있게 만든다. 이를 가리켜 건식염지(드라이 큐어링)라고 한다. 설탕을 더하면 단맛을 이끌어낼 수 있을 뿐만 아니라 생선을 더 잘 저장할 수 있다. 염분이 많은 용액에 생선을 넣는 습식염지(웨트 큐어링) 또한 가능한데, 수분을 보다 잘 유지한다. 습식염지는 크기가 작은 생선 또는 훈제 요리용 재료를 보존할 때 사용한다.

촉감

염지한 생선의 촉감은 딱딱하고 건조하다. 집에서 염지한 연어는 훈제 연어와 비슷한 촉감을 가지고 있다.

연어를 건식염지 하는 방법

가장 신선한 생선으로 준비해야 한다. 믿을 수 있는 곳에서 생선을 공수하거나 초밥용 생선을 사는 것이 좋다. 이렇게 공수한 생선을 24시간 동안 냉동시켜 기생충을 모두 없앤다. 생선 표면에 맛을 추가하려면 감귤류 껍질, 알후추, 허브, 또는 볶은 향신료를 넣는다.

염지용 혼합물을 준비한다

고운 소금 500g과 정제당 500g을 섞어 염지용 혼합물을 만든다. 납작하고 얄팍한 그릇 바닥에 혼합물 절반을 깐다. 물기를 제거한 연어 살코기 700g을 그릇 안에 넣고 남은 혼합물로 덮는다.

소금이 닿는 면적을 최대화한다

그릇 위를 랩으로 덮은 후 무거운 물건을 얹어 납작하게 만든다. 생선이 혼합물 사이로 더 깊이 파묻혀 촉감이 단단해진다. 이 상태에서 냉장고에 넣는다. 생선 두께 2.5cm마다 염지 시간이 24시간 늘어난다.

생선을 확인한다

생선을 꺼내 촉감이 단단한지 확인한다. 아직 물컹하다면 생선을 혼합물로 다시 덮고 랩으로 감싼 후 무거운 물건을 올려 냉장고에 24시간 넣어둔다. 완성한 염지 생선을 물로 헹군 다음 물기를 닦는다. 냉장 보관하고 3일 이내에 먹는 것이 좋다.

구이용 생선을 소금에 절이면 어떻게 될까?

이 고대 요리 기법은 보기보다 간단하다.

생선을 요리하는 다양한 방법 중에서 소금에 절인 후 굽는 조리법은 얼핏 보기에 가장 손이 많이 갈 것 같다. 우선 농어, 도미와 같은 생선을 통째로 양념한 후 달걀흰자를 푼 소금에 절여 굽는다. 짭짤한 황갈색의 껍질을 벗기면 완벽하게 익은 살코기가 드러난다.

기본 원리

유산지 또는 포일처럼 소금막은 수분이 밖으로 빠져나가지 못하게 하는 역할을 한다. 오븐의 뜨겁고 건조한 열이 아니라 생선이 가지고 있던 수증기를 활용해 생선을 익힌다. 달걀흰자의 단백질이 고체화되면서 단단해진 소금 껍질은 굽는 과정 중에도 부서지지 않는다. 소금이 생선 안으로 천천히 침투한다. 조리하는 동안 매우 적은 양의 소금이 생선 안으로 들어가므로 다른 방법으로 요리한 생선구이와 맛이 비슷하다.

200℃

소금에 절인 생선을 굽기에 가장 적당한 온도는 200℃다.

염지 구이의 유래

기원전 4세기 튀니지에서 염지한 생선으로 구이 요리를 만든 최초의 기록이 발견되었다.

염지 생선, 이렇게 먹자!

염지 과정에서 흘러나온 산 때문에 톡 쏘는 맛이 강하다. 따라서 얇게 썰어서 먹는 것이 가장 좋다. 짠맛이 제일 강한 바깥 부분은 제거하고 먹는다.

신선한 생선과 냉동 생선 중 어느 것이 더 좋을까?

생선을 냉동하면 세균과 미생물의 번식을 억제할 수 있고
근육을 분해하는 효소의 활동도 지연시킬 수 있다.

상하기 쉬운 생선 기름은 금방 산패한다. 또한 자연 세균이 냉장고 안에서 쉽고 빠르게 번식한다(68쪽 참고). 생선은 다른 고기보다 냉동하기 쉬운 편이다. 근육막이 유연해서 뾰족한 얼음 결정으로부터 손상을 덜 입기 때문이다. '급속 냉동'의 경우 얼음 결정으로 인한 손상이 거의 없고 촉감과 식감이 신선한 생선과 매우 비슷하다. 하지만 출력이 낮은 가정용 냉동고에서 생선을 얼리면 연약한 단백질이 손상될 가능성이 크다. 갓 잡은 후에 얼음 위에 보관한 생선이 가장 좋지만, 구하기 어렵다면 시중에 파는 냉동 생선을 구입하자.

차이점 알기

급속 냉동하기

산업용 급속 냉동기는 생선을 빠른 시간 안에 얼려 얼음 결정의 형성을 제한한다.

 주로 신선도를 유지하기 위해 배 위에서 -30℃로 생선을 얼린다. 육지에 다다르면 공기 온도가 -40℃인 급속 냉동실에 생선을 넣어 급속 냉동 과정을 마무리한다.

가정에서 냉동하기

출력이 낮은 가정용 냉동고는 냉동 속도가 느려 얼음 결정이 생성된다.

 생선 안에는 단백질과 미네랄이 섞인 짭짤한 수분이 들어 있다. 소금은 어는점을 낮추므로, 냉동 속도를 더욱 지연시킨다. 얼음 결정이 천천히 늘어나면서 근육 단백질이 더 많이 손상된다.

냉동 생선을 그대로 요리해도 될까?

냉동된 생선을 그대로 요리하면 시간이 늘어난다.
하지만 장점 또한 분명하다.

크기가 작은 생선은 냉동 상태에서 요리해도 상관없다. 그러나 크기가 큰 생선 토막이나 통생선은 녹이지 않고 조리하면 가운데는 덜 익고 바깥은 타는 불상사가 발생할 수 있다. 따라서 먼저 해동한 후 요리해야 한다.

두께가 얇거나 중간 정도인 살코기(필레)를 냉동 상태에서 요리하면 맛과 식감이 신선한 생선과 비슷하다. 바삭한 껍질을 좋아한다면 오히려 더 맛있다고 느낄 수 있다. 얼음 결정이 생선 안에서 천천히 녹으면서 조리 시간이 길어지지만, 가운데를 너무 익히지 않으면서 바삭한 껍질을 만드는 데 도움이 되기도 한다.

냉동 생선을 해동할 때는 접시를 받친 상태에서 냉장고에 넣어두거나 얼음물을 채운 그릇 안에 밀봉한 생선을 담근다. 물이 해동 속도를 빠르게 하고 매우 차가운 온도가 세균 번식을 막는다.

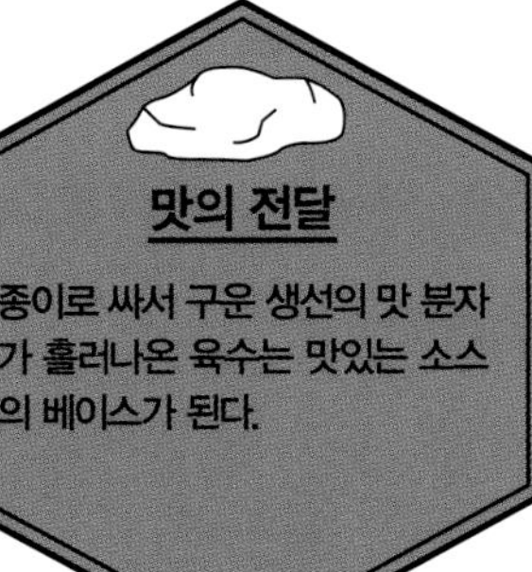

맛의 전달

종이로 싸서 구운 생선의 맛 분자가 흘러나온 육수는 맛있는 소스의 베이스가 된다.

차이점 알기

종이로 싸는 방법

종이로 싸서 생선을 굽는 앙 파피요트는 수분 증발을 막기 때문에 생선을 천천히 끓이는 것(83쪽 참고)과 비슷한 효과를 낸다.

 **조리 방법**
생선을 종이 위에 올리고 꼼꼼하게 싼 다음 굽는다. 주로 쟁반으로부터 올라오는 열이 천천히 전달되도록 들러붙지 않는 논 스틱 실리콘 코팅이 된 종이를 사용한다. 포일은 열을 빨리 전달하고 생선에 들러붙을 수 있으므로 피해야 한다.

 **알맞은 재료**
살코기를 요리할 때 가장 좋다. 생선 바깥층 주변에 허브와 향신료, 채소를 더해도 좋다.

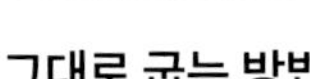

그대로 굽는 방법

오븐에서 구운 고기와 마찬가지로 생선의 바깥층을 덮지 않고 구우면 퍽퍽해진다. 하지만 통생선의 경우 그대로 구워도 좋다.

 **조리 방법**
생선을 덮거나 감싸지 않은 채로 기름과 향신료만 더해 오븐 안에 넣고 굽는다. 천천히 조리되는 동안 열이 가운데로 퍼져나가면서 생선 바깥층이 건조해진다.

 **알맞은 재료**
통생선을 요리할 때 좋다. 표면의 온도가 급격하게 올라가면서 바깥층이 건조해지지만, 바삭한 갈색빛의 껍질과 적당히 익은 살코기를 즐길 수 있다.

생선을 종이로 싸서 굽는 방법과 그대로 굽는 방법 중 어느 것이 좋을까?

생선을 굽는 방법에 따라 전혀 다른 요리가 완성된다.

생선구이에는 크게 두 가지 방법이 있다. 종이로 싸서 생선을 굽는 방법을 앙 파피요트라고 하는데, 종이째 식탁에 가져와 열면 향긋한 수증기 사이로 모습을 드러낸 잘 익은 생선 요리를 맛볼 수 있다. 사람들의 눈길을 사로잡기에 충분한 요리지만, 만드는 방법은 의외로 간단하다. 종이 안에 생선을 넣고 굽기 때문에 생선 즙이 그대로 살아있어 깊은 풍미를 느낄 수 있다. 종이 대신 포일을 써도 비슷한 효과를 볼 수 있다. 하지만 종이와 달리 포일은 생선에 들러붙을 수 있고 열을 빨리 전달하기 때문에 생선 전체에 기름을 꼼꼼히 발라야 한다.

통생선의 경우 그대로 구워도 맛있는 요리가 된다. 표면에 닿는 140℃의 높은 온도가 생선 껍질을 바삭하게 만든다. 가운데 부분 역시 수분을 유지한 채 적당히 익는다.

생선을 촉촉하게 유지하려면 어떻게 해야 할까?

생선은 차가운 물속에서 살아간다. 섬세한 근육과 장기 모두 찬 기후에 최적화되어 있는데,
생선을 너무 익히지 않으려면 주의를 기울여야 한다.

많은 요리사에게 생선 요리는 까다로운 과제다. 근육 단백질이 빠르게 느슨해져 응고한다는 사실을 제대로 알고 있기 때문이다. 이러한 현상은 붉은 살 고기의 경우 50~60℃에서, 생선은 40~50℃에서 일어난다. 온도가 더 올라가면 근육 세포와 결합조직이 줄어들면서 액체를 밖으로 내보내기 때문에 살이 퍽퍽하고 딱딱해진다.

골고루 익히는 방법

생선은 속보다 겉이 먼저 익는다. 특히 온도가 높을수록 기온 경도, 즉 기온의 차이가 더욱 커진다. 불을 끄고 난 후에 생선 안에 남아 있는 열기가 계속해서 안으로 퍼지며 생선이 익는다. 이를 가리켜 캐리오버 쿠킹이라고 부르는데, 팬프라이와 같은 열 경사도가 큰 환경에서 그 효과가 더욱 강력하다. 따라서 생선이 다 익었다고 생각되면 뜨거운 팬에서 생선을 꺼내는 것이 좋다. 포칭이나 수비드와 같이 느린 조리법의 경우 생선 살을 더욱 골고루 익힐 수 있다. 오른쪽 표에는 수비드와 팬프라이, 그리고 포칭 등 세 가지 다른 조리법이 나와 있는데, 열 경사도에 따라 생선이 익는 과정을 살펴볼 수 있다.

다양한 방법으로 생선이 다 익었는지 확인할 수 있다. 살이 번들거리지 않고 단단한지 또는 잡아당기지 않고 뼈를 발라낼 수 있는지를 보면 된다. 가운데 온도를 쟀을 때 디지털 온도계가 60℃를 가리키면 다 익은 것이다.

칼집을 내면 좋다

끝이 가늘어지는 생선 토막을 더욱 골고루 익히려면 두꺼운 부분의 1~2cm마다 칼집을 낸다.

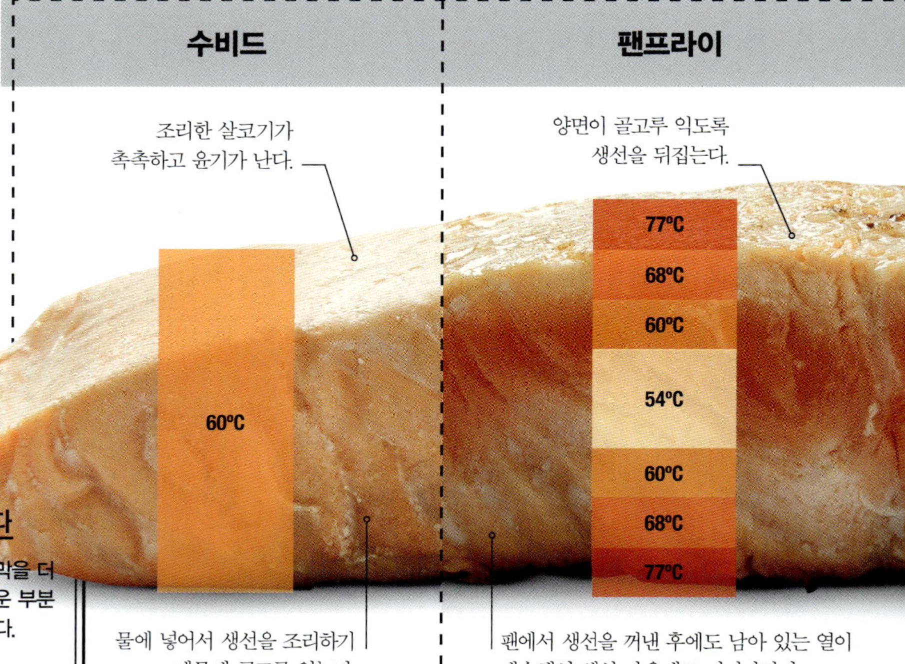

물에 넣어서 생선을 조리하기 때문에 골고루 익는다.

저온에서 천천히 요리하는 수비드 조리법(84~85쪽 참고)은 생선의 겉과 속을 거의 동시에 익힌다. 따라서 전체적으로 골고루 익고 살코기가 촉촉하고 육즙이 많다.

팬에서 생선을 꺼낸 후에도 남아 있는 열이 계속해서 생선 가운데로 퍼져나간다.

높은 온도에서 생선을 튀기는 팬프라이는 속보다 겉이 먼저 익는다. 팬에서 생선을 꺼낸 후에도 캐리오버 쿠킹이 계속되므로 생선이 과하게 익기 쉽다.

알맞은 생선

결합조직이 많고 두툼한 생선일수록 천천히 요리하는 수비드 조리법에 적절하다.

**문어 · 오징어 · 연어 · 도버 서대기
해덕 · 아귀**

알맞은 생선

빠른 조리법은 생선이 너무 익어 근육이 부서지는 것을 방지하므로 부드러운 살코기와 연약한 생선에 적절하다.

**광어 · 도버 서대기 · 대구 · 연어
농어 · 참치 · 고등어**

> "원래 연약하고
> 섬세한 생선은 조심해서
> 요리해야 한다."

해덕

농어

생선을 오랫동안 데치면 살이 물컹댈까?

생선을 물에 살짝 데치면 섬세하면서도 풍미 가득한 요리를 만들 수 있다. 하지만 포칭 테크닉을 익히려면 생선 근육의 구조를 이해해야 한다.

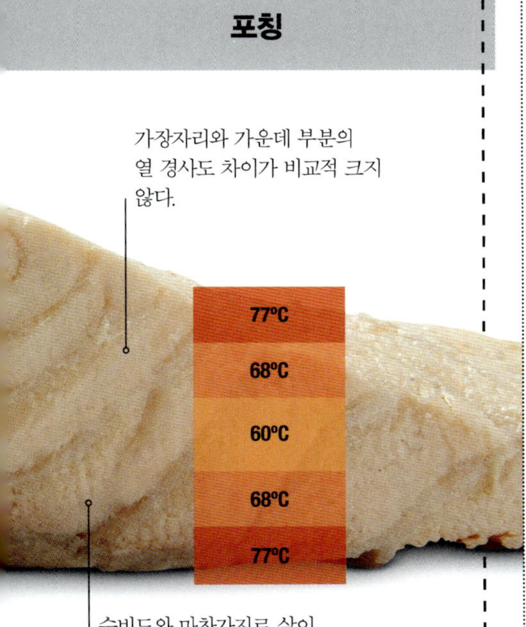

물에 생선을 넣고 데치는 포칭은 약한 불에서 가장 효과적이다. 포칭은 팬프라이보다 열 경사도가 낮다. 따라서 생선이 더욱 골고루 익는다.

알맞은 생선

여러 생선을 활용해 다양하게 응용할 수 있지만, 특히 두툼한 생선을 요리할 때 적합하다.

연어 · 광어 · 송어 · 도버 서대기 넙치 · 참치

넙치

까다로운 재료인 생선은 요리할 때 세세한 부분까지 신경 써야 한다. 물에 살짝 데치는 포칭은 생선을 천천히 그리고 안정적으로 요리하는 쉽고 간단한 방법이다. 많은 사람들이 생선을 너무 오랫동안 물속에 두면 물컹대고 축축해진다고 걱정한다. 그러나 생선 근육은 물기를 전혀 빨아들이지 못한다. 이미 세포 안에 수분이 가득 들어 있어 추가로 물을 저장할 공간이 없기 때문이다. 포칭은 표면의 수분이 증발하는 것을 막아 생선이 건조해지지 않는다. 포칭할 때 흔히 하는 실수는 바로 물을 끓이는 것이다. 생선이 알맞게 익는 타이밍을 맞추기 어려울 뿐만 아니라 바깥층이 너무 익어 펄펄 끓는 물속에서 떨어져 나간다.

70%

생선의 근육 세포는 70%가 수분이다. 따라서 더 이상의 물을 흡수하지 못한다.

맛 더하기

물에 채소와 레몬, 그리고 허브 같은 재료를 더하면 생선의 맛이 더욱 풍부해진다. 하지만 이러한 재료의 맛은 물속에서 충분히 우러나오지 않는 데다가 생선 살 깊숙이 침투하지 못하므로 결과가 생각만큼 좋지 않을 수도 있다. 물 대신 생선 육수나 채소 육수, 또는 와인을 사용하면 한층 더 맛을 살릴 수 있다.

차이점 알기

딥 포칭

생선이 완전히 잠기도록 냄비에 액체를 붓고 71~85°C의 약한 불에서 보글보글 끓인다.

딥 포칭은 부드러운 생선 조리법으로, 살코기가 연해진다. 모든 재료가 완전히 잠기도록 액체를 충분히 부으면 재료의 맛이 우러나와 생선의 가장 바깥층으로 스며든다.

액체에 완전히 잠긴 생선이 골고루 익는다. 조리 시간은 10~15분이면 적당하다.

쉘로우 포칭

넓은 냄비에 생선의 3분의 1 정도만 잠기도록 액체를 붓고 85~93°C의 약한 불에서 보글보글 끓인다.

생선을 데치는 데 사용한 적은 양의 물에 간을 한 후 보관했다가 진하고 강한 맛의 소스를 만들 때 사용하면 좋다. 생선에서 빠져나온 맛 분자가 풍미를 더한다.

생선 일부가 물 밖으로 나와 있기 때문에 정확한 조리 시간을 예측하기 어렵다. 표면을 종이로 살짝 가리면 수증기를 냄비 안에 가둘 수 있어 생선 윗부분까지 익힐 수 있다.

수비드
요리 과정

프랑스어로 진공 포장이라는 뜻의 수비드 요리는 정석대로 한다면 질감과 신선도가 비교할 수 없을 정도로 훌륭하다.

프랑스에서 시작된 수비드 조리법이 점점 더 인기를 끌고 있다. 수비드 요리에 필요한 도구들은 언뜻 보기에는 최첨단 제품처럼 보인다. 하지만 기본 원리는 간단하다. 재료를 공기가 통하지 않는 비닐봉지 안에 넣어서 봉한 후 저온에서 꽤 오랫동안 조리하는 것이다. 수비드 조리법에는 두 가지 도구가 필요하다. 비닐봉지에서 공기를 빼내고 밀봉하는 진공 씰러와 일정한 온도에서 요리할 수 있는 중탕 냄비다. 온도계로 조절하는 히터가 물의 온도를 최종 조리 온도로 균일하게 유지한다. 그 결과 골고루 익은 맛있는 요리가 완성된다.

기본 원리

공기가 통하지 않는 비닐봉지 안에 재료를 넣고 밀봉한 후 물속에 담근다. 낮은 온도를 일정하게 유지한다.

알맞은 재료

생선 필레, 닭가슴살, 폭찹, 스테이크, 로브스터, 달걀, 당근.

고려해야 할 점

다른 저온 조리법과 마찬가지로 음식이 갈변되지 않는다. 따라서 가장자리를 그슬리거나 바삭거리는 껍질을 만들고 싶다면 수비드 조리 전후에 별도로 불에 구워야 한다.

41℃

연어를 레어로 요리하려면 41℃, 웰던으로 요리하려면 60℃가 적당하다.

천천히 낮은 온도에서

고기와 생선은 미리 정한 온도에서 3~4시간 동안 놔둬도 너무 익지 않는다.

신선한 재료만

수비드는 좋은 냄새와 나쁜 냄새를 동시에 증폭시킨다. 따라서 부패의 흔적이 없는 매우 신선한 고기와 생선을 준비해야 한다.

자세히 들여다보기

중탕 냄비의 열이 사방에서 전달되어 재료 안으로 침투한다. 공기가 통하지 않는 비닐봉지는 수분이 들어오거나 빠져나가는 것을 막는다. 음식의 가운데 부분의 온도가 천천히 가장자리 온도만큼 올라가므로, 열 경사도가 없다. 건조한 가장자리나 덜 익은 중간 부분 없이 음식이 전체적으로 골고루 요리된다.

일러두기

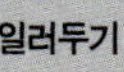 물에서 재료 안으로 전달되는 열

60℃로 유지되는 물

차이점 알기

수비드

밀봉한 상태에서 일정한 온도로 요리하기 때문에 재료가 너무 익는 경우는 거의 없다.

 조리 시간: 물속에서만 천천히 요리한다. 향을 더하고 싶다면 비닐봉지 안에 향신료를 넣자.

 맛: 진공 포장한 비닐봉지에 가해지는 압력이 낮아야 즙의 향과 맛이 고기 안에 밴다.

포칭

재료를 물속에 넣은 다음 수비드 조리법보다 강한 불에서 끓인다.

 조리 시간: 재료가 빨리 조리되므로 너무 익는 경우가 많다. 물과 육수, 우유, 와인 등 다양한 액체를 넣고 데칠 수 있다.

 맛: 액체의 맛이 생선 안으로 스며들기는 하지만, 재료의 맛이 액체로 빠져나오기도 한다.

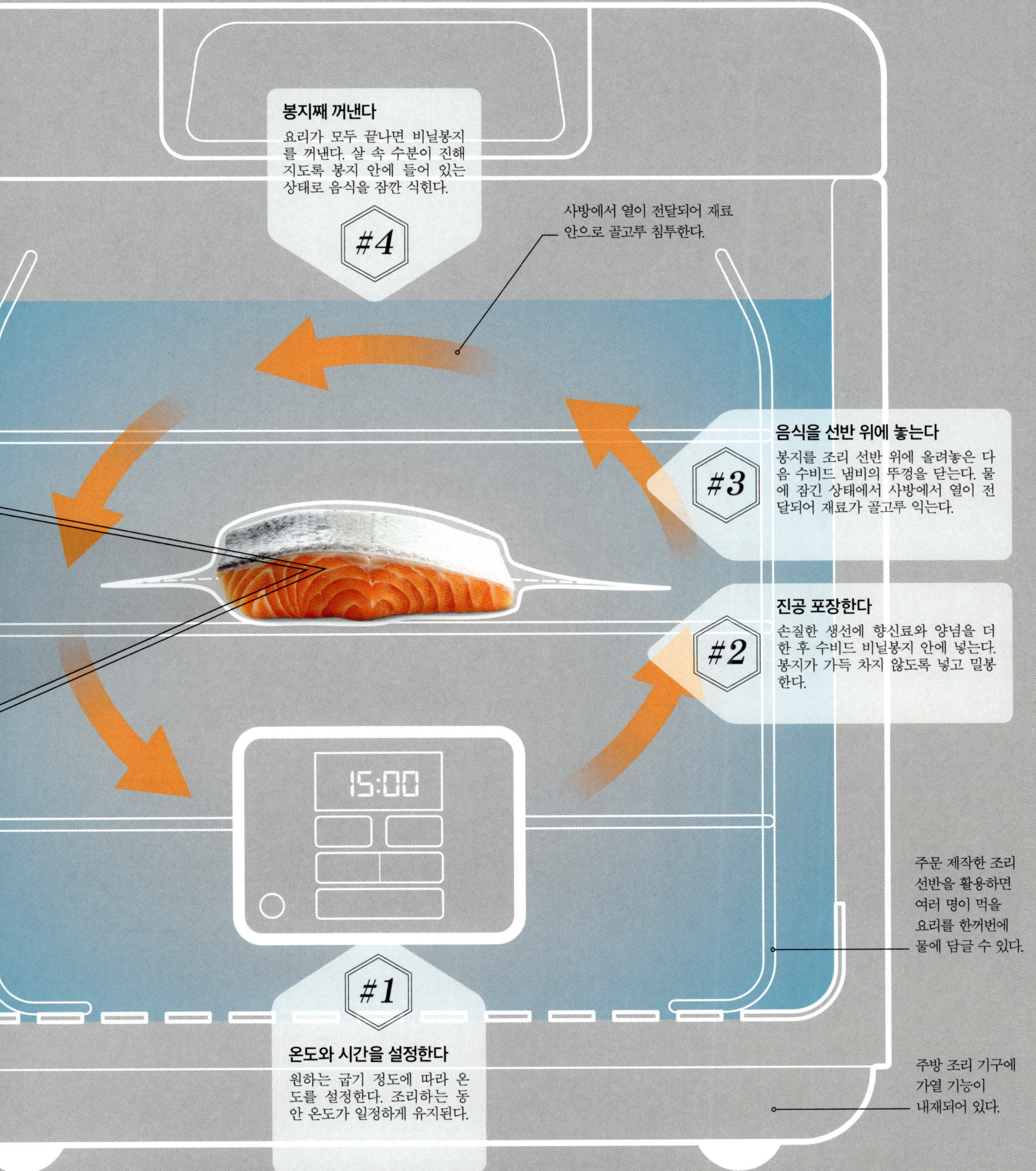
봉지째 꺼낸다
요리가 모두 끝나면 비닐봉지를 꺼낸다. 살 속 수분이 진해지도록 봉지 안에 들어 있는 상태로 음식을 잠깐 식힌다.
#4
사방에서 열이 전달되어 재료 안으로 골고루 침투한다.
음식을 선반 위에 놓는다
봉지를 조리 선반 위에 올려놓은 다음 수비드 냄비의 뚜껑을 닫는다. 물에 잠긴 상태에서 사방에서 열이 전달되어 재료가 골고루 익는다.
#3
진공 포장한다
손질한 생선에 향신료와 양념을 더한 후 수비드 비닐봉지 안에 넣는다. 봉지가 가득 차지 않도록 넣고 밀봉한다.
#2
15:00
주문 제작한 조리 선반을 활용하면 여러 명이 먹을 요리를 한꺼번에 물에 담글 수 있다.
#1
온도와 시간을 설정한다
원하는 굽기 정도에 따라 온도를 설정한다. 조리하는 동안 온도가 일정하게 유지된다.
주방 조리 기구에 가열 기능이 내재되어 있다.

어떻게 하면 생선 껍질을
노릇노릇하게 구울 수 있을까?

잘 구운 바삭한 생선 껍질은 부드럽고 쉽게 으깨지는 생선 살과 완벽한 대비를 이룬다.

노릇노릇하게 구운 바삭한 생선 껍질은 온도가 관건이다. 수분이 지글지글 소리를 내며 날아가고 껍질 온도가 마이야르 반응에 필요한 최저 온도인 140℃까지 올라간다. 마이야르 반응이란 아미노산과 설탕의 화학 반응으로 인해 껍질이 갈색으로 변하면서 바삭바삭한 식감이 더해지는 과정을 가리킨다. 껍질에 물기가 남아 있으면 마이야르 반응을 일으키는 대신 불필요한 수분을 증발시키는 데 열에너지가 소모될 수 있다. 그 결과 껍질이

충분히 노릇노릇해지기 전에 살이 너무 많이 익게 된다.

껍질의 단백질과 팬의 금속 원자가 만나 화학 반응을 일으키면 지글거리는 소리가 나는데, 팬의 온도가 낮으면 단백질과 금속 원자가 합쳐지면서 생선이 팬에 들러붙는다. 생선 껍질의 물기를 완전히 제거하고 발연점이 높은 기름을 둘러 고온에서 구우면 바삭거리는 노릇노릇한 생선을 완성할 수 있다.

생선 고르기

질감이 고무 같거나 껍질이 얇은 생선은 피한다. 농어, 도미, 연어, 가자미, 그리고 대구가 좋다.

생선 팬프라이하기

껍질을 벗기지 않은 생선을 팬프라이하면 겉이 촉촉하고 바삭한 생선 구이를 빠르게 만들 수 있다. 프라이팬 바닥이 두꺼울수록 열이 더 잘 유지된다. 생선 토막이 너무 크고 두꺼워서 요리판 위에서 조리할 수 없을 때는 갈색빛을 띠는 생선을 예열한 오븐에 넣고 마무리한다.

#1

소금으로 껍질의 수분을 제거한다

비늘을 제거한 중간 크기의 살코기 껍질에 고운 바닷소금을 문지른다. 양쪽 모두 소금을 바른다. 그릇 위에 올리고 랩으로 감싼 다음 소금이 수분을 모두 빨아들이도록 냉장고 안에 2~3시간 정도 둔다. 냉장고에서 꺼낸 후 키친타월로 남아 있는 물기를 닦는다.

#2

기름을 발연점 이하로 가열한다

바닥이 두꺼운 프라이팬을 강불 위에 올린다. 해바라기유 1테이블스푼(또는 발연점이 높은 다른 오일, 192~193쪽 참고)을 팬에 두른 후 발연점 직전까지 가열한다. 껍질이 아래로 가도록 생선을 팬 안에 넣는다. 바로 지글거리는 소리가 난다. 생선용 주걱으로 생선을 일정한 압력으로 눌러 열이 껍질에 골고루 닿도록 한다.

#3

누르고 뒤집어서 완전히 익힌다

생선이 익으면서 콜라겐 섬유가 줄어들어 생선이 휠 수 있다. 주걱으로 계속 생선을 눌러 납작하게 만든다. 살의 3분의 2 정도가 불투명해질 때까지 굽는다. 조심스럽게 생선을 뒤집어 요리를 마무리한다. 생선이 골고루 익으면 바로 먹는다. 껍질이 위로 향하도록 그릇에 담아야 바삭함과 고소함을 즐길 수 있다.

생선은 왜
식히지 않을까?

**생선 근육은 고기 근육과는 다른 구조를 가지고 있어서
손질 방법 또한 차이가 있다.**

생선도 고기와 똑같이 요리를 마친 후에 어느 정도 식혀야 한다고 주장
하는 셰프도 있다. 물론 해가 되지는 않겠지만, 커다란 통생선이 아니면
완성된 요리의 맛에는 큰 차이가 없다.

근육의 수분과 온도

붉은 살 고기와 흰 살 고기는 식히는 과정을 통해 근육 내 수분이 식으
면서 진해지므로 즙이 살짝 더 많아진다(59쪽 참고). 식히는 동안 조각
난 고기 단백질이 수분과 뒤섞여 기름기가 많은 육즙이 만들어진다. 하
지만 생선은 단백질 함유량이 적기 때문에 식히는 과정을 거쳐도 비슷
한 효과를 기대하기 어렵다. 그뿐만 아니라 결합조직이 적고 힘줄도 없
기 때문에 생선의 질감은 육지 동물보다 훨씬 더 부드럽고 연약하다.
그래서 식히는 과정에서 즙이 많아지더라도 맛에 큰 차이를 느끼기 어
렵다.

　고기처럼 생선을 식히면 살코기 부분의 온도를 일정하게 맞출 수
있다. 하지만 대부분의 생선은 얇은 편이라 이러한 효과 역시 눈에
띌 정도는 아니다. 생선은 살코기의 온도가 일정할 때가 아니라 따
뜻할 때 먹는 것이 가장 좋다.

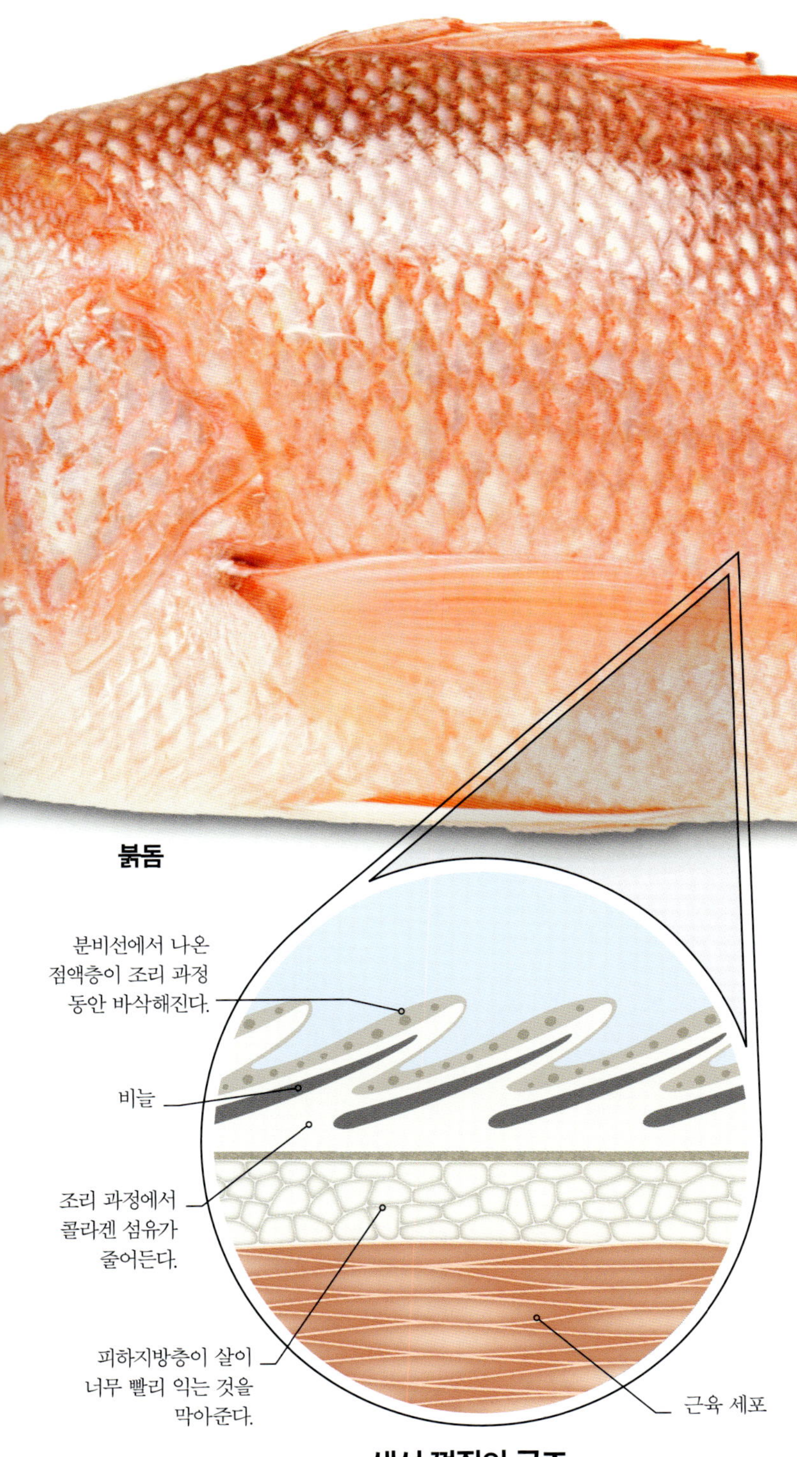

생선 껍질의 구조

생선 껍질은 다른 껍질과는 굉장히 다르다. 지방 함유량이
많고(총 무게의 최대 10%) 딱딱한 단백질 콜라겐으로 덮여 있
으며 수분이 많다. 또한 먹을 수 없는 앙상한 비늘층 위에
단열 장치 역할을 하는 끈적한 점액층이 있다.

궁금해요?

통생선은 식히는 것이 좋다

대부분의 생선은 식히는 과정을 생략해도 되지만, 커다란 통
생선은 몇 분 정도 식혀도 좋다.

살이 덜 으깨진다
참치나 아귀처럼 무거운 통생선을 5분 정도 식힌 후에 먹으면 살코기
안에 있는 단백질이 단단해져 덜 으깨질 뿐만 아니라 훨씬 깔끔하게 자를
수 있다.

열을 유지한다
통생선은 살코기(필레)보다 열을 더 잘 유지한다. 껍질이 생선을 감싸고
있기 때문이다. 따라서 식히는 과정에서 생선 온도가 지나치게 떨어지지
않는다.

어떻게 하면 생선회를 안전하게 먹을 수 있을까?

생선회를 어떻게 만드는지 알고 나면
감염의 위험에서 벗어날 수 있다.

모든 날음식이 그렇듯, 생선회는 결코 안전하지 않다. 하지만 위생을 엄격하게 관리하면 감염의 위험을 줄일 수 있다.

회-등급 생선

생선을 회로 먹으려면 낚시해서 바로 죽인 다음(생선을 부패시키는 젖산이 나오지 않도록) 얼음 위에 보관해야 세균 증식을 막을 수 있다. 생선이 좋은 등급을 받도록 양어장과 거래업자, 그리고 생산업체는 화학 테스트를 거쳐 생선의 활력을 확인하고 신선도를 검증한다.

세균보다 기생충이 더 위험하다. 기생충은 살아있는 동물의 살을 파고들며, 우리 몸의 장 안까지 침투해 고질적인 설사와 통증을 유발하기 때문이다.

생선을 냉동하면 이러한 병원체를 없앨 수 있다. 유통되기 전 최소 -20℃ 온도로 얼린 생선에 회 등급을 매긴다. 기생충이 번식하지 않는 깊고 먼 바다에서 사는 참치(참다랑어, 황다랑어, 날개다랑어, 눈다랑어)가 회 등급을 받은 것을 보면 안심할 만한 기준이다.

최상의 생선만을 골라 매우 차갑게 저장한 다음 철저한 위생 관리를 통해 음식을 만드는 것으로 유명한 초밥 음식점에서 회를 먹는 것이 가장 안전하다. 집에서 안심하고 회를 먹을 때 역시 같은 방법으로 생선을 다루어야 한다.

회로 쓰인 참치는 병을 일으킬 위험성이 낮다.

최상급의 생선
믿을 수 있는 곳에서 산 최상급의 생선을 올바르게 보관한 후 세심하게 준비해 만든 회 요리만 안심하고 먹을 수 있다.

감귤류 즙은 어떻게 날생선을 '요리'할까?

날생선과 레몬즙으로 만든 세비체는
어떤 요리와도 잘 어울려 배워두면 유용하다.

남미 음식인 세비체는 만드는 방법이 매우 간단하다. 날생선과 레몬즙을 섞은 다음 냉장고 안에 두고 '조리'될 때까지 기다리면 된다. 이 놀라운 연금술의 비밀은 사실 이해하기 쉽다.

산성 효과

감귤류 즙에 들어 있는 산이 생선의 단백질과 만나면 연약한 생선 근육 내 단백질 구조가 흐트러져 분해되는데, 이는 요리를 하는 과정에서 일어나는 반응과 같다.

산으로 생선을 익히려면 pH 농도가 단백질이 분해되는 수치인 4.8 이하여야 한다. 레몬과 라임즙의 pH 농도는 2.5 정도다. 감귤류 즙이 껍질 사이로 침투하면서 '조리' 과정이 시작된다. 시간이 지나면 번들거리는 날생선이 단단한 흰색 살코기로 변한다. 산 때문에 생선에서 시큼하고 톡 쏘는 맛이 난다. 단맛을 더하려면 과일즙이나 토마토를 넣고, 매콤한 맛을 살리려면 고추를 넣으면 된다.

정확한 타이밍 맞추기

생선이 세비체 스타일로 '조리'될 때까지 필요한 시간은 원하는 질감에 따라 달라진다.

세비체 요리 가이드라인

껍질을 벗긴 필레나 생선을 깍뚝썰기 하거나 2cm 두께로 얇게 썬 다음 아래 시간을 따른다. 생선을 25분 이상 놔두면 살코기가 완전히 익어 흰색을 띤다.

- 레어 - 미디엄 10~15분
- 미디엄 15~25분
- 미디엄 - 웰던 25분

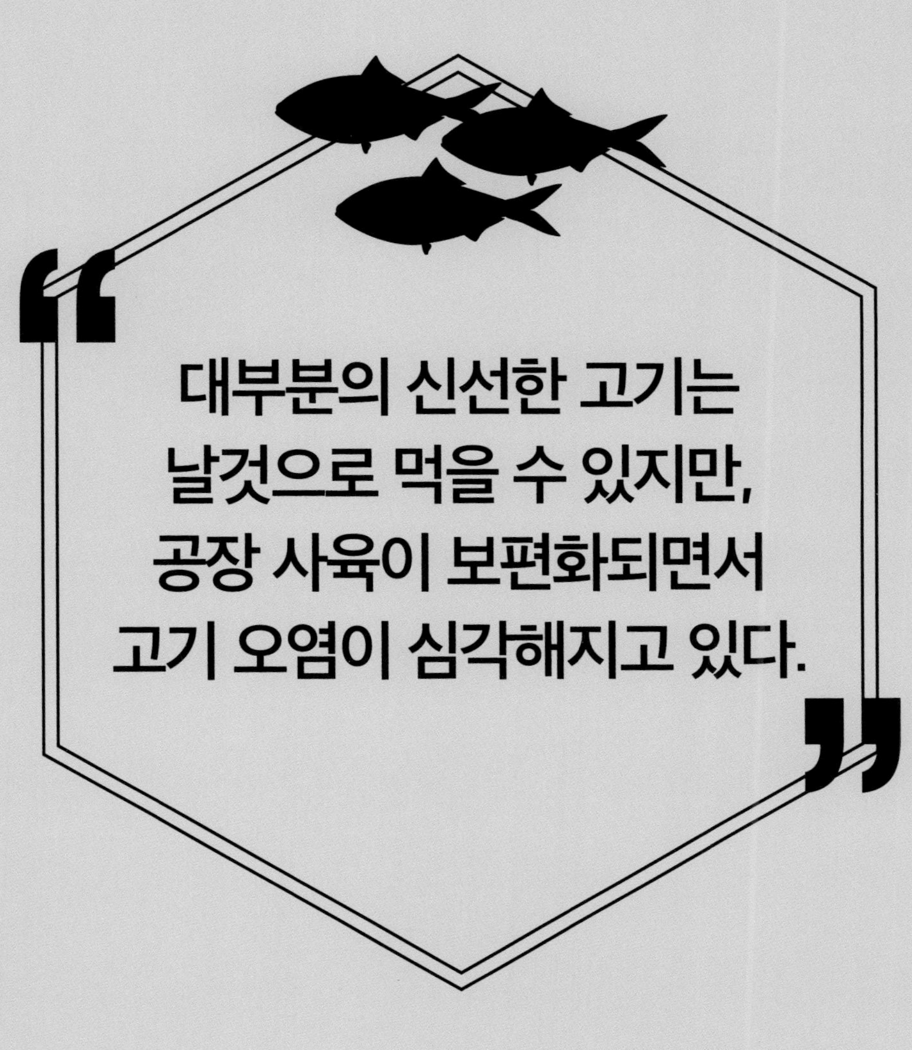

대부분의 신선한 고기는
날것으로 먹을 수 있지만,
공장 사육이 보편화되면서
고기 오염이 심각해지고 있다.

갑각류는 왜 요리하면 색깔이 변할까?

열이 숨어 있는 색을 끄집어낸다.

갑각류 동물은 가장 성공적인 동물이라고 할 수 있다. 2억 년 전부터 지구의 바닷속에서 살아왔기 때문이다. 이렇게 오랫동안 살아남을 수 있었던 이유 중 하나는 외부 환경에 섞여 들어가는 독특한 능력이다. 예컨대 새우는 회색빛을 띤 파란색이라서 탁한 심해에서는 잘 보이지 않는다. 하지만 요리하고 나면 놀라운 색의 변화가 일어난다. 본연의 색인 주황색과 분홍색이 모습을 드러내는 것이다.

주황색과 분홍색은 어디에 있었을까?

로브스터와 게, 새우, 그 외 갑각류는 요리했을 때 주황색과 분홍색을 섞은 듯한 빛을 띤다. 이는 플라밍고가 분홍색이고 연어가 주황색인 이유와 같다(70쪽 참고). 갑각류의 먹이인 플랑크톤과 조류가 만들어내는 붉은 색소 아스타크산틴 때문이다.

아스타크산틴은 갑각류의 껍데기와 살 안에 축적된다. 갑각류가 왜 이 색소를 저장하는지 정확한 이유는 밝혀지지 않았지만, 얕은 물에서 태양의 자외선으로부터 자신을 보호하기 위함이라는 주장도 있다. 갑각류는 포식자의 눈을 피하기 위해 살아있을 때는 분홍빛이 도는 주황색을 감춘다.

조리 과정에서 갑각류의 주황색이 드러나는데, 색의 변화가 요리가 다 되었다는 신호는 아니다. 로브스터와 게와 같은 큰 갑각류는 완전히 익기 전에 색깔이 바뀐다. 살코기가 단단하고 불투명한 흰색인지 항상 확인해야 한다.

숨은 재능

갑각류의 자연적인 위장술이 벗겨지면서 놀라운 색깔 변화가 일어난다.

파란색의 크루스타시아닌

갑각류가 살아있을 때 몸 안에서 발생하는 단백질이다. 파란색의 크루스타시아닌은 아스타크산틴 색소에 달라붙어(오른쪽 참고) 붉은색이 보이지 않도록 숨긴다. 어두운 크루스타시아닌의 색만 드러나기 때문에 포식자로부터 몸을 숨길 수 있다.

크루스타시아닌 단백질이 아스타크산틴 분자에 달라붙어 붉은 색소 아스타크산틴을 가린다.

홍합을 요리할 때는 어떤 규칙을 따라야 할까?

약간의 노하우만 있으면 홍합은 손질하기 쉽고 빨리 요리할 수 있는 해산물이다.

홍합은 살아있는 상태에서 요리해야 한다. 죽고 나면 빨리 부패하기 때문이다. 살아있는 홍합을 바로 조리할 계획이 아니라면, 얼음 위에 올려놓거나 그릇에 넣고 축축한 천을 덮은 후 냉장고의 가장 시원한 곳에 두어야 한다(소금기 없는 물에 넣으면 죽는다).

요리하기 전에 입이 벌어진 홍합을 골라낸다. 툭 건드렸을 때 입을 다물지 않는 홍합은 이미 죽은 것이므로 버려야 한다. 조리하는 동안 가장 빨리 입이 벌어진 홍합은 발라내지 않는 것이 좋다. 연구 결과에 따르면 입이 가장 먼저 벌어지는 홍합 중 대부분이 완전히 익지 않은 것들이다. 확신이 없을 때는 직감을 믿어보자. 감염되었거나 죽은 홍합에서는 불쾌한 냄새가 나고 표면이 끈적거린다.

붉은색의 아스타크산틴

색이 강렬한 아스타크산틴 색소는 갑각류의 먹이로부터 섭취된 다음 크루스타시아닌 단백질에 의해 가려진다. 조리하는 과정에서 열에 노출되면 단백질 분자가 느슨해지면서 원래의 형태가 흐트러지는데, 크루스타시아닌이 아스타크산틴에서 떨어지면서 붉은색이 보이기 시작한다.

오해와 진실

오해
로브스터를 끓는 물에 넣으면 비명을 지른다.

진실
로브스터는 성대가 없기 때문에 비명을 지를 수 없다. 하지만 껍데기 안에 갇혀 있던 공기가 빠져나오는 소리가 날 수는 있다. 로브스터를 잔인하지 않게 죽이려면 먼저 2시간 동안 얼려 기절시킨다.

오해와 진실

오해
요리 후에도 입이 벌어지지 않는 홍합은 절대 먹지 않는다.

진실
연체동물의 껍데기 안에 들어 있는 두툼한 살은 끓는 물에서 익는다. 입이 벌어지지 않았을 때도 마찬가지다. 두 장의 껍데기는 동물의 근육 중에서 가장 힘이 센 두 개의 폐각근에 의해서 벌어지지 않는다. 열을 가하면 단백질이 익으면서 이 근육들이 서서히 약해진다. 하지만 조개 무리 중에서 유난히 폐각근이 발달한 조개가 있기 마련이므로, 조리하는 과정에서 입이 벌어지지 않기도 한다. 조개를 비틀어서 열어보면 안은 완전히 익어 있다.

홍합 손질하기

아래의 간단한 몇 가지 규칙만 지키면 가장 깨끗하고 신선한 홍합으로 요리할 수 있다.

① 신선도를 확인한다
부서지거나 갈라진 홍합, 또는 툭 건드렸을 때 벌린 입을 다물지 않는 홍합은 버린다.

② 차가운 물에 헹궈서 씻는다
따개비를 칼로 떼어낸 다음 흐르는 차가운 물에 솔로 비벼 깨끗이 씻는다.

③ 수염은 마지막에 제거한다
가느다란 수염을 잡고 껍데기 위에서부터 아래 이음새 방향으로 잡아당긴다.

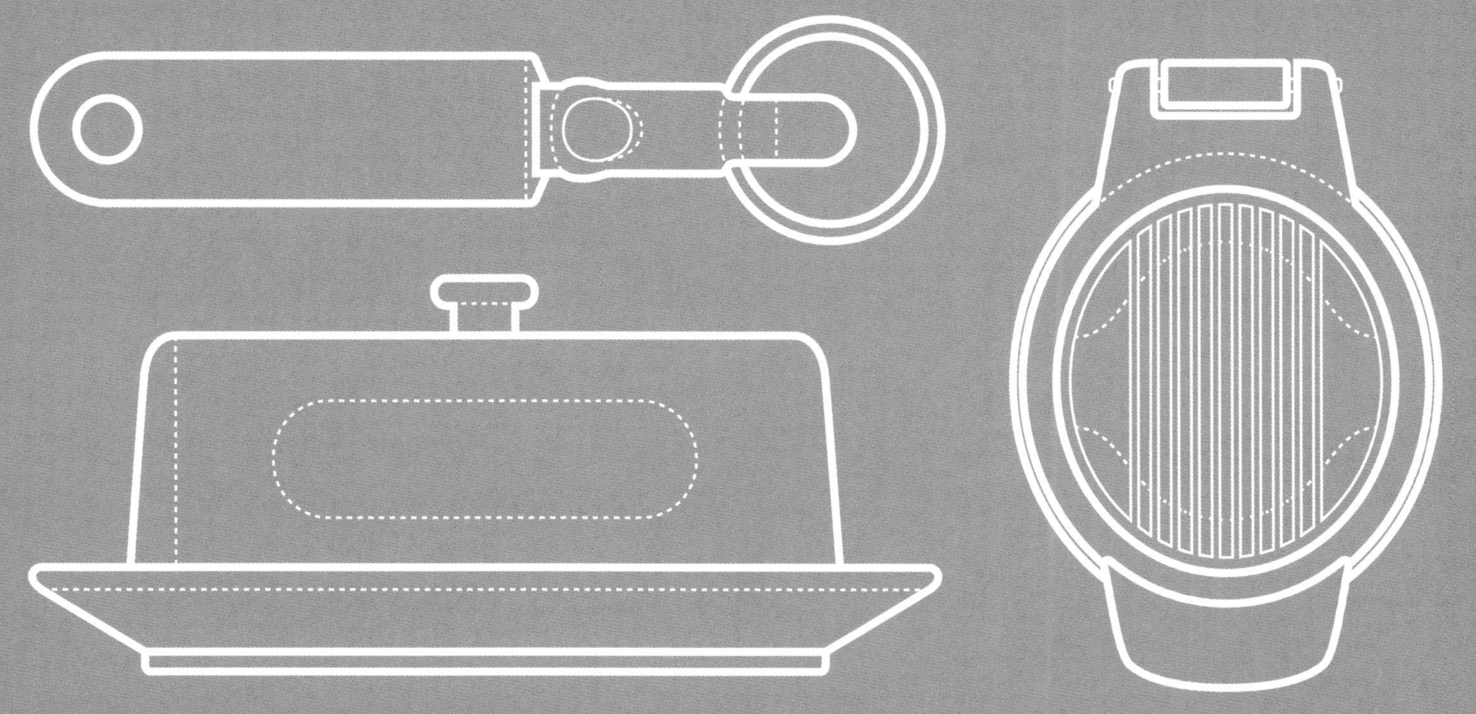

달걀 & 유제품

재료 포커스:
달걀

영양가가 높은 달걀은 마법 같은 먹거리로, 모든 부엌의 필수 식재료다.

달걀은 부엌에서 가장 다양하게 활용할 수 있는 재료다. 다른 재료를 감싸거나 칠하고 묽게 또는 걸쭉하게도 하며 음식에 산소를 제공하기도 한다. 이와 같은 강력한 힘은 모두 단백질과 지방, 그리고 유화제로 이루어진 기본 구성에서 비롯된다.

달걀노른자에는 단백질과 지방이 풍부하다. 지방은 현미경으로 관찰해야 할 정도로 크기가 작은 지방구 안에 들어 있는데, 레시틴이라는 유화제가 이 지방구를 감싸고 있다. 레시틴은 지방과 물이 잘 섞이도록 돕는 역할을 한다. 때문에 달걀노른자는 마요네즈를 만들 때 기름과 식초를 혼합하는 재료로 사용된다. 달걀흰자 대부분은 물로 이루어져 있고, 나머지 부분은 단백질이다. 세게 때리면 달걀흰자의 단백질이 부서지면서 바람이 잘 통하는 구조를 형성하는데, 설탕과 섞으면 머랭을 만들 수 있다. 케이크를 더욱 크게 부풀리기 위해 쓰기도 한다.

전체적으로 달걀은 요리에 촉촉함, 그리고 풍미를 더한다. 부화하면 한 마리의 병아리가 될 운명이었던 달걀은 영양분이 매우 풍부할 뿐만 아니라 사람에게 유익한 비율의 아미노산을 함유하고 있다.

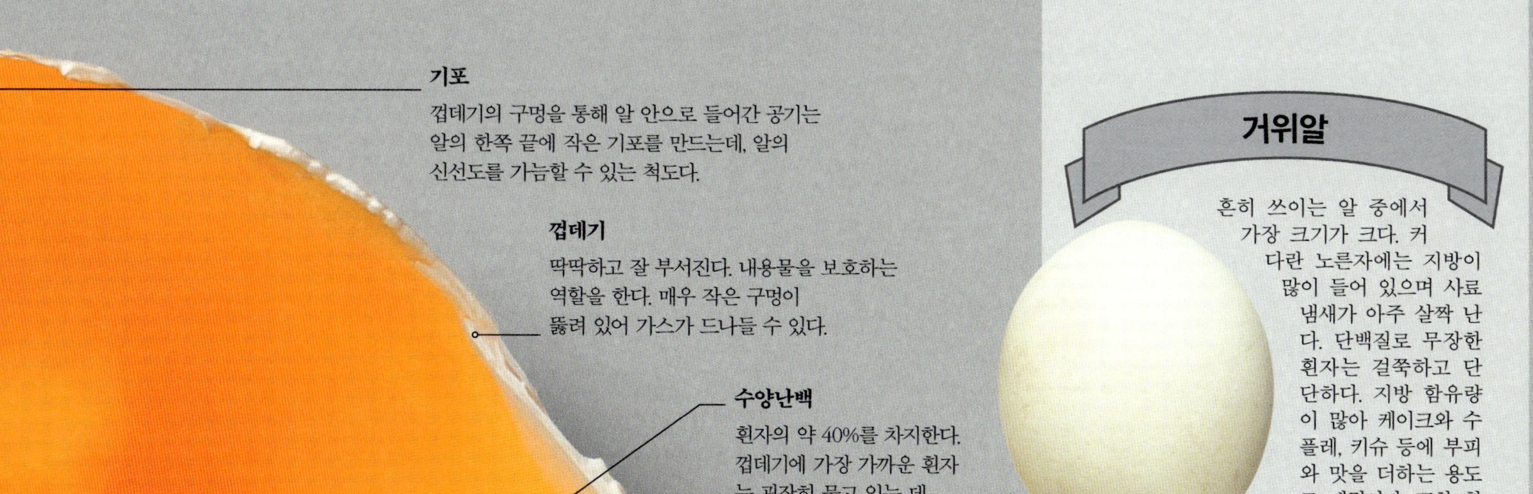

알 제대로 알기

딱딱한 껍데기 안에 흐물흐물한 흰자가 기름진 노른자를 감싸고 있는 새알의 기본적인 구조는 모든 종에 걸쳐 비슷하다. 하지만 지방과 단백질의 비율은 제각각이며, 알의 맛에 큰 영향을 미친다. 알의 크기와 껍데기의 다공성 역시 가금류 종류에 따라 다르다. 때문에 요리에 가장 잘 어울리는 알을 골라 활용해야 한다. 알마다 주요 특성은 다음과 같다.

기포

껍데기의 구멍을 통해 알 안으로 들어간 공기는 알의 한쪽 끝에 작은 기포를 만드는데, 알의 신선도를 가늠할 수 있는 척도다.

껍데기

딱딱하고 잘 부서진다. 내용물을 보호하는 역할을 한다. 매우 작은 구멍이 뚫려 있어 가스가 드나들 수 있다.

수양난백

흰자의 약 40%를 차지한다. 껍데기에 가장 가까운 흰자는 굉장히 묽고 익는 데 오랜 시간이 걸린다. 소량의 수양난백이 노른자를 둘러싸고 있다.

거위알

흔히 쓰이는 알 중에서 가장 크기가 크다. 커다란 노른자에는 지방이 많이 들어 있으며 사료 냄새가 아주 살짝 난다. 단백질로 무장한 흰자는 걸쭉하고 단단하다. 지방 함유량이 많아 케이크와 수플레, 키슈 등에 부피와 맛을 더하는 용도로 제격이다. 또한 흰자는 풍성한 머랭이나 파블로바를 만들 때 좋다. 풍부한 맛의 오믈렛 역시 만들 수 있다.

무게: 144g
칼로리: 266kal

오리알

껍데기에 구멍이 많아 옆에 있는 음식의 맛을 흡수한다. 노른자와 흰자 비율이 달걀보다 높아 맛이 더 풍부하다. 피클링(pickling), 브라이닝(brining), 솔팅(salting), 그리고 큐어링(Curing) 모두에 적합하다. 지방 함유량이 많아 케이크와 빵 등에 넣으면 촉촉함을 유지할 수 있다.

무게: 70g
칼로리: 130kal

달걀

알 중에서 압도적으로 많이 쓰이며, 노른자와 흰자가 적절한 비율로 섞여 있다. 때문에 활용도가 매우 뛰어나다. 다른 알과 비교했을 때 노른자의 크기가 작고 흰자의 비율은 높다. 빵을 구울 때 결합제로 쓰거나 마요네즈를 만들 때 유화제로 사용한다. 또는 그대로 요리해서 먹는다.

무게: 50g
칼로리: 71kal

메추리알

크기가 작으며 반점이 매력적이다. 은근한 맛과 흙 맛이 난다. 흰자가 단단하고 껍데기가 딱딱해서 벗기기 까다롭다. 프라잉, 하드 보일링, 또는 피클링 등을 할 수 있으며 간식, 카나페, 도시락 재료로 훌륭하다.

무게: 9g
칼로리: 14kal

알 낳기

산란용 닭은 일 년에 자기 몸무게의 8배에 해당하는 알을 낳는다.

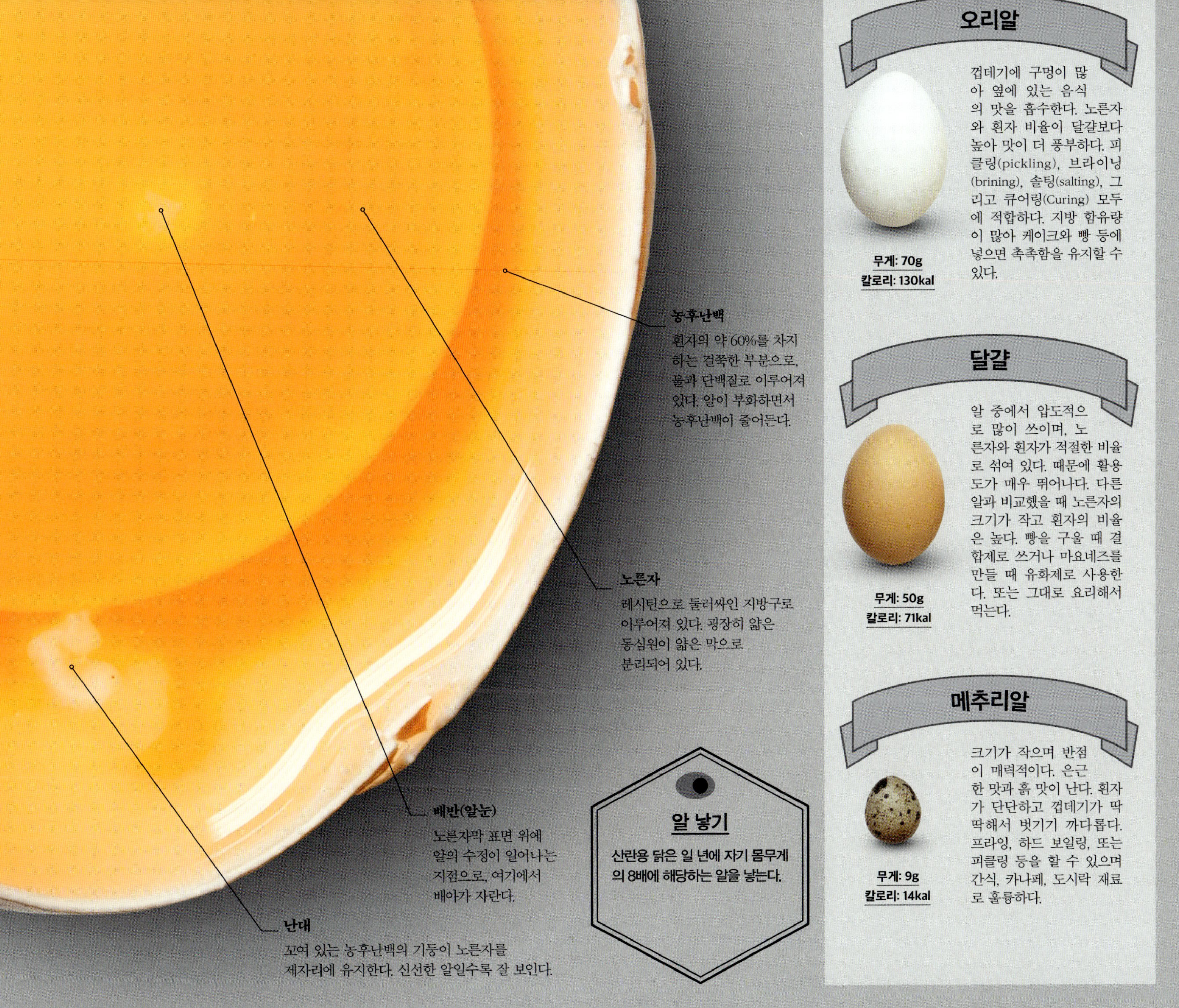

커다란 달걀
한 알의 칼로리는
고작 75 정도로,
빵 한쪽의
칼로리보다 낮다.

달걀에는 뇌 건강에
꼭 필요한
영양소인
콜린이 들어 있다.

달걀 한 알에는:

셀렌의 하루 권장량 중 30%

엽산의 하루 권장량 중 25%

비타민 B12의 하루 권장량 중 20%

비타민 A의 하루 권장량 중 16%

비타민 E의 하루 권장량 중 12%

철분의 하루 권장량 중 7%

달걀노른자에는
지방이 5g 정도 들어 있다.
대부분 불포화지방으로
건강에 좋은
리놀레산이라는
지방을 포함한다.

달걀에는 병균과 싸우는 카로티노이드와 루테인, 그리고 제아잔틴이 들어 있다.

달걀노른자는
달걀의 콜레스테롤이
흡수되는 것을
막는 레시틴을 함유하고 있다.

달걀흰자는
칼로리가 낮고
지방이 없다.

달걀의 고단백질 함유량은 7g이다. 노른자보다는 흰자에 단백질이 더 많이 들어 있다.

오메가-3 지방산이
더욱 풍부한
알을 낳도록 때에
따라 암탉에게
아마씨와
어유를
추가로 먹인다.

오리알, 거위알, 그리고 메
추리알에는 달걀보다
비타민 B12와
철분이
더 많이 들어 있다.

달걀 단백질의 60%가 흰자에
들어 있는 반면,
여러 지용성비타민은
노른자에 들어 있다.

섭취하는 달걀 개수를 정해야 할까?

영양분이 가득 들어 있는 달걀을 가리켜
'완전식품'이라고 부른다.

단백질과 에너지, 지방, 비타민, 그리고 미네랄이 가득한 달걀은 필수영양소가 전부 들어 있는 영양 보따리다. 하지만 1950년대 달걀의 콜레스테롤이 건강에 미치는 나쁜 영향과 살모넬라 식중독에 대한 우려의 목소리가 커지면서 달걀의 좋은 점과 안전에 대한 믿음이 깨지기 시작했다.

오늘날 우리가 알고 있는 사실

이제 우리는 달걀의 위험성과 관련된 대부분의 우려가 사실이 아니라는 점을 잘 알고 있다. 달걀의 안전성은 지난 20년 동안 크게 향상되었다. 달걀을 통해 감염되는 살모넬라 식중독 역시 30년 전과는 달리 더 이상 심각한 문제가 아니다. 살모넬라균이 완전히 사라진 나라도 있다. 음식을 통해 섭취하는 콜레스테롤이 크게 위험하지 않다는 연구 결과가 발표되면서 콜레스테롤 수치에 관한 걱정 역시 많이 줄어들었다(아래 '오해와 진실' 참고).

영양가에 있어서 달걀은 독보적이라고 할 수 있다. 왼쪽에서 볼 수 있듯이 여러 영양분과 항산화제가 풍부하다. 최근 들어서는 대다수의 건강한 식습관 가이드라인에서 일주일 동안 먹을 수 있는 달걀 개수에 관한 제한을 삭제하는 것이 세계적인 추이다. 연구 결과에 따르면 어린이와 건강한 성인의 경우 달걀을 하루에 한 알씩 먹어도 된다.

오해와 진실

오해
달걀이 콜레스테롤 수치를 높인다.

진실

달걀에는 콜레스테롤이 많이 들어 있지만, 한때 알려졌던 것처럼 콜레스테롤 함유량이 많은 음식을 먹는다고 해서 위험한 것은 아니다. 몸에 나쁜 LDL 콜레스테롤의 혈중 농도가 높아지면 동맥이 막혀 심각한 문제가 발생할 수 있다. 하지만 신체 내 콜레스테롤 생성을 촉진하는 주범은 기름진 고기와 크림, 버터, 치즈와 같이 포화지방이 많은 음식이다. 음식을 통해 직접적으로 섭취하는 콜레스테롤이 체내 수치에 큰 영향을 미치지는 않는다. 달걀노른자에는 콜레스테롤 흡수를 막는 물질도 들어 있다. 대체로 유전적으로 콜레스테롤 수치가 높은 사람만 달걀 섭취를 제한하는 것이 좋다.

방목한 닭에 더 많은 영양분이 들어 있을까?

최근 들어 전례없이 큰 규모로 달걀을 대량 생산하고 있다. 달걀은 안전하고 저렴하며 영양가가 뛰어난 먹거리다.

대규모 가축 사육이 발달하면서 닭이 큰 피해를 감수하고 있다. 농장이나 오두막 구석에 놓인 비좁은 철사 닭장 안에 갇혀 일 년 내내 오로지 알을 낳도록 설계된 기온과 조명 환경을 견뎌야 한다. 최상급의 알을 만들기 위해 영양을 보충한 사료를 먹인 실내 양계장의 암탉은 2kg의 사료를 먹고 1kg의 알을 낳는 놀라운 결과를 보여준다.

　동물의 사육 환경은 재료의 품질에 큰 영향을 미친다(40~41쪽 참고). 실내 양계장의 암탉이 더 많은 알을 낳지만, 자유롭게 방목한 닭의 알보다 영양가가 떨어진다. 맛에는 큰 차이가 없지만, 요리사에게는 초원에 닭을 풀어놓고 기르는 평판 좋은 지역 농장으로부터 달걀을 공급받는 것이 가장 이상적이다.

유기농	방목	실내 양계장
환경 암탉이 바깥으로 나가 자유롭게 돌아다닐 수 있으며 초원의 풀을 먹는다.	**환경** 농장에 따라 야외 접근성에 차이가 있다. 대부분의 암탉은 많은 시간을 농장 안에서 보낸다.	**환경** 닭장에 갇혀 곡물 사료를 먹는다.
영양분 양계장에서 기른 닭의 알에 비해 오메가-3와 비타민 E가 두 배 가까이 많고 포화지방이 25% 적으며 미네랄도 더 많다.	**영양분** 경우에 따라 다르지만, 유기농 달걀과 영양분이 비슷하다.	**영양분** 스트레스가 높은 환경에서 빠른 속도로 알을 낳아야 하기 때문에 자유롭게 움직이는 닭이 낳은 달걀에 비해 비타민과 오메가-3 지방산 함유량이 적고 포화지방이 많다.

날달걀을 먹어도 될까?

마요네즈, 아이올리, 무스와 같은 다양한 요리에서 날달걀이 주재료로 사용된다.

날달걀로 요리하는 레시피의 가장 큰 걱정거리는 바로 달걀과 함께 식중독을 일으키는 살모넬라균을 섭취할 수도 있다는 점이다.

살모넬라균

달걀은 오염된 대변으로부터 살모넬라균에 감염된다. 하지만 껍데기에 보호막이 있어 깨지지 않는다면 내용물은 안전하다. 이제는 엄격한 규제 덕분에 감염된 알을 찾아보기 힘들다. 유럽에서는 닭을 예방접종하고 미국에서는 때에 따라 달걀에 미네랄 기름을 뿌린다. 많은 나라에서 안전 기준을 통과한 달걀에 등급을 매긴다. 요리 과정에서 세균은 모두 죽는다. 대부분의 나라에서 날달걀을 먹어도 안전하지만, 나라에 따라 음식과 관련한 안전 기준이 다르다. 세균을 없애기 위해 열을 짧게 가하는 것을 저온살균이라고 하는데, 날달걀 대신 저온살균 한 알을 파는 곳도 있다. 저온살균 한 달걀은 맛이 덜하다.

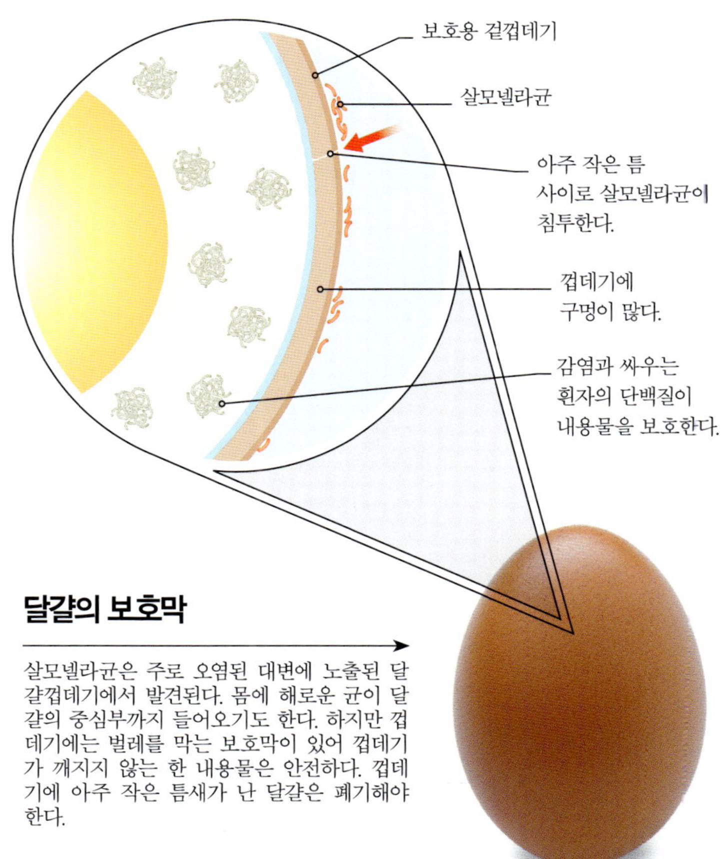

달걀의 보호막

살모넬라균은 주로 오염된 대변에 노출된 달걀껍데기에서 발견된다. 몸에 해로운 균이 달걀의 중심부까지 들어오기도 한다. 하지만 껍데기에는 벌레를 막는 보호막이 있어 껍데기가 깨지지 않는 한 내용물은 안전하다. 껍데기에 아주 작은 틈새가 난 달걀은 폐기해야 한다.

달걀은 어디에 보관해야 할까?

사소한 문제처럼 보일 수 있지만,
사람마다 의견이 제각각이다.

달걀의 보관 장소는 살고 있는 지역의 영향을 많이 받는다. 미국의 경우 닭에게 주기적으로 살모넬라 예방접종을 하기 때문에 냉장고 안에 보관해야 세균 번식을 막을 수 있다. 유럽에서는 냉장고 내부에 생기는 물방울 때문에 오히려 세균이 확산될 수 있으므로 달걀을 선선한 찬장 안에 보관하라고 권장한다. 이러한 차이점은 살모넬라 식중독 발생률의 영향을 받았을 가능성이 크다. 옛날부터 유럽은 비교적 살모넬라균의 타격을 덜 받았다. 하지만 미국에서는 달걀을 세척한 후 화학 살균제를 뿌려 해충을 제거하는데, 항균 작용을 하는 큐티클 층까지 손상되어 달걀이 오히려 더 위험해질 수도 있다. 공식적인 권장 사항 외에 달걀의 사용 목적에 따라 보관 장소가 달라진다. 오른쪽에 보이는 표에는 냉장고에서 보관한 달걀과 상온에서 보관한 달걀의 각기 다른 조리법과 활용 방법이 나와 있다.

용도	보관 장소	이유
노른자	냉장고	마요네즈를 만들기 위해 노른자만 사용하는 경우 달걀을 선선하게 보관해야 노른자를 탱글탱글하게 유지할 수 있다.
삶은 달걀	냉장고 또는 상온	차가운 달걀을 삶으려면 시간이 조금 더 오래 걸릴 수 있다. 보관 장소와 관계없이 결과물은 같다.
스크램블드	냉장고 또는 상온	스크램블드에그의 경우 달걀의 보관 장소에 따른 차이가 미세하다.
프라이	상온	차가운 달걀은 팬과 기름의 온도를 떨어뜨려 달걀을 익히는 데 더 오래 걸린다.
수란	상온	차가운 달걀은 물의 온도를 떨어뜨린다. 조리 시간이 조금 늘어나고 흰자가 더 잘 퍼진다.
케이크	상온	케이크 재료로 노른자로 거품을 내거나 머랭 재료로 흰자로 거품을 낼 때는 상온에서 보관한 달걀을 써야 단백질이 더 수월하게 풀어져 섞인다. 케이크 가루가 더 가늘고 모양이 일정하다.

냉장고에 보관하기

냉장고 안에서 달걀을 보관할 때는 문에 달린 달걀통은 사용하지 않는 것이 좋다. 문을 여닫을 때마다 달걀이 흔들려 흰자가 더 빨리 묽어진다. 밀폐 용기에 넣어 냉장고 뒤쪽에 보관해야 수분 증발을 늦출 수 있다.

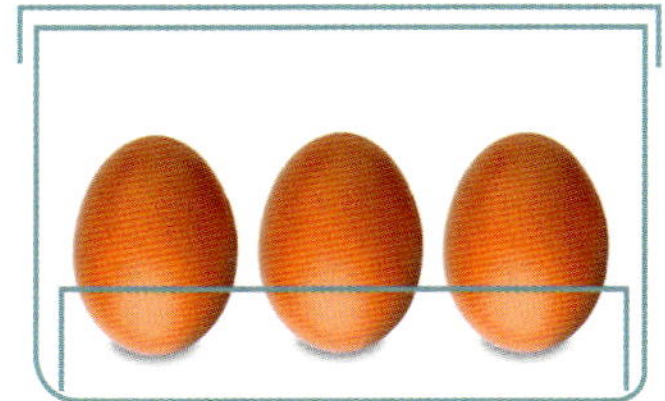

신선한 달걀의 단백질

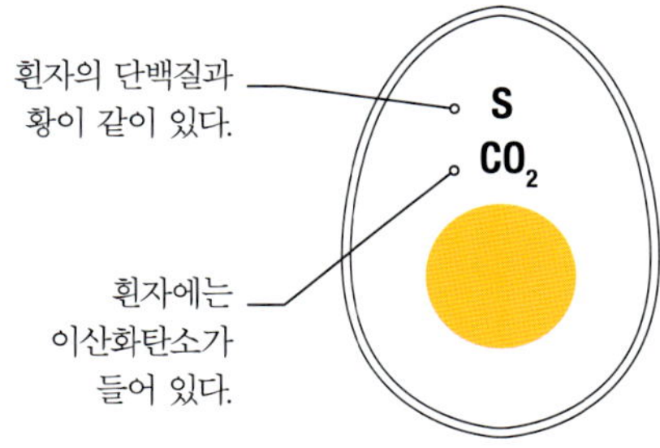

단백질마다 독특한 모양을 가지고 있다. 흰자 단백질의 대부분은 강력한 황 원자의 도움으로 제 모양을 유지한다. 아미노산 안에 갇혀 있는 황 원자에서는 냄새가 나지 않는다.

달걀의 노화

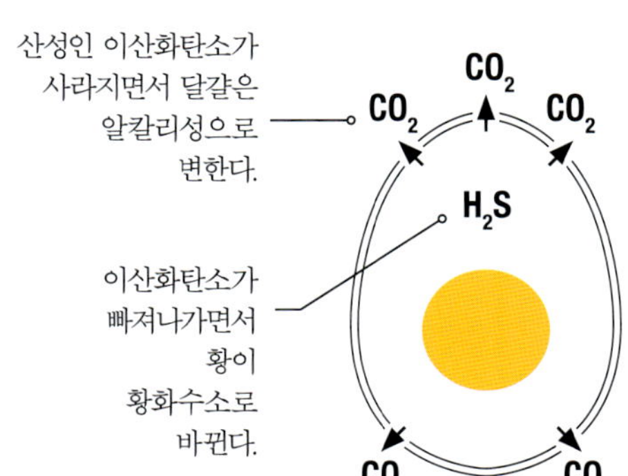

달걀이 오래될수록 껍데기의 미세한 구멍을 통해 이산화탄소가 빠져나가 달걀의 알칼리 농도가 높아진다. 산성의 변화 때문에 단백질이 느슨해지고 황 원자가 배출되어 냄새가 고약한 황화수소 가스가 배출된다.

썩은 달걀에서는 왜 불쾌한 냄새가 날까?

알이 오래되면서 달걀흰자의 단백질이 분해된다.

썩은 달걀의 고약한 냄새는 주로 흰자에서 발생되는데, 제1차 세계대전에서 화학 무기로 쓰일 정도로 몸에 해로운 가스인 황화수소가 원인이다. 달걀흰자 안에 황을 함유한 단백질이 분해되면서 이 가스가 배출된다. 60℃ 이상의 온도에서 요리하면 황이 분해되면서 황화수소로부터 달걀 특유의 냄새가 난다. 또한 달걀이 오래되면서 유황 냄새가 나는 황화물 수증기가 발생한다. 왼쪽 그림에는 이산화탄소 수치에 따라 달걀흰자 단백질이 어떻게 부패해 황화수소 가스의 고약한 냄새로 이어지는지 나와 있다.

달걀의 신선도는 어떻게 가늠할 수 있을까?

달걀껍데기의 매우 작은 구멍을 통해 가스가 들어왔다 나가는데,
이는 달걀의 신선도에 영향을 미친다.

닭이 알을 낳자마자 달걀흰자의 수분이 껍데기의 구멍을 통해 증발하기 시작한다. 달걀 내용물이 줄어들면서 매일 4ml의 공기를 빨아들이는데, 이를 통해 작은 기포가 생긴다.

신선도 가늠하기

기포의 크기를 보고 달걀의 나이를 유추할 수 있다. 달걀을 귀에 가져다 대고 흔들었을 때 출렁거리는 소리가 나면 내용물이 이리저리 움직일 정도로 기포가 충분히 커졌음을 의미하므로 달걀을 버려야 한다. 아래의 물 테스트 역시 요리를 시작하기 전에 달걀의 신선도를 확인하는 데 도움이 된다.

크기 재기

알 검사관은 호우 단위를 기준으로 흰자의 높이를 재서 신선도를 평가한다.

껍데기를 깬 후에는 흰자와 노른자의 상태를 살펴본다. 달걀흰자에는 두 개의 층이 있다. 질고 끈적한 층 주변을 얇고 희미한 층이 감싸고 있다. 오래된 달걀의 경우 연한 흰자의 점도가 떨어져 물처럼 고인다. 또한 진한 흰자가 줄어들고 노른자 역시 약해진다. 시간이 지나면서 노른자가 흰자의 수분을 빨아당겨 크기가 늘어나고 축 처진다. 힘이 없는 노른자는 부서지기 쉬우며 물을 탄 것 같은 맛이 난다.

테스트 종류	신선한 달걀	1주 후	2주 후	3주 후	5주 이상
물 테스트 물이 담긴 그릇에 달걀을 조심해서 넣는다. 맨 오른쪽 그림처럼 달걀이 물에 뜨면 수분이 많이 증발해 기포가 너무 커졌으며 물에 뜰 정도로 밀도가 떨어졌음을 의미하므로 버리는 것이 좋다. 바닥에 닿지만 기울어지거나 세로로 서는 달걀은 최상의 상태는 아니지만 먹어도 문제없다. 그릇 바닥에 납작하게 눕는 달걀이 가장 신선하다.	기포가 작고 밀도가 높아 바닥으로 가라앉는다. 기포의 크기가 3mm 이하	수분이 증발하면서 밀도가 떨어져 기울기 시작한다.	기포가 점점 커짐에 따라 밀도는 계속 떨어진다. 달걀이 거의 수직으로 서 있다.	바닥과 직각을 이루면 신선한 시기가 지났음을 알 수 있다.	수분이 너무 많이 증발해 오래된 달걀이 물에 뜬다.
균열 테스트 껍데기를 깼을 때 신선한 달걀은 흰자가 두껍고 살짝 탁하며 노른자가 동그랗고 높이 치솟아 있다. 달걀이 오래되면서 흰자가 더 연해지고 투명해진다. 노른자는 더 납작해진다.	노른자가 높이 솟아 있고 흰자가 진하다. 흰자의 모양이 흐트러지지 않는다.	흰자가 묽어진다.	달걀이 오래될수록 흰자가 넓게 퍼진다.	시간이 지나면서 노른자는 납작해지고 흰자는 연해진다.	묽은 흰자가 더 넓게 퍼진다.
상태에 따라 달걀 활용하기 신선한 달걀이 가장 좋다. 물론 가정에서의 요리 대부분이 신선한 재료에 따라 성패가 갈리지만, 오래된 달걀도 나름의 활용 방법이 있다.	대부분의 요리에서 흰자가 단단한 신선한 달걀을 쓰는 것이 좋다. 특히 수란(포칭)을 만들거나 삶은 달걀을 만들 때 그렇다 (100~102쪽 참고).	일주일 정도가 지나도 달걀은 비교적 신선하다. 하지만 수란용으로는 부적합하다.	좀 더 오래된 달걀의 흰자로 머랭용 거품을 쉽게 만들 수 있다.	오래된 달걀은 냉장고에서 보관한다. 껍데기가 쉽게 벗겨지므로 비스킷을 만들거나 삶거나 끓이는 게 좋다.	이 정도로 오래된 달걀은 버려야 한다.

수란은 꼭 신선한 달걀로만 만들어야 할까?

작고 깔끔한 구 안에 묽은 노른자가 숨어 있는 수란은
만들기 까다로운 음식이기 때문에 많은 사람들이 실패한다.

수란은 자칫 잘못하면 망치기 쉽다. 신선한 달걀로 만들 때 결과가 가장 좋은데, 신선할수록 노른자를 둘러싼 세포막이 튼튼하기 때문이다. 달걀이 껍데기 밖으로 나와 뜨거운 물 속으로 떨어지고 난 후에도 세포막이 풀어지지 않고 모양을 잘 유지한다.

게다가 신선한 달걀에는 진한 흰자가 더 많이 들어 있는 반면 제멋대로 퍼져서 수란의 모양을 망치는 묽은 흰자의 양은 적다. 달걀이 오래될수록 진한 흰자의 수분이 섞이면서 묽은 흰자가 더 묽어진다. 오래된 달걀로도 예쁜 모양의 수란을 만들 수 있지만, 단단한 세포막이 없고 흰자가 더 잘 퍼지기 때문에 애를 먹기도 한다.

수란의 모양 외에도 신선한 달걀을 사용해야 하는 또 다른 이유는 그렇게 해야 비리지 않고 맛이 훨씬 좋기 때문이다. 아래에는 완벽한 수란을 만드는 단계별 방법이 나와 있다.

완벽한 수란 만들기

신선한 달걀을 사용하는 것 외에 완벽한 수란을 위해 필요한 몇 가지 요령이 있다. 예컨대 물에 소금과 식초를 더하면 흰자가 냄비 안에서 풀어지는 것을 방지할 수 있다. 그리고 물 한가운데에 소용돌이를 만들면 달걀 모양이 흐트러지지 않는다. 아래 순서를 참고해 수란 테크닉을 익혀보자.

묽은 흰자를 분리한다

껍데기를 깬 후 체 또는 슬로티드 스푼에 걸러 묽은 흰자를 분리한다. 이 단계에서 묽은 흰자를 걸러내야 요리 도중 분리되는 것을 막을 수 있고 물에 떨어뜨렸을 때 흰자에서 얇은 가닥이 늘어지지 않는다. 여러 개의 달걀로 요리하는 경우 체에 거른 후 라미킨에 하나씩 넣는다.

흰자의 응고를 돕는다

소스팬에 반 정도 물을 붓는다. 사용한 물의 양을 적어둔다. 1L의 물마다 식초 8g과 소금 15g을 넣는다. 이 두 물질은 흰자에 들어 있는 단백질의 구조를 흐트러뜨려 흰자를 더욱 빨리 고체화시킨다. 물속에서 묽은 날달걀이 더욱 신속하게 퍼진다.

온도를 높인다

물이 살짝 끓기 시작하는 82~88℃까지 온도를 높인다. 디지털 온도계로 물의 온도를 측정해도 좋다. 펄펄 끓는 물에서는 흰자가 쉽게 부서질 수 있다. 또한 수면에 거품이 일면 수란의 익은 정도를 눈으로 확인하기 어렵다. 온도가 너무 높으면 달걀이 완전히 익을 가능성도 크다.

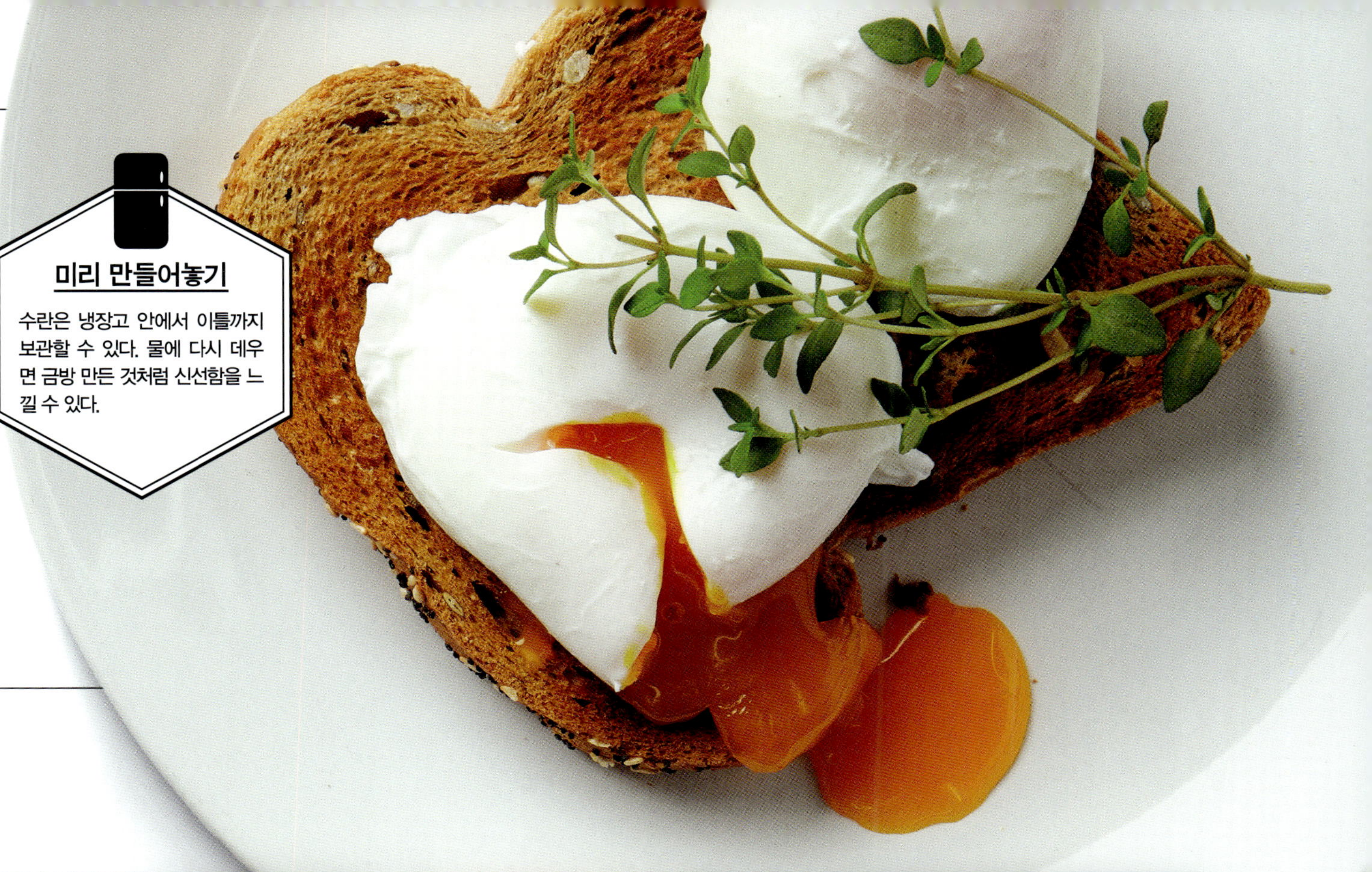

미리 만들어놓기

수란은 냉장고 안에서 이틀까지 보관할 수 있다. 물에 다시 데우면 금방 만든 것처럼 신선함을 느낄 수 있다.

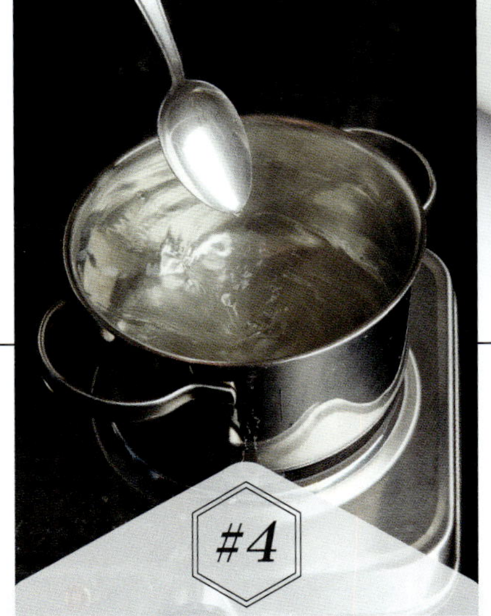

물을 젓는다

수란을 한두 개 만들 때는 냄비의 뜨거운 물 한가운데에 숟가락을 넣고 빙빙 돌려 작은 소용돌이를 만든다. 원운동이 물에 떨어지는 달걀의 모양을 흐트러지지 않게 한다.

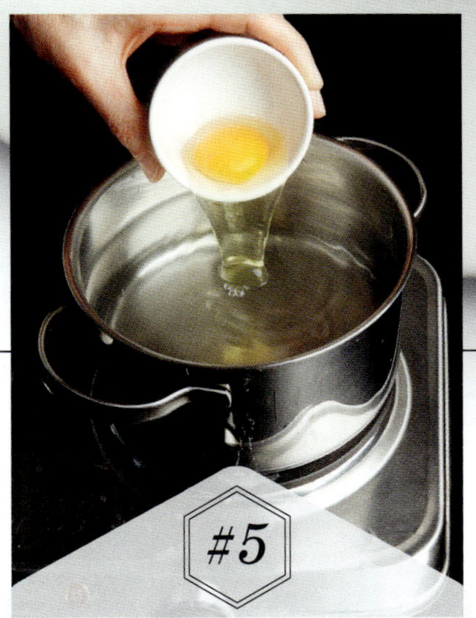

달걀을 떨어뜨린다

천천히 라미킨 또는 슬로티드 스푼을 이용해 최대한 수면과 가까운 거리에서 달걀을 물 안으로 떨어뜨린다. 달걀이 냄비 바닥으로 가라앉는다. 달걀이 풀어지지 않도록 달걀 주위의 물을 천천히 계속해서 빙글빙글 젓는다. 한꺼번에 수란 여러 개를 만들 때는 각 달걀 주위를 부드럽게 저어야 달걀이 하나로 뭉치지 않는다.

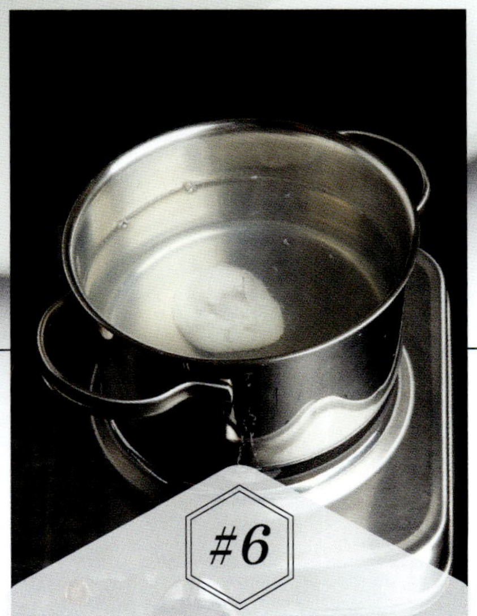

수란이 올라온다

3~4분 정도 익힌다. 식초가 흰자와 반응하면서 이산화탄소가 발생한다. 단백질이 응고되는 동안 아주 작은 가스 거품이 점점 딱딱해지는 흰자 안에 갇히면서 달걀의 밀도가 줄어든다. 소금은 물의 밀도를 살짝 높여 조리 과정에서 수란이 위로 올라오도록 만든다. 슬로티드 스푼으로 수란을 건진 후 키친타월로 물기를 제거한다.

노른자가 촉촉한 반숙을 만들려면 어떻게 해야 할까?

단단한 흰자 안에 촉촉한 황금색의 노른자는 생각보다 만들기 까다롭다.

달걀은 묽은 흰자와 진한 흰자, 그리고 노른자 총 세 개의 층으로 이루어졌다는 사실을 알면 원하는 상태의 달걀을 만드는 데 도움이 된다. 각 층이 함유하고 있는 단백질의 종류와 양이 다른데, 이에 따라 요리 온도(오른쪽 참고)와 요리 속도 또한 달라진다.

진한 흰자가 가장 먼저 익고, 그다음이 노른자, 마지막으로 단백질이 가장 적은 묽은 흰자가 익는다. 사실, 달걀마다 다 다르기 때문에 촉촉한 노른자를 완성하는 비법은 따로 없다. 아래에 설명된 방법은 상온에서 보관된 큰 알을 기준으로 하고 있다.

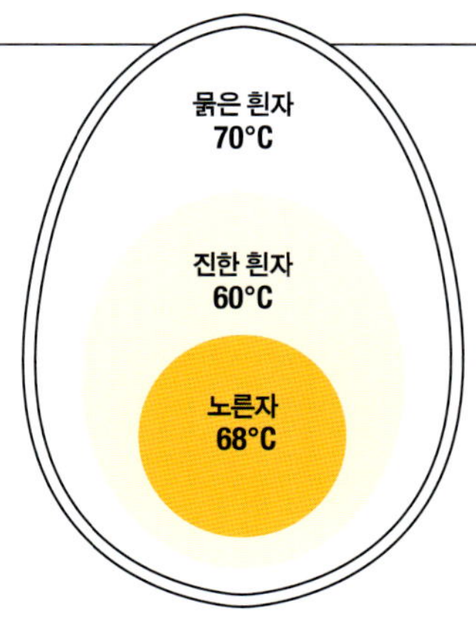

온도 설정하기

위 그림처럼 노른자는 진한 흰자보다는 늦게, 묽은 흰자보다는 빠르게 익는다.

조리 방법	요리 온도	어떻게 요리하는가?	얼마나 효과적인가?	주의할 점은?
삶기	100°C	끓는 물에 달걀을 넣고 4분 동안 삶는다.	고온에서 재빨리 요리하기 때문에 노른자가 설익거나 너무 익을 위험이 있다.	냉장고에서 보관한 달걀을 삶을 때는 30초 동안 더 익힌다. 달걀을 넣을 때마다 물의 온도가 낮아지므로, 여러 개의 달걀을 삶을 때 역시 요리 시간을 늘린다.
찌기	91°C	뚜껑이 있는 팬 안에 물을 소량 넣고 5분 50초 동안 끓인 후 받침대 위에 달걀을 올리고 6분 동안 찐다.	저온에서 요리하기 때문에 진한 흰자와 묽은 흰자 모두 잘 익는다. 매우 효과적인 조리 방법이다.	냉장고에 보관한 달걀은 40초 정도 더 찌는 것이 좋고, 크기가 중간 정도인 달걀은 30초 정도 줄이는 것이 좋다. 캐리오버 쿠킹을 방지하기 위해 요리 후에 20~30초 동안 찬 물에 담근다.
수비드	63°C	뜨거운 중탕 냄비 안에 달걀을 넣고 45분 동안 일정한 온도에서 요리한다.	저온으로 요리하기 때문에 달걀이 더 잘 익지만, 묽은 흰자는 촉촉한 상태를 유지한다.	완성된 달걀의 묽은 흰자가 흐르는 상태이므로(70°C가 되어야 굳는다) 껍데기를 까는 대신 깨는 것이 좋다. 수란 대신 사용한다.

완숙된 달걀의 껍데기를 벗기는 가장 좋은 방법은 무엇일까?

끈적끈적한 막 때문에 달걀껍데기를 벗기기가 힘들다.

흰자와 껍데기 사이에는 두 개의 얇은 막이 있는데, 내막은 흰자를 에워싸고 있고 외막은 껍데기 안쪽을 덮고 있다. 두 개의 막 사이에는 공기 기포(오래된 달걀은 기포가 커져서 달걀이 물 위로 떠오른다)가 있다.

막의 단백질이 조리 과정 동안 분해되기 때문에 달걀이 식는 동안 막이 서로 달라붙으면서 흰자와 노른자가 접착된다. 달걀이 익자마자 얼음처럼 차가운 물(차가운 수돗물로는 부족하다) 안에 2~3분 넣어두면 막이 단단해져 껍데기에 달라붙었던 흰자가 다시 줄어든다. 따라서 껍데기와 막을 쉽게 깔 수 있다.

고도에서는 기압이 낮아
물이 저온에서 끓는다.
따라서 고도에서 달걀을 삶으면
저온에서 요리되기 때문에
익는 속도가 느리다.

어떻게 하면 완벽한 스크램블드에그를 만들 수 있을까?

누구나 만들 수 있는 가장 간단한 요리 중 하나인 스크램블드에그는 화학에 대한 약간의 지식만 있으면 완벽하게 완성할 수 있다.

거품 낸 흰자를 조리하면 단백질의 모양이 변하고 서로 연결되면서 놀랍게도 커스터드처럼 걸쭉한 덩어리로 변한다(아래 참고). 달걀에는 수십 개 다른 종류의 단백질이 들어 있는데, 각 단백질이 분해되는 온도가 다르다. 요리되는 동안 뭉쳐지면서 완성되므로 쉽게 스크램블드에그를 만들 수 있다. 이 단백질 때문에 스크램블드에그의 식감과 단단함이 완성된다. 하지만 단백질은 또한 팬의 금속과 화학 반응을 일으켜 들러붙을 수도 있다. 따라서 계속해서 젓거나 긁어야 한다. 기름이나 버터를 1티스푼 정도 더하면 팬에 들러붙는 것을 막을 수 있다.

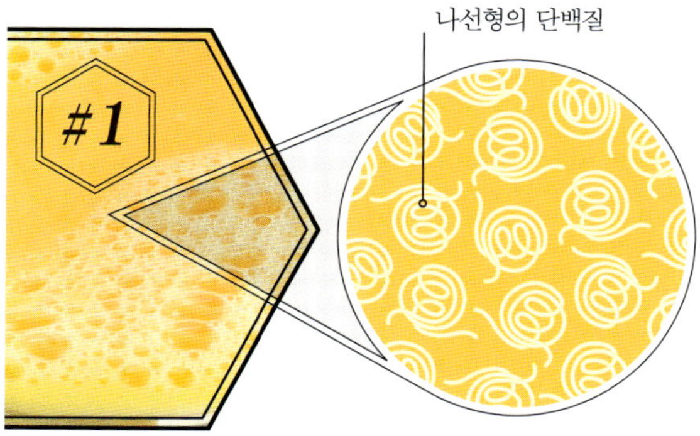

생달걀의 단백질

익지 않은 국수를 동그랗게 말아놓은 모양과 비슷한 길고 단단하게 뭉쳐진 단백질 분자가 묽은 노른자와 흰자 주변을 자유롭게 떠다닌다. 노른자와 흰자가 섞일 때까지 거품기로 저어야 단백질과 지방이 흩어진다.

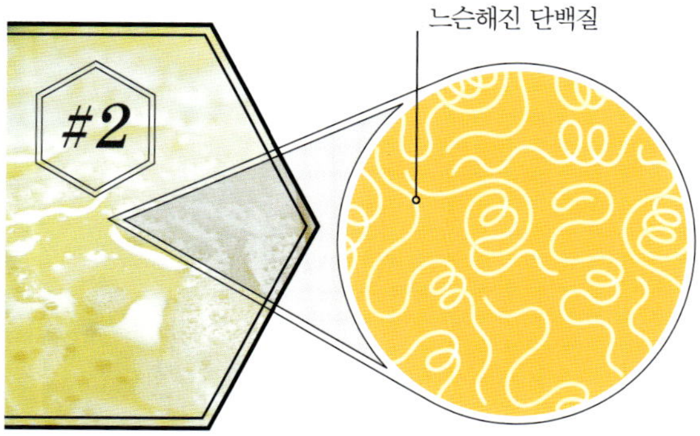

어느 정도 익은 달걀의 단백질

열에서 에너지를 받은 단백질이 더 활발하고 빠르게 움직이고 서로 부딪힌다. 단백질이 느슨해지면서 서로 합쳐지기 시작하므로 계속해서 저어야 커다란 단백질 덩어리가 생기지 않는다.

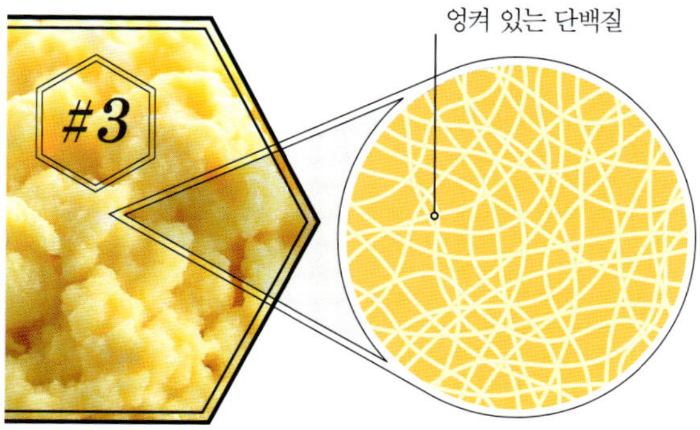

스크램블드에그의 단백질

60℃가 되면 분자가 덩어리지기 시작하면서 달걀 용액 역시 조금씩 굳는다. 약한 불에서 천천히 요리한다. 원하는 질감이 만들어질 때까지 계속해서 저어준 다음 간을 하고 바로 먹는다.

직접 만들어보기

우유에 향신료를 더한다

일반 우유 600ml를 바닥이 두꺼운 냄비에 붓는다. 바닐라 꼬투리 1개에 들어 있는 콩과 함께 빈 꼬투리도 넣는다. 중간 불에 냄비를 올린 후 끓기 직전까지 요리한다. 열은 우유와 향신료의 맛 분자가 섞이도록 한다. 거품이 일기 시작하면 바로 불을 끈다. 맛이 더 우러나오도록 15분 정도 놔둔다.

크리미하고 부드러운 커스터드를 만드는 비법은 무엇일까?

감미로운 디저트의 기초가 되는 커스터드는 만드는 법도 간단하다.

커스터드는 쉽게 말해 단맛을 더한 우유나 크림 소스에 달걀을 풀어 걸쭉하게 만든 것이다. 몇 가지 원칙만 이해하면 이러한 재료를 혼합해 부드러운 커스터드를 만들 수 있다(아래 참고). 단백질 혼합이 독특한 달걀은 우유와 크림을 걸쭉한 커스터드로 변신시킨다. 스크램블드에그처럼 덩어리지는 대신 실처럼 가는 형태로 만들거나 액체 사이로 분해시킬 수 있다.

커스터드의 쓰임새

디저트용 소스 외에도 커스터드는 아이스크림, 크렘 캐러멜, 그리고 크렘 브릴레를 만들 때 사용한다.

열을 가한 냄비 안에서 달걀의 단백질이 서로 엉겨 붙으면서 커스터드를 갈라놓는다. 따라서 계속해서 용액을 저어야 단백질이 느슨한 3차원의 그물망 모양으로 변하면서 덩어리지지 않는다. 우유와 크림, 그리고 설탕 분자는 단백질의 녹는 온도를 60℃에서 79~83℃로 높인다. 용액이 덩어리지기 전 걸쭉한 상태가 되었을 때(78℃) 요리를 멈추려면 약한 불로 천천히 가열하는 것이 중요하다.

커스터드 만들기

커스터드 또는 크림 앙글레즈를 만드는 이 조리법은 디저트용 소스나 아이스크림을 만들기에 적합하다(116~117쪽 참고). 더 진한 커스터드를 만들려면 더블크림 300ml와 일반 우유 300ml를 사용한다. 노른자를 한 개 이상 추가해도 좋은데, 너무 많이 넣으면 달걀 맛이 강해지니 주의하자.

달걀 단백질과 설탕을 더한다

커다란 달걀노른자 4개와 정제 설탕 50g을 크기가 큰 내열성 그릇 안에 넣는다. 노른자의 단백질과 지방이 커스터드를 걸쭉하게 만들고 맛을 한층 더 풍부하게 한다. 색이 옅고 부드러워질 때까지 거품기로 저어 설탕을 완벽하게 녹인다. 설탕은 단백질이 변성하는 온도를 높여 울퉁불퉁한 덩어리가 만들어지지 않도록 한다.

차가운 재료에 뜨거운 재료를 더한다

우유를 내열성 물병에 담은 다음 바닐라 꼬투리를 건져낸다. 팬에 남은 잔여물을 깨끗이 씻는다. 아직 열기가 남은 우유 혼합물을 천천히 달걀 혼합물 위로 부으면서 젓는다. 계속해서 저으면서 따뜻한 우유를 서서히 부어야 달걀 혼합물의 온도가 점차 올라가는 것을 막을 수 있다. 달걀 단백질의 온도가 올라가 덩어리지는 것 또한 방지할 수 있다.

단백질 그물망이 생기도록 열을 가한다

혼합물을 다시 팬에 붓고 중간 불에 올린 후 계속해서 젓는다. 주기적으로 온도를 확인한다. 78℃가 되면 달걀 단백질이 그물망을 형성하면서 혼합물이 진해진다. 숟가락의 뒷면에서 흐르지 않으면 완성된 것이다. 팬을 바로 불에서 내린 후 먹기 전까지 계속해서 젓는다. 또는 냉장고에 넣기 전에 먼저 식힌다.

거품 낸 흰자에 노른자가 섞여도 괜찮을까?

올바르게 거품 낸 흰자는 양이 8배나 많아진다.

달걀흰자의 대부분은 물과 단백질로, 지방이 전혀 없다. 흰자를 저으면 단단하게 뭉쳐 있던 단백질이 풀어지면서 기포를 감싸고, 그 결과 폭신폭신한 거품이 일어난다. 일부 레시피는 크림이나 타르타르, 레몬즙, 또는 식초와 같은 산을 추가해 단백질 분해를 촉진한다. 구리 원자 역시 비슷한 역할을 하기 때문에 예전부터 거품을 낼 때는 구리 그릇을 사용했다.

흰자 거품에 있어 지방이나 기름은 곧 재앙이나 다름없다. 기름 분자가 기포를 감싸려는 단백질을 방해하기 때문이다. 따라서 노른자는 반드시 피해야 한다. 흰자 두 개에 노른자 한 방울만 섞여도 거품이 만들어지지 않는다. 그러나 노른자의 흔적이 겨우 보일 때는 흰자가 그대로 쓰레기통으로 향하는 불상사를 막을 수도 있다. 설탕 또한 거품 생성을 방해한다. 하지만 나중에는 흰자가 단단해지는 데 도움이 되므로 중간 과정에 추가한다.

생달걀 안의 단백질

단단하게 뭉쳐 있는 단백질이 풀어지거나 변성되어야 거품이 생성된다. 또한 깨끗한 그릇을 사용해야 지방이 섞이는 것을 막을 수 있다.

거품 낸 흰자 안의 단백질과 기포

거품기로 흰자를 저으면 단백질이 분리되고 변성된다. 또한 기포가 생겨난다. 흰자를 계속해서 힘차게 젓는 게 중요하다.

완성된 거품 안의 단백질과 기포

단백질 가닥이 공기가 빠져나가지 못하도록 기포를 감싸고 있다. 계속해서 저으면 단백질이 뭉쳐 질감이 더 단단해진다.

노른자가 섞이면

노른자는 흰자 단백질을 기포 벽으로부터 멀리 밀어 기포를 터뜨린다. 때문에 흰자 거품을 만들기 어렵게 하거나 아예 불가능하게 만든다.

해결 방법

노른자 흔적이 겨우 보일 때는 계속해서 젓는다. 그런데도 거품이 생기지 않는다면, 크림이나 타르타르(단백질 분해를 돕는 산이 들어 있다)를 넣고 다시 젓는다. 이런 방법으로 거품을 낼 수 있지만, 매번 성공하는 것은 아니다.

마요네즈가 분리되는 것을 막으려면 어떻게 해야 할까?

노른자와 기름, 향신료를 섞으면 크리미한 소스를 만들 수 있다.

마요네즈는 사실 물 안에 아주 작은 기름방울이 갇혀 있는 젤이라고 할 수 있다. 노른자에 물과 기름을 혼합하는 레시틴이라는 유화제가 들어 있기 때문에 가능한 조합이다.

마요네즈를 만들려면 기름과 물을 4:1의 비율로 섞어야 하는데, 기름 1티스푼당 100억 개의 방울로 나뉘어야 제대로 섞인다. 처음에는 최소한의 액체인 노른자(절반이 수분으로 이루어져 있다)로만 시작한다. 기름을 조금씩 넣은 다음 아래와 같이 꼼꼼하게 섞는다. 걸쭉한 노른자의 레시틴이 농축되면서 크기가 아주 작은 기름방울을 하나씩 감싼다.

상온에서 보관한 재료를 쓰는 것이 좋다. 온도가 높으면 레시틴이 물과 기름을 유화하는 데 오래 걸리기 때문이다. 기름을 너무 빨리 섞으면 마요네즈가 분리되기 쉽다. 물론 구제 방법이 있다.

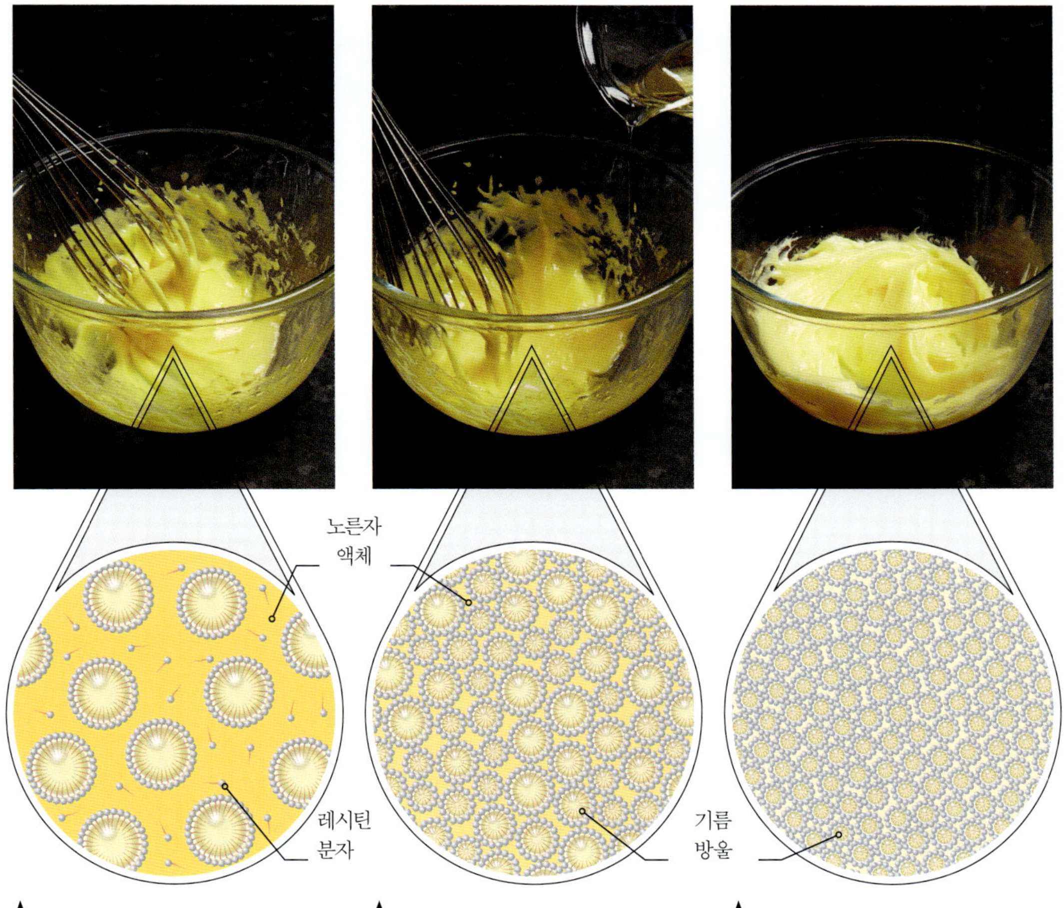

생달걀 안의 기름방울

오일은 자연적으로 뭉쳐 커다란 방울을 형성한다. 노른자를 잘 저은 후에 기름을 한 번에 조금씩 넣는다.

진해진 혼합물 안의 기름방울

기름이 작은 방울로 분리되면서 혼합물이 진해진다. 남은 기름을 매우 천천히 부은 다음 계속해서 힘차게 젓는다.

완성된 마요네즈 안의 기름방울

미세한 크기의 각 기름방울이 기본 액체 안에서 떠다닌다. 레시틴이 기름방울을 잡고 있다. 기름을 모두 섞고 나면 양념을 더한다.

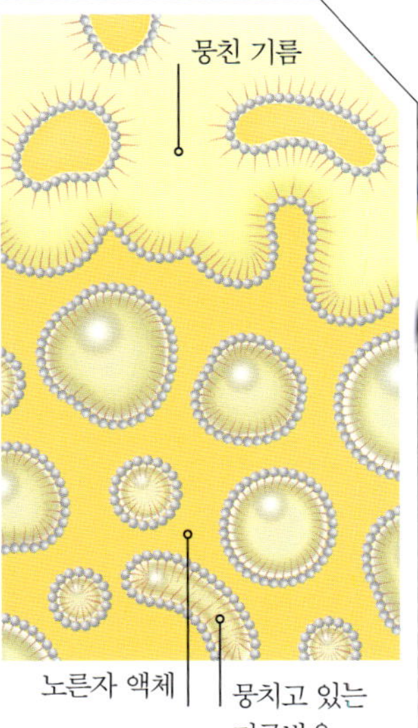

마요네즈가 분리되면

기름방울이 분리되는 대신 커다랗게 뭉치면 마요네즈가 분리된다. 기름을 저어 미세한 입자로 만들기 전에 너무 빨리 넣으면 마요네즈가 분리되기 쉽다.

해결 방법

물을 1~2티스푼 넣고 다시 젓는다. 마요네즈가 섞이지 않는다면 신선한 노른자에 다시 섞는다.

재료 포커스:
우유

영양가 가득한 우유는 그 자체로 마셔도 되지만, 버터와 크림, 요구르트, 다양한 종류의 치즈, 생크림 등 다양한 재료로도 변신할 수 있다.

우유의 무궁무진한 활용도는 모두 단백질과 지방의 역할 덕분이다. 우유의 지방은 껍질이 물에 녹는 미세한 지방구 형태로 이루어져 있다. 물보다 밀도가 낮은 지방구가 표면까지 떠올라 뭉치면서 걸쭉하고 기름진 층을 형성한다. 주로 우유 가공 과정에서 지방을 걷어내 크림과 탈지유를 만든다. 지방을 반만 제거한 우유와 일반 우유는 나중에 적절한 비율로 지방을 다시 추가한다. 오늘날 상업적으로 만들어진 대부분의 우유는 분리 현상을 막기 위해 균질 처리를 거친다. 고압 스프레이를 통해 지방구를 작게 분리해 뭉치거나 표면 위로 떠오르지 못하게 하는 작업으로, 우유의 맛이 부드러워진다. 영양가가 높은 비유제품은 우유 대신 먹기 좋다.

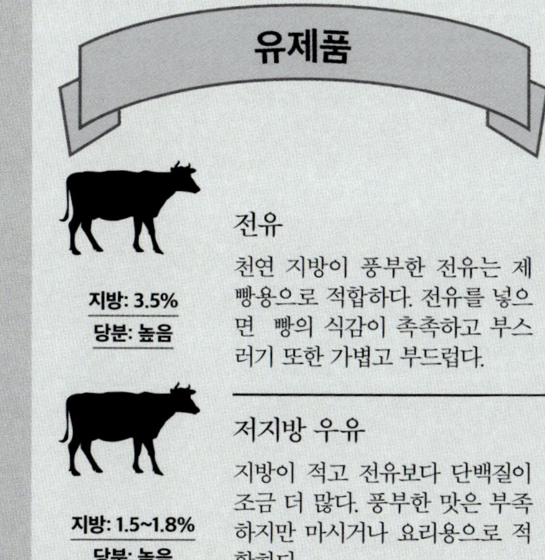

산을 활용해 응고시키면 우유 덩어리 안의 응유 단백질이 서로 뭉쳐 치즈의 기초 재료가 된다.

우유 제대로 알기

우유는 종류에 따라 지방과 당분 함유량, 그리고 사용 방법이 달라진다. 유제품의 경우 당분 함유량에 큰 차이가 없지만, 비유제품은 당분이 적은 편이다. 또한 우유는 고단백질 영양 식품이다.

유제품

전유
천연 지방이 풍부한 전유는 제빵용으로 적합하다. 전유를 넣으면 빵의 식감이 촉촉하고 부스러기 또한 가볍고 부드럽다.
지방: 3.5%
당분: 높음

저지방 우유
지방이 적고 전유보다 단백질이 조금 더 많다. 풍부한 맛은 부족하지만 마시거나 요리용으로 적합하다.
지방: 1.5~1.8%
당분: 높음

탈지 우유
지방이 낮은 우유로 유청 단백질 거품을 방해하는 지방구가 적어 커피 거품을 내는 데 적합하다.
지방: 0.5%
당분: 높음

염소 우유
맛이 강한 우유로 치즈와 버터, 아이스크림을 만들 때 좋다. 지방구의 크기가 작고 단백질이 적어 천천히 분리된다.
지방: 4%
당분: 높음

양유

우유보다 더 부드럽고 단백질이 두 배 가까이 많다. 따라서 치즈 또는 요구르트를 만들기에 적합하다.

지방: 7%
당분: 높음

비유제품

두유

고단백질 우유로, 빻은 콩을 압축해서 만든다. 식물성 단백질원인 두유는 지방 함유량이 우유보다 훨씬 적다. 우유가 주재료가 아닌 요리나 빵을 만들 때 두유를 활용해보자.

지방: 1.8%
당분: 낮음

아몬드 우유

빻은 아몬드와 물로 만든 우유로, 단백질과 지방, 그리고 당 함유량이 적다. 빵을 구울 때 우유 대체품으로 사용하려면 추가로 지방을 더해야 한다.

지방: 1.1%
당분: 낮음

귀리 우유

곡물의 왕이라고 불리는 귀리를 물에 불린 다음 잘 섞은 후 압축해서 만든다. 진하고 부드러우며 맛이 풍부하기 때문에 빵을 구울 때 우유 대신 사용하기에 안성맞춤이다.

지방: 1.5%
당분: 중간

코코넛 우유

코코넛 속살을 갈아 불린 후 압축해서 만든 독특한 우유다. 가만히 놔두면 진한 '크림'이 표면으로 올라오는데, 소스 또는 달콤한 디저트를 만들 때 활용할 수 있다.

지방: 1.8%
당분: 낮음

살균

우유를 섭취하기 전에 높은 열을 가해 세균을 제거한다.

천연 단맛

우유에는 5%가량의 유당과 락토스가 들어 있어 단맛이 살짝 느껴진다.

과학적인 논리

우유에는 유당이 들어있어 단백질과 만나면 표면의 색이 변하면서 새로운 맛이 더해진다.

요리 테크닉

고온에서 유당과 단백질이 서로 반응하며 풍부한 버터 스카치 맛이 살아난다.

당분

반죽을 굽기 전에 표면에 우유를 바르면 마이야르 반응이 촉진되어 색이 짙고 바삭하며 맛이 깊어진다.

오해 또는 진실

오해

농축 우유와 연유는 상호 대체 가능하다.

진실

농축 우유는 부피가 반으로 줄 때까지 저압에서 끓인 우유로, 소스나 수프, 그리고 스무디를 걸쭉하게 만들 때 쓴다. 연유는 농축 우유에 단맛을 첨가한 우유로 55%가 당분으로 이루어져 있으며, 과자나 푸딩 등에 사용한다.

왜 우유를 살균해야 할까?

누구나 좋은 재료로 요리하고 싶어 한다. 살균하지 않은 생유가 맛은 더 뛰어나지만 위험할 수 있다.

익히지 않은 다른 동물성 식품과 마찬가지로 우유는 쉽게 상한다. 특히 소젖이 엉덩이 부위와 가까이 있을 때 더욱 위험하다. 산업화는 이러한 위험성을 더욱 악화시켰다. 많은 양의 우유를 대량으로 생산하기 때문에 하나의 우유통이 감염되면 나머지 우유에도 영향을 미치기 때문이다.

우유를 고온에서 살균하면 미생물을 제거해 안전하게 섭취할 수 있다. 요즘에는 위생 관리가 철저해 감염이 잘 발생하지 않는 소규모 농장에서 살균하지 않은 생유를 판매하기도 한다. 하지만 생유 섭취에는 여전히 위험이 따른다. 미국의 경우 식중독 발생 사례의 60%가 미살균 우유에서부터 비롯되었다. 생유 치즈는 소금과 산이 몸에 해로운 미생물을 죽이므로 대체로 안전한 편이다. 거의 대부분의 건강 및 보건 기구에서는 미살균 우유 섭취를 삼갈 것을 권한다.

우유 비교하기	우유 종류	처리 과정

유제품 처리 과정은 단계에 따라 미살균 우유, 살균 우유, 초고온 살균 우유로 나뉜다. 각 처리 과정마다 장단점이 있다.

미살균 우유

이름 그대로, 위생을 위해 열 등으로 살균하지 않은 우유를 뜻한다. 젖에서 짠 그 상태로 병에 담아 판매하는데, 부드럽고 풍부한 맛이 매우 뛰어나다.

가열 과정 생략

미살균 우유는 가열 과정을 생략하므로, 소에서 짠 그 상태로 냉장 보관한 다음 판매한다.

살균 우유

우유를 파이프로 통과시켜 짧은 시간 동안 고온의 열을 가한다. 이렇게 하면 우유를 안전하게 만들면서 맛을 최대한 유지할 수 있다. 살균하지 않은 생유와 영양분이 동일하다.

72°C

우유를 72°C로 끓이면 생유 안에 있는 몸에 해로운 미생물을 99.9% 죽일 수 있다.

+ 15초

우유의 맛을 최대한 살리기 위해 몸에 해로운 미생물을 죽이는 데 필요한 만큼만 열을 가한다.

**초고온 살균 우유/
장기보존 우유**
(UHT/longlife)

초고온 살균 우유 또는 장기보존 우유는 고온에서 몸에 안 좋은 미생물을 제거한다. 하지만 우유의 맛에는 부정적인 영향을 미친다.

140°C

오랫동안 보관해야 하는 우유는 140°C의 초고온에서 살균 처리해 미생물을 대부분 제거한다.

+ 4초

초고온 살균 우유는 굉장히 높은 온도에 노출되기 때문에 살균 우유보다 더 짧게 살균한다.

우유의 농도

옛날에는 병 안에 든 우유의 크림이 표면으로 올라왔다. 하지만 오늘날, 공장에서 생산된 우유에서는 이런 현상을 보기 드문데, 바로 균질화 과정 때문이다. 우유가 분리되는 것과 크림처럼 걸쭉해지는 것을 막기 위해 우유를 고압에서 분사구로 통과시킨다. 지방구가 작게 부서져 서로 뭉치지 않으며 우유 표면으로 떠오르지 않는다.

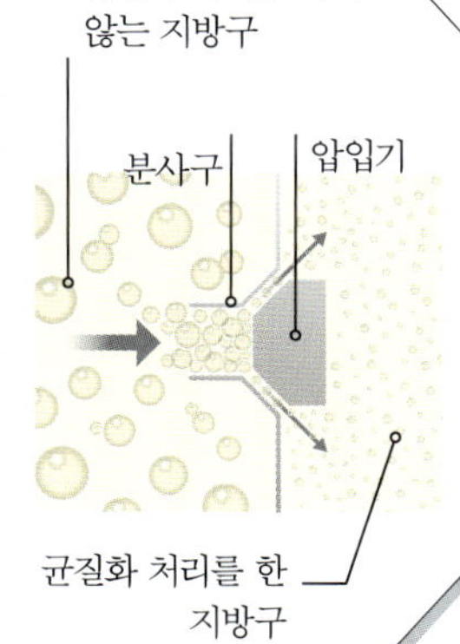

결과

활용 방법	수명	안전
비교할 수 없는 부드러움을 자랑하는 미살균 우유는 맛을 내는 분자와 단백질을 그대로 가지고 있어 치즈를 만들기에 가장 적합하다.	미살균 우유는 하루가 지나면 맛이 떨어진다. 그리고 우유를 짠 후 7~10일이 지나면 상하기 시작한다.	미생물이 많아 그냥 마시기에는 위험하다. 보건 기구에서는 생유 섭취를 삼가라고 권한다.
활용 방법 그냥 마시거나 소스 또는 커스터드를 만들기에 적합하며 균질화 과정을 거치면서 맛이 더욱 부드러워진다.	**수명** 살균 우유는 며칠 동안 풍부한 맛이 유지된다. 2주 정도 살균 효과가 지속된다.	**안전** 살균 우유는 어떻게 먹어도 안전하다. 단, 유효기간을 지켜야 한다.
활용 방법 단백질과 당분이 분해되면서 부드러움이 떨어지고 탄 맛이 난다. 냉장 보관이 어려울 때만 사용하는 것이 좋다.	**수명** 거의 모든 미생물이 제거된 상태에서 살균 포장하기 때문에 초고온 처리 후에는 6개월 정도 보관할 수 있다.	**안전** 살균 우유보다 더 안전하며, 소비 기한 안에 섭취하면 위험하지 않다.

저지방 유제품으로도 좋은 요리를 완성할 수 있을까?

저지방 제품으로 조리할 때는 세심하게 신경 써야 한다.

우리가 맛과 식감, 그리고 입맛을 느끼는 데 지방은 중요한 역할을 한다. 따라서 지방 함유량이 적은 재료로는 맛있는 음식을 만들기 어렵다. 지방구는 맛을 내는 분자를 잡아 재료 곳곳으로 퍼뜨린다. 음식을 통해 입으로 들어온 지방이 혀를 덮어 오랫동안 혀끝에 맛이 남아 있는 것이다. 저지방 소스에 열을 가하면 덩어리지는데, 치즈케이크와 같은 디저트에 저지방 크림치즈를 사용하면 케이크를 굳히기 어렵다. 저지방 유제품으로 맛이 풍부한 요리를 만들 때는 향신료와 양념을 더한다. 마늘이나 양파, 허브, 또는 향신료를 요리에 추가하거나 짠맛과 쓴맛, 신맛, 단맛을 내는 재료를 더해 최대한 미각을 자극해보자.

지방 비교하기

지방이 30%인 전지방 생크림은 열을 가해도 응고되지 않는다. 반면 뜨거운 요리에 저지방 생크림을 사용하면 응고되기 때문에 디저트 재료로 적합하다.

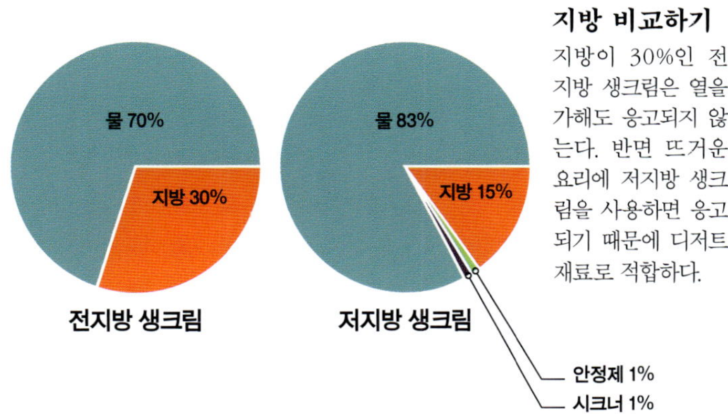

차이점 알기

전지방 유제품

맛이 뛰어나고 풍부하지만, 지방과 칼로리가 매우 높다.

● **맛**
유제품이 다른 재료의 맛을 한층 더 이끌어내므로 크림이나 버터를 사용해 요리하면 더욱 맛있게 만들 수 있다.

● **영양가**
전지방 버터와 크림에는 단백질과 칼슘이 들어 있는 반면 포화지방 또한 풍부해 적당량을 섭취하는 것이 중요하다.

저지방 유제품

전지방 유제품보다 그램당 칼로리가 낮지만, 단점도 있다.

▶ **맛**
지방이 적어 최대한 맛을 내기 위해서는 최상급 재료 또는 양념을 충분히 활용해야 한다.

▶ **영양가**
저지방 음식은 전지방 음식과 영양가가 비슷하다. 하지만 추가된 소금과 설탕을 조심해야 한다.

어떤 종류의 크림을 써야 할까?

크림은 간단해 보이지만 의외로 고르기 까다로운 재료다.

전통적인 프랑스 요리와 유럽의 요리는 크림을 주축으로 한다. 크림은 우유에서 분리된 매우 작은 크기의 구인 '우유 지방' 또는 '유지'로 이루어져 있다. 이 우유 지방이 혀 위를 미끄러지듯 움직이며 다른 지방이나 기름과는 차별화된 부드러움을 선사한다.

여러 요리의 재료로 활용하면 크림의 버터 맛과 요리의 짠맛과 단맛이 더해져 더욱 깊은 맛을 만들어낸다. 농도가 묽지만 우유보다는 진하며, 높은 열을 가하면 응고되지 않고 거품이 잘 생긴다.

크림의 종류는 매우 다양해서 선택이 어려울 수 있다. 크림을 구분 짓는 주요 차이점은 우유 지방 함유량이다. 오른쪽 표를 보면 각 크림에 들어 있는 지방의 양과 활용 방법을 알 수 있다.

지방은 얼마나?

'유지' 또는 '우유 지방'이라는 단어는 서로 대체해서 사용할 수 있다. 둘 다 유제품에 들어 있는 지방을 가리킨다.

우유 안의 지방구

우유에 들어 있는 지방구는 액체보다 밀도가 낮다. 단백질 분자가 지방구에 달라붙는데, 가까이에 있는 단백질-지방구가 서로 밀착하면서 표면 위로 떠오른다. 부력이 있는 지방구는 옛날부터 표면에서 걷어내 크림으로 활용했다. 요즘에는 크림을 판매 전에 원심 분리기에 넣어 추출한 다음 균질화 과정을 거친다 (110쪽 참고).

크림 종류	과정

크림이 만들어지는 과정

대규모 처리 공장에서는 우유를 고속 원심 분리기에 넣어 지방구를 분리한다. 그 결과 지방이 0%인 탈지유와 밀도가 높고 질퍽하며 지방과 액체 비율이 50:50인 크림이 만들어진다.

희석하기 위해 넣은 탈지유의 양에 따라 다양한 종류의 크림을 만들 수 있다.

회전 후 희석하기

젖을 통해 얻은 우유의 지방 함유량은 소의 품종에 따라 3.7~6%이다. 원심 분리기에 넣고 회전시키면 지방이 전혀 없는 탈지유가 분리되면서 고지방 크림이 남는다. 회전 속도가 높을수록 더 많은 양의 액체가 분리되어 크림의 질감이 더 퍽퍽해진다. 일 초당 150번 회전 운동을 하는 원심 분리기를 통해 지방 함유량이 45~50%인 크림과 지방이 거의 없는 탈지유를 얻을 수 있다. 분리한 크림에 다시 탈지유를 추가하면 싱글 크림, 휘핑 크림, 더블 크림이 만들어진다.

가열하기

예전에는 크림에 약한 불을 가한 다음 식혀 단단하고 풍부한 크림을 만들었다. 오늘날에도 이 방법으로 고형 크림을 만든다.

발효하기

원심 분리기를 사용하기 전에는 걸쭉한 크림이 우유와 분리될 때까지 너무 많은 시간이 걸렸다. 또한 우유에 들어 있는 미생물 때문에 발효되기 일쑤였다. 오늘날에는 크림을 희석하고 나면 철저하게 제어된 환경에서 원심 분리기를 활용해 사워크림 또는 생크림을 만든다.

제품	지방 함유량	가열해야 할까?	거품 내야 할까?	부어야 할까?	가장 좋은 활용 방법
싱글 크림	지방 18%	X	X	✔	요리에는 적절하지 않다. 지방 함유량이 낮아 열에 노출되면 쉽게 응고되며 특히 산과 섞이면 덩어리질 수 있기 때문이다. 과일 위에 부어서 먹거나 수프 위에 살짝 뿌리면 좋다. 또는 디저트 마무리 단계에 추가해 부드러움을 살릴 수 있다.
휘핑 크림	지방 35%	✔	✔	X	지방 함유량이 35%가 넘는 크림을 거품기로 저으면 단단하고 폭신폭신한 거품이 만들어진다. 거품을 내는 과정에서 부서진 지방구가 기포를 감싸며 응고된다.
더블 크림	지방 48%	✔	✔	X	지방 함유량이 25% 이상인 모든 크림은 응고되지 않아 높은 열을 사용하는 요리에 적합하다. 크림에 들어 있는 다량의 지방구가 응고하는 성질이 있는 카세인 단백질이 서로 뭉치는 것을 막아 덩어리가 생기지 않는다.
고형 크림	지방 55%	X	X	X	고형 크림을 만들기 위해 가열하는 과정에서 수분의 일부가 증발하고 설탕과 단백질이 지방과 반응하면서 탄 맛과 버터 맛이 복합적으로 난다. 퍽퍽하고 부드러운 크림은 원래 영국에서 스콘 등과 함께 먹었으며, 아이스크림을 만들 때도 사용한다.
사워크림	지방 20%	X	X	X	발효한 크림으로 톡 쏘는 맛이 특징이다. 짭짤하고 달콤한 요리에 풍부함과 시큼함을 더한다. 하지만 지방 함유량이 많지 않아 카세인 단백질이 서로 뭉치면서 산이 들어간 소스가 분리되기도 한다. 굴라시, 수프, 그리고 매콤한 남미 음식에서 많이 사용한다.
생크림	지방 30%	✔	X	X	사워크림과 같은 방법으로 발효하지만, 지방 함유량이 많아 크림이 더 퍽퍽하다. 열 또는 토마토와 같은 산성 재료에 노출되어도 응고하지 않으므로 요리 재료로 적합하다. 더욱 맛이 진한 파스타를 만들거나 수프 또는 소스를 만들 때 생크림을 활용해보자.

표면에 거품이 생기지 않게 우유를 데울 수 있을까?

우유를 끓이다가 거품이 생기면 버리는데, 거품에는 유청 단백질이 풍부하게 들어 있다.

우유는 다용도로 활용할 수 있는 재료다. 미세한 맛을 내며 장시간 열에도 잘 견딘다. 다른 재료에 들어 있는 단백질과는 달리 응유 단백질은 끓여도 느슨해지지 않으며 온도가 170℃까지 올라가도 분해되지 않는다. 오랫동안 끓이면 새로운 맛 분자가 만들어지면서 바닐라와 아몬드, 그리고 버터 맛이 난다. 끓는 동안 유당인 락토스와 단백질이 합쳐지면서 마이야르 반응이 일어나 버터 스카치 맛이 진해진다.

하지만 우유의 유청 단백질(108쪽 참고)은 양이 적은 편이라 내열성이 떨어지므로 70℃가 되면 느슨해지기 시작한다.

우유를 너무 오랫동안 끓이면 유청 단백질이 끈적끈적해져 표면 위로 떠올라 진득진득한 층을 생성한다. 요리가 계속되면서 이 층은 표면의 '껍질'처럼 변한다. 우유를 젓지 않고 층을 그대로 두면 마치 뚜껑을 꼭 닫은 냄비처럼 껍질 아래에 있는 우유의 온도가 급증하면서 갑자기 팬 밖으로 터지듯이 끓어오른다. 껍질이 두꺼워져 응고하기 시작하면 우유를 저어도 껍질을 분해할 수 없어 걷어내야 한다.

우유가 타거나 껍질이 생기는 것을 막으려면 아래 방법을 응용해보자.

좋은 것만 가득히

두유의 표면에 생기는 껍질층을 말리면 영양가가 풍부한 유부(Yuba)를 만들 수 있다.

뚜껑을 덮어 수증기를 밀폐한다

우유를 끓인 후에 식히고 나면 팬 위에 뚜껑을 덮어 수증기가 빠져나가지 않도록 한다. 껍질이 딱딱하게 굳는 것을 막을 수 있다.

종이를 덮어 수증기를 밀폐한다

뚜껑 대신에 카르투시(cartouche)라고 부르는 종이 한 장을 우유 위에 덮으면 수증기가 빠져나가지 않는다. 우유를 전자레인지에 넣고 데울 때도 카르투시를 쓸 수 있다.

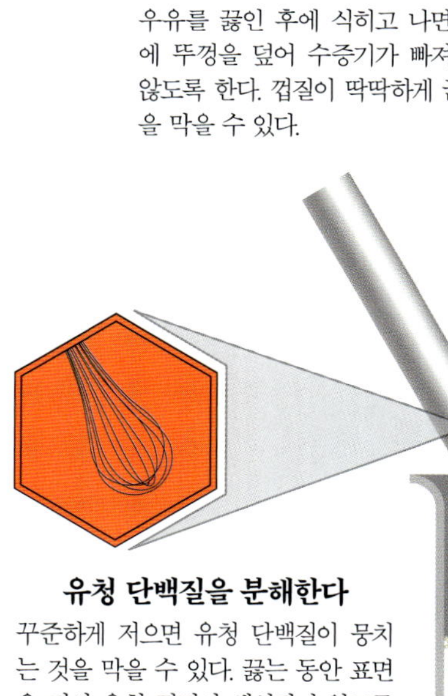

유청 단백질을 분해한다

꾸준하게 저으면 유청 단백질이 뭉치는 것을 막을 수 있다. 끓는 동안 표면을 저어 유청 껍질이 생성되지 않도록 한다. 우유가 식으면서 유청이 위로 올라오므로 계속 젓는 것이 중요하다.

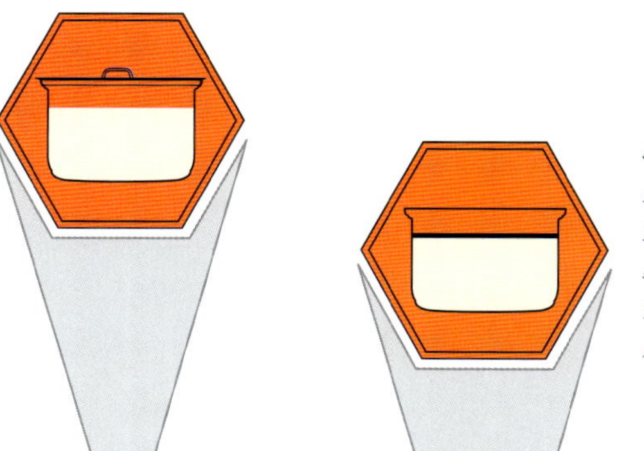

설탕을 더한다

달콤한 커스터드와 소스를 만들려면 우유가 식는 동안 표면 위에 설탕을 뿌린다. 삐죽삐죽한 설탕 알갱이가 유청 단백질이 껍질층을 만드는 것을 막는다.

온도가 75℃까지 오르면 단단하게 뭉친 유청 단백질이 느슨해지면서 서로 달라붙기 시작한다.

느슨해진 유청 단백질이 응고되면서 우유 표면 위로 올라와 딱딱한 고체 껍질을 형성한다.

껍질 생성을 막는 방법

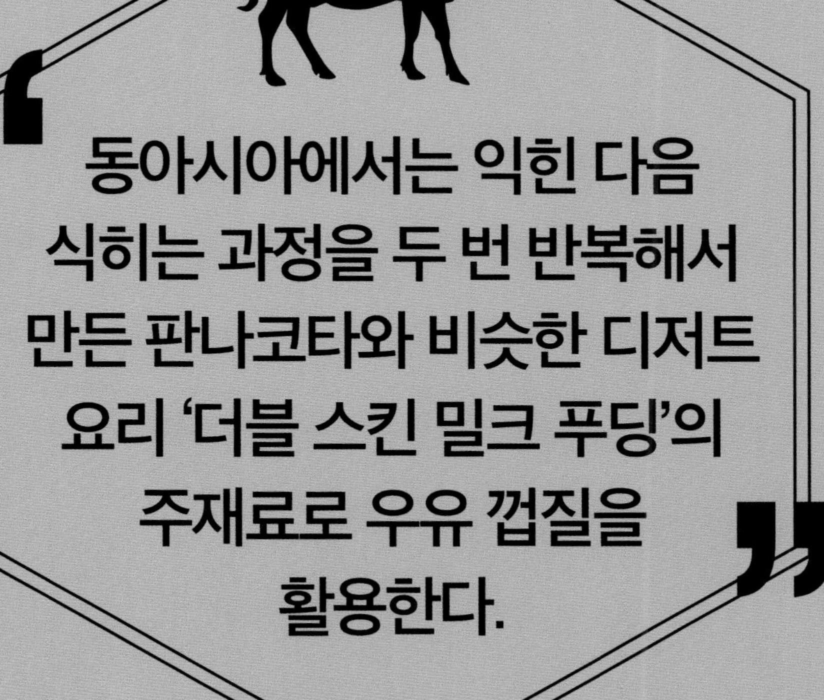

동아시아에서는 익힌 다음
식히는 과정을 두 번 반복해서
만든 판나코타와 비슷한 디저트
요리 '더블 스킨 밀크 푸딩'의
주재료로 우유 껍질을
활용한다.

아이스크림 메이커 없이
아이스크림을 만들 수 있을까?

아이스크림 메이커 없이 아이스크림을 만들려면 더 오랫동안 저어야 한다.

물론 아이스크림 메이커가 있다면 편리하지만, 없어도 얼마든지 아이스크림을 만들 수 있다(아래 참고). 설탕과 크림의 혼합물로 누구나 좋아하는 달콤하고 부드러운 디저트를 만들려면 시간과 노력이 필요하다. 재료의 기본적인 분자 구조를 이해하면 조리 과정이 더욱 수월하다.

공기를 감싸는 우유의 지방구 겉면은 물에 잘 녹는다. 이 겉면을 벗겨내야 아이스크림을 만들 수 있다. 우유는 노른자의 레시틴과 같은 유화제와 섞이면 겉면이 벗겨지면서 지방 분자가 합쳐져 더 크고 부드러운 방울이 된다. 혼합물을 저으면 이 지방이 기포 주변으로 모여들어 구조가 더욱 단단해진다. 지방 안에 갇힌 기포 때문에 아이스크림의 식감이 부드럽고 가벼워진다.

얼음 결정은 매끄러운 아이스크림의 적이다. 따라서 설탕과 약간의 소금을 섞어 얼음 결정이 생기는 것을 막아야 한다. 크기가 아주 작은 얼음 결정도 혀에 닿으면 깔깔한 모래처럼 느껴질 수 있는 만큼 얼음 결정은 최대한 피해야 한다.

아이스크림을 얼릴 때는 속도가 가장 중요하다. 아이스크림을 빨리 냉각할수록 얼음 결정의 크기가 작아진다. 이러한 기본 원칙을 기억하면 입에서 살살 녹는 달콤한 아이스크림을 만들 수 있다.

> ❄
> ### 부드러운 아이스크림
> 시중에서 파는 아이스크림은 파이프를 통해 −40℃에서 냉각해 얼음 결정이 생기는 것을 방지한다.

아이스크림 만들기

집에서 아이스크림을 만들 때는 커스터드를 베이스로 사용하는 것이 가장 좋다. 노른자에 천연 용화제가 들어 있고 당분과 지방이 충분해 크리미한 질감을 만들 수 있기 때문이다. 익힌 달걀과 우유 단백질이 반죽을 더욱 안정시킨다. 시중에서 파는 커스터드를 써도 좋고, 전지방 커스터드도 좋다.

커스터드를 만들어 식힌다

냉동고에 넣어도 되는 얇은 금속이나 플라스틱 용기를 냉동고 안에 넣는다. 용기를 차갑게 식히면 냉각 속도를 높여 훨씬 더 부드러운 아이스크림을 만들 수 있다. 커스터드를 준비한 다음 내열성 그릇 안에 붓는다. 더 큰 그릇을 얼음으로 채운 후에 커스터드를 부은 그릇을 넣는다. 이 따금 저어주면서 식힌다.

얼음 결정을 최소화한다

식은 커스터드를 미리 차갑게 만든 용기 안에 붓는다. 그릇은 얇을수록 좋은데, 면적이 넓어서 냉각 속도가 빨라지므로 아이스크림의 표면이 더 매끄러워진다. 용기를 냉동고 안에 넣는다. 45분이 지나면 반죽을 꺼내 힘차게 저어 얼음 결정을 깨부순다. 다시 냉동고 안에 넣는다.

주기적으로 젓는다

30분마다 반죽 상태를 확인한다. 다시 넣기 전에 반죽을 젓는다. 얼음 결정이 생기는 것을 막을 뿐만 아니라 공기가 들어가 반죽의 질감이 훨씬 더 부드러워진다. 냉동고 문은 최대한 빨리 닫아야 온도를 영하로 유지할 수 있다. 아이스크림이 어느 정도 자리를 잡고 단단해질 때까지 3시간 동안 반복한다.

아이스크림 메이커를 사용하면 손으로 만들었을 때보다 아이스크림이 더 부드러워질까?

아이스크림 마니아에게 아이스크림 메이커는 충분히 가치 있는 투자다.

제빵기가 신선한 빵을 만드는 과정에서 손목을 사용하는 작업을 대체한 것처럼, 아이스크림 메이커를 사용하면 성가시고 피곤한 반죽 휘젓기를 건너뛸 수 있다. 물론 아이스크림 메이커 없이도 맛있는 아이스크림을 만들 수 있지만, 진정한 아이스크림 마니아라면 충분히 투자할 가치가 있는 도구다. 아이스크림 반죽을 계속해서 저으면 얼음 결정이 더 커지는 것을 막을 수 있다. 따라서 폭신폭신하고 가벼운 아이스크림이 완성되는데, 손으로 이 과정을 완벽하게 하려면 꽤 어렵다. 반죽을 젓는 동안 공기가 반죽 안으로 서서히 들어가 부드럽고 달콤한 반죽이 공기가 통하는 거품 얼음으로 변한다.

#4

마지막으로 얼려 단단하게 만든다

아이스크림이 더 이상 젓지 않아도 될 만큼 얼면, 다시 냉동고에 넣고 마지막으로 한 시간 정도 냉동시킨다. 손으로 저어서 반죽 사이에 들어가는 공기의 양은 정해져 있는 만큼(오른쪽 참고), 너무 오랫동안 냉동고에 보관하면 쉽게 상할 수 있으므로 완성 후 2~3일 이내에 먹는 것이 좋다.

아이스크림의 분자 구조

아이스크림의 매끄러운 표면은 사실 아주 미세한 공기 구멍으로 뒤덮여 있다. 각 구멍은 흐물흐물한 지방 벽과 얼음 결정으로 이루어져 있다. 아이스크림 데이커로 반죽을 계속해서 저은 후 급속 냉각하면 질감이 까끌까끌한 얼음 결정이 쪼그라든다.

수제 요구르트를 만들 필요가 있을까?

집에서 직접 다양한 맛의 요구르트를 간단하게 만들 수 있다.

반만년 전 인류의 조상이 전유가 상하도록 내버려두면 오랫동안 먹을 수 있는 시큼하고 걸쭉한 우유가 만들어진다는 사실을 발견하면서 처음으로 요구르트라는 음식이 생겨났다. 예전에는 다양한 종류의 균이 유당을 '깨물도록' 해 천천히 세균을 없애는 산이 생겨나 덩어리가 아닌 젤 형태의 라티스를 만들었다.

요즘에는 생균제 요구르트를 제외한 나머지 요구르트 균이 살균되고 표준화되었는데, 주로 사용하는 균은 단 두 개다. 치즈와 마찬가지로 신뢰도와 안전성을 확보하는 대가로 다양성을 포기한 셈이다. 가장 흔히 쓰는 요구르트 균인 스트렙토코커스 써모필러스와 락토바실러스 델브릭키이를 혼합해서 쓴다.

요구르트를 만들 때 들어가는 균은 건조한 배양균의 형태로 구입해도 좋다. 하지만 아래 그림처럼 이미 존재하는 요구르트를 '스타터'로 활용해 새로운 요구르트를 만들어도 좋다. 요구르트에는 이미 살아 있는 균이 들어 있기 때문이다. 요구르트 스타터와 그 속에 들어 있는 영양가 높고 맛도 좋은 균은 몇 년에 걸쳐 번식시킨 후 반복해서 사용해도 된다. 실제로 기존의 재료를 재사용 하는 에어룸(heirloom) 배양균 역시 시중에서 가장 흔히 쓰이는 두 가지 요소를 바탕으로 하고 있다는 연구 결과도 있다.

요구르트의 기원

요구르트라는 단어는 터키에서 비롯되었는데, 터키인들은 퍽퍽한 우유를 가리켜 '반죽하다'라는 뜻의 'yogurmak'라고 불렀다.

나만의 요구르트 만들기

균이 살아 있는 기존의 요구르트를 활용해 새로운 수제 요구르트를 완성해보자. 요구르트를 만들고 나면 산을 생성하는 미생물의 수는 이후 7일까지 가장 많이 들어 있는데, 이때 완성한 요구르트 몇 숟갈로 또 다른 요구르트를 만들 수 있다.

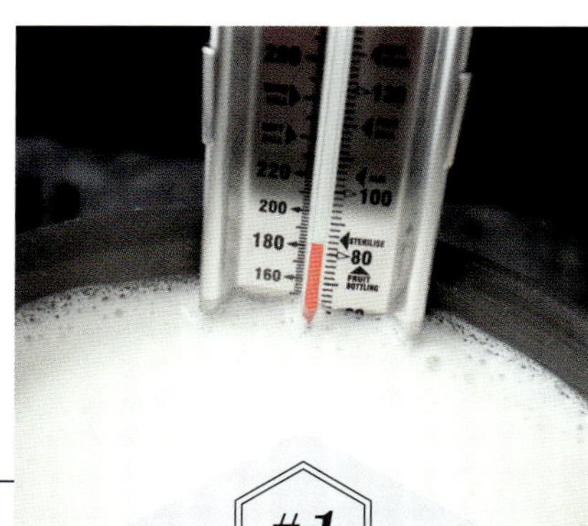

#1

커드 단백질을 녹인다

전유 2L를 약한 불에 올린 후 천천히 저으며 온도가 85℃까지 올라갈 때까지 끓인다. 열을 가하면 원치 않는 세균이 제거되고 커드 단백질이 더 잘 분해된다. 또한 유청 단백질이 익으면서 요구르트가 더 걸쭉해진다. 불에서 팬을 내린 후 균이 잘 번식하는 온도인 40~45℃가 될 때까지 식힌다.

#2

배양균을 더한다

식힌 우유를 1L짜리 소독한 보존병(또는 보온병) 두 개에 담는다. 병마다 윗부분에는 조금의 공간을 남겨둔다. 각 병에 살아 있는 요구르트를 1~2테이블스푼씩 넣고 잘 섞는다.

#3

젖산을 더한다

병의 뚜껑을 잘 닫고 깨끗한 마른행주로 병을 감싼다. 따뜻한 장소에 6~8시간 두고 발효시킨다. 균이 단백질을 분해하고 격자 모양의 젤을 만드는 젖산을 생성한다.

매운 요리에 요구르트를 넣으면 왜 분리될까?

인도와 파키스탄 요리는 요구르트를 주재료로 쓴 것이 많다.

광이 나는 커리 소스에 요구르트를 더할 때는 무엇보다 타이밍이 중요하다. 요구르트에는 응유와 가벼운 크림과 똑같은 우유 단백질이 들어 있기 때문에 우유와 지방 함유량이 비슷하다. 그래서 조리 과정에서 고온과 산에 노출되면 커드와 유청으로 분리된다. 향신료 때문이 아니라 토마토와 식초, 레몬즙, 그리고 과일과 같이 산성이 있는 재료가 요구르트를 분리하는 것이다. 온도가 높을수록 응고 현상이 빨리 일어나기 때문에 요구르트가 분리되는 것을 막으려면 마무리 과정에서 요구르트를 넣는 것이 좋다. 음식이 끓을 때보다는 식을 때가 더 적절하다. 또는 생크림을 사용할 수도 있는데, 신선한 발효 맛이 비슷하지만 지방 함유량이 30% 정도라서 끓여도 분리되지 않는다.

산성과 열

왼쪽과 같이 요구르트가 산과 열에 노출되면 분리된다. 요구르트의 커드 단백질은 산성이기는 하지만 높은 열 또는 강한 산과 만나면 쉽게 부서져 응어리지기 쉽다.

프로바이오틱 요구르트를 꼭 먹어야 할까?

장 속 균은 우리의 면역력을 높이고 영양분을 공급한다.

사람마다 장 내 미생물에는 차이가 있는데, 전반적인 건강과 스트레스 지수, 그리고 무엇보다 중요한 식습관에 큰 영향을 미친다. 소화 기관 내 미생물(장 내 세균총)은 여러 질병과 연관되어 있다는 점이 과학적으로 증명되었다. 프로바이오틱 요구르트에는 '좋은 균'이 대량으로 들어 있어 건강을 해치는 균을 밖으로 내보내고 소화 기관과 몸 전체를 건강하게 유지한다. 하지만 종종 프로바이오틱이 과대평가되기도 한다. 프로바이오틱이 설사 예방에 효과가 있는지는 정확하게 밝혀지지 않았다. 또한 프로바이오틱이 항생제로 인해 없어진 장 내 좋은 균을 번식시켜 항생제로 인한 설사 증상을 완화하는지도 알려지지 않았다. 다양한 제품이 시중에 나와 있지만, 의사가 처방한 제품일수록 균을 더 많이 함유하고 있다.

바로 먹거나 냉장 보관한다

발효하고 난 요구르트를 바로 먹거나 2주까지 냉장 보관할 수 있다. 냉장 보관하면 균의 증식을 억제할 수 있다. 더 걸쭉한 그리스식 요구르트를 만들려면 발효한 요구르트를 아주 가는 치즈 직포나 커피 여과지에 몇 시간 동안 걸러 진하게 만든다.

재료 포커스:
치즈

세계에는 총 1,700가지가 넘는 치즈가 있다. 치즈를 만드는 방법은 비슷한데, 모두 동물에서 얻은 우유에 들어 있는 커드를 발효시켜 만든다.

가장 간단하게 말해 치즈는 미생물로 발효한(또는 일부 삭힌) 응유를 응고한 덩어리라고 할 수 있다. 치즈를 만드는 과정은 우유를 선택하는 것에서부터 시작하는데, 우유에서부터 버펄로 우유, 염소 우유, 암양 우유, 심지어 낙타 우유까지 선택의 폭이 넓다. 대부분의 사람들이 살균 우유(110~111쪽 참고)보다는 생유를 선호하는데, 고온에서 날아가기 쉬운 맛을 내는 분자가 그대로 전해지기 때문이다.

치즈를 만들기 위해서는 먼저 '스타터' 균을 넣은 우유를 원하는 온도로 끓여 새로운 미생물 증식을 촉진한다. 그런 다음 우유에 레닛(125쪽 참고) 또는 산을 넣어 우유의 단백질이 서로 엉겨 붙도록 만든다. 뭉쳐진 단백질이 우유의 부드러운 지방구 안으로 빠져 표면 위로 올라온다. 지방과 단백질이 합쳐져 커드 또는 응유가 된다. 나머지 액체를 유청이라고 부른다. 부력이 있는 커드를 잘게 잘라 치즈를 완성한다. 부드러운 치즈는 호두만 한 크기로 자르고 딱딱한 치즈는 아주 작은 곡물 크기로 자른다. 레닛 안에 응고된 우유 단백질이 자리 잡으면 커드에서 불필요한 유청를 제거하고 틀에 넣는다. 부드럽고 신선한 치즈는 몇 시간에서 며칠 동안 굳힌다.

숙성된 치즈는 여러 단계를 거쳐야 먹을 수 있다. 치즈 위에 무게를 더하거나 압력을 가해 수분을 제거한 다음 딱딱한 감촉의 경질 치즈를 만들거나 소금물이나 와인, 사이다에 '씻어' 부드러운 껍질에 맛을 내는 곰팡이가 핀 연질 치즈를 만들기도 한다. 온도와 습도를 제어한 방 안에서 치즈를 몇 달 동안 숙성시키면 미생물이 더욱 복잡한 맛과 풍미를 만들어낸다.

과학적 논리

세균, 곰팡이, 그리고 이스트는 우유 커드를 발효시켜 여러 종류의 치즈에 복합적인 맛을 더한다.

요리 테크닉

맛이 강한 치즈는 조금만 사용한다. 치즈 본연의 맛과 잘 어울리는 재료와 함께 요리해보자.

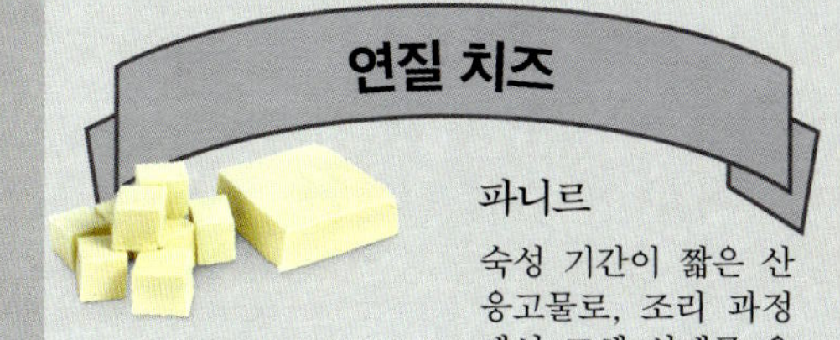

미생물

페니실린 계열인 푸른곰팡이가 치즈 안에서 자란다.

숙성시킨 치즈 겉면에 골고루 퍼진 곰팡이가 살아있는 껍질을 형성해 치즈가 마르지 않도록 한다.

치즈 제대로 알기

어떤 우유를 사용하는지, 커드를 어떤 크기로 자를지, 그리고 얼마나 숙성할지 등 치즈 제조 과정에서 내리는 결정들이 완성된 치즈의 맛과 성질에 큰 영향을 미친다.

연질 치즈

파니르

숙성 기간이 짧은 산 응고물로, 조리 과정에서 고체 상태를 유지한다. 튀기거나 채소 커리에 넣는다.

지방: 26~28%
숙성 기간: 하루 이상
맛: 가벼움

모차렐라

레닛에서 응고되는 모차렐라 커드를 잘 이기면 층이 형성되는데, 녹이거나 차갑게 사용할 수 있다.

지방: 21~23%
숙성 기간: 하루 이상
맛: 가벼움

페타

원래 올리브 오일이나 소금물에 넣어 보관하는 페타를 샐러드나 빵, 또는 파이에 넣으면 짭짤한 맛과 바삭한 식감을 살릴 수 있다.

지방: 20~23%
숙성 기간: 두 달 이상
맛: 중간

카망베르

페니실린 계열의 곰팡이 때문에 버섯과 비슷한 향이 난다. 그대로 먹거나 걸쭉해질 때까지 구워서 먹는다.

지방: 24%
숙성 기간: 3~5주
맛: 중간

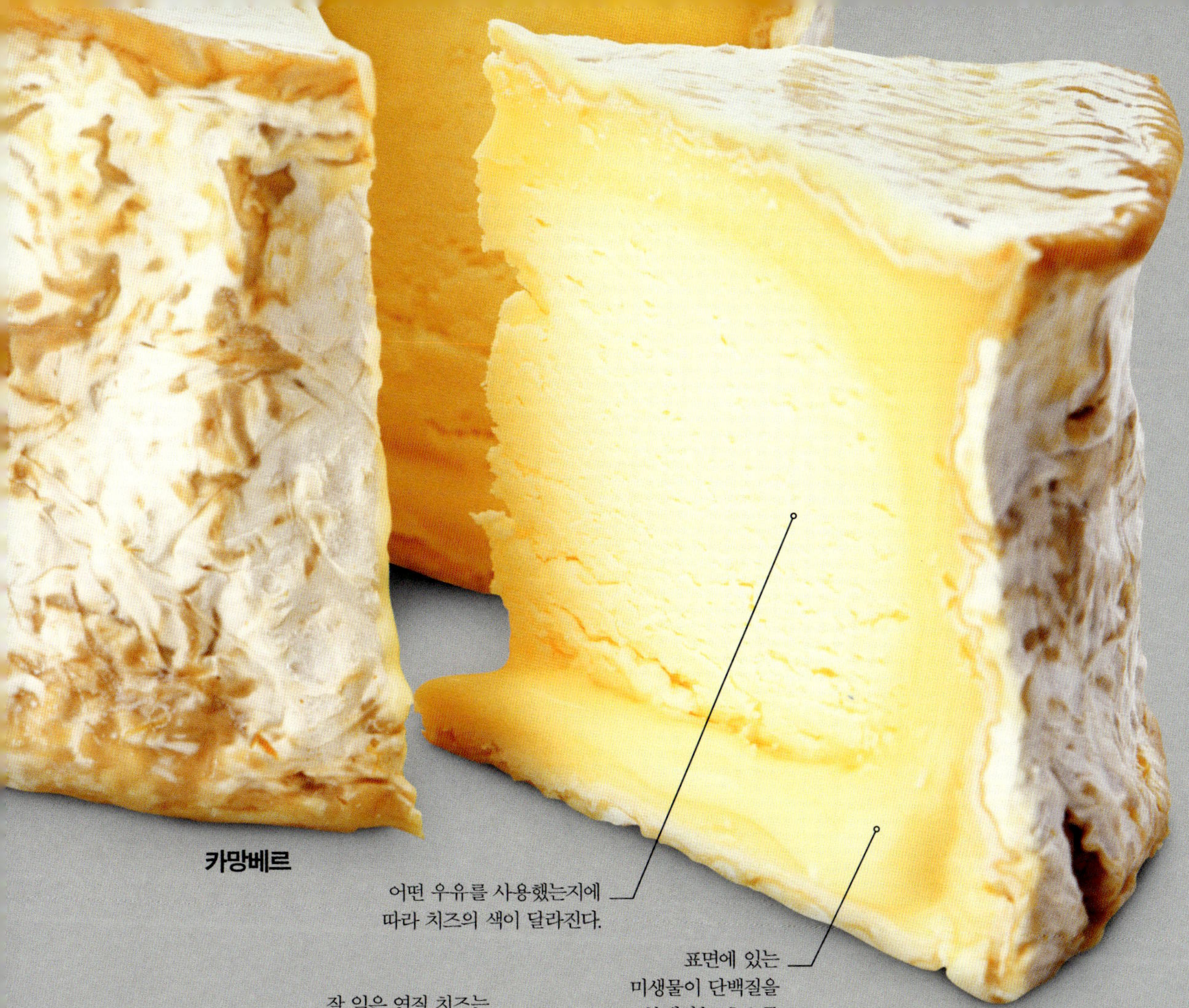

카망베르

어떤 우유를 사용했는지에 따라 치즈의 색이 달라진다.

표면에 있는 미생물이 단백질을 분해하는 효소를 생성해 질감이 질퍽해진다.

잘 익은 연질 치즈는 속이 부드럽고 쉽게 흘러내린다.

과학적인 논리

자른 커드의 양과 습기 제거 방법에 따라 치즈의 질감이 달라진다.

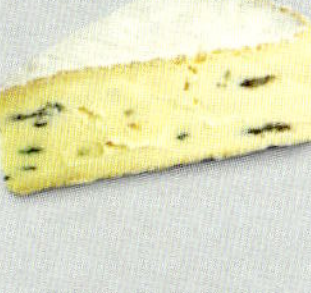

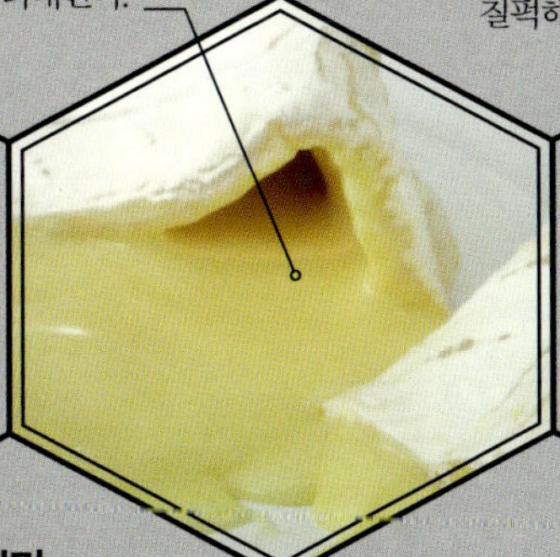

질감

요리 테크닉

잘 숙성시킨 촉촉한 치즈는 소스에 매우 잘 섞인다. 맛이 가벼운 부드러운 치즈는 신선한 맛과 질감을 더한다.

지방: 43~44%
숙성 기간: 4~6주
맛: 가벼움

바바리아 블루

우유와 크림을 섞은 혼합물로 만드는 바바리아 블루는 맛이 가벼운 블루 치즈로 지방 함유량이 높다. 풍미가 부드러워 호밀빵과 견과류를 넣은 빵과 잘 어울린다.

경질 치즈

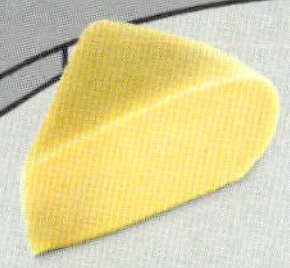

지방: 28~30%
숙성 기간: 1~12개월
맛: 중간

몬터레이 잭

스페인-멕시코 치즈를 본떠 만들었으며, 시큼한 맛이 특징이다. 굽거나 갈아서 콩 또는 칠리 위에 뿌려 먹는다.

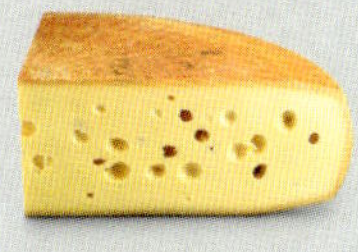

지방: 28~32%
숙성 기간: 4~18개월
맛: 가벼움

에멘탈

향이 강한 치즈로 고산 제조지에서 풀을 뜯어 먹고 자란 소의 우유로 만든다. 갈아서 퐁뒤를 만들거나 빵 위에 올려 굽기도 하고, 차가운 상태에서 바로 먹기도 한다.

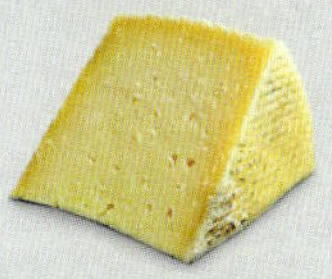

지방: 39~40%
숙성 기간: 6~18개월
맛: 중간

만체고

질감이 건조하고 견과류 맛이 난다. 숙성시키면 후추 맛이 강해진다. 만체고는 그대로 먹는 것이 가장 맛있다. 얇게 썰거나 작은 조각으로 잘라 먹는다.

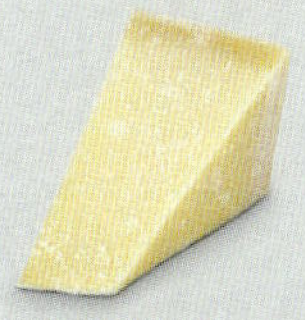

지방: 28%
숙성 기간: 18~36개월
맛: 강함

파르미자아노 레자아노

경우에 따라 몇 년씩 숙성시키기도 하는 파르미지아노 레지아노, 또는 파르메산 치즈는 맛이 풍부하다. 파스타와 소스, 수프, 그리고 샐러드에 더하면 감칠맛이 살아난다.

블루 치즈의 곰팡이는 정말 먹어도 괜찮을까?

진화를 통해 인간은 균과 함께 살아가는 방법을 터득했다.

균이 몸에 해롭다는 비난은 근거 없는 주장이다. 오히려 균은 건강에 좋다. 옛날에는 치즈 겉면을 보면 어떤 균이 포함되어 있는지를 알 수 있었다. 하지만 요즘에는 살균 처리한 우유로 치즈를 만들기 때문에 천연 미생물이 완전히 사라진다. 살아남은 곰팡이 중에서 페니실린 곰팡이가 가장 많이 쓰이는데, 맛이 강한 치즈의 푸른색 무늬를 만드는 이 곰팡이는 먹어도 괜찮다. 가장 오래된 블루 치즈 중 하나인 로크포르 치즈는 페니실리움 로크포르티 곰팡이 때문에 녹색을 띤 푸른 무늬를 가지고 있다. 스틸톤과 데니시 블루 치즈에도 같은 곰팡이 균이 들어 있다. 고르곤졸라를 포함한 여러 프랑스 치즈는 페니실리움 글라우쿰이 들어 있어 살짝 다른 맛이 난다.

"로크포르 치즈는 페니실리움 로크포르티 곰팡이 때문에 녹색을 띤 푸른 무늬를 가지고 있다."

치즈 구멍을 통해 곰팡이가 골고루 퍼진다.

치즈 안의 미생물

푸른색을 띤 곰팡이가 우유 지방을 먹이로 먹고 독특한 맛 혼합물을 만들어 낸다. 스타터 균 역시 지방과 설탕, 그리고 단백질을 먹고 맛을 생성한다.

구멍을 따라 곰팡이가 지방과 단백질을 먹고 번식한다.

왜 어떤 치즈는 맛도 강하고 냄새도 고약할까?

전 세계적으로 치즈 종류는 1,700개가 넘는데, 그만큼 맛과 향이 다양하다.

크림 같은 브리 치즈, 버터 맛이 나는 고다 치즈, 바삭한 파르메산 치즈, 맛이 진한 체더 치즈, 그리고 식감이 가벼운 파니르까지 치즈의 종류는 셀 수 없이 다양하다. 그중에는 먼스터와 림버거, 로크포르, 그리고 스틸톤과 같이 유독 냄새가 강한 치즈도 있다. 다양한 치즈의 종류는 그동안 사람들이 얼마나 획기적인 방법으로 치즈를 만들어왔는지를 보여주는 증거다. 하지만 진짜 주인공은 바로 미생물이다. 수백 개의 강력한 균과 곰팡이, 그리고 이스트가 힘을 합쳐 밋밋하고 짭짤한 하얀색의 커드 덩어리에 색다른 맛을 불어넣는다. 또한 지방과 단백질, 유당을 발효시켜 123쪽의 표와 같이 여러 맛 분자(때로는 냄새도 강한)를 복합적으로 내뿜는다. 일부 균은 특히 냄새가 고약하다. 예를 들어 먼스터와 림버거는 습한 발가락 사이에서도 자라는 브레비박테륨 덕에 오래된 양말 냄새가 난다.

고약한 냄새로 유명한 치즈

균을 도말 배양한 치즈 또는 숙성하는 동안 치즈 표면에 고의로 흰곰팡이를 바른 치즈가 특히 고약한 냄새를 풍긴다.

치즈의 맛이 만들어지는 과정

우유

어떤 우유로 치즈를 만드느냐에 따라 맛이 달라진다. 소에서 얻은 우유에서는 흙 맛이 나고, 염소 우유에서는 톡 쏘는 맛이 난다. 양유는 크림 같은 맛이 일품이다.

+

스타터 균

초기 단계부터 활용하는 균으로 유당을 먹고 젖산으로 발효된다. 산이 몸에 해로운 미생물을 제거하고 숙성된 치즈에 톡 쏘는 맛을 더한다. 스타터 균은 치즈 속에서 그대로 유지되어 계속해서 맛을 만들어낸다.

커드

스타터 균에서 생성된 젖산이 우유를 분리한다. 대부분의 우유 단백질은 산에 민감하게 반응하므로 모양을 잃고 서로 달라붙어 응유를 형성한다. 우유를 발효하는 레닛 효소를 넣어 단백질을 느슨하게 만들고 우유의 분리 과정을 촉진한다. 유지와 뒤섞인 커드 단백질이 표면 위로 올라오면 제거한 다음 압축한다. 커드의 수분에 따라 고유의 맛이 나는 경질 또는 연질 치즈가 만들어진다.

아미노산과 아민

아미노산은 종류별로 맛과 향이 독특하다.

- 트립토판에서는 쓴맛이 난다.
- 알라닌에서는 단맛이 난다.
- 육수 맛이 나는 글루타메이트는 감칠맛을 느끼는 미각 수용기를 자극한다.

일부 균은 아미노산을 분해해 냄새가 강한 아민을 만들어낸다. 예컨대 푸트레신에서는 부패한 고기 냄새가 난다.

단백질

숙성된 미생물이 단백질 일부를 섭취하면서 단백질이 작은 조각으로 부서진다. 그런 다음 아미노산으로 분해되어 최종적으로 아민이라는 화학 물질과 알데하이드, 알코올, 그리고 산이 만들어진다. 물질은 저마다의 맛을 낸다.

숙성된 균

응유 과정 직후 또는 나중에 숙성된 미생물을 넣은 후 몇 주 또는 몇 달에 걸쳐 치즈를 숙성시키면 맛과 향이 진해진다. 미생물의 종류와 양은 치즈의 맛에 큰 영향을 미친다. 숙성 과정의 온도와 습도에 따라 균의 번식 속도뿐만 아니라 치즈의 맛 또한 달라진다.

알데하이드

수개월에 걸쳐 냄새나는 아민 조각이 여러 방법으로 분해되어 냄새가 한결 편한 맛 분자인 알데하이드와 알코올이 만들어진다. 견과류 냄새와 나무 냄새, 매콤한 냄새, 풀 냄새, 탄 귀리 냄새가 난다.

치즈

완성된 치즈의 독특한 맛과 향은 균의 종류와 제조 과정의 변수를 그대로 반영한다.

스틸킹 비숍

왜 치즈에 따라 길게 늘어날까?

모든 치즈가 집어 올린 피자 조각 사이로
길게 늘어나는 것은 아니다.

스틸톤과 체더 치즈는 입안에서 느껴지는 맛이 일품이지만, 열을 가하면 기름진 덩어리로 변한다. 경질 치즈로 만들거나 숙성시키면 카세인(커드) 단백질이 서로 단단하게 뭉친다. 이 덩어리를 느슨하게 만들려면 80℃의 열이 필요하다. 하지만 지방은 30~40℃가 되면 액체화되어 아래로 뚝뚝 떨어진다. 덜 숙성된 치즈의 경우 단백질이 더 부드러워 훨씬 골고루 녹는다. 하지만 리코타와 같은 일부 연질 치즈는 전혀 녹지 않는다. 레닛이 아닌 산을 첨가한 응유로 만들었기 때문이다(125쪽 참고). 커드 단백질이 산에 노출되면 다시 풀 수 없을 정도로 단단하게 엉킨다.

길게 늘어나는 치즈는 어떻게 만들어질까

모차렐라와 같은 치즈가 길게 늘어나는 이유는 우유를 응고하는 방법, 숙성 기간, 그리고 카세인 단백질을 느슨하게 만드는 지방과 수분의 비율(왼쪽 참고) 때문이다. 우유에 레닛을 더하기 전 먼저 균을 넣고 열을 가한 다음 단백질이 섬유질 안쪽으로 배열되도록 커드를 빵처럼 치대(이를 가리켜 '파스타필라타'라고 부른다) 모차렐라를 만든다.

덜 숙성된 치즈 속 카세인 단백질

모차렐라와 같은 치즈는 단백질 망이 서로 달라붙어 딱딱하게 굳는다. 하지만 덩어리라고 할 만큼 단단하지는 않다. 또한 단백질 망이 지방 분자로 인해 나누어져 있어 단백질 사이사이가 잘 늘어나는 긴 가닥으로 이어져 있다.

가공 치즈는 피해야 할까?

가공 치즈는 천연 치즈와 비슷한 재료로 만든다.
하지만 원재료 자체와는 거리가 멀다.

1800년대 중반, 미국 최초의 치즈 공장이 뉴욕에 들어서면서 맛이 밋밋한 체더 치즈를 대량으로 생산하기 시작했다. 1916년에는 사업가 제임스 L. 크래프트가 잘게 자른 자투리 치즈를 활용해 처음으로 가공 치즈를 만들었다. 그는 자투리 치즈를 살균해 녹인 다음 구연산과 카세인(커드) 단백질로부터 칼슘을 분리하는 인산염이라는 물질을 섞어 커드를 응고시켰다.

오늘날 가공 치즈는 여러 치즈와 우유의 유청 단백질, 소금과 향신료, 그리고 유화제(기름과 물이 섞이도록 만드는 물질)를 넣은 혼합물이다. 천연 먹거리를 선호한다면 가공 치즈는 피하는 것이 좋다. 하지만 공장 밖에서 만든 치즈로는 햄버거 사이로 마그마처럼 흘러내리는 번질거리는 치즈 토핑을 만들기 매우 힘들다.

차이점 알기

가공 치즈

가공 치즈는 일반적으로 강하게 눌러 얇은 슬라이스로 만든 다음 비닐로 포장한다. 튜브나 캔 형태로도 판매된다.

- 다양한 종류의 치즈로 만든다. 유청 단백질과 소금, 인공 색소와 방부제가 들어간다. 번질거리고 가루가 생기지 않는다. 끓인 우유 냄새가 살짝 난다.

- 가공 치즈에는 (단백질이 약화되고 치즈가 더 잘 굳도록) 칼슘이 적게 들어 있고 열을 가했을 때 지방과 물이 뭉치도록 하는 시크너와 유화제가 포함되어 있다.

천연 치즈

다양한 모양과 크기로 판매되는 천연 치즈는 갈거나 얇게 썰어서 먹는다. 용도에 따라 다양하게 활용할 수 있다.

- 천연 치즈를 만들기 위해서는 먼저 유청을 완전히 제거해야 한다. 그런 다음 응유와 레닛 효소, 산, 그리고 소금을 넣은 후 일정 기간 숙성시킨다.

- 비교적 적은 개수의 첨가물에는 색소와 숙성 과정을 촉진하는 효소 등이 포함된다. 가공하지 않은 치즈는 숙성되는 동안 우유와 레닛으로부터 맛이 생성된다.

집에서도 연질 치즈를 만들 수 있을까?

집에서 만드는 맥주처럼, 수제 치즈 역시 조리 과정이 간단하거나 복잡해질 수 있다.

시중에는 집에서도 치즈를 만들 수 있는 세트 제품을 판매하는데, 레시피와 함께 '배양분(미리 만든 미생물 포자를 신중하게 측정해 포장한 봉지)'이 들어 있다. 그러나 발효하지 않은 치즈는 특별한 도구나 배양분 샘플, 심지어는 치즈에 주로 사용되는 효소인 레닛 없이도 집에서 간단하게 만들 수 있다.

가장 먼저 우유를 응고시켜야 한다. 우유 안에 들어 있는 미생물, 특히 락토바실리라는 균이 우유를 소화해 젖산을 만들어낸다. 그 결과 우유가 단단하게 굳는다. 우유에 들어 있는 카세인 단백질 대부분은 산에 민감하므로 형태를 유지하지 못하고 서로 달라붙는다. 균 외에도 다양한 방법으로 산을 첨가할 수 있다. 파니르와 마스카포네 치즈의 경우 식초 또는 레몬즙을 따뜻한 우유에 넣는다.

단백질을 분해하는 효소인 레닛을 넣으면 우유를 더욱 손쉽게 응고시킬 수 있다. 소 내장에서 만들어지는 레닛은 우유를 빠르게 응고시켜 카세인 단백질을 구조가 단단한 덩어리로 만든다. 여기에 숙성을 담당하는 균과 곰팡이, 이스트를 넣어 치즈에 맛을 더한다.

경질 치즈는 납작하게 눌러 몇 주 또는 몇 달간 숙성시킨다. 아래 단계별 레시피를 참고하면 산을 이용해 응고시킨 연질 치즈를 간단하게 만들 수 있다.

채식주의자를 위한 치즈

소에서 얻은 레닛과 비슷한 효소를 만들어내는 곰팡이를 이용하면 채식주의자를 위한 레닛을 만들 수 있다.

연질 치즈 만들기

리코타 스타일의 연질 치즈를 쉽고 빠르게 만들 수 있는 레시피를 알아보자. 치즈는 느슨하게 감싼 채 보관하는 것이 가장 좋다. 무엇보다 숙성 온도에서 먹어야 치즈의 맛을 제대로 즐길 수 있다. 식힌 치즈의 경우 맛 분자가 활성화되지 않기 때문이다.

우유를 응고시킨 후 커드를 분리한다

전유 1L를 소스팬에 붓고 74~90℃가 될 때까지 약한 불에 끓인다. 열에서 냄비를 내린 후 소금 1.5티스푼과 백포도주 식초 2테이블스푼 또는 레몬 1개의 즙을 넣어 단백질을 느슨하게 만든다. 잘 저은 다음 응고되어 커드가 분리될 때까지 10~15분 정도 식힌다.

남아 있는 유청을 흘려보낸다

액체에 남아 있는 더 단단한 커드는 구멍이 난 숟가락으로 걷어낸다. 커드를 모슬린에 넣고 끈으로 묶은 다음 그릇 위에 올려 유청을 아래로 떨어뜨린다. 매우 부드러운 리코타 치즈는 20~30분 정도 유청을 흘려보낸다. 건조하고 잘 바스러지는 질감의 치즈는 하룻밤 동안 놔둔다.

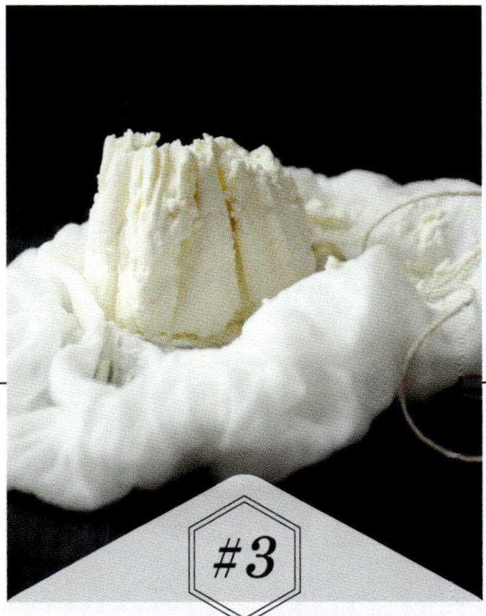

바로 먹거나 냉장 보관한다

모슬린을 풀고 커드를 식힌다. 부드러운 연질 치즈를 바로 먹는다. 또는 밀폐 용기에 넣어 냉장 보관한 후 3일 이내 먹는다.

쌀, 곡류 & 파스타

재료 포커스:
쌀

크기는 작지만 영양소가 풍부한 쌀은 전 세계 인구의 절반이 즐겨 먹는 식재료다.

씨앗의 일종인 쌀은 벼에 영양분을 공급하는 역할을 한다. 달걀이 건강한 병아리를 만들어내는 것과 같은 원리다. 쌀알을 감싸고 있는 껍데기는 못 먹는다. 껍데기를 벗기면 영양소가 풍부한 갈색 알갱이인 쌀겨가 모습을 드러내는데, 쌀겨를 포함한 쌀이 바로 현미다. 쌀겨의 미세한 기름은 몇 달 지나지 않아 산화되어 맛이 변질된다.

따라서 쌀의 유통기한을 늘리기 위해 쌀을 으깨거나 간다. 이 과정에서 겉은 마모되고 탄수화물이 가득한 중심, 즉 배젖만 남는다. 이것이 바로 백미다. 배젖 안에 빽빽하게 들어선 탄수화물 결정은 하얀색을 띠며 날것으로는 먹기 힘들다. 물에 넣고 65℃로 끓이면 딱딱한 탄수화물이 터져 물과 합쳐진다. 이 과정을 가리켜 젤라틴화라고 한다.

쌀에는 두 종류의 탄수화물이 들어 있다. 첫 번째는 아밀로펙틴이고, 두 번째는 아밀로오스이다. 각 탄수화물이 열과 물에 어떻게 반응하는지를 알면 가장 적합한 종류의 쌀을 고르는 데 도움이 된다(아래 상자 참고).

과학적인 논리

찹쌀에는 부드럽고 밀도가 낮은 아밀로펙틴이 많이 들어 있는 반면 딱딱한 아밀로오스 탄수화물의 양은 적다.

요리 테크닉

쌀알을 감싸는 아밀로펙틴 탄수화물은 쌀알에서 금방 빠져나와 끈적끈적한 젤 형태다.

끈적끈적한 쌀

아밀로펙틴 함유량이 많아 쌀알이 서로 달라붙는다.

쌀 제대로 알기

아밀로오스와 아밀로펙틴 탄수화물의 비율에 따라 쌀의 종류가 달라진다. 일반적으로 쌀알의 길이가 길수록 아밀로오스 함유량이 많다. 크기가 작은 아밀로오스 결정은 밀도가 높으므로 길이가 긴 장립종은 익히는 데 더 많은 시간이 걸린다.

단립종

찹쌀

영어로는 왁시 라이스(waxy rice), 글루티너스 라이스(glutinous rice), 스위트 라이스(sweet rice)라고도 부르는데, 이름과는 달리 맛이 달거나 글루텐이 들어 있지는 않다. 백미의 일종으로 조리 중에 끈적끈적한 덩어리처럼 변한다. 단, 태국 찹쌀은 아밀로오스 함유량이 매우 낮아 찰지지만, 길이가 긴 장립종에 속한다.

아밀로오스: 5% 이하
아밀로펙틴: 95% 이상

리소토용 쌀

너비보다 길이가 1~2배 더 길다. 요리 후에는 식감이 부드럽고 크리미하다. 아밀로펙틴 함유량이 많아 요리 과정에서 소스를 걸쭉하게 만든다. 으깨지 않은 갈색 쌀과 으깬 흰색 쌀이 있는데, 갈색 쌀의 맛이 더 풍부하지만 흰색 쌀보다 조리 시간이 2~3배 더 길다.

아밀로오스: 10%
아밀로펙틴: 90%

쌀겨 코팅

현미를 감싸고 있는 쌀겨에서 깊은 맛과 쫄깃한 식감이 느껴진다.

풍부한 영양소

현미에는 씨앗의 살아있는 '세균', 섬유소와 단백질이 풍부한 쌀겨가 들어 있다.

요리 시간

현미는 백미보다 요리 시간이 2~3배 더 걸린다. 단단한 쌀겨 껍질 사이로 물이 스며드는 데 더 오랜 시간이 필요하기 때문이다.

아밀로오스 함유량이 많아 쌀알이 단단하고 탱글탱글하며 뭉치지 않는다.

과학적인 논리

보송보송한 쌀은 끈적거리는 쌀보다 딱딱하고 밀도가 높은 아밀로오스 탄수화물을 더 많이 함유한다.

요리 테크닉

아밀로오스 탄수화물은 부드럽게 만들기 어렵다. 덕분에 요리 후에도 쌀알의 모양이 그대로 유지된다.

현미 장립종

보송보송한 쌀

중립종

파에야용 쌀

너비보다 길이가 2~3배 더 길다. 백미의 일종으로 요리 후에는 촉촉하고 살짝 끈적거린다. 씹는 맛이 느껴진다. 종류로는 칼로스, 발렌시아, 봄바 등이 있다. 일부 리소토용 쌀 역시 중립종에 속한다.

아밀로오스: 15~17%
아밀로펙틴: 83~85%

장립종

백미

맛이 가벼운 편이며 다양하게 활용할 수 있다. 흰색을 띠는 장립종으로 가장 널리 쓰이는 쌀 중 하나다. 너비보다 길이가 4배 정도 길고 아밀로오스 함유량이 많아 요리 후에 식감이 보들보들하다. 남아시아에서 재배되는 장립종인 바스마티는 맛이 깊고 향긋하며 단단하다.

아밀로오스: 22%
아밀로펙틴: 78%

야생 쌀

쌀이라고 부르기는 하지만, 재배 벼와는 종류가 완전히 다르다. 쌀겨를 벗겨내지 않아 단단하고 씹는 맛이 강하다. 다른 종류의 쌀보다 요리하는 데 1시간 이상 더 걸린다.

아밀로오스: 2%
아밀로펙틴: 98%

물은 얼마나 넣어야 할까?

포장 용기에 나온 대로 따라 하는 것이 능사는 아니다.

바스마티, 현미, 야생 쌀 등 종류에 상관없이 쌀은 물 흡수량이 비슷하다. 장립종과 현미, 그리고 야생 쌀에 더 많은 물을 사용하는 진짜 이유는 쌀을 익히는 데 더 오랜 시간이 걸려 요리 과정에서 대부분의 수분이 증발하기 때문이다. 쌀은 대개 무게의 3배에 달하는 물을 흡수할 수 있다. 하지만 물이 너무 많으면 쌀이 질퍽하고 끈적끈적해진다. 종류와 관계없이 (살짝 단단하되 너무 끈적거리지 않는 상태로) 쌀을 완벽하게 익히려면 물과 쌀의 비율이 1:1이 되어야 한다. 즉 똑같은 양을 사용하되 증발하는 수분을 고려해 물을 살짝 더 넣는다. 백미의 경우 '증발용 물'을 쌀의 높이보다 2.5cm 더 많이 붓는 것이 적절하다. 팬의 크기가 클수록 증발 속도가 빠르므로 물의 양을 알맞게 조절해야 한다.

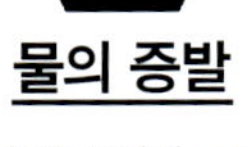

물의 증발

쌀의 양이 아닌 팬의 모양과 크기가 물의 증발량을 결정한다.

물이 증발할 것을 고려해 쌀의 높이보다 더 많이 붓는다.

물의 양 정하기

물과 쌀을 1:1 비율로 준비한 다음 물이 증발할 것을 고려해 물을 2.5cm 더 붓는다. 팬의 지름이 클수록 증발량이 많으므로 물을 더 많이 부어야 한다.

여분의 탄수화물을 제거한다

조리 전에 쌀을 물로 씻어 표면에 남아 있는 탄수화물을 제거하고 끈적거림을 없앤다. 장립종 450g을 체에 넣고 물이 투명해질 때까지 흐르는 차가운 물에 헹군다. 눈에 보이지 않는 먼지와 잔여물을 제거할 수 있지만, 쌀을 여러 번 흠뻑 적시면 향과 맛 분자가 함께 씻겨 나갈 수 있다.

어떻게 하면 매번 고슬고슬한 밥을 만들 수 있을까?

기본 규칙만 지키면 되지도 질지도 않은 완벽한 상태의 밥을 지을 수 있다.

쌀을 보호하는 쌀겨

쌀겨를 제거한 백미는 흑미보다 끈적거리는 탄수화물을 더 많이 배출한다.

쌀에 물을 부은 다음 최소 65℃로 온도를 높여야 먹을 수 없는 빽빽한 탄수화물 알갱이 사이로 물이 스며들어 쌀알이 먹기 쉬운 부드러운 상태가 된다. 이 과정을 가리켜 젤라틴화라고 한다. 하지만 젤라틴화가 일어나는 동안 많은 양의 탄수화물이 백미에서 물속으로 빠져나와 물 색깔을 뿌옇게 만든다. 익은 쌀 위로 탄수화물이 가득한 물이 식으면서 끈

적끈적한 층이 생긴다. 고슬고슬한 밥을 지으려면 열을 가하기 전에 여분의 탄수화물을 모두 씻어내야 한다. 활용도가 뛰어난 장립종을 하룻밤 동안 물에 불리는 것은 좋지 않다. 물을 머금은 쌀알이 질퍽해져 서로 달라붙기 때문이다. 적절한 양의 물을 사용하는 것도 중요하다(130쪽 참고).

밥 짓기

냄비와 딱 맞는 뚜껑만 있으면 고슬고슬한 장립종 밥을 만들 수 있다. 먼저 센 불에 쌀을 끓여 탄수화물을 젤라틴화한다. 그런 다음 수증기로 찌면 쌀이 남아 있는 물을 모두 흡수한다. 탄수화물이 가득한 물은 쌀알에 끈적끈적한 코팅막을 형성하므로 되도록 남기지 않아야 한다.

탄수화물을 젤라틴화한다

헹군 쌀을 팬에 넣고 물을 붓는다. 물 높이가 쌀보다 2.5cm 더 높아야 물이 증발된 후에도 쌀이 충분히 익는다. 뚜껑을 덮지 않은 채로 펄펄 끓인다. 온도가 65℃까지 오르면 물을 흡수한 탄수화물이 부풀어 올라 부드러워진다. 즉, 탄수화물이 젤라틴화한다.

물을 흡수한다

물이 거의 증발되고 쌀알이 부드러워지면 쌀이 물을 흡수하도록 가볍게 찐다. 딱 맞는 뚜껑을 덮고 불을 아주 약하게 낮춘 후 물이 다 흡수될 때까지 15분 정도 끓인다. 뚜껑을 열면 수증기가 날아가므로 주의한다. 쌀이 익는 동안 젓지 않는다.

밥알을 떨어뜨린다

쌀이 물을 흡수하고 나면 불에서 팬을 내려야 지나치게 익지 않는다. 뚜껑을 덮은 채로 10분 이상 식힌다. 밥이 천천히 식으면서 부드러워진 탄수화물 결정이 단단해진다(이 과정을 가리켜 노화라고 한다). 그 결과 밥알이 하나씩 떨어진다. 먹기 전에 포크로 밥을 부드럽게 젓는다.

밥을 다시 데워도 괜찮을까?

밥을 다시 데울 때는 주의를 기울여야 한다.

불쾌한 토양 세균인 바실러스 세레우스는 축축한 밥알 표면에서 증식한다. 조리 과정에서 원래의 세균은 모두 죽지만, 번데기와 비슷한 씨앗인 포자는 꿋꿋하게 살아남아 밥알 위에서 자라기도 한다. 복통과 구토, 설사를 유발하는 독소를 가지고 있다.

천천히 식힐 때 주의할 점

쌀 온도가 4℃와 55℃ 사이일 때 바실러스 세레우스가 증식한다. 세균과 독소가 일정 수준을 넘은 밥은 위험하지만, 냄새와 겉모양은 변하지 않으므로 그냥 봐서는 구분하기 어렵다. 다 익힌 밥은 재빨리 식힌 다음 5℃ 이하에서 저장해야 세균의 증식을 늦출 수 있다. 식히는 과정이 신속할수록 밥을 더 안전하게 먹을 수 있다.

밥의 타임라인

시간	가능한 시나리오	효과적인 해결책
10~60분 이내	포자가 살아있는 세균으로 부화하기도 한다. 상온에서 보관 중인 밥의 표면에서 증식해 독소를 뿜어낸다.	• 최대한 빨리 먹는다. • 남은 밥은 얕은 그릇에 옮기거나 차가운 물에 씻은 후 물기를 제거한 상태에서 냉장 보관한다.
1일 후	냉장고 안에서 세균이 천천히 자란다. 전날 밥을 지은 후 한 시간 안에 식혀서 보관했다면 세균 수치가 낮아 다시 데워도 안전하다.	• 밥의 온도가 매우 뜨거워야 한다. • 다시 데우는 횟수는 한 번을 넘기지 않는다.
2일 후	세균 수치가 위험할 정도로 높아 밥을 데우는 과정에서 몸에 해로운 독소가 기하급수적으로 늘어날 수 있다.	• 차가운 요리에만 사용한다. • 다시 데우지 않는다.
3일 후	밥을 다시 데우기에는 세균 수치가 너무 높다. 밥을 데우는 과정에서 세균 증식 속도가 빨라지고 더 많은 독소가 만들어진다.	• 차가운 요리에만 사용한다. • 다시 데우지 않는다. • 사용하지 않은 밥은 버린다.

밥 안의 세균 포자

열에 강한 바실러스 세레우스의 포자가 밥알 위에서 부화해 살아있는 세균으로 자라기도 한다. 상온에서 빠르게 증식해 조리한 지 얼마 지나지 않아 식중독을 일으키는 독소를 뿜어낸다. 밥을 다시 데우는 과정에서 세균은 죽지만, 독소는 그대로 남는다.

포자에서 세균이 부화한다.

세균에서 독소가 배출된다.

12~37℃ 사이에서 구토를 유발하는 독소가 만들어진다.

10~43℃ 사이에서 설사를 유발하는 독소가 만들어진다.

냉장 보관하기 전에 음식을
완전히 식히지 않아도 된다.
음식을 상온에서 식히면
위험 요소가 더 많아진다.

가압 조리 요리 과정

꽉 닫힌 압력솥 안의 과열된 수증기가 음식을 빠르게 익힌다.

압력솥이 찬장 맨 뒤에 처박힌 채 방치되는 경우가 많다. 하지만 조리 시간이 부족할 때 압력솥은 뛰어난 효율성을 자랑한다. 한 치의 틈도 없이 딱 맞는 뚜껑 덕분에 수증기가 솥 안에 그대로 유지되어 기압이 올라간다. 물의 끓는점 또한 올라가 매우 뜨겁고 김이 자욱한 조리 환경이 만들어진다. 그 결과 스튜나 수프, 육수, 그리고 곡물을 요리하는 시간이 엄청나게 줄어든다.

기본 원리

적당한 양의 물이나 육수 안 또는 위에 재료가 자리 잡는다. 기존의 끓는 온도보다 훨씬 더 고온에서 압력이 높은 수증기로 음식을 요리한다.

알맞은 재료

곡물, 두류, 육수, 스튜, 수프, 큰 고깃덩어리.

고려해야 할 점

압력솥에는 주로 찜기 또는 삼발이가 들어 있어 재료를 물 위에 올려놓을 수 있다. 여러 가지 음식을 한꺼번에 조리할 수 있다.

33%

가압 조리는 뚜껑을 덮지 않은 팬에서 요리할 때보다 조리 시간이 3분의 1 줄어든다.

압력을 받다

강한 압력을 받은 수증기가 온도를 평소보다 훨씬 더 높이 끓어올려 음식을 빠르게 익힌다.

투명한 육수

가압 조리는 육수를 만들 때 매우 좋다. 압력을 일정하게 유지하면 액체가 끓지 않고 투명해진다.

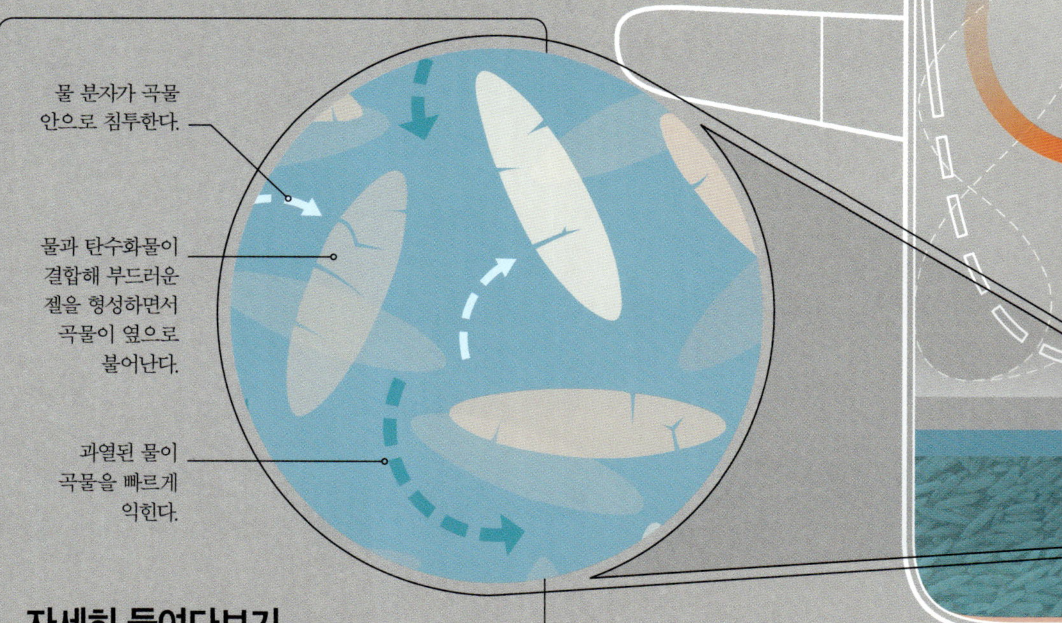

자세히 들여다보기

압력솥 내부의 압력이 15프사이(제곱인치당 파운드) 정도로 높으므로 물 분자가 수증기로 변하려면 더 많은 에너지가 필요하다. 따라서 물의 끓는점이 100℃가 아닌 120℃까지 올라간다. 과열된 물 분자가 끓이거나 찔 때보다 재료를 훨씬 더 빨리 익힌다.

일러두기

⬅ 물 분자의 이동 방향

⬅ 물에서부터 이동하는 열

압력을 해제한다

음식이 골고루 익고 나면 제조사의 설명서를 따라 압력을 해제한다. 남아 있는 물은 버리거나 소스로 만든다. 완성한 음식은 바로 먹는다.

#6

불을 켄다

중간 불에서 센 불 정도의 불 위에 뚜껑을 닫은 솥을 올린다.

#4

에너지가 넘치는
물 분자가 냄비 안을
평소보다 두 배로
빽빽하게 채워
사방에서
음식을 익힌다.

김을 뺀다

#5

압력솥의 압력이 올라가면 뚜껑에 있는 구멍 사
이로 김이 빠져나온다. 이때 약한 불에서 보통
불로 낮춰 압력이 더욱 높아지고 물이 증발되는
것을 막는다. 정해진 시간에 따라 계속해서 요
리한다.

압력솥 손잡이의
두 부분이 서로 맞물려
수증기를 밀폐한다.
압력계가 달린
제품도 있다.

뚜껑을 닫고 잠근다

손잡이를 활용해 뚜껑과 솥을
잠근다. 수증기가 빠져나가는
것을 막아 내부 압력을 높인다.

#3

빈틈없는 시일링 링이
압력솥 내부 압력을
유지한다.

압력솥 안에서 수증기가
순환한다.

압력솥 안에 재료를 넣는다

#2

닭고기와 같은 재료는 찜기 또는 삼발이에 올려 물보다
높이 오도록 한다. 채소와 같이 더 부드럽고 빨리 익는
재료 또한 찜기를 사용하는 것이 좋다.

액체를 붓는다

#1

압력솥의 종류에 따라 필요한 물, 수프, 육수의 양이 달
라진다. 따라서 항상 제조사의 설명서를 참고하는 것이
좋다. 곡물과 채소는 조리 시간 15분당 물 1컵을 사용한
다. 수프와 스튜의 경우 냄비의 절반에서 3분의 2 정도
부어야 한다.

불 위에 올려도 되는 압력솥은 주로 바닥을
삼중 금속 처리해 두꺼우며
열이 골고루 전달된다.

미정제 곡류는 왜 좋을까?

쌀겨가 들어 있는 미정제 곡류는
주요 영양분이 풍부하다.

호밀빵과 통밀빵 같은 미정제 음식은 쌀겨와 배아를 포함한 곡물과 곡류로 만든 것을 가리킨다(아래 참고). '갈색' 밀가루는 쌀겨 함유량이 적은 반면 '잡곡', '맷돌로 간', 또는 '밀 100%'라고 쓰인 밀가루에는 영양분이 가득한 배아와 쌀겨 일부가 들어 있다. 쌀겨는 풍부한 맛과 뛰어난 영양소를 자랑한다. 쌀겨의 섬유질은 소화되지 않지만, 음식의 부피가 커지도록 해 포만감을 준다. 섬유질의 5분의 1은 '용해성' 성질을 가지고 있어 위 안에서 끈적끈적한 젤처럼 변한다. 음식으로부터 설탕과 콜레스테롤이 흡수되는 속도를 늦춘다.

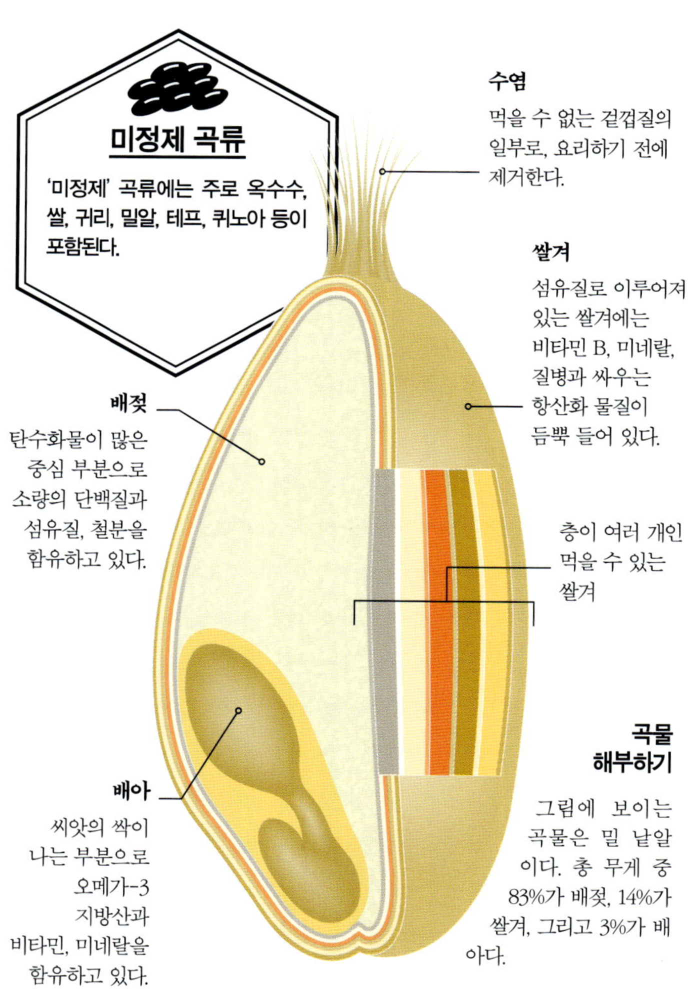

두류는 요리하기 전에 불려야 할까?

재료를 미리 불려두면 조리 시간을 줄일 수 있지만,
그에 따른 대가 또한 치러야 한다.

콩 또는 렌틸 등을 말린 두류에는 단백질과 탄수화물, 섬유질, 그리고 우리 몸에 꼭 필요한 비타민 B와 같은 영양소가 풍부하다. 여러 레시피가 두류를 요리하기 전에 먼저 물에 불리라고 제안하지만, 꼭 그럴 필요는 없다.

두류를 먹을 수 있는 상태로 만들려면 건조 과정에서 날아간 수분을 다시 채워넣어야 한다. 해결책은 간단하다. 오랫동안 요리하면 된다(크기가 큰 콩은 2시간 정도). 요리 전에 콩을 불리는 것 역시 콩 안에 수분을 공급하고 조리 시간을 줄이는 데 도움이 되지만, 질감에 영향을 끼쳐 콩이 물컹물컹해지고 맛이 밋밋해진다. 137쪽에 있는 표를 이용해 콩을 불려야 할 때를 가늠해보자.

> "여러 레시피가 두류를 요리하기 전에
> 먼저 물에 불리라고 제안한다.
> 하지만 이것은 반만 맞는 말이다."

물에 소금을 넣어야 할까?

요리하기 전 또는 도중에 소금을 더하면 안 된다는 생각은 틀린 것이다. 물에 소금을 넣으면(리터당 15g) 맛이 더욱 풍부해지고 두류가 물을 잔뜩 머금거나 물컹해지는 것을 막는다. 소금이 콩 안에 들어 있는 수분을 소량으로 빼앗아 물이 콩 껍질 안으로 침투하는 속도를 늦추기 때문이다. 소금은 서서히 콩 안으로 스며들어 세포를 단단하게 봉합하는 펙틴을 불안정하게 만든다. 그 결과 콩이 더 빨리 그리고 고르게 익는다.

두류의 종류	불리는 과정의 효과		
말린 두류의 크기에 따라 필요한 조리 시간과 불리는 과정으로 인한 효과가 달라진다. 콩 통조림은 고온 살균 과정을 거치면서 미리 익기 때문에 다시 데우기만 하면 된다.	**하룻밤 동안 불리기** 두류를 차가운 물에 넣고 하룻밤 동안 불린다(또는 요리하기 전 8시간 동안 불린다).	**수분 보충 촉진하기** 요리하기 직전 30~60분 동안 차가운 물에 불려 수분을 보충한다.	**이중으로 빨리 불리기** 1~2분 정도 끓인 두류를 불에서 내린 후 뜨거운 물에서 30분 동안 불려 요리한다.
쪼개서 말린 완두콩과 콩 크기가 작은 두류로 수확 후에 가운데가 갈라져 가운데 부분이 노출되어 있다. 쪼개서 말린 완두콩	가운데 부분이 노출되어 있어 수분을 빨리 보충할 수 있다. 따라서 오래된 콩이 아니라면 장시간 불리지 않아도 된다.	쪼개서 말린 콩은 조리 과정에서 수분을 빠르게 보충하므로 짧은 시간 동안 미리 불려도 뚜렷한 효과가 없다.	쪼개서 말린 콩은 조리 시간이 짧기 때문에 이중으로 불릴 필요가 없다.
크기가 작은 두류 핀토콩과 팥, 그리고 크기가 검정콩과 비슷하거나 그보다 작은 두류를 포함한다. 검정콩	크기가 작은 두류는 오래 불리면 질퍽해지고 씹는 식감과 은은한 맛이 떨어진다.	콩을 짧게 불리면 조리 시간을 단축하면서 질감을 그대로 살릴 수 있다.	조리 시간을 5분밖에 줄이지 않지만, 더 풍부한 맛을 이끌어 낸다.
크기가 큰 콩 카넬리니콩과 크기가 비슷하거나 더 큰 콩을 가리킨다. 말린 병아리콩은 밀도가 높아 수분을 보충하는 데 오래 걸린다. 강낭콩　　병아리콩	하룻밤 동안 불리면 조리 시간을 40%까지 줄일 수 있지만, 맛 또한 떨어진다.	조리 시간이 조금 줄어들고 맛과 질감이 그대로 유지된다.	크기가 큰 두류에 수분을 보충하면서 맛을 보존할 수 있다. 조리 시간 역시 30분 정도 준다.

두류의 종류

이 표를 이용해 두류의 종류에 따라 얼마 동안 (또는 어떻게) 불려야 하는지 살펴보자.

오래되어 딱딱해진 두류

크기에 상관없이 두류는 오래될수록 더욱 건조해지므로, 불리는 과정이 꼭 필요하다.

쪼개진 두류	크기가 작은 두류				크기가 큰 두류			
쪼개서 말린 완두콩	퓌 렌틸콩	대두	검정콩	핀토콩	병아리콩	카넬리니콩	강낭콩	흰강낭콩

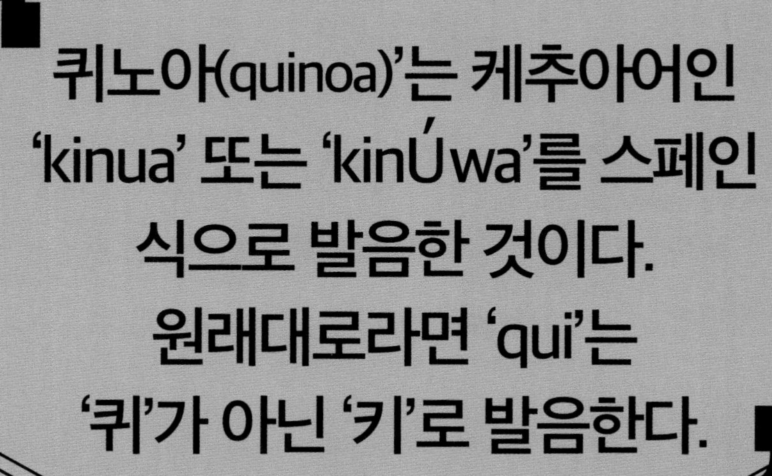

‘퀴노아(quinoa)’는 케추아어인
‘kinua’ 또는 ‘kinúwa’를 스페인
식으로 발음한 것이다.
원래대로라면 ‘qui’는
‘퀴’가 아닌 ‘키’로 발음한다.

퀴노아가 특별한 이유는 무엇일까?

퀴노아를 재배해 주식으로 먹었던 고대 잉카인은 '곡물의 어머니'라고 부르며 신성한 먹거리로 여겼다.

'자연식품'으로 잘 알려진 퀴노아는 '슈퍼푸드'의 특징을 모두 갖추고 있어 그 인기가 점점 더 높아지고 있다. 글루텐이 없고 영양가가 높은 이 곡물은 남미가 원산지로, 흥미롭고 오랜 전통과 역사를 자랑한다. 밀을 비롯한 다른 작물의 그림자에 가려져 왔지만, 사실 퀴노아는 단백질과 영양분이 풍부해 슈퍼푸드의 명성에 걸맞은 먹거리다.

겨자씨와 크기가 비슷하며 가장 인기 있는 '흰색' 퀴노아는 쿠스쿠스와 닮았다. 쌀과 마찬가지로 다양한 방법으로 요리할 수 있으며 식감이 고슬고슬하다. 또한 볶은 후에는 팝콘처럼 튀겨 수프에 곁들이는 토핑으로 쓰거나 우유를 부어 든든한 아침 식사로도 먹을 수 있다.

영양상으로 퀴노아는 미정제 곡류지만, 사실 진정한 '곡류'라고는 할 수 없다. 작물의 씨앗이 아니기 때문이다. 사탕무와 시금치와 가까워 '가짜 곡류'라고 불린다. 다른 곡식과는 생김새가 다른데, 요리하면 지렁이 같은 얇은 실이 보인다.

풍부한 영양소

단백질 함유량이 많은 퀴노아는 아홉 개의 주요 아미노산과 오메가 지방, 비타민 B, 그리고 미네랄이 모두 들어 있다.

"쿠스쿠스와 모양이 비슷한 퀴노아는 쌀과 같은 방법으로 요리한다."

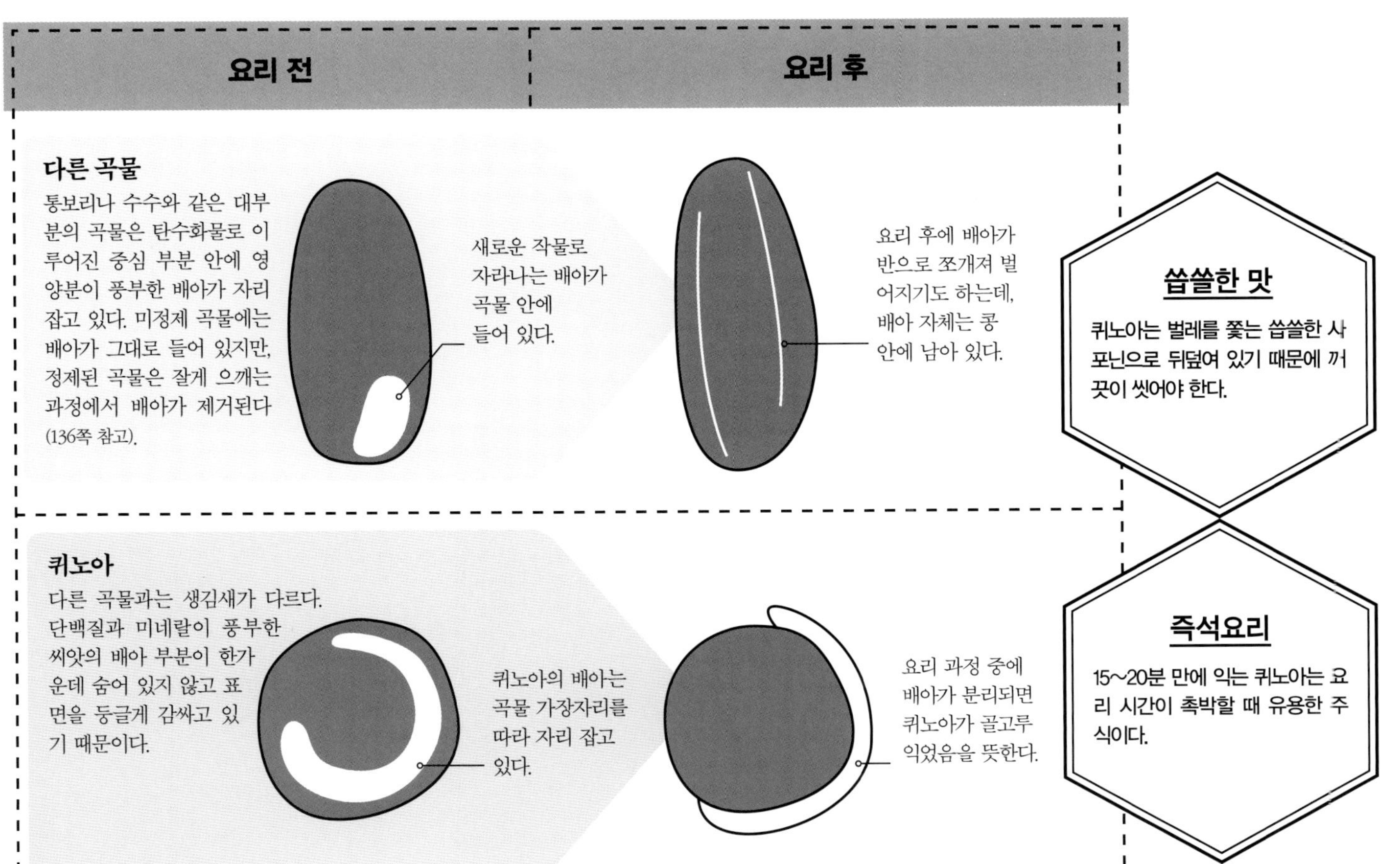

어떻게 하면 콩을
먹은 후에도
배에 가스가 차지 않을까?

먹고 나면 속이 조금 불편하더라도
건강에 좋은 콩은 많이 먹을수록 좋다.

섬유질과 단백질, 필수영양소가 풍부한 콩은 전적으로 건강에 좋은 음식이다. 하지만 평소에 고섬유질 식품을 많이 먹지 않는 사람이라면, 콩을 먹은 후에 뱃속 가스를 생성하는 균이 더욱 활발하게 활동할 수도 있다. 이런 균은 우리가 소화하지 못하는 섬유질을 소화하는데, 그 부산물로 가스를 만들어낸다. 건조한 콩을 물에 불린 후 물기를 빼내면 뱃속 가스의 주범인 수용성 섬유질을 어느 정도 제거하는 데 도움이 된다. 하지만 불용성 섬유질이 그대로 남아 있기 때문에 큰 효과는 없다. 이보다는 적은 양의 콩과 두류를 주기적으로 섭취해 가스를 생성하는 균의 수가 상대적으로 급증하는 것을 막는 방법이 더 바람직하다.

익히지 않은 강낭콩은
정말로 독성이 있을까?

다른 작물과 마찬가지로
강낭콩 역시 유독성 물질을 포함하고 있다.

강낭콩은 동물로부터 자신을 보호하기 위해 독성 물질을 만들어낸다. 피토헤마글루티닌이라는 물질인데, 삼키면 소화기관의 내벽을 손상시켜 심각한 구토와 설사 증상을 일으킬 수 있다. 생강낭콩을 4알만 먹어도 장이 뒤틀리는 고통이 느껴진다. 피토헤마글루티닌은 고온에서만 죽는데, 따뜻한 환경에서는 오히려 더 강력해지므로 덜 익은 강낭콩이 생강낭콩보다 더 위험하다. 낮은 온도에서 몇 시간 동안 끓인 강낭콩은 중독 현상을 일으킬 수도 있다. 완전히 부드러워진 강낭콩을 처음 또는 마무리 단계에서 최소 10분 동안 센 불로 끓여야 피토헤마글루티닌이 제거되어 안전하게 먹을 수 있다. 통조림의 경우 이미 익은 상태이므로 걱정하지 않아도 된다. 카넬리니콩과 잠두에는 피토헤마글루티닌이 소량으로 들어 있어 덜 위험하지만, 반드시 완전히 익힌 후 먹어야 한다.

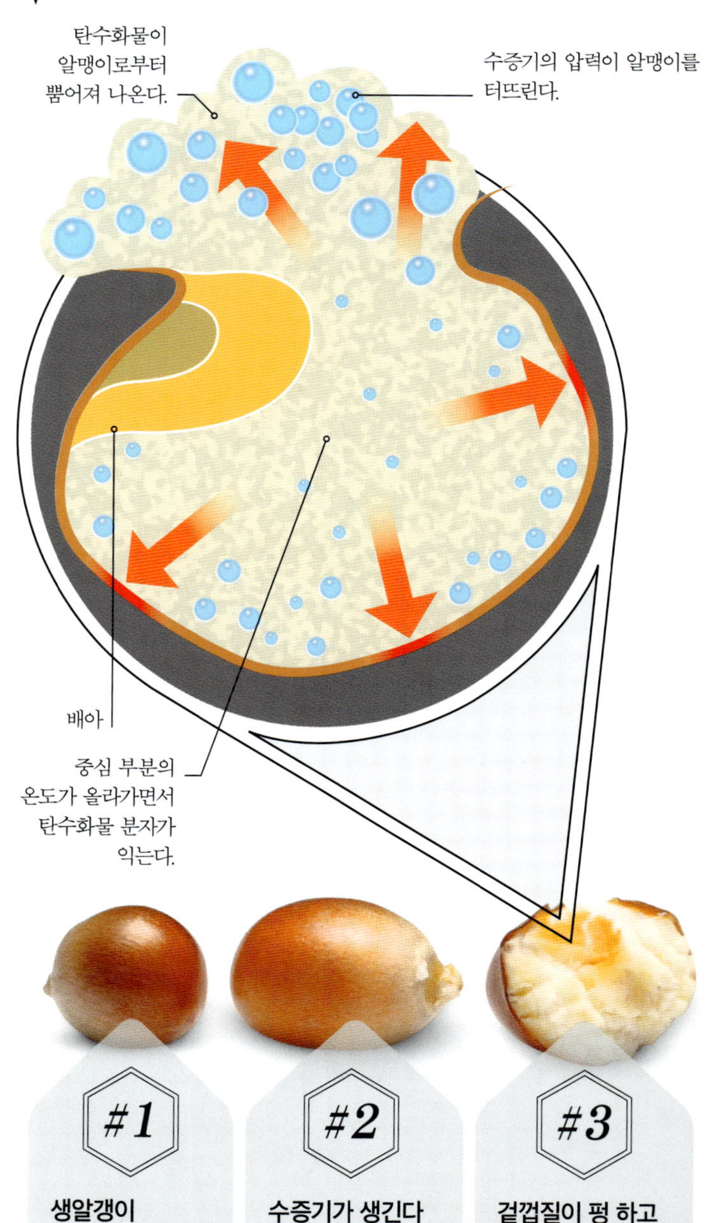

왜 팝콘은 펑 하고 터질까?

껍질이 단단한 씨앗이 순식간에 푹신푹신하고 새하얀 팝콘으로 변한다.

팝콘은 옥수수 중에서도 조금 특별하다. 말린 옥수수는 전부 펑 하고 터지지만, 대부분 소리가 약하다. 하지만 팝콘 씨앗은 상대적으로 밀도가 훨씬 높고 셀룰로오스 섬유가 가득 들어찬 겉껍질 역시 단단하기 때문에 마치 폭발하는 것처럼 큰 소리가 난다.

팝콘 나무는 사탕옥수수 나무와 생김새가 거의 똑같다. 단, 이삭의 수염이 반듯하게 서 있는 사탕옥수수와는 달리, 팝콘 수염은 밑으로 축 처져 있다. 대부분 탄수화물과 물로 이루어진 옥수수 알을 손으로 문지르면 쉽게 떨어질 때까지 옥수숫대에 그대로 단 채로 말린다. 수확철이 오면 중심 부분의 수분 함유량이 14%

정도다. 열을 가하면 이 수분이 수증기로 변해 맹렬한 폭발이 일어난다. 때문에 밀폐 용기에 넣어 보관해야 팝콘을 터뜨리는 수분을 유지할 수 있다. 오래되어 바짝 마른 팝콘은 터지지 않는다. 대신 냄비 바닥에 매캐한 맛이 나는 탄 옥수수 알만 듬뿍 쌓인다.

미정제 곡물인 팝콘은 섬유질이 풍부하고 칼로리가 낮다. 특히 뜨거운 공기로 팝콘을 터뜨리는 에어팝 조리법이 기름에 튀기는 방법보다 더 건강하다. 1인분을 기준으로 팝콘에는 과일과 채소보다 항산화 물질이 더 많이 들어 있으며 소고기보다 철분이 더 많다.

추진력이 생긴다
열을 가한 탄수화물 중심이 익으면서 갈라진 겉껍질 사이로 튀어나온다. 팝콘 알이 회전한다.

탄수화물이 팽창한다
수증기의 힘 때문에 잘 익은 탄수화물이 공기 중에서 회전하면서 속살이 마구 쏟아져나온다.

북슬북슬한 팝콘
눈 깜짝할 사이 속살이 식으면서 원래 탄수화물 크기보다 40~50배까지 늘어난 바삭하고 새하얀 팝콘이 완성된다.

혼자서도 신선한 파스타 면을 만드는 비법은?

놀랍게도 혼자 힘으로 간단하게 파스타 면을 만들 수 있다. 모든 것은 밀가루의 종류에 달렸다.

파스타를 만드는 레시피를 살펴보면 주로 가장 곱게 간 가루 형태의 밀가루에 매기는 이탈리아 등급 '00' 밀가루를 사용하라고 권한다. 입자가 매우 고와 쉽게 섞이기 때문에 비단같이 부드러운 파스타를 만들 수 있다. 하지만 00 밀가루가 꼭 필요한 것은 아니다. 다목적 하얀 밀가루 또는 케이크용 밀가루로도 단백질 함유량이 똑같은 훌륭한 결과물을 완성할 수 있다. 00 밀가루는 일반적으로 단백질 함유량이 7~9%로 적은 편이다.

반죽에 달걀을 넣는 에그 파스타를 만들 때는 저단백질 밀가루를 선택하는 것이 중요하다. 파스타 면이 서로 결합하는 데 필요한 단백질은 달걀이 제공하므로 고단백질 밀가루를 섞으면 파스타의 질감이 고무처럼 뻑뻑해진다. 마른 파스타에 사용하는 듀럼밀은 단백질(글루텐)이 많이 들어 있어 달걀을 넣어 신선한 파스타를 만드는 레시피에는 적합하지 않다.

아래 단계별 조리법을 참고해 직접 수제 파스타 반죽을 만들어보자. 푸드 프로세서가 있으면 반죽을 대량으로 만들 때 유용하다. 하지만 너무 과하게 섞지 않도록 조심해야 하는데, 잘못하면 글루텐이 과다 생성되어 반죽이 딱딱해질 수 있기 때문이다. 펄스를 30~60초로 맞추고 반죽이 쿠스쿠스처럼 거칠어지면 멈춘다. 그런 다음 반죽을 꺼내 작업대 위에 놓고 손으로 반죽을 치댄다.

강력한 반죽

덩어리진 부분이 없을 때는 밀가루를 굳이 체에 거르지 않아도 된다. 오히려 가루 믹스에 공기가 들어갈 수 있다.

신선한 파스타 만들기

파스타 기계를 활용하면 쉽게 얇은 파스타 면을 만들 수 있다. 밀방망이의 경우 반죽을 여러 조각으로 나눈 다음 두께 2mm가 될 때까지 하나씩 밀어서 편다. 이 레시피는 00 밀가루를 기준으로 하지만, 일반 밀가루 혹은 케이크용 밀가루와 일반 밀가루를 2:1 비율로 섞은 혼합물로 대체해도 상관없다.

달걀과 밀가루를 섞는다

물기를 제거한 깨끗한 작업대 위에 00 밀가루 165g을 붓고 액체가 흘러내리지 않도록 가운데를 동그랗게 파낸다. 달걀 2개를 깨서 파낸 구멍에 넣고 소금 0.5티스푼을 넣는다. 올리브유를 뿌려 반죽을 다루기 쉽도록 부드럽게 만든다. 포크로 달걀을 가볍게 푼 다음 서서히 가운데로 밀가루를 가져와 달걀과 밀가루를 섞는다.

반죽을 치댄 후 숙성시킨다

10분 동안 손으로 힘차게 치대면 촘촘한 글루텐 망이 단단하고 잘 늘어나는 반죽을 완성한다. 반죽이 너무 뻑뻑하면 약간의 물 또는 올리브유를 넣어 촉촉하게 만든다. 반대로 반죽이 너무 질퍽거리면 수분을 빨아들이는 밀가루를 더한다. 수분이 빠져나가지 못하도록 투명 랩으로 감싼 후 냉장고에서 1시간 동안 숙성시킨다. 탄수화물 알갱이가 수분을 흡수하고 글루텐 섬유질이 다시 살아난다.

반죽을 밀어 납작하게 만든다

투명 랩을 벗긴다. 밀가루를 뿌린 작업대 위에서 반죽을 밀어 원 모양으로 펼친다. 그런 다음 글루텐이 계속해서 만들어지도록 가장 두꺼운 단계로 설정한 파스타 머신에 세 번 통과시킨다. 반죽을 삼등분으로 접어 납작하게 만든 다음 파스타 기계에 한 번 더 넣어 통과시킨다. 총 여섯 번 반복한다.

최종 두께로 만든다

단계를 점점 줄여가며 계속해서 반죽을 파스타 기계 사이로 통과시킨다. 가장 얇은 단계를 하나 앞둔 상태에서 멈춘다. 이 정도 두께가 파스타를 자르기에 가장 이상적이다. 속을 채우는 파스타용 반죽은 가장 얇은 단계까지 민다.

크기에 맞게 자른다

반죽을 삼등분으로 접는다. 윗부분과 아랫부분을 접은 다음 가닥으로 자른다. 파파르델레의 경우 너비가 1cm가 일반적이고, 탈리아텔레는 6mm가 좋다. 끓는 물에 넣고 알단테로 익힌다(144~145쪽 참고).

파스타와 어울리는 소스 찾기

파스타의 모양과 크기는 그야말로 각양각색이다. 하지만 대부분 요리에 따라 사용법이 다 다르다. 소스의 묽기와 점도를 잘 고려해 파스타와 어울리는 소스를 준비한다.

- 전통적인 파스타 누들은 쉽게 엉킨다. 따라서 굵게 썬 채소와 해산물, 또는 고기가 들어간 소스와 함께 요리한다.

- 탈리아텔레와 같이 납작한 면은 볼로네즈 또는 라구처럼 걸쭉한 소스와 잘 어울린다. 하지만 길고 납작한 면이 끈적거리는 치즈 소스와 달라붙어 덩어리질 수 있으니 주의해야 한다.

- 펜네와 같이 면적이 작고 튜브처럼 생긴 파스타는 질척한 소스 사이로 미끄러지듯 움직인다. 따라서 걸쭉하고 기름지며 국물이 흥건한 소스가 좋다.

- 펜네 리가테처럼 울퉁불퉁하거나 나선형, 또는 질감을 살린 파스타는 국물이 많고 기름진 토마토 소스와 잘 어울린다. 파스타의 윤곽과 톡 튀어나온 부분 때문에 표면 장력이 낮은 소스가 파스타에 달라붙지 않는다.

- 조개껍데기 모양의 파스타는 묽기가 중간 정도인 소스에 가장 적합하다.

- 둥그런 뇨키는 걸쭉한 소스에 잘 어울린다. 크기가 크기 때문에 소스와 뒤죽박죽되거나 뭉치지 않는다.

건조 파스타와
생파스타

많은 사람들에게 건조 파스타는 생파스타의 저렴한 대안이지만, 이탈리아에서는 이 둘을 완전히 다른 재료라고 생각한다.

건조 파스타는 대개 생파스타보다 저렴하다. 하지만 그렇다고 질이 낮은 재료는 아니다. 실제로 이탈리아에서는 건조 파스타 생산을 꼼꼼하게 규제하고 있다. 오히려 대량 생산된 생파스타는 질감이 끈적끈적하며 수제 생파스타를 흉내 내는 수준에 그치는 경우가 많다.

이탈리아에서는 건조 파스타와 생파스타를 목적에 따라 다른 방법으로 활용한다. 달걀을 넣어서 만든 생파스타는 건조 파스타보다 농도가 부드럽고 버터 맛이 진해 크림 또는 치즈 소스와 잘 어울린다. 반면 씹는 맛이 도드라지는 건조 파스타는 알단테로 요리하기에 알맞다. 질감이 탄탄하기 때문에 고기가 들어간 기름진 소스를 곁들이면 좋다. 단, 볼로네즈는 옛날부터 생탈리아텔레 파스타를 사용한다. 어떤 파스타를 선택하느냐는 결국 파스타 종류보다 재료에 달렸다.

차이점 알기

건조 파스타

모양과 종류가 다양한 건조 파스타는 찬장에 갖춰두면 유용한 재료다.

건조 파스타는 단단한 듀럼밀과 물을 섞어서 만든다. 글루텐 망이 탄탄해지도록 반죽을 치댄 후 숙성시킨다. 여러 번 얇게 민 후 모양에 따라 자른다. 글루텐 함유량이 많아 끓는 물에도 파스타 모양이 잘 유지된다.

건조 파스타는 먼저 탄수화물 글루텐에 수분이 완전히 보충되어야 하므로 익는 데 더 오래 걸린다(9~11분).

생파스타

유통기간이 비교적 짧다. 사용하기 전에는 냉장 보관해야 한다.

생파스타는 물 대신 달걀 전체 또는 노른자를 넣어 만든다. 지방이 부드러움을 더한다. 달걀 단백질이 듀럼밀의 글루텐을 대체하기 때문에 파스타가 끓는 물을 견딜 정도로 단단해진다. 듀럼밀은 필요 없다.

수분이 가득하기 때문에 끓는 물에서 굉장히 빨리 익는다(2~3분 이내).

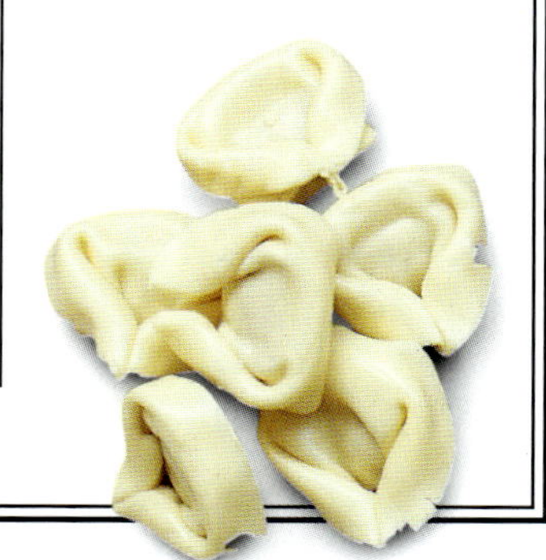

요리 초반에 파스타를 저으면 면이 서로 달라붙지 않는다.

파스타 삶는 물에 소금을 넣는 이유는?

파스타 삶는 물에 소금을 살짝 뿌리는 것이 일반적이다.
하지만 소금의 역할을 정확히 알고 있는 사람은 많지 않다.

파스타를 삶을 때 물에 소금을 뿌리면 파스타가 더 맛있어진다. 뿐만 아니라 알단테로 요리하기도 수월하며 끈적거리는 탄수화물도 제거할 수 있다. 소금 때문에 파스타가 더 빨리 익는다고 생각하는 사람도 있는데, 사실은 정반대다.

물이 끓는 속도

이제 막 끓기 시작하는 물에 소금을 넣으면 거품이 생기는데, 마치 소금 때문에 물이 더 펄펄 끓는 것처럼 보인다. 하지만 소금 입자가 거품을 만들어낸 것일 뿐, 실제로 소금이

소금의 맹공격

물 1L의 끓는점을 겨우 0.5℃ 올리는 데 소금 4테이블스푼이 필요하다.

온도를 높인 것은 아니다. 소금을 친 물이 살짝 더 빨리 끓기는 하지만, 차이가 아주 미미하다. 그보다는 소금이 탄수화물에 미치는 영향이 더 크다. 촘촘한 망을 이루는 밀가루 단백질 가닥(글루텐)이 탄수화물 알갱이를 감싸고 있는데, 파스타를 삶으면 탄수화물 분자가 터지면서 물을 흡수해 젤 덩어리가 만들어진다. 55℃에서 밀가루 탄수화물이 젤로 변하는데, 소금이 온도를 살짝 올려 이 과정을 방해한다. 따라서 파스타가 조금 더 늦게 익는다.

파스타가 달라붙지 않도록
파스타 삶는 물에 기름을 넣어야 할까?

조리 과정에서 탄수화물과 파스타가 어떻게 반응하는지 알면
파스타가 왜 서로 달라붙는지 이해하는 데 도움이 된다.

서로 달라붙어 덩어리진 밍밍한 파스타를 좋아하는 사람은 아무도 없다. 올리브유를 넣거나 물을 젓는 등 파스타가 서로 달라붙지 않게 하는 방법은 다양하다. 이러한 조언을 어떻게 그리고 언제 활용할지를 정확하게 알아야 파스타를 완벽하게 삶을 수 있다.

파스타를 젓는 이유

주의 깊은 요리사라면 파스타 삶는 물에 기름을 넣는 것을 꺼릴지도 모른다. 기름이 수면 위에서 거품을 만들어낼 뿐이기 때문이다. 파스타 표면의 탄수화물이 끈적한 젤로 변하는 요리 초반에 파스타를 젓는 것이 면이 붙지 않게 하는 데 더 효과적이다. 파스

타가 단단해지면서 면이 서로 달라붙지 않으면 젓는 것을 멈춘다.

기름이 필요할 때

요리가 거의 끝나갈 때쯤 파스타가 서로 달라붙는 또 한 번의 위기가 찾아온다. 파스타가 식으면서 물에 떠다니던 탄수화물이 끈끈해지기 때문이다. 이때 소스를 넣거나 올리브유를 살짝 뿌려야 면이 서로 달라붙지 않는다. 익은 파스타를 새로 끓인 뜨거운 물에 헹구는 것 역시 끈적끈적한 탄수화물을 없애는 데 도움이 된다.

걸쭉한 소스

탄수화물이 들어 있는 파스타 삶은 물을 따로 두었다가 소스 만들 때 활용하면 재료가 겉돌지 않는 걸쭉한 소스를 완성할 수 있다.

파스타를 먹기 전에 기름을 살짝 뿌리면 면이 뭉치지 않는다.

탄수화물이 파스타를 만나면

건조 파스타는 익는 데 8분 정도가 걸린다. 면을 젓거나 기름을 넣는 타이밍을 알아야 파스타가 달라붙는 것을 막을 수 있다.

탄수화물이 파스타 표면에서 삶는 물로 흘러나온다.

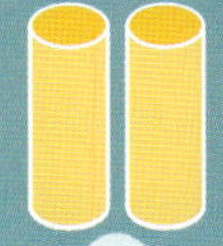

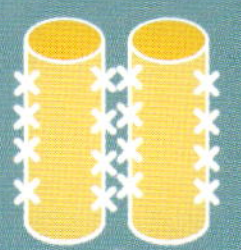

조리 전

건조 파스타에는 단백질 망을 고정하는 탄수화물 알갱이가 들어 있다. 열을 가하면 알갱이가 터지기 시작한다.

1~2분

파스타가 물을 흡수하면서 부풀어 오른다. 탄수화물이 젤 형태가 되면서 면이 끈끈해진다. 이때 면을 계속 저어야 서로 달라붙지 않는다.

3~6분

파스타 표면의 탄수화물이 계속 부드러워진다. 면이 서로 달라붙지 않도록 틈틈이 젓는다.

7~8분

파스타 표면의 탄수화물 층이 단단해지고 나면 더는 면이 달라붙지 않으므로, 젓는 것을 멈춘다.

조리 후

먹기 직전 올리브유(소스 없이 먹을 때)를 뿌리거나 막 끓인 물에 파스타를 헹궈 면이 달라붙지 않도록 한다.

채소, 과일,
견과류 & 씨앗

유기농 과일과 채소가 일반 식품보다 더 좋을까?

유기농 식품일수록 맛도 좋고 영양가도 풍부하다고 생각하는 사람들이 많다.
하지만 그에 대한 과학적 근거는 명확하지 않다.

향과 맛 분자 외에도 많은 요소가 음식의 맛을 결정한다. 연구 결과에 따르면 눈에 보이는 음식의 겉모습과 윤리적으로 재배된 유기농 식품을 먹는다는 만족감이 먹는 즐거움을 더욱 높인다고 한다.

하지만 유기농 농장의 주장과는 달리, 유기농 음식의 뛰어난 영양과 맛을 뒷받침하는 과학적 근거는 아직 명확하지 않다. 실험마다 영양 수치 결과가 다르기 때문이다.

유기농 식품이 매우 근소하게 우월하다는 의견은 대체로 일치한다. 유기농과 일반 식품의 맛 분자는 비슷하며, 오랜 훈련을 거친 미식가조차도 맛의 차이를 잘 알아차리지 못한다. 생산 농법에 따라 품질이 달라진다(오른쪽 참고). 유기농 제품은 주로 소규모 지역 농장에서 생산한다.

흙이 중요하다

유기농 농법보다는 토양과 미네랄의 질이 영양상 더 중요하다.

차이점 알기

소규모 농장

소규모 농장에서 재배한 식품은 맛에 있어 우세하다.

- 소규모 농장에서 재배해 지역을 중심으로 유통하면 식품이 상하는 시간이 줄어들고 망가질 위험도 적어진다. 따라서 맛을 더 잘 보존할 수 있다.

- 소규모 농장에서는 주로 풍미가 뛰어난 에어룸 품종과 달콤한 맛이 나는 덩굴 식물을 재배한다.

대규모 농장

대규모 농장에서 생산한 과일과 채소는 맛에서도 차이가 난다.

- 집중적으로 생산한 식품은 저렴하지만 기계를 이용해 수확하는 과정에서 망가져 맛과 영양가가 떨어질 가능성이 높다.

- 대량 생산하는 품종은 주로 맛이 밍밍하지만, 그중에서는 씁쓸한 맛이 나는 에어룸 품종보다 달콤한 맛과 감칠맛이 더 뛰어난 품종도 있다.

에어룸 과일과 채소

과일과 채소의 경우 여러 가지 전통 품종이 있지만, 그중 일부만이 시중에서 주로 판매된다.

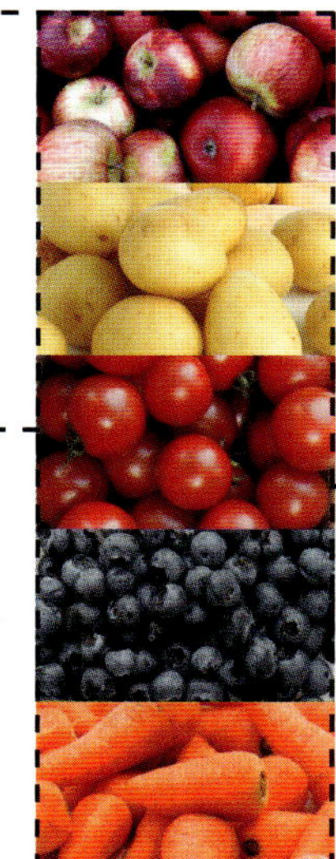

에어룸 품종은 일반적으로 맛이 더 강렬하다.

맛이 씁쓸한 유럽 크랩애플에는 달콤하고 즙이 풍부한 골든 딜리셔스보다 항산화 물질이 15배나 많이 들어 있다.

93%

채소 품종 중 93%가 지난 세기 동안 사라졌다.

많은 에어룸 품종에서 신맛이 난다.

에어룸 품종이 더 맛있을까?

보기 힘든 과일과 채소 품종을 지키는 것은 식물계의 다양성을 지키는 노력이기도 하다.

에어룸(heirloom) 품종은 집약 농업이 이루어진 지난 50년 동안 타가수분하지 않은 식물을 말한다. 우리가 옛날부터 즐겨온 맛을 그대로 느낄 수 있으며 맛과 영양분도 더 풍부하다. 에어룸 품종에는 비타민과 항산화 물질도 많이 들어 있다. 물론 전체 미네랄 함유량은 품종보다는 토양의 질에 영향을 많이 받는다.

옛날에 재배한 과일과 채소 품종은 비교적 크기가 작고 단단하며 씁쓸한 맛이 강했다. 하지만 요즘에는 더 크고 부드러우며 달콤한 맛이 나도록 품종을 개종한 식물이 흔하다. 에어룸 품종이 더 맛있는지는 사실 개인의 취향에 따라 달라진다. 하지만 요즘 나오는 채소로는 채울 수 없는 풍부한 맛을 내고 싶다면 에어룸 품종에 투자하는 것도 좋다.

채소가 오래될수록 영양가가 낮아질까?

신선한 채소는 다양한 비타민과 미네랄의 훌륭한 원천이다.
하지만 모주에서 떨어지는 순간부터 영양분은 줄어든다.

작물을 수확하는 순간부터 시곗바늘이 움직이기 시작한다. 과일과 채소는 따거나 뿌리 뽑는 순간 생명을 잃는데, 그 후에도 며칠 또는 몇 주에 걸쳐 계속해서 산소를 들이마신다. 하지만 모주로부터 떨어진 과일과 채소는 저장해둔 비타민과 영양소를 사용하기 때문에 결과적으로 우리가 섭취하는 영양분이 줄어든다.

영양분이 줄어드는 속도에는 여러 요소가 영향을 미친다. 비타민은 열과 빛에 취약하다. 특히 감귤류와 피망, 토마토, 브로콜리, 그리고 잎이 많은 녹색 채소에 많이 들어 있는 비타민 B와 비타민 C가 햇빛에 민감하다.

비타민 A와 E는 덜 손상되는 편이고, 섬유질과 미네랄은 오랫동안 살아남는다. 채소의 종류와 수확 방법, 유통 과정, 저장 방식, 그리고 토양의 질에 따라 파괴되는 영양소의 양이 달라진다. 토양의 질이 나쁘면 수확할 때부터 영양분이 반만 남는다. 아래 표에는 수확 시점에서부터 우리 식탁에 오를 때까지 농산물이 거치는 여정과 영양분이 파괴되는 과정이 나와 있다.

열로 인한 손상

시금치를 상온에 사흘만 놔둬도 엽산의 3분의 2 이상이 파괴된다.

채소	수확	유통	보관
연약한 채소 토마토와 아스파라거스, 그리고 샐러드용 잎 등은 쉽게 손상되는 연약한 채소다. 조심해서 다루지 않으면 영양소가 파괴된다.	연약한 채소는 수확 과정에서 조심하지 않으면 쉽게 상처 나거나 멍든다. 작물이 자신을 보호하기 위한 방어 모드에 들어가면서 영양 공급을 대폭 줄이기 때문에 이러한 채소는 주로 기계보다는 손으로 수확한다.	**근거리 배송** 연약한 채소는 이동 거리가 짧다. 수확 후 이틀 안에 섭취해야 영양소가 파괴되지 않는다. **장거리 배송** 연약한 채소는 배송 도중 망가질 위험이 크다. 따라서 완전히 익기 전에 수확한다. 상처 나거나 멍들면서 터진 세포 틈 사이로 영양소가 빠져나온다.	**냉장고** 연약한 채소 대부분은 냉장 보관해야 한다. 낮은 온도가 세포의 화학 반응을 늦춰 비타민 C와 같이 손상되기 쉬운 영양소를 보호한다. **찬장 또는 조리대** 바질과 같은 허브는 냉장 보관하면 쉽게 망가지므로 햇빛이 닿는 조리대 위에 보관해야 한다. 덜 익은 토마토와 아보카도는 익을 때까지 조리대 위에 보관해도 좋다. 단, 바로 먹지 않거나 익기 시작하면 냉장고에 넣어야 한다.
단단한 채소 순무, 당근, 파스닙과 같은 뿌리채소는 손상되지만 않으면 연약한 채소보다 더 오랫동안 비타민과 항산화 물질을 유지한다.	시중에서 파는 뿌리채소는 주로 기계로 수확한다. 이 과정에서 손상으로 인해 몸에 좋은 영양소가 파괴될 위험이 크다.	**근거리 배송** 단단한 채소가 손상되거나 영양소가 파괴되지 않으려면 배송 거리가 짧아야 한다. 연약한 채소보다는 배송 과정을 더 잘 견딘다. **장거리 배송** 빽빽한 포장 상태 또는 배송 과정으로 인해 망가진 단단한 채소는 껍질을 벗겨내면 된다. 채소는 수확 후에도 호흡하며 영양분을 사용하기 때문에 배송 거리가 멀수록 저장된 영양소가 고갈된다.	**냉장고** 당근이나 파스닙, 순무와 같이 단단한 채소 또는 케일과 같이 거친 녹색 채소는 온도가 낮은 냉장고에 보관하는 것이 좋다. **찬장 또는 조리대** 냉장고에 보관하면 맛이 떨어지고 쉽게 상하는 단단한 채소도 있다. 감자, 고구마, 양파, 호박과 같은 채소는 어둡고 선선하며 공기가 잘 통하는 부엌 찬장에 보관해도 된다.

채소는 생으로 먹는 것이 더 좋을까?

조리한 채소는 본질적으로 더 좋지도 나쁘지도 않다.

요리 과정은 영양소에 여러 복잡한 영향을 미친다. 일부 음식은 비타민과 항산화 물질이 파괴되는 반면, 다른 음식은 오히려 몸에 좋은 성분이 더 많아진다. 예컨대 토마토를 요리하면 항산화 물질인 리코펜이 더 많아지고, 익힌 당근은 몸속에 더 많은 베타카로틴을 전달한다. 하지만 채소에 열을 가하면 비타민 C(토마토도 해당된다), 여러 비타민 B, 그리고 일부 효소가 파괴된다. 여러 가지 익은 채소와 생채소를 골고루 먹는 것이 건강에 가장 좋다. 아래 표를 통해 생으로 먹으면 좋은 채소와 익혀서 먹으면 좋은 채소를 한눈에 살펴보자.

생으로 먹으면 좋은 채소	익혀 먹으면 좋은 채소
 **브로콜리** 항암물질을 만들어내는 효소인 미로시나아제는 열에 노출되면 파괴된다.	 **당근** 당근을 요리하면 심장에 좋은 카로티노이드가 훨씬 많아진다.
 **물냉이** 브로콜리와 마찬가지로, 열은 중요한 효소인 미로시나아제를 파괴한다.	 **시금치** 가볍게 익히면 시금치에 들어 있는 베타카로틴과 철분이 더 잘 흡수된다.
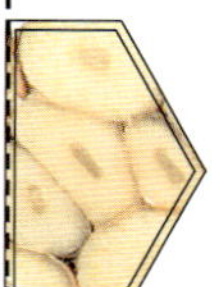 **마늘** 열을 가하면 우리 몸을 건강하게 만드는 효소인 알리신의 양이 줄어든다.	 **양배추** 찌거나 가볍게 데친 양배추에는 카로티노이드가 더 풍부하다.
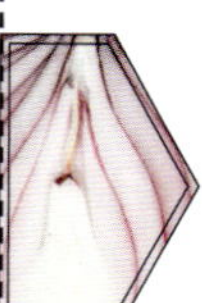 **양파** 항산화 물질인 플라보노이드와 항암 작용을 하는 유황 화합물이 풍부하다.	 **토마토** 익힌 토마토는 항산화 물질인 리코펜 함유량이 더 많다.
 **붉은 고추** 열에 민감한 비타민 C가 많이 들어 있다.	 **아스파라거스** 아스파라거스의 항암물질인 페룰산은 익혔을 때 더 잘 흡수된다.

채소 100% 활용하기

당근과 같은 채소의 초록색 잎은 주로 버리는데, 사실 먹어도 좋다. 반찬과 샐러드에 넣으면 톡 쏘는 매콤한 맛을 더할 수 있다.

초록색 잎 활용하기

아래와 같은 채소의 초록색 잎은 샐러드에 넣어 먹거나 다른 채소와 함께 튀긴다. 또는 수프나 육수에 넣으며 씹는 맛을 살릴 수 있다.

당근 · 무순 · 무 · 비트

당근 잎에 있는 알칼로이드는 톡 쏘는 매콤한 맛을 낸다.

당근 잎은 뿌리보다 비타민 C 함유량이 더 높다.

당근 잎

초록색 잎 부분은 버려야 할까?

채소를 더욱 안전하게 먹기 위해 초록색 잎 부분을 먹지 않는 사람들이 많다.

채소의 맨 윗부분에는 가늘고 긴 녹색 잎이 달려 있다. 옛날부터 당근의 초록색 잎은 수프나 육수를 낼 때 사용해왔는데, 과연 잎은 먹어도 안전할까? 최근에는 당근 잎에 함유된 독성 알칼로이드와 독미나리 등으로 잎을 먹지 않는 사람들이 많아졌다. 당근 잎에 들어 있는 알칼로이드는 약간 쓴맛이 나는데, 많이 먹으면 위험하다. 하지만 당근 잎을 통해 섭취되는 양은 몸에 해로울 정도는 아니다. 실제로 루콜라처럼 쓴맛이 나는 허브와 샐러드용 채소 대부분은 알칼로이드 때문에 특유의 쌉싸름하고 향긋한 맛이 난다. 당근 잎을 비롯한 초록색 잎을 허브처럼 사용해보자. 단, 맛이 강한 다른 잎과 마찬가지로 너무 많이 사용하지 않도록 한다.

채소 껍질을 벗기는 대신 문질러 씻어도 괜찮을까?

쓴맛이 나는 껍질과 흙을 제거하려면 채소의 껍질을 벗기는 것이 정석으로 여겨졌다.

흔히 흙으로 뒤덮인 거칠고 쓴맛이 나는 채소 껍질을 벗겨야 한다고 말한다. 하지만 요즘 재배하는 채소는 통통하고 껍질이 얇아서 맛이 훨씬 더 좋다.

항산화 작용을 하는 식물성 화학 물질인 피토케미칼처럼 껍질에는 몸에 좋은 영양소가 풍부하다는 연구 결과도 있다. 껍질의 색을 내는 색소를 보면 어떤 항산화 물질이 들어 있는지를 알 수 있다. 당근처럼 겉과 속의 색이 똑같은 채소에는 항산화 물질이 골고루 들어 있어 껍질을 벗겨내도 몸속에 들어오는 비타민이 줄어들지 않는다. 하지만 대부분의 채소는 껍질 바로 밑부분에 영양소가 다량으로 들어 있다.

채소의 껍질을 벗겨내면 문질러 씻을 때보다 농약 잔여물을 더 꼼꼼하게 제거할 수 있다. 하지만 채소 껍질에 묻어 있는 농약은 극소량일 뿐만 아니라 대부분 조리 과정에서 파괴된다. 따라서 채소를 깨끗이 씻거나 문지른 후 껍질째 요리해야 채소의 영양분을 가장 효과적으로 섭취할 수 있다.

버섯을 양지에 두면 비타민 D가 많아질까?

특이하게도 영양 성분이 동물과 비슷한 버섯류는
우리 몸에 꼭 필요한 영양분을 제공한다.

특유의 맛이 나는 버섯류는 질감이 고기와 비슷하다. 다른 채소와 과일보다 단백질이 훨씬 더 많이 들어 있다. 아미노산은 짭짤한 감칠맛을 낸다. 주로 동물성 식품을 통해서만 섭취할 수 있는 비타민 D와 B12도 함유하고 있다. 원래는 햇빛을 받아야만 비타민 D가 생성되는데, 주로 실내에서 재배되므로 햇빛을 통한 '선샤인' 비타민 함유량이 적다. 버섯은 재배 후에도 계속 숨을 쉬므로 강한 햇빛을 30분 정도 쐬이면 껍질이 충분한 양의 비타민 D를 만들어낸다.

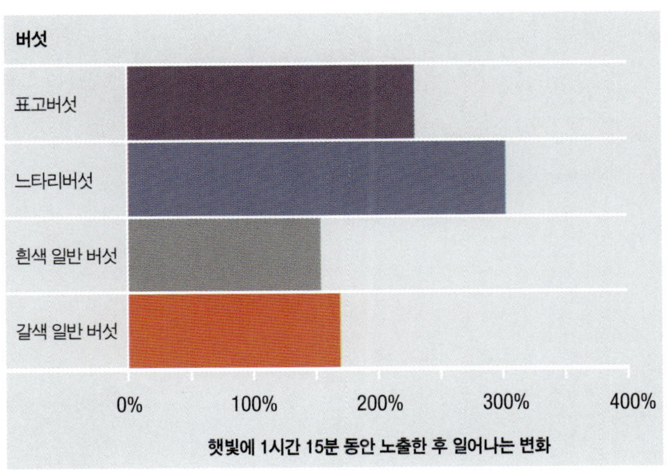

햇빛이 버섯에 미치는 영향

왼쪽 표에는 버섯의 종류에 따라 햇빛에 1시간 15분 동안 노출했을 때 생성되는 비타민 D의 양이 나와 있다. 버섯을 자른 후 햇빛에 두면 비타민 D 생성을 더욱 촉진할 수 있다.

스티밍 요리 과정

계속 물을 끓여 증발된 수증기가 냄비 위로 올라와 음식을 익히는 방법이 바로 스티밍 조리법이다.

스티밍(증기찜)은 가장 건강한 요리 방법 중 하나다. 재료를 물에 담그지 않기 때문에 영양분이 물로 빠져나가지 않고 그대로 유지된다. 또한 지방 없이도 요리할 수 있다. 적은 양의 물만 필요로 하므로 에너지 절약에도 도움이 된다. 물이 증발해 수증기로 변하면서 엄청나게 팽창한다. 수증기 속 잠열이 음식과 만나 열을 전달한다. 오른쪽 그림을 보면 냄비 안을 순환하는 수증기가 음식을 익히는 스티밍 과정을 쉽게 이해할 수 있다.

과학적인 자료

기본 원리

재료를 물속이 아닌 물 위에 두고 수증기를 통해 재료에 열을 전달한다.

알맞은 재료

채소, 생선 스테이크와 필레, 뼈 없는 닭가슴살과 크기가 작은 가금류.

고려해야 할 점

층이 여러 개인 찜통을 사용할 때는 고기 또는 생선을 가장 아래층에 두어야 다른 음식 위로 즙이 떨어지지 않는다.

14%

브로콜리의 비타민 C 중 14%가 스티밍 과정에서 손실된다. 보일링의 경우 54%가 손실된다.

순환하는 수증기

위로 올라간 수증기가 응결되어 방울로 떨어지면서 순환하기 때문에 최소한의 물만 사용한다.

잠열

수증기의 기포가 다시 액체 형태인 물방울로 변하면서 에너지 또는 열이 발산된다.

채소가 골고루 익도록 비슷한 크기로 자른다.

물을 끓인다. 충분한 양의 수증기가 재료 구석구석으로 열을 전달한다. 물이 끓어야 분자가 수증기 기포로 증발하는 데 충분한 에너지가 만들어진다. **#2**

#1

찜통 바닥에서부터 2.5cm까지 물을 붓는다. 열을 가하면 물 분자의 움직임이 빨라지고 에너지가 증가한다. 또한 물의 온도가 100℃까지 올라간다.

차이점 알기

스티밍	보일링
순환하는 수증기에 의해 재료가 익는다.	재료가 끓는 물에 직접 노출되어 익는다.

 **요리 시간:** 응결한 물이 재료를 감싸기 때문에 보일링할 때보다 살짝 더 길다.

 **요리 시간:** 물에 잠긴 재료에 열이 더 빨리 전달되므로 조리 시간이 줄어든다.

 **맛과 질감:** 단맛과 재료의 질감이 그대로 유지된다.

 **맛과 질감:** 높은 온도가 민감한 재료의 맛을 떨어뜨린다.

 **영양소:** 비타민과 미네랄이 그대로 유지된다.

 **영양소:** 물로 빠져나가거나 고온에 손실된다.

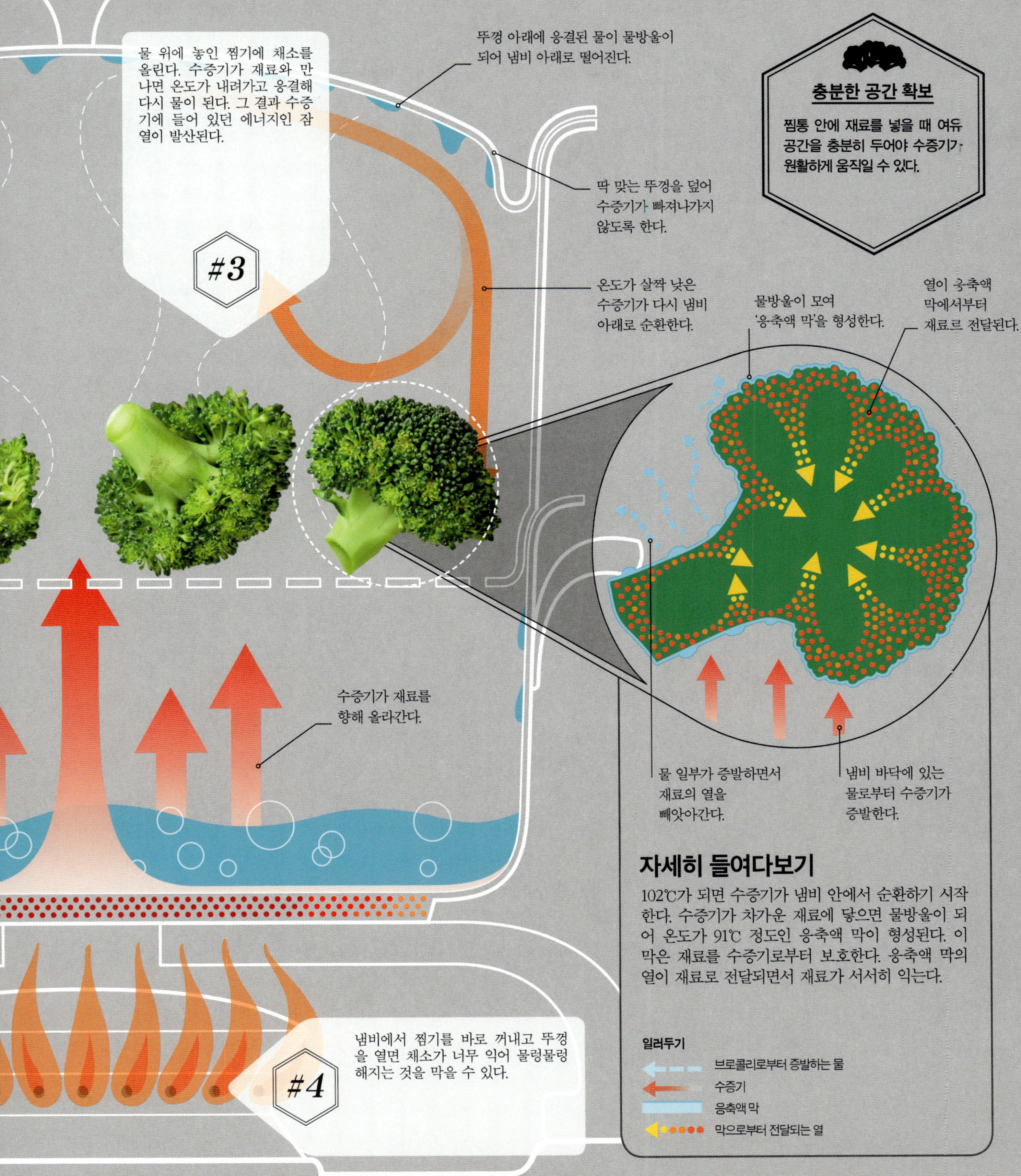

자세히 들여다보기

102℃가 되면 수증기가 냄비 안에서 순환하기 시작한다. 수증기가 차가운 재료에 닿으면 물방울이 되어 온도가 91℃ 정도인 응축액 막이 형성된다. 이 막은 재료를 수증기로부터 보호한다. 응축액 막의 열이 재료로 전달되면서 재료가 서서히 익는다.

어떻게 하면 눈물 없이 양파를 자를 수 있을까?

양파의 자기방어 전략에 대응하는 방법을 알아보자.

다른 채소처럼 양파 역시 재료로 쓰이는 것을 원치 않는다. 양파는 세포가 손상되면 굶주린 동물을 쫓기 위해 최루 가스를 내뿜는다. 이 가스가 우리 눈에 닿으면 눈알에 있는 수분과 반응해 황산을 비롯한 자극적인 화학 물질로 변한다. 이 고통스러운 산을 씻어내기 위해 눈물이 샘솟는 것이다.

　얼얼한 가스로부터 눈을 보호하는 방법에는 여러 가지가 있는데(아래 참고), 항상 날카로운 칼을 사용하고 자르는 면을 최소화해야 양파의 세포 손상과 자극적인 물질 생성을 줄일 수 있다.

냉각
양파를 냉장 보관하거나 사용하기 직전 냉동고에 30분 동안 넣어 효소 발생 속도를 늦춘다.

요리 전
사용 직전 양파를 통째로 데치면 자극물을 생성하는 효소의 활동을 멈출 수 있다.

보호장비
딱 맞는 고글과 코마개를 쓰면 자극적인 물질이 눈물관에 들어가는 것을 막을 수 있다.

헹구기
흐르는 물에서 양파를 자르면 자극적인 가스가 얼굴에 닿는 것을 방지할 수 있다.

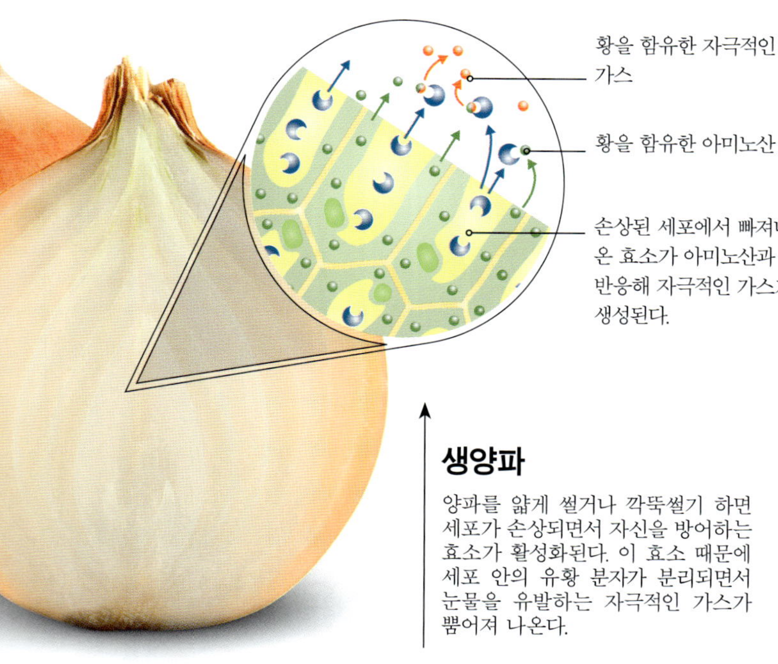

생양파
양파를 얇게 썰거나 깍뚝썰기 하면 세포가 손상되면서 자신을 방어하는 효소가 활성화된다. 이 효소 때문에 세포 안의 유황 분자가 분리되면서 눈물을 유발하는 자극적인 가스가 뿜어져 나온다.

왜 피망은 색에 따라 맛도 달라질까?

피망의 맛은 보이는 것이 다가 아니다.

다양한 색깔의 피망 중에서 초록색만 유독 다르다. 초록색 피망은 피망의 한 종류라기보다는 덜 익은 것이다. 햇빛으로부터 에너지를 만들어내는 녹색 색소인 엽록소가 풍부하다. 피망이 익으면 엽록소 없이도 에너지를 만들 수 있다. 따라서 엽록소가 분해되면서 가을 단풍처럼 다른 색소들이 모습을 드러낸다.

　피망의 종류에 따라 맛과 색이 달라진다(아래 참고). 과일을 결합하는 펙틴이 약해지면서 질감이 부드러워진다. 탄수화물이 설탕으로 분해되면서 새로운 맛과 향이 생겨난다.

노란색 피망

맛과 향
상쾌한 과일 맛이 나는 노란색 피망은 황색을 띠는 루테인을 함유하고 있다.

활용 방법
단맛이 강해 그냥 먹어도 좋다. 또는 굽거나 바비큐를 해먹으면 맛있다.

주황색 피망

맛과 향
밝은색의 베타카로틴이 풍부한 주황색 피망은 은은한 단맛이 난다.

활용 방법
빨간색 피망과 마찬가지로 과당 함유량이 많아 구우면 갈변한다. 샐러드 또는 디핑 소스, 볶음 요리에 넣어 먹는다.

초록색 피망

맛과 향

초록색을 띠는 엽록소가 풍부한 초록색 피망은 단단하고 향이 제일 좋다. 신선한 풋내가 난다.

활용 방법

작게 잘라 스튜 또는 커리에 조금 넣으면 신선함과 아삭함을 더할 수 있다.

200%

빨간색 피망에는 초록색 피망보다 과당이 두 배까지 더 많이 들어 있다.

향신료 만들기

살짝 붉은 피망을 먼저 말린 다음 가루로 갈아 파프리카 향신료를 만든다.

피망은 집에서 익힐 수 없다

대부분의 과일과 채소는 집에서 익힐 수 있지만, 피망은 약간 다르다.

수확과 익는 과정

먹을 수 있는 과일이 익는 과정은 크게 두 가지로 나뉜다. 수확 후 익는 과일이 있는 반면 작물에 연결된 상태에서만 익는 과일이 있다(168~169쪽 참고). 피망은 두 번째 집단에 속한다. 냉장고 안이나 과일 그릇에서는 익지 않으므로 이미 잘 익은 가장 완벽한 피망을 고르는 것이 중요하다.

> *"초록색 피망은 피망의 한 종류가 아니다. 사실 덜 익은 것이다."*

붉은색 피망

맛과 향

달고 즙이 풍부하다. 캅산틴과 캅소르빈이라는 색소로 인해 짙은 색을 띤다.

활용 방법

소스 또는 스튜에 풍부함과 풍미를 더할 때 사용한다. 또는 곡물, 간 고기, 페타 치즈로 속을 채운다.

보라색 피망

맛과 향

단맛이 살짝 나고 단단하다. 종류에 따라 맛이 다르다.

활용 방법

주로 속은 보라색과 대조되는 녹색을 띤다. 때문에 샐러드 또는 채소로 만든 전채요리인 크루디테에 넣으면 시각적인 만족감을 느낄 수 있다.

갈색 피망

맛과 향

빨간색 피망의 한 종류로, 익으면 짙은 적갈색을 띠며 단맛이 난다.

활용 방법

열을 가하면 색이 옅어진다. 따라서 생으로 먹는 것이 가장 좋다.

어떻게 하면 채소를 바삭하게 구울 수 있을까?

오븐에서 구운 채소는 바삭하고 풍미가 넘치는 껍질과 단단하면서도 부드러운 속살이 일품이다.

구운 채소는 구운 요리 중에서도 으뜸으로 꼽힐 정도로 훌륭하지만, 자칫 축 늘어지거나 기름지기 쉽다. 하지만 과학적인 노하우가 뒷받침되면 매번 바삭하고 단단하며 완벽한 채소 구이를 완성할 수 있다.

수분이 관건이다

채소에는 수분이 많이 들어 있다. 건조한 오븐 안에서는 수분이 쉽게 날아가는데, 그 결과 쪼글쪼글해진다. 채소를 바삭하게 굽기 전에 먼저 살짝 찌거나 가볍게 데치면 오븐 안에서도 단단함을 유지한다. 조

90%

당근의 90%는 수분이다. 감자는 80% 정도가 물로 이루어져 있다.

리 시간 역시 줄어들며 수분 증발도 덜하다. 온도가 45℃에서 65℃가 되면 식물성 방어 효소인 펙틴메틸에스테라아제가 영구적으로 활성화된다. 펙틴이 세포에 더 잘 달라붙어 수분이 날아가는 것을 막고 굽는 과정에서 채소가 식지 않는다. 채소를 구울 때는 무엇보다 가볍게 요리하는 것이 가장 중요하다. 또는 아래 그림과 같이 요리 초기 단계에 구이용 팬을 포일로 덮어 채소를 수증기로 먼저 익힌 후 뜨거운 오븐 안에 넣어 바삭하게 굽는다.

단단하고 바삭한 구운 채소 만들기

당근이나 파스닙, 감자와 같은 뿌리채소를 구울 때는 비슷한 크기로 자른 다음 팬 위에 겹치지 않도록 놓는다. 한 가지 종류의 뿌리채소를 굽거나 여러 종류의 채소를 섞어서 구울 때도 마찬가지다. 팬 안에 재료가 꽉 차지 않도록 적당히 큰 팬을 사용한다.

채소를 비슷한 크기로 자른다

오븐을 200℃로 예열한다. 혼합 뿌리채소 1kg과 커다란 붉은 양파 1개를 비슷한 크기로 자른다. 각 채소 조각이 비슷한 속도로 익는다. 올리브유 2테이블스푼을 뿌리고 소금과 후추로 간을 한 다음 잘 섞는다.

채소를 여유 있게 놓는다

크기가 크고 얕은 구이용 팬 안에 채소가 겹치지 않도록 여유 있게 놓는다. 로즈메리 또는 타임처럼 향이 나는 허브를 뿌린다. 채소를 널찍하게 놓아야 조리 막바지에 수증기가 일정한 속도로 빠져나와 갈색을 띠는 바삭한 채소로 구울 수 있다.

잠깐 덮어 수증기를 가둔다

구이용 팬을 알루미늄 포일이나 뚜껑으로 빈틈없이 덮어 수분이 빠져나가지 못 하게 한다. 예열한 오븐 안에 넣는다. 덮은 채로 10~15분 동안 조리하면 채소에서 나온 수증기로 인해 서서히 익으면서 요리를 더욱 단단하게 만드는 효소가 활성화된다. 포일을 벗긴 다음 다시 오븐에 넣는다.

채소의 영양분을 지키려면 어떻게 요리해야 할까?

요리는 채소의 영양가에 복잡한 영향을 미친다.

채소를 요리하는 다양한 방법 중에서 프라잉과 보일링을 통한 영양 손실이 가장 크다. 물은 열을 재료로 빠르게 전달하지만 그 과정에서 채소의 영양소가 물 속으로 흘러 들어간다. 일반적으로 스티밍은 영양소 보존에 효과적이다. 그러나 채소에 따라 적절한 조리법이 달라진다. 예컨대 대부분의 채소의 경우 스티밍보다 보일링이 영양 손실이 크지만, 브로콜리, 아스파라거스, 애호박, 당근은 수증기로 찔 때보다 물에 넣고 끓이면 카로티노이드가 더 많아진다. 연구 결과에 따르면 또한 수비드(84~85쪽 참고) 조리법이 영양소를 보존하는 데 효과적이다. 온도가 일정하게 유지되고 영양소가 밀폐 봉지 밖으로 흘러나오지 않기 때문이다.

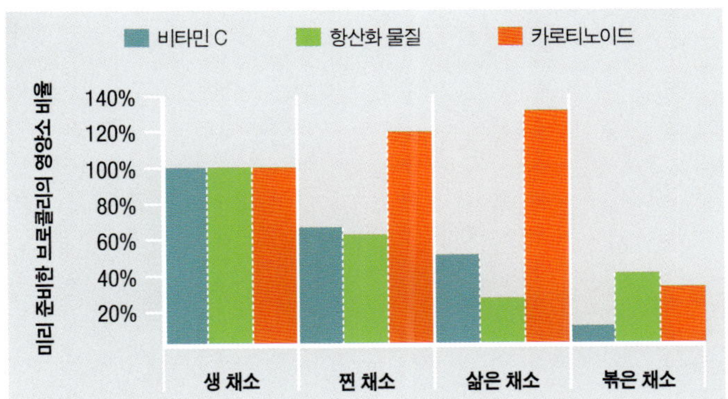

영양을 위한 조리법

표를 통해 브르콜리를 생으로 먹을 때와 요리할 때의 영양 수준을 알 수 있다. 열은 대부분의 영양소를 파괴하므로, 열을 사용하지 않는 방법이 더 좋다. 하지만 일부 조리법은 카로티노이드 함유량을 높인다.

팬을 덮지 않고 바삭하게 굽는다

팬을 덮지 않은 상태에서 35~40분 동안 굽는다. 또는 채소가 부드러워지고 가장자리가 타기 시작할 때까지 굽는다. 오븐에서 꺼내 따뜻할 때 먹는다.

물에 소금을 넣으면 채소가 더 빨리 익을까?

소금이 끓는 물의 온도를 높인다는 것이 일반적인 생각이다.

물론 소금이 끓는 물의 온도를 살짝 높이기는 하지만(1℃, 144쪽 참고), 이 때문에 채소가 소금물에서 더 빨리 익는 것은 아니다. 끓는 물에 들어 있는 소금 외에 다른 미네랄 또한 채소에 중요한 영향을 미친다. 식물 세포의 단단한 벽은 딱딱한 리그닌과 셀룰로오스 섬유로 이루어져 있기 때문에 식물이 쓰러지지 않고 꼿꼿하게 서 있다. 조리하는 과정에서 나무 같은 이 섬유가 부드러워지면서 채소가 연해진다. 하지만 가스레인지의 불이 이러한 역할을 하기 전에 먼저 식물 세포를 고정하는 화학적 '접착제'인 펙틴과 헤미셀룰로오스가 분해되어야 한다.

조리물의 산성과 소금 수치, 미네랄 함유량은 접착제를 단단하게 유지하는 분자결합을 강화하거나 약화시킨다. 소금은 접착제가 제 역할을 하도록 하는 펙틴 가닥을 갈라놓는다. 소금의 나트륨은 펙틴 분자 사이의 연결 고리를 방해하기 때문에 채소를 익힐 때 소금을 더하면 채소가 더 빨리 익는 것이다.

완벽한 채소볶음을 만드는 비법은 무엇일까?

채소볶음은 쉬워 보이지만 완벽하게 채소를 볶으려면 어느 정도의 실력과 강한 불이 필요하다.

전문 셰프는 주방에서 웍을 휘두르며 놀라운 속도로 재료를 볶는다. 볶음 요리의 성공이 속도에 달렸기 때문이다. 잘 움직이는 재료를 고온에서 볶아야 완벽한 채소볶음을 완성할 수 있다.

온도 느끼기

완벽한 볶음 요리를 만들기 위해서는 기름이 펄펄 끓을 정도로 웍을 최대한 뜨겁게 달궈야 한다. 재료가 매우 뜨거운 팬에 닿으면 재료 표면에 있는 수분이 거의 동시에 증발하고 마이야르 반응이 일어나기 시작한다.

고온에 노출된 조리용 기름 분자가 분해되어 더 맛있는 분자로 변하는데, 마이야르 반응을 통해 만들어진 분자와 합쳐져 볶음 요리 특유의 불 맛을 낸다. 재료는 비슷한 크기로 얇게 썰어야 속이 부드럽게 익기도 전에 겉이 타는 것을 막을 수 있다.

볶음 요리는 고온에서 조리하기 때문에 음식을 계속해서 저어 고르게 익히는 것이 중요하다. 센 불에 달군 팬 안에 재료를 차례대로 넣어야 팬 표면의 온도가 내려가지 않는다. 수증기가 위로 올라가면서 공중에 떠 있는 재료를 골고루 익힌다.

직접 만들어보기

채소볶음 만들기

불 맛이 느껴지는 정통 채소볶음을 만들려면 먼저 가장 센 불에서 기름을 끓인 후 재료를 넣는다. 이때 주걱과 웍은 없어서는 안 될 필수 준비물이다. 웍 가장자리는 가운데보다 온도가 훨씬 낮아 재료가 천천히 익으므로 재료를 가운데에서 볶아야 한다.

작게 자른다

혼합 채소(피망, 당근, 버섯, 브로콜리, 사탕옥수수 등) 60g을 얇게 썰거나 작게 조각낸다. 엄지손가락 크기의 생강을 갈고 레몬그라스와 마늘 두 쪽을 얇게 썬다. 간장 6테이블스푼과 설탕 1테이블스푼, 참기름 2티스푼을 섞은 후 잘 젓는다.

발연점까지 데운다

커다란 버너 위에 웍을 올리고 불을 가장 세게 켠다. 웍 위에 물을 떨어뜨렸을 때 2초 안에 증발할 때까지 웍을 달군다. 땅콩기름 1테이블스푼을 팬에 두른 후 넓게 펴 바른다. 기름이 끓기 시작하면 마늘과 생강, 레몬그라스를 넣고 1~2분 동안 볶아 진한 맛이 기름에 배도록 한다.

맛을 내어 섞는다

재료를 한 번에 조금씩 웍에 넣는다. 익는 시간이 가장 긴 재료부터 넣는다. 딱딱한 채소부터 넣어야 한다. 재료가 전부 알맞게 익으면(살짝 아삭거리는 상태) 준비한 소스를 팬 가장자리에 붓고 1분 정도 볶는다. 완성된 채소볶음을 밥 또는 국수 위에 부어 바로 먹는다.

코팅이 되어 있는 웍은
고온에서 망가질 수
있다. 따라서 중간 불에서 기름과
마늘, 생강을 볶은 다음 채소와
소스를 넣은 후 뚜껑을 덮어
수증기로 재료를 익힌다.

재료 포커스:
감자

전 세계에서 가장 사랑받는 채소인 감자의 재배량은 양파, 토마토, 애호박, 그리고 콩을 모두 합친 것보다 더 많다.

수수한 감자는 놀랍게도 다용도로 활용할 수 있는 영양 만점의 먹거리다. 감자알은 땅 밑에 파묻힌 식물의 에너지 저장고(덩이줄기)로 겨울 동안 줄기와 잎에 영양소를 제공한다.

탄수화물이 풍부하며 파스타와 쌀보다 칼로리가 낮다. 섬유소와 미네랄, 비타민의 훌륭한 공급원인데 특히 칼륨과 비타민 C, 그리고 비타민 B를 많이 함유하고 있다. 보라색과 파란색 등 색을 띠는 감자에 들어 있는 색소(안토시아닌)는 암과 심장병을 예방하는 데 도움이 된다.

감자의 종류는 셀 수 없이 다양하다. 하지만 요리사의 관점에서 보자면 감자는 요리한 후 질감과 밀도에 따라 파슬파슬한 종류와 찰진 종류로 나뉜다(오른쪽 참고). 따라서 요리에 잘 어울리는 감자를 고르는 것이 중요하다.

수확 시기 초반에 캔 덜 자란 감자를 가리켜 햇감자라고 부른다.

감자 제대로 알기

감자의 종류마다 탄수화물 함유량이 다르다. 파슬파슬한 감자는 세포 안에 탄수화물 알갱이가 빽빽하게 자리 잡고 있는데, 조리 과정에서 이 알갱이가 터져 질감이 부드러워진다. 찰진 감자는 탄수화물이 적고 세포가 더 튼튼해 질감이 단단하다.

파슬파슬한 감자

마리스 파이퍼

비교적 탄수화물 함유량이 많은 감자로 구이 또는 튀김 요리에 알맞다. 탄수화물 세포가 쉽게 터지는데, 이를 갈변시키면 맛있고 바삭한 껍질을 만들 수 있다.

탄수화물: 많음
섬유소: 100g당 2.4g

자색감자

길이가 길고 어두운 보라색을 띤다. 퍽퍽한 식감과 부드럽고 고소한 맛이 특징이다. 요리 후에도 보라색이 그대로 유지된다. 끓이거나 구워도 좋고 튀김 요리 또는 알록달록한 으깬 감자를 만들 수도 있다.

탄수화물: 많음
섬유소: 100g당 2.6g

유콘 골드

질감이 보송보송하고 탄수화물이 적당히 들어 있다. 버터 같은 노란색을 띠며 으깨거나 구워서 요리한다. 요리 후에도 색깔이 그대로 유지된다.

탄수화물: 중간
섬유소: 100g당 2.7g

감자 껍질

섬유소가 풍부한 껍질에는 주피라는 층이 있는데, 자신을 보호하고 부족한 영양분을 보충한다.

고슬고슬한 으깬 감자

과학적인 논리

파슬파슬한 감자의 세포는 탄수화물 알갱이로 가득 차 있는데, 조리 과정에서 부풀어 오르면서 파열된다.

요리 테크닉

쉽게 으스러지므로 으깬 요리에 활용하면 좋다. 수프에 넣어도 좋고 굽거나 튀겨도 맛있다.

파슬파슬한 감자

루스티

탄수화물이 많이 들어 있고 부드러운 속살은 노란색이다. 활용도가 뛰어나며 굽거나 으깨도 좋고 삶아서 먹어도 맛있다.

탄수화물: 중간
섬유소: 100g당 1.6g

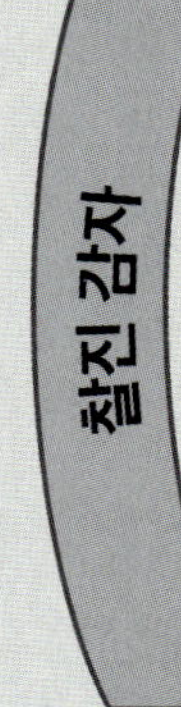

찰진 감자

실킷

속살이 부드럽고 찰진 감자로 탄수화물 알갱이가 적다. 요리 후에도 모양이 그대로 유지되기 때문에 샐러드나 그라탱 재료로 적합하다.

탄수화물: 적음
섬유소: 100g당 1.0g

비지비

찾는 사람이 매우 많은 붉은 감자로, 속살이 부드럽다. 단단하고 찰진 질감 때문에 모양이 흐트러지지 않아 삶거나 웨지를 만들기에 좋다. 아주 딱딱한 찰진 감자와는 달리 비지비는 으깨서도 사용할 수 있다.

탄수화물: 중간
섬유소: 100g당 1.3g

나룰라

속살이 단단하고 연한 노란색을 띤다. 맛이 진하고 결이 매끈하므로 샐러드 재료로 완벽하다. 또한 얇게 썰어 캐서롤이나 그라탱에 넣어 먹기도 한다.

탄수화물: 적음
섬유소: 100g당 1.0g

안야

질감이 단단하고 살짝 고소한 맛이 난다. 샐러드에 넣거나 먹거나 다른 채소들과 함께 구워서 먹으면 맛있다.

탄수화물: 적음
섬유소: 100g당 1.2g

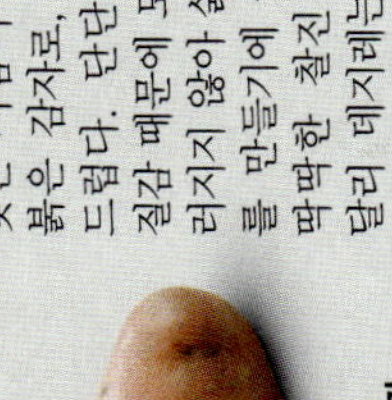

다양한 색

탄수화물이 많은 감자 속살은 주로 노란색을 띤다. 붉은 채소와 보라색 채소를 함유한 감자는 항산화 물질이 더 많이 들어 있다.

흠집과 반점

새이 질고 작은 반점을 피목이라고 부르는데, 이 작은 구멍을 통해 덩이줄기가 숨을 쉰다. 수분에 노출되면 부풀어 오르므로, 선선한 곳에서 보관한다.

단단한 질감

요리 테크닉

요리 후에도 모양이 그대로 유지되기 때문에 샐러드와 구이 요리 등에 적합하다. 보일링 또는 스티밍으로 요리하기에도 좋다.

과학적인 논리

찰진 감자는 아밀로오스 탄수화물 함유량이 적기 때문에 조리 과정에서 세포가 잘 터지지 않는다.

찰진 감자

고구마

감자와는 전혀 다른 과에 속하는 고구마는 감자의 아주 먼 친척이라고 할 수 있다.

"퓌레 스타일의 으깬 감자를 만들려면 데지레와 같은 찰진 감자가 좋다. 잘 으깨지는 감자에서는 탄수화물이 너무 많이 나와 끈적끈적해진다."

어떻게 하면 부드러운 으깬 감자를 만들 수 있을까?

열심히 휘저어서 입에서 살살 녹는 반죽으로 만들 수 있는 퓌레와는 달리, 으깬 감자는 다루기 좀 더 까다롭다.

감자는 지나치게 으깨면 끈적끈적해지고 질겨진다. 따라서 머랭이나 페이스트리 반죽을 만들 때처럼 조심해서 다뤄야 한다.

부드러운 으깬 감자를 만들려면 물을 흡수하는 탄수화물 알갱이가 잔뜩 들어 있는 러셋이나 킹 에드워드처럼 파슬파슬한(또는 잘 으깨지는) 감자가 좋다. 조리 후에 탄수화물이 부풀어 올라 부드러워지는데, 포크나 매셔(아래 참고)의 힘으로도 감자의 세포가 쉽게 분리된다. 하지만 적정선을 넘어서면 탄수화물이 고무줄 비슷한 반죽이 될 수 있다. 가볍고 부드러워야 할 으깬 감자가 끈적끈적한 죽처럼 변하는 것이다. 으깬 감자가 식기 시작하면 탄수화물이 더 단단하게 뭉치는데, 이 과정을 노화라고 한다. 시간이 지나면 탄수화물이 더욱 단단해지기 때문에 으깬 감자는 만들자마자 뜨거운 상태로 먹는 것이 좋다.

감자 탄수화물에 물을 부으면 젤라틴화가 지나치게 일어날 수 있다. 대신 크림, 버터, 기름과 같은 지방을 윤활유로 활용해 탄수화물 세포를 천천히 부드럽게 만든다. 감자가 식는 동안 지방이 노화 과정을 방해하므로, 으깬 감자를 식힌 후 다음 날 다시 데워서 먹을 수도 있다.

부드러운 으깬 감자 만들기

감자 매셔를 이용해 으깬 감자를 만들 수 있다. 또는 포테이토 라이서로 덩어리를 풀되 반죽이 너무 질지 않게 할 수도 있다. 우선 감자를 적당한 크기로 자른다. 너무 얇게 썰면 세포가 손상되어 흘러나온 칼슘 때문에 펙틴과 세포가 달라붙어 감자를 으깨기가 더 까다롭다.

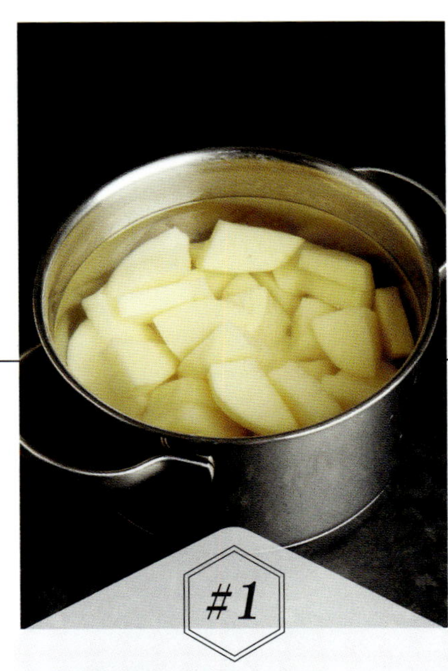

#1

같은 크기로 자른다

감자가 골고루 익도록 비슷한 크기로 자른다. 자른 감자를 끓는 물이 아닌 차가운 물을 부은 냄비에 넣는다. 그렇게 해야 감자가 고루 익고 가장자리가 지나치게 부드러워져 떨어져 나가는 것을 막을 수 있다. 가볍게 끓을 때까지 기다린 다음 물로 헹궈 필요 없는 탄수화물을 제거한다.

#2

탄수화물 세포가 터지도록 감자를 으깬다

감자를 으깨 세포를 분리하고 터뜨리면 젤라틴화된 탄수화물이 세포 밖으로 나와 끈적끈적하고 부드러운 젤을 형성한다. 1차로 감자를 으깰 때는 지방을 따로 넣지 않는다. 윤활유 역할을 하는 지방 때문에 감자를 으깨기가 더 어렵다.

#3

지방을 더해 질감을 살린다

1차로 감자를 으깬 후에 버터, 크림, 기름 같은 지방을 더한다. 감자의 탄수화물을 얇게 만들어 으깬 감자가 너무 끈적끈적해지지 않도록 한다. 감자가 부드럽고 폭신폭신해지기 직전까지 으깬다. 너무 으깨면 부풀어 오른 탄수화물 알갱이가 서로 세게 달라붙어 질감이 고무 같아진다.

전자레인지 요리 과정

재료 안의 수분과 지방을 데우는 전자레인지는 빠르고 효과적인 조리법이다.

전자레인지는 재료의 수분과 지방에 이상한 영향을 끼친다. 마치 병사를 줄 세우는 병장처럼 수분과 지방을 일렬로 만든다. 전자레인지가 돌아가는 방향에 따라 물과 지방 분자를 회전시키고 뒤흔들어(물보다는 지방이 더 큰 영향을 받는다) 온도를 높이고 재료를 익히는데, 이를 가리켜 유전 가열이라고 부른다.

전자레인지 조리법은 음식을 빨리 익히고 소량의 물만 사용하기 때문에 재료의 영양소가 녹아 나오지 않는다. 따라서 영양 손실이 거의 없다.

과학적인 자료

기본 원리

전자레인지가 재료의 수분과 지방을 뒤흔들어 뜨겁게 만들기 때문에 재료가 익는다.

알맞은 재료

채소, 팝콘, 견과류, 스크램블드에그, 버터와 초콜릿을 녹일 때, 음식을 재가열할 때.

고려해야 할 점

크기가 작고 마른 재료는 수분이 없기 때문에 데우는 데 더 오래 걸릴 수 있다. 2인분을 요리하려면 조리 시간을 두 배로 늘려야 한다. 재료가 익으면서 에너지가 흡수되기 때문이다.

골고루 녹지 않는다

얼린 상태의 물 분자는 액체일 때보다 이동성이 떨어진다. 때문에 전자레인지로 재료를 골고루 해동하기 어렵다.

갈변 효과

전자레인지로는 재료를 갈변하기 어렵다. 표면이 마르고 나면 수분이 부족해 음식이 데워지는 속도가 떨어진다.

전자기

전자레인지는 방사능을 사용하지 않는다. 광파와 전파 같은 전자기 방사선의 일종이다.

오해와 진실

오해
전자레인지는 재료를 속에서부터 익힌다.

진실
반만 사실이다. 전자레인지는 직접적인 열보다 재료 속으로 2cm 정도 더 깊이 침투한다. 이 과정에서 수분을 데우는데, 재료가 매우 작지 않는 한 가운데까지 닿지는 못한다.

자세히 들여다보기

유리문 안쪽에 있는 금속 철판에는 지름이 1mm인 구멍이 뚫려 있다. 전자레인지의 파장은 주로 12cm 정도이므로, 구멍 사이를 빠져나가지 못하지만 파장이 400~700나노미터인 가시광선은 구멍을 통과한다. 때문에 전자레인지 안쪽을 바깥에서 들여다볼 수 있다.

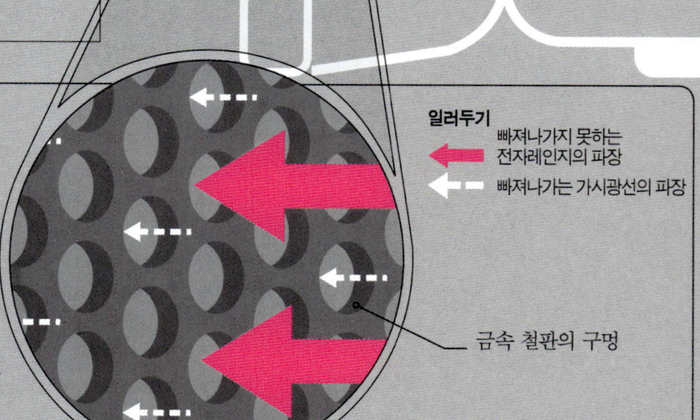

스터러가 마이크로파를 분산한다

회전하며 돌아가는 금속 날개를 스터러라고 부르는데, 스터러는 마이크로파를 구석구석 분산한다. 마이크로파가 계속해서 방향을 바꾸며 재료를 골고루 익힌다.

#5

도파관이 마이크로파를 내보낸다

마그네트론에서부터 마이크로파를 가져와 전자레인지 내부로 내보낸다.

#4

마그네트론이 마이크로파를 만든다

구식 TV에 쓰였던 부품인 전자관(또는 브라운관)의 일종으로 재료를 뜨겁게 데울 고에너지 마이크로파를 만들어낸다.

#3

팬이 마그네트론의 온도를 낮게 유지한다.

마이크로파가 마그네트론에서 나온다.

00:00

시간과 강도를 설정한다

재료가 뜨거워지면서 마이크로파 에너지를 일부 흡수하기 때문이 2인분은 1인분보다 조리 시간이 더 필요하다. 예를 들어 감자 1개를 익힐 때는 5분이 필요하지만, 2개를 한꺼번에 익힐 때는 9분이 걸린다.

#2

램이나 뚜껑으로 일부만 덮어 수증기가 빠져나가지 않도록 한다.

유리와 플라스틱을 통과하는 마이크로파는 재료와 물에 흡수된다.

문을 열면 마그네트론이 작동을 멈춘다.

변압기가 마그네트론으로 들어가는 전기의 전압을 2,000~3,000볼트로 높인다.

#1

전자레인지 회전판 위에 재료를 올려놓는다

모든 재료가 회전판 안에 들어가도록 한다. '저온 구역'에 남은 재료는 완전히 익지 않는다. 여기저기 움직이는 마이크로파는 특정 부분에 에너지를 집중한다. 따라서 항상 조리 중간에 재료를 섞어주어야 골고루 익힐 수 있다.

생채소의 분자가 회전한다.

일러두기

● 물 분자
← 물 분자가 움직이는 방향
— 전자기 마이크로파 방사선

자세히 들여다보기

물 분자(H_2O)는 음전하를 중심으로 양 끝에 양전하가 달린 형태다. 전자기 마이크로파가 재료의 수분과 만나면 분자가 회전하면서 방사선과 일렬로 늘어선다. 전자레인지 안 마이크로파가 계속해서 방향을 바꾸면 분자 역시 회전을 계속하는데, 그 결과 온도가 올라가 음식이 익는다. 지방과 설탕 분자 역시 어느 정도 비슷하게 움직인다.

자른 과일의 갈변을 막는 데 레몬즙은 어떤 역할을 할까?

대부분의 과일은 자신을 보호하기 위해 갈변 반응을 일으킨다.

과일에는 겉으로 드러난 속살을 물렁거리는 갈색으로 바꿔 해충이나 기생충, 세균을 저지하는 효소와 화학 물질이 들어 있다. 이러한 갈변을 늦출 수는 있지만, 90℃ 또는 갈변 효소를 영구적으로 비활성화하는 온도에서 채소를 요리하지 않고는 완전히 막기 어렵다. 이 외에 갈변 반응을 지연시킬 수 있는 가장 효과적인 방법은 자른 과일이나 채소 위에 레몬즙을 살짝 뿌리는 것이다. 레몬즙의 산이 갈변을 일으키는 효소를 망가뜨리기 때문이다. 또는 자른 과일이나 채소를 물이나 시럽에 담가 산소와의 접촉을 막거나 냉장 또는 냉동 보관해 자기방어적 화학 반응이 연쇄적으로 일어나는 것을 막는 방법도 있는데, 레몬즙보다는 효과가 떨어진다.

효소가 과일의 색을 변화시키는 과정

과일 세포 안에는 액포라는 저장 공간이 있다. 액포는 페놀이라는 물질로 이루어져 있는데, 세포가 터지면 페놀이 밖으로 흘러나온다. 손상된 세포에서 배출된 효소는 색이 없는 페놀을 녹이 슨 듯한 갈색으로 변화시킨다.

사과 조각

과일과 채소를 갈아 먹어도 될까?

주스 한 잔에는 과일과 채소의 일일 섭취량이 모두 들어가 있다.

과일과 채소는 엄청난 양의 세포를 감싸고 있는 견고한 구조 덕분에 모양을 단단하게 유지한다. 이 튼튼한 세포벽은 소화가 되지 않는 섬유소와 리그닌에 의해 더욱 강화된다. 과일과 채소의 즙을 짜거나 갈아서 마시는 것을 좋아하는 사람들은 과일과 채소를 잘게 잘라서 섭취하면 영양소가 혈류로 더욱 빨리 도달한다고 설명한다. 하지만 기존의 주스기로 즙을 짜면 과육에 들어 있는 섬유소와 영양분이 손실된다. 반면 믹서기로 만든 주스는 과육이 그대로 살아있지만 영양가가 빠르게 낮아진다. 과일과 채소가 손상을 입은 직후부터 방어적 효소가 갈변 반응을 유발하기 때문이다. 따라서 과일과 채소를 통으로 먹는 대신 주스를 마시는 것은 바람직하지 않다. 단, 균형 잡힌 식단을 바탕으로 보충 식품으로 마시면 몸에 좋은 영양분을 섭취할 수 있다.

과일과 채소를 통째로 먹기

과일과 채소의 섬유소를 흡수하는 가장 좋은 방법은 통째로, 가능하다면 수확 직후에 먹는 것이다. 조리 과정에서 과일과 채소의 영양소가 밖으로 빠져나오거나 파괴되는데, 영양소 파괴를 최소화하는 조리법도 있다 (157쪽 참고).

믹서기로 갈아 마시기

고성능 믹서기는 과일과 채소, 씨앗을 빠르게 분쇄해서 퓌레로 만든다. 이 과정에서 과육이 공기 중으로 노출된다. 과육의 섬유소가 그대로 유지된 상태에서 걸쭉한 주스로 변한다.

주스기로 즙을 짜서 마시기

주스기의 날카로운 칼날이 초당 15,000번까지 빠르게 회전하면서 딱딱한 섬유소를 분해하고 세포를 잘게 조각낸다. 망을 통해 섬유질 과육이 걸러지고 액체만 밑으로 흘러나온다.

영양소에 미치는 영향	결과

통째로

100%
비타민이 100% 보존된다.

100%
섬유소가 100% 보존된다.

몸에 좋은 영양분
과일과 채소를 통째로 먹으면 비타민이 손실되지 않고 그대로 몸 속으로 들어오므로 영양가가 가장 높다.

몸에 좋은 여러 항산화 물질은 과일과 채소의 속심과 껍질에 들어 있다.

입안에서 씹을수록 점점 더 맛이 진화한다.

생각해야 할 점
통째로 먹은 과일과 채소는 우리 몸속에서 자연스럽게 분해된다. 처음에는 치아와 입안 효소를 만나 잘게 부서진다. 분해된 분자가 위로 내려가 소화 효소를 만나면 영양분이 빠져나온다. 과일과 채소를 통째로 먹는 데 더 많은 시간이 걸리므로, 주스 한 잔에 들어가는 양보다 더 적게 먹을 가능성이 크다.

믹서기

90~100%
비타민의 90~100%가 보존된다.

90%
섬유소의 90%가 보존된다.

남은 영양분
대부분의 섬유소가 그대로 남아 있다. 분해되기 시작하면 비타민이 손실된다.

주스는 최대한 빨리 마셔야 한다. 분해가 시작되면 효소가 맛을 빠르게 떨어뜨리기 때문이다.

감귤류 주스는 치아 에나멜을 손상시킨다.

생각해야 할 점
많은 양의 과일과 채소를 쉽게 섭취할 수 있다. 믹서기를 통해 갈면 섬유소와 비타민 손상을 막을 수 있지만 주스기와 마찬가지로 과일이 공기에 노출되면서 활성화된 방어 효소가 영양소를 파괴하기 시작한다. 유리병 안에 담긴 주스의 비타민 C와 쉽게 손상되는 항산화 물질이 빠르게 분해된다.

주스기

70~90%
비타민의 70~90%가 보존된다.

0.1%
섬유소의 0.1%가 보존된다.

섬유소가 사라진다
주스기로 착즙한 주스에는 섬유소가 거의 들어 있지 않다. 과육이 걸러지면서 섬유소 항산화 물질 역시 손상된다.

섬유소와 건더기가 없는 주스는 설탕을 넣어 농축시킬 수 있다. 250ml짜리 병에 설탕을 5티스푼 이상 넣을 수 있다.

중간 크기의 당근 9개로 주스 한 병을 만들 수 있다.

생각해야 할 점
믹서기로 갈 때와 마찬가지로 많은 양의 채소와 과일을 빨리 먹을 수 있다. 하지만 속심과 껍질에 있는 항산화 물질이 사라진다. 원심성(회전하는) 주스기는 액체와 공기를 섞어 거품을 만드는데, 그 결과 효소의 분해 과정이 더욱 가속화된다. 주스는 통째로 먹을 때보다 훨씬 더 맛이 진하다. 입안으로 들어가자마자 맛이 느껴지기 때문이다.

바나나가 다른 과일을 숙성시킨다?

바나나와 다른 과일을 그릇에 함께 놔두면 빨리 익는다. 바나나의 생존 방법을 알면 바나나가 다른 과일에 미치는 영향을 쉽게 이해할 수 있다.

대부분의 과일은 동시에 열매를 맺는다. 그래야 동물을 통해 씨앗이 최대한 멀리 퍼지기 때문이다. 과일이 익는 과정은 화학적 신호와 함께 일어나는데, 기후가 알맞거나 과일이 손상되면 에틸렌 가스가 배출되는 것이다. 숙성을 통해 과일이 한층 더 부드러워지고 맛 분자가 활성화된다. 또한 당도도 높아진다. 바나나에서 만들어진 많은 양의 에틸렌이 전환성 과일(수확 이후에도 열매가 익는)을 더욱 빨리 익도록 도와준다.

> "에틸렌이라는 가스가 배출되면서 과일이 익기 시작한다."

전환성 과일	에틸렌에 의해 익는 과일로, 잘 익은 바나나 옆에 두면 더 빨리 익는다(오른쪽 참고). 바나나 · 멜론 · 구아바 · 망고 · 파파야 · 패션프루트 · 두리안 · 키위 · 무화과 · 살구 · 복숭아 · 자두 · 사과 · 배 · 아보카도 · 토마토
비전환성 과일	작물에 매달린 상태에서만 익는 과일로 집에서 익힐 수 없다. 오렌지 · 자몽 · 레몬 · 라임 · 파인애플 · 용과 · 리치 · 피망 · 포도 · 체리 · 석류 · 딸기 · 라즈베리 · 블랙베리 · 블루베리

36%

초록색 바나나의 탄수화물 중 36%가 당인 반면, 노란색 바나나의 탄수화물 중 83%가 당이다.

인기 있는 과일

해마다 전 세계적으로 1억 1천만 톤가량의 바나나가 생산되어 판매된다. 인도는 세계에서 가장 큰 바나나 생산국이다.

바나나는 익은 상태에 따라 어떻게 활용할 수 있을까?

딱딱한 초록색 바나나도 요리 재료로 활용할 수 있다.

사자마자 간식으로 먹기 위해 잘 익은 바나나를 살 때도 있지만, 초록색 바나나가 훨씬 더 활용도가 높다. 바나나는 초록색에서 노란색, 그리고 갈색으로 익으면서 더 달고 부드러워지며 맛도 풍부해진다. 덜 익은 바나나에는 섬유소와 펙틴으로 강화된 세포가 잔뜩 들어 있어 요리에 단단한 구조감과 은근한 맛을 더해준다. 부드럽고 단 익은 바나나는 생으로 먹어도 좋고 빵을 구울 때 사용해도 좋다. 바나나는 빨리 익는다. 원하는 상태로 익힌 다음 바로 먹거나 냉동 보관해 숙성 과정을 늦춘다.

덜 익은 바나나가 익으면서 초록색 엽록소가 파괴되는데, 그 결과 다른 색소가 모습을 드러낸다.

에틸렌 수치가 치솟기 시작하다가 바나나가 완전히 익기 직전 최고점에 다다른다.

덜 익은 상태

덜 익은 바나나는 초록색 또는 녹황색을 띤다. 껍질이 두껍고 속살이 단단하다. 탄수화물이 당으로 분해되기 전이며 섬유벽이 아직 견고하고 튼튼하다.

가장 좋은 활용 방법

썰어서 포리지 위에 얹어 먹거나 튀김으로 만든다. 스무디를 걸쭉하게 하는 재료로 써도 좋고 플랜테인 대용으로도 훌륭하다.

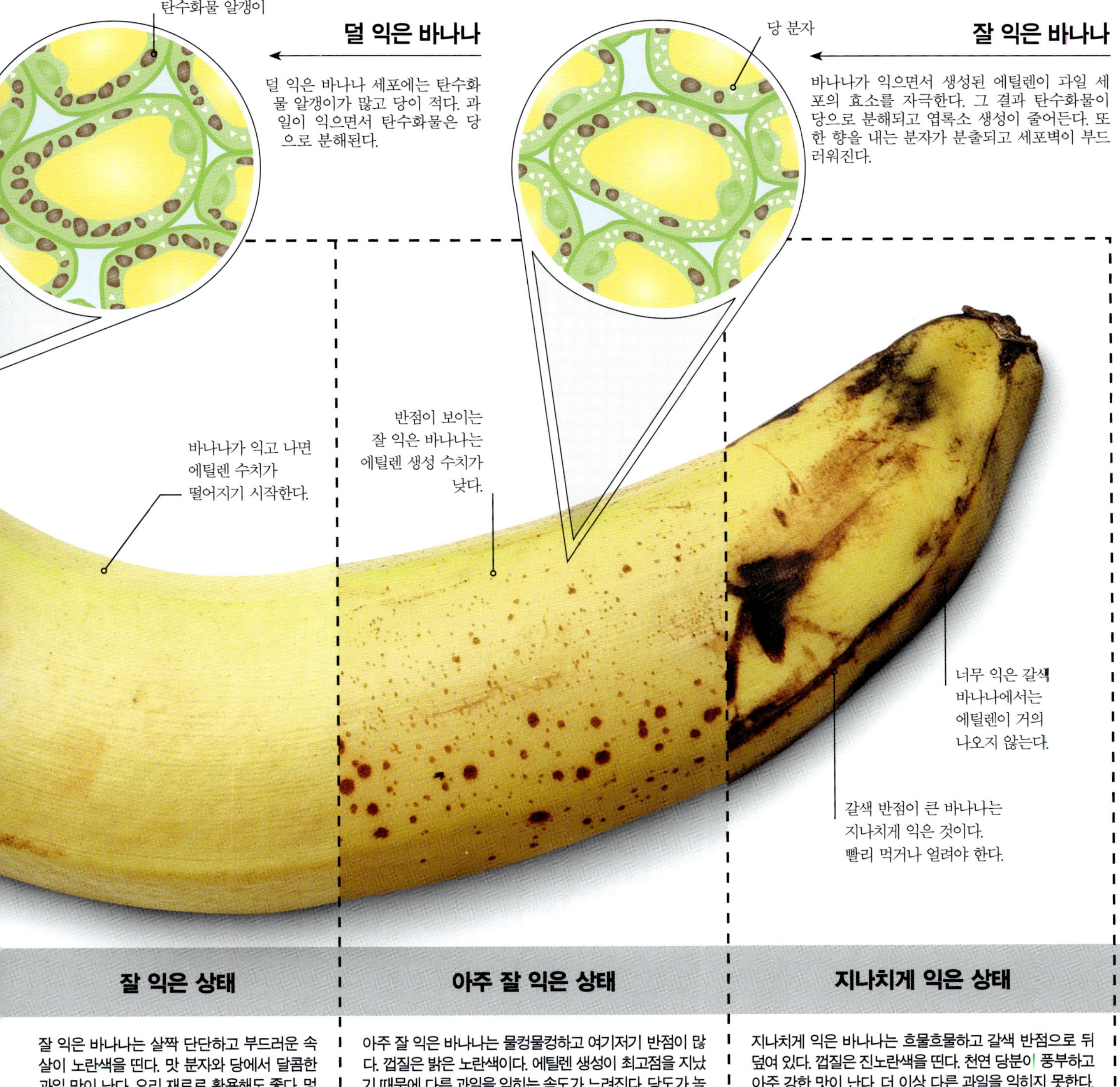

잘 익은 상태

잘 익은 바나나는 살짝 단단하고 부드러운 속살이 노란색을 띤다. 맛 분자와 당에서 달콤한 과일 맛이 난다. 요리 재료로 활용해도 좋다. 멍이 든 부분이 더 빨리 익는다.

가장 좋은 활용 방법

생으로 먹거나 스무디에 넣는다. 타르트 또는 파이를 구울 때 재료로 활용하거나 썰어서 커스터드나 캐러멜 소스를 만들 때 넣어도 좋다.

아주 잘 익은 상태

아주 잘 익은 바나나는 물컹물컹하고 여기저기 반점이 많다. 껍질은 밝은 노란색이다. 에틸렌 생성이 최고점을 지났기 때문에 다른 과일을 익히는 속도가 느려진다. 당도가 높고 맛이 좋다.

가장 좋은 활용 방법

케이크 또는 머핀으로 굽거나 캐러멜라이즈하기 적합하다. 스무디에 달콤한 맛을 더할 때도 좋고 얼린 후 섞으면 간단하게 아이스크림을 만들 수도 있다.

지나치게 익은 상태

지나치게 익은 바나나는 흐물흐물하고 갈색 반점으로 뒤덮여 있다. 껍질은 진노란색을 띤다. 천연 당분이 풍부하고 아주 강한 맛이 난다. 더 이상 다른 과일을 익히지 못한다. 빨리 먹거나 얼려서 나중에 사용하는 게 좋다.

가장 좋은 활용 방법

케이크 또는 머핀으로 굽거나 으깨서 팬케이크 반죽에 더한다. 스무디 또는 포리지에 단맛을 더하거나 밀크셰이크의 맛을 낼 때 넣어도 좋다.

냉동 과일로
요리해도 될까?

냉동 과일은 매우 편리하지만, 요리 재료로
활용하려면 조금 신경 써야 한다.

블루베리처럼 씨앗이 작거나 껍질이 없는 부드러운 과일을
미리 냉동하면 1년 내내 맛있는 머핀을 구울 수 있다. 냉동
과일은 신선한 과일을 대체하는 훌륭한 디저트 재료가 되
지만, 영하의 온도가 부드러운 과일을 어떻게 변화시키는지
이해해야 실패 없이 활용할 수 있다. 대부분의 냉동식품과
마찬가지로 과일은 냉동 과정에서 손상된다. 뾰족한 얼음
결정이 안에서부터 만들어지기 때문이다. 시중에 파는 냉동
과일은 얼음 결정의 생성을 막기 위해 최소 -20℃에서 급속
냉동한 것이다. 하지만 과일은 주로 80% 이상이 수분인 만
큼, 냉동 과정에서 본연의 맛이 많이 사라진다.

냉동 과정에서 입은 손상 때문에 얼린 과일을 다시 녹이
면 생과일보다 흐물흐물하고 물컹하다. 또한 보기 좋지 않
은 즙이 새어 나온다. 색이 진한 즙은 따로 추가한 액체가
아니라 과일에서 빠져나온 천연 과즙이다. 스무디와 주스,
과일 맛 우유를 만들 때는 이 즙이 문제가 되지 않는다. 하지
만 빵을 구울 때는 즙 때문에 보기 흉한 얼룩이 생길 수 있
다. 아래 도움말을 참고해 냉동 과일로 맛있는 요리를 만들
어보자.

> "시중에서 파는 냉동 과일은
> 얼음 결정의 생성을 막기 위해
> 급속 냉동한 것이다."

오로지 생과일로만

모양과 맛이 그대로인 과일 조각
을 올려야 하는 타르트에 냉동 과
일은 적합하지 않다.

싱싱한 과일

냉동한 과일

해동한 과일

신선한 블루베리의 세포 구조

신선한 과일의 세포벽은 상처
없이 완벽하며, 과일의 단단한
세포 구조가 온전한 상태다.

냉동 블루베리의 얼음 결정

냉동고에 들어간 과일의 안쪽
에서 뾰족한 얼음 결정이 만
들어지면서 과일의 내부 구조
가 망가진다.

도움말

- 요리 과정에서 지나치게 많은 과즙이 새어 나오지 않
도록 하려면 해동하지 않고 사용한다. 생과일과 무게
가 같으므로 동일한 양을 쓰면 된다.
- 냉동 과일을 해동하는 데 필요한 에너지를 충분히 공
급하기 위해 살짝 더 오랫동안 요리한다.
- 제빵용 믹스에 넣기 전에 냉동 베리류가 녹기 시작하
면 과즙을 흡수하는 설탕이나 밀가루를 살짝 뿌린다.
- 음식을 식히는 동안 과일이 갈변될 수 있다. 과일의
갈변 효소를 둔화시키는 데 도움이 되는 설탕이나 아
스코르브산을 함유한 냉동 과일을 사는 것이 좋다.
단, 이러한 과일은 완성된 요리의 맛을 달고 시큼하게
만든다.

해동한 블루베리의 세포 손상

얼음이 녹는 동안 세포벽에
아주 미세한 구멍이 뚫리면서
그 사이로 세포 안에 있던 과
즙이 새어 나온다.

과일이 흐물흐물해지지 않도록 요리하려면 어떻게 해야 할까?

많은 요리사가 과일을 등한시하지만, 이 달콤한 천연 재료는 달콤하고 짭짤한 요리에 깊이와 신선함을 더한다.

과일을 완벽하게 요리하려면 올바른 종류를 골라 알맞게 익은 상태일 때 활용해야 한다.

과일 상태에 따른 올바른 조리법

과일이 익는 동안 효소가 활발하게 움직인다. 효소는 탄수화물을 달콤한 당으로 분해하고 과일 향을 뿜어내며 초록색 색소를 망가뜨린다. 또한 세포벽을 단단하게 접착하는 펙틴을 약화시킨다. 조리 과정은 펙틴을 더욱 빠르게 분해하므로 과일의 모양과 질감을 유지하려면 단맛이 날 정도로 익되 아직 단단할 때 요리해야 한다.

펙틴 촉진제

경수로 요리하는 경우 물에 추가된 칼슘이 펙틴을 더욱 강화해 과일을 단단하게 유지한다.

요리하면서 산과 설탕을 넣으면 펙틴을 더욱 튼튼하게 할 수 있다. 설탕은 펙틴으로부터 수분을 잡아당기는 역할을 하는데, 그 결과 펙틴 분해가 더뎌진다. 레몬즙이나 와인, 달콤한 시럽과 같은 산에 과일을 넣고 졸이면 단단함을 유지할 수 있다. 퓌레와 소스를 만들 때는 과일이 더욱 빨리 부드러워지도록 먼저 설탕 없이 요리하다가 나중에 설탕을 더한다. 저온에서 구울 때는 강한 불에 1~2분 정도 과일을 데쳐 펙틴을 강화하는 효소인 펙틴메틸에스테라아제를 제거해야 한다. 65℃ 이하일 때 영구적으로 활성화되어 82℃에서만 비활성화되는 펙틴메틸에스테라아제는 과일이 흐물흐물해지는 것을 막는다.

사과 고르기

사과 품종에 따라 모양을 유지하는 능력이 달라진다. 펙틴 접착제는 칼슘과 단단히 뭉치고 산에 의해 더욱 튼튼해진다.

산성도가 낮은 식용 사과는 새콤한 맛이 덜하지만, 요리 과정에서 쉽게 망가진다.

요리용 사과 안의 펙틴

브램리와 같이 새콤하고 신맛이 나는 품종은 식용 사과에 비해 세포를 연결하는 펙틴 접착제가 더 강력하다. 따라서 세포벽 또한 더 단단하다.

식용 사과 안의 펙틴

우리가 주로 먹는 사과 세포는 요리용 사과보다 펙틴의 수가 적고 연결고리도 느슨하다. 산성도가 낮은 만큼 펙틴도 약해 세포벽이 쉽게 무너진다.

올리브는 왜 절일까?

아주 잘 익은 생올리브를 제외한 나머지는
모두 씹기에 딱딱할 뿐만 아니라
맛도 독하다.

생올리브는 아주 쓰다. 올러유러핀이라는 씁쓸한 성분
때문에 거의 먹을 수가 없다. 올리브를 부드럽게 하고 올
러유러핀을 제거하려면 물에 담갔다가 절인 후 발효시켜
야 한다. 때에 따라 발효 과정은 생략해도 된다. 맹물을
여러 번 끼얹으면 올러유러핀이 씻겨나가 먹을 수 있는
상태가 된다. 하지만 적어도 6주 정도는 소금에 절여 발
효시킨 후 먹는 게 좋다.

　오늘날 식품 생산업자는 물에 재거름을 넣어 올러유러
핀을 제거해 한두 시간 안에 올리브를 먹기 좋은 상태로
만드는데, 이는 로마 시대에 사용했던 기술이다.

올리브 먹기 좋게 만들기

방법	시간	결과
공장에서 절이는 방법 덜 익은 올리브를 가성소다 또는 잿물을 부은 커다란 통 안에 넣는다. 까다로운 올러유러핀 분자가 분해되고 딱딱하고 매끈한 껍질이 부드러워진다. 세포벽이 갈라지고 세포를 연결하는 펙틴 접착제가 녹는다.	**1~2시간**	단단하고 쉽게 잘리는 올리브를 만들 수 있지만, 맛이 밍밍하고 뒷맛에서 화학 약품 맛이 살짝 느껴진다. 주로 병에 담아 판매하며 피자 토핑으로 많이 쓰인다.
전통적으로 절이는 방법 헹구기 올리브를 2주에 걸쳐 여러 번 신선한 맹물에 헹궈 올러유러핀을 최대한 제거한다.	**1~2주**	쓴맛이 어느 정도 제거되지만, 여전히 씁쓸한 맛이 강하므로 주로 헹군 올리브를 절여서 먹는다.
절이기 올리브를 적어도 6주 동안 소금물에 넣고 발효시키거나 소금을 넣고 절인다. 피클의 일종으로 함염 미생물이 산성화하면서 새로운 맛 분자가 만들어진다.	**6주 이상**	소금에 넣고 절인 올리브가 쪼글쪼글해진다. 강렬한 맛이 나며 기름과 허브, 향신료를 곁들이면 더욱 깊은 맛을 낼 수 있다.

"생올리브는 올러유러핀이라는 성분 때문에
맛이 아주 쓰다."

블랙 올리브는 염색한 것일까?

싱그러운 녹색을 띠던 올리브가 천천히 익으면서
자줏빛을 띤 짙은 검은색으로 변한다.

생올리브가 완전히 익으면 쪼글쪼글해지고 강한 흙 맛이 난다.
자꾸 먹다 보면 맛을 즐기게 되는 '블랙 올리브'는 대량
으로 생산해 통조림 또는 유리병에 담아 판매한다. 익
기 전에 가공하기 때문에 맛이 강하지는 않다.

　캘리포니아에서 생산하는 '잘 익은 블랙 올리브'는 앞서
설명한 가성소다에 세척하는 과정을 여러 번 진행해 올리
브의 가운데까지 흠뻑 적신다. 그런 다음 녹색 올리브의
색깔을 '인위적으로' 검게 만든다. 올리브를 담근 물에 공기를 집어넣어
올리브 표면에 있는 색소인 페놀을 산화시키고 짙게 한다. 여기
에 글루콘산제일철이라는 철염을 넣어 올리브 색깔을 완전히
새까맣게 만드는 것이다.

　이렇게 만들어진 올리브는 눈으로 보기에는 잘 익은 올리브
같지만, 덜 익은 녹색 올리브처럼 단단하고 매끈하다. 피자 토
핑으로 많이 쓰이며 자르기 쉽고 쓴맛이 없다.

95%
미국에서 생산하는 올리브의
95%가 캘리포니아 산으로, 총
재배 면적이 27,000에이커에
달한다.

로마 시대 사람들은 올리브를
절이는 물에 재거름을 넣어
올리브의 쓴맛을 빠르게 없앴다.
재로 인해 물이 알칼리성으로
변하고 올러유러핀 분자가
분해된다.

재료 포커스:
견과

몸에 좋은 영양분으로 가득한 견과는 다양한 요리에 바삭함과 부드러움을 더한다. .

향긋하고 고소한 냄새가 나는 견과는 다른 재료의 맛을 증폭시키고 달콤하고 짭짜름한 요리에 깊은 풍미를 더한다.

이 작은 영양 덩어리에는 기름과 단백질이 가득 들어 있는데, 작물이 다음 세대가 잘 자라도록 본능적으로 영양소를 모두 견과와 씨앗에 저장하기 때문이다.

견과와 씨앗은 최소 12,000여 년 동안 인간의 건강을 책임져왔다. 다른 재료와 비교했을 때 동일 무게당 칼로리가 더 높은데(기름과 버터로 요리했을 때를 제외하고), 평균적으로 135g당 800칼로리 정도다. 따라서 적당량을 섭취하는 것이 중요하다.

단백질뿐만 아니라 필수 미네랄과 비타민이 골고루 들어 있어 주로 견과를 '슈퍼푸드'라고 부른다. 또한 오메가-3와 불포화 지방 역시 풍부하다.

대부분의 견과는 생으로 먹을 수 있다. 하지만 굽거나 볶으면 껍질이 바삭한 갈색으로 변하고 맛도 더욱 고소하고 부드러워진다. 크기가 작아 너무 익히기 쉬우므로 요리할 때 주의를 기울여야 한다.

과학적인 논리

질감이 부드러운 견과를 으깨면 세포를 가득 메운 미세한 기름 주머니가 터진다.

요리 테크닉

캐슈너트와 브라질너트를 절구와 절굿공이로 으깬 뒤 버터와 섞어 보자.

버터

아몬드 버터

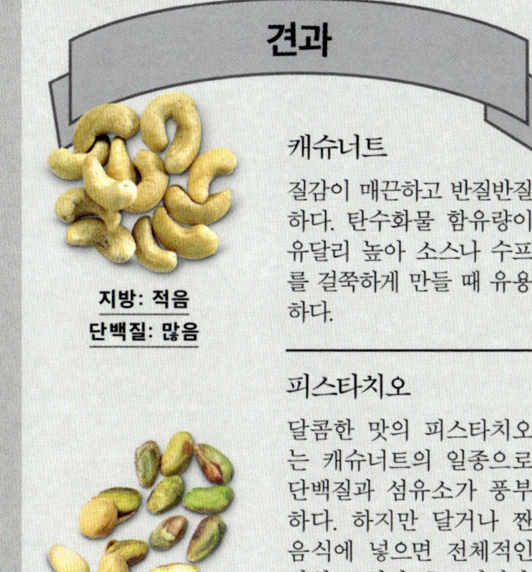

견과 제대로 알기

견과는 때에 따라 껍데기를 까거나 그대로 둔다. 또는 가볍게 삶아 껍데기를 제거한다. 속살이 창백할수록 신선하다. 기름이 산화하기 시작한 부분은 색이 검게 변한다. 모든 견과에는 지방과 단백질이 풍부하지만, 종류에 따라 정확한 함유량에 차이가 있다.

캐슈너트

질감이 매끈하고 반질반질하다. 탄수화물 함유량이 유달리 높아 소스나 수프를 걸쭉하게 만들 때 유용하다.

지방: 적음
단백질: 많음

피스타치오

달콤한 맛의 피스타치오는 캐슈너트의 일종으로 단백질과 섬유소가 풍부하다. 하지만 달거나 짠 음식에 넣으면 전체적인 맛의 조화가 흐트러진다. 잘게 다져서 음식 위에 뿌리면 색이 다채로운 요리를 만들 수 있다.

지방: 적음
단백질: 많음

아몬드

스위트 아몬드의 껍데기에는 산패를 예방하는 비타민 E를 포함한 항산화 물질이 많이 들어 있어 보관 기간이 길다. 질감이 적당히 단단해서 그대로 먹어도 좋다. 혹은 얇게 썰거나 가루로 갈아서 사용한다.

지방: 적음
단백질: 많음

쌉쌀한 껍데기

여러 견과의 얇은 껍데기는 항산화 물질이 풍부하지만, 주로 인상이 찌푸려질 정도로 쌉쌀한 맛이 난다. 살짝 볶으면 껍데기를 쉽게 벗길 수 있다.

피스타치오

견과의 구조

단단한 껍데기 안에서 자라 무르익는 견과는 근본적으로 딱딱한 단일 종자다.

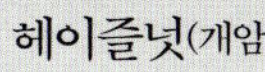

헤이즐넛(개암)

달콤하고 바삭한 맛이 나며 몸에 좋은 기름이 잔뜩 들어 있다. 튀기거나 끓여서 사용하면 요리에 식감과 풍미를 더한다.

지방: 중간
단백질: 중간

월넛(호두)

크기가 크고 맛이 풍부한 견과로 쌉쌀한 맛이 나는 타닌 함유량이 많아 단맛을 내는 재료와 잘 어울린다. 오메가-3가 많이 들어 있지만 빠르게 산패하므로 신경 써서 보관해야 한다.

지방: 중간
단백질: 중간

브라질너트

셀렌이 풍부한 커다란 견과로 쫄깃하면서도 부드럽다. 견과 버터나 우유를 만들 때 적합하다. 세포 내 기름이 마치 우유의 지방처럼 작은 방울을 형성하기 때문이다.

지방: 중간
단백질: 중간

피칸

달콤하고 풍부한 맛이 난다. 케이크나 쿠키 또는 빵에 넣으면 씹는 맛을 한층 살릴 수 있다. 비타민 B3를 비롯해 올리브와 아보카도에 들어 있는 몸에 좋은 지방이 풍부하다.

지방: 많음
단백질: 적음

마카다미아너트

질감이 부드럽고 맛 또한 풍부하다. 달콤한 요리나 구운 빵 재료로 매우 좋다. 다른 견과류에 비해 지방 함유량이 많지만, 대부분이 콜레스테롤을 낮추는 데 효과가 있는 단일불포화지방이다.

지방: 많음
단백질: 적음

가짜 견과

콩과에 속하는 작물의 열매인 땅콩은 엄밀히 말해 견과가 아닌 두과이다.

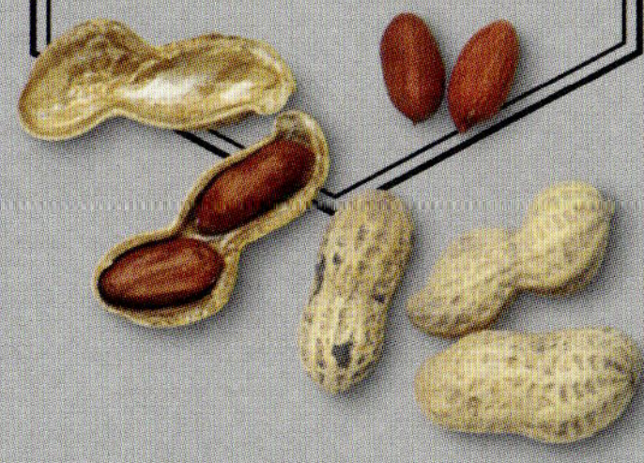

볶은 캐슈너트

굽거나 볶은 견과

과학적인 논리

열이 마이야르 반응을 일으켜 설탕과 단백질을 맛이 더욱 풍부한 분자로 바꾼다.

요리 테크닉

견과를 굽거나 볶으면 한층 더 복잡하고 감미로운 맛이 살아나고 질감 또한 바삭해진다.

어떻게 하면 견과를 가장 신선하게 먹을 수 있을까?

견과 안에 들어 있는 기름은 독특한 맛을 내게 할 뿐만 아니라 오랫동안 보관할 수 있게 해준다.

견과에 들어 있는 몸에 좋고 향긋한 기름은 불포화성이다. 동맥 건강에는 매우 좋지만 보관 기간이 길지 않다. 연약한 지방 분자는 빛과 열, 그리고 습기에 의해 쉽게 분해된다. 또한 산소에 노출되면 해체되어 자극적인 신맛이 나는 분자로 바뀐다.

무엇을 고려해야 할까?

수확한 지 6개월이 지나지 않은 견과를 구입해 사용하는 것이 좋다. 아래 도움말을 참고하면 신선하고 맛있는 견과를 즐길 수 있다. 시장에서 견과를 살 때는 상태를 확인하기 위해 껍데기를 깨도 되는지 주인에게 물어보는 것이 좋다. 알맹이의 색이 연할수록 신선하다. 색이 짙거나 번질거린다면 외부로부터 충격을 받은 것으로, 세포 안에서부터 기름이 흘러나와 견과의 맛이 이미 상했을 가능성이 크다. 마찬가지로 고온 역시 세포 내 기름 주머니를 터뜨려 산패를 촉진한다. 나무에서 떨어진 견과를 몇 달 동안 안전하게 보호하는 역할을 하는 껍데기와 막의 상태가 온전한 것이 좋다. 마지막으로, 적절한 장소에 보관해야 견과의 신선도를 유지할 수 있다.

보송보송한 견과

수분 침투를 막는 견과의 껍질과 외막은 수확한 견과의 상태를 보존하는 데 도움이 된다.

단단한 껍데기는 빛과 열로 인한 손상으로부터 견과를 보호한다.

진공 포장된 제품을 구입하자

생견과가 없을 때는 진공 포장된 제품이 좋다. 2년까지 보관이 가능하다.

제철에 구입하자

견과는 주로 늦여름부터 초가을에 걸쳐 수확하기 때문에 이때 구입하는 것이 좋다.

통째로 구입하자

껍데기와 외막이 견과를 보호하고 수분이 침투하는 것을 막기 때문에 가장 신선하다.

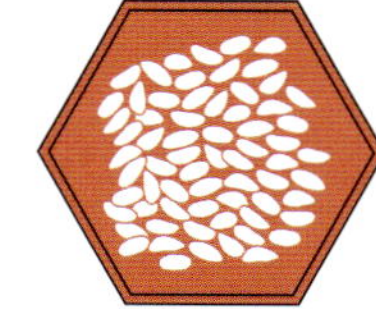

직접 구워서 먹자

미리 구워서 판매하는 제품 대신 집에서 직접 견과를 구워서 먹는 것이 좋다.

견과는 어떻게 보관해야 할까?

견과의 신선함을 유지하려면 밀폐 용기에 넣어 어둡고 선선한 곳에 보관해야 한다. 빛은 견과의 연약한 지방 분자를 직접 망가뜨린다. 또한 열과 공기는 분해 속도를 가속화한다. 견과를 소분해 냉동고에 보관하면 더욱 좋다. 다른 재료와 달리 견과는 수분 함유량이 적어 얼음 결정의 영향을 크게 받지 않는다.

요리한 견과와 씨앗이 더욱 맛있을까?

기름과 연약한 세포벽이 단점인 견과와 씨앗은 부드러운 식감과 은근한 맛이 일품이다.

견과와 씨앗이 140℃ 이상의 열에 노출되면 지나칠 수 없는 고소하면서도 감미로운 맛을 만들어내는 마이야르 반응이 일어난다.

볶는 과정에서 견과의 수분이 날아가는데, 건조해지는 대신 더욱 부드러워진다. 각 견과 세포 안에 들어 있는 아주 미세한 기름 주머니(올레오좀이라고 부른다)가 터지면서 내용물이 견과 전체에 퍼져나간다. 볶은 견과는 따뜻할 때 가장 부드럽고 기름기가 많으므로, 요리한 직후에 자르는 것이 가장 좋다.

볶음 요리를 만들 때 초반에 견과를 넣어야 갈색으로 변한다. 하지만 온도가 180℃ 이상이 되면 열분해라고 부르는 반응이 일어나면서 견과가 까맣게 타버린다. 그 결과 요리에서 매캐한 쓴맛이 난다.

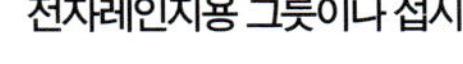

부드러운 견과

다른 견과와 달리 체스트넛(밤)은 수분과 탄수화물 함유량이 많으므로 요리했을 때 질감이 파슬파슬하다.

견과와 씨앗 볶기

견과와 씨앗은 크기가 작아 볶을 때 쉽게 타버린다. 흔들거나 뒤섞으면 견과를 골고루 볶을 수 있다. 마이야르 반응 이후 맛과 향을 기준으로 익은 정도를 가늠할 수 있다. 색이 황금색으로 변하자마자 불에서 내린다. 이후에도 남은 열기에 의해 계속 익는데, 이를 가리켜 캐리오버 쿠킹이라고 한다.

프라이팬으로 볶기	오븐으로 볶기	전자레인지로 볶기

가장 간단한 방법으로 마른 팬 또는 기름을 살짝 두른 팬에 견과와 씨앗을 볶는다. 기름은 꼭 필요하지 않지만 팬의 열이 견과와 씨앗으로 골고루 전달되도록 돕는 역할을 한다.

오븐을 이용하려면 기름을 살짝 두른 견과와 씨앗을 베이킹 시트 위에 올려놓고 예열한 오븐에 넣는다. 황금색으로 변할 때까지 2~3분마다 뒤섞으며 상태를 확인한다.

에너지 효율성이 뛰어나다. 연구 조사에 다르면 견과의 향을 이끌어내는 데 가장 좋은 방법이다. 접시 위에 견과와 씨앗을 펼친 다음 1분마다 뒤섞어 상태를 확인한다.

조리 도구
바닥이 무거운 프라이팬

온도
중간 불~강한 불(180℃)

조리 시간
1~2분

장점
신속하다.

단점
견과와 씨앗이 지나치게 익지 않고 골고루 볶아지도록 신경 써야 한다.

조리 도구
오븐팬

온도
오븐을 180℃로 예열한다.

조리 시간
5~10분

장점
프라이팬 또는 전자레인지로 볶을 때보다 손이 덜 간다.

단점
견과와 씨앗을 볶기 위해 켜기에는 에너비 소비량이 너무 많고 견과와 씨앗이 타기 쉽다.

조리 도구
전자레인지용 그릇이나 접시

온도
중간에서 높은 온도로 설정한다.

조리 시간
3~8분(1분마다 확인한다)

장점
빠르고 효과적이다(또한 설거지도 최소화한다).

단점
겉면이 갈색으로 잘 변하지 않는다. 먼저 기름을 문지르면 갈변을 촉진할 수 있다.

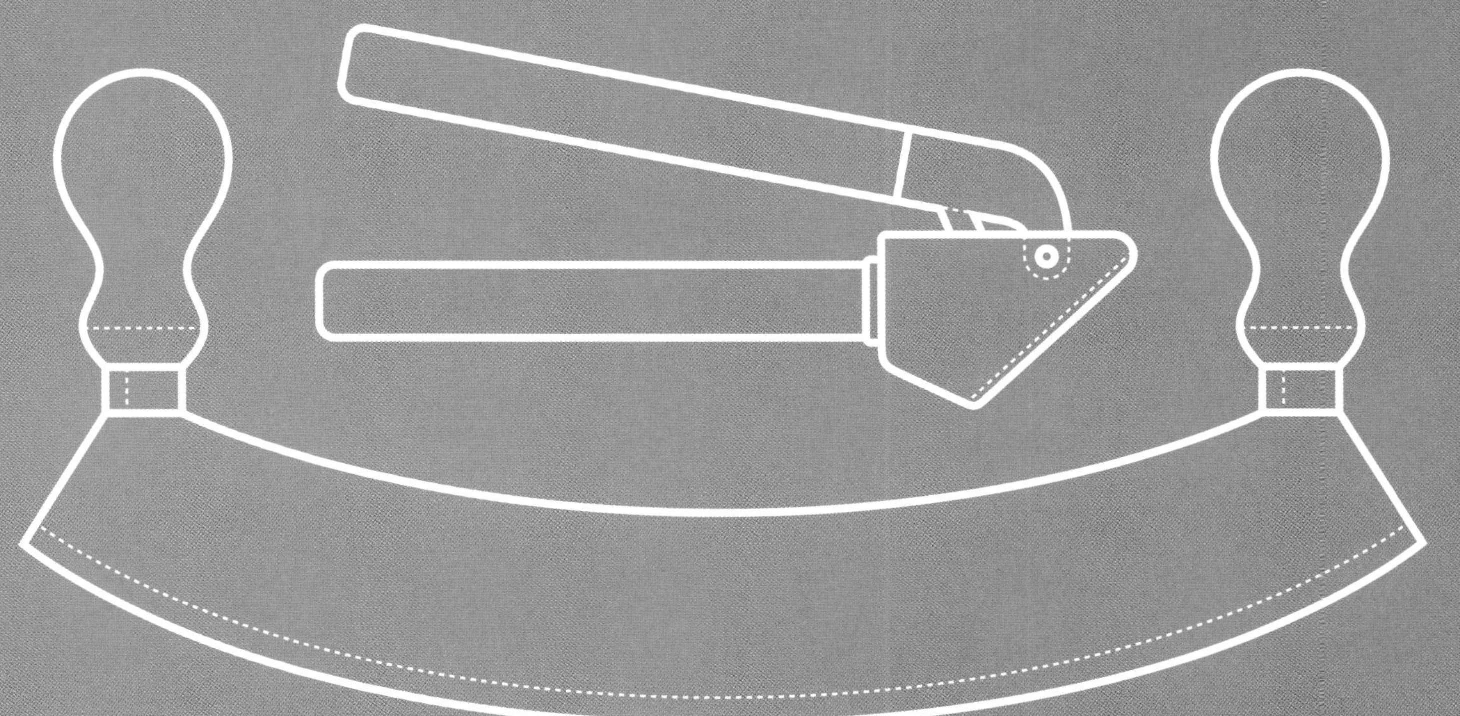

허브, 향신료, 오일 & 향료

재료 포커스:
허브

허브는 요리에 향을 더한다. 우리는 주로 냄새를 통해서 맛을 느끼는데, 바로 허브의 향긋한 방향유가 이러한 역할을 한다.

허브의 향과 맛을 내는 화학 물질은 전체 무게의 1%에 지나지 않는다. 잎 안에 있는 아주 작은 크기의 기름방울에 들어 있다. 이러한 방향유는 원래 허브를 먹이로 삼는 동물로부터 보호하는 역할을 한다.

허브의 맛을 내는 화합물 대부분은 기름에 잘 녹아 흩어지는 반면 물에서는 용해되지 않는다. 기름이나 지방(크림과 같은)과 함께 요리하면 허브의 맛을 훨씬 더 풍요롭게 할 수 있다. 허브는 물보다 알코올에 넣었을 때 맛이 더욱 강해진다. 질긴 허브와 부드러운 허브로 나눌 수 있으며 종류에 따라 활용법 또한 다르다.

허브 제대로 알기

질긴 허브는 주로 요리해서 먹어야 맛을 더욱 잘 느낄 수 있다. 또한 건조(183쪽 참고)하기에 더 적합하다. 부드러운 허브는 요리하지 않고 장식용으로 쓰거나 요리 재료로 활용한다. 두 종류의 허브 모두 기름이나 지방을 추가하면 맛이 한층 더 깊어진다.

질긴 허브

로즈메리

딱딱하고 질긴 로즈메리 잎은 생으로 먹으면 맛이 좋지 않다. 따라서 로즈메리 안에 들어 있는 향긋한 방향유가 충분히 나오도록 지방을 추가해 요리하는 것이 좋다. 빵을 구울 때 사용하거나 요리 초반에 냄비에 넣는다.

신선할 때 수명: 3주
가장 좋은 활용법: 생으로 또는 말려서

타임(백리향)

작지만 강력한 향을 자랑하는 타임은 여러 용도로 사용이 가능하다. 타임 잎은 생선 및 육류 요리에 사용한다. 연약한 잔가지는 잘라서 잎과 함께 요리에 넣는다.

신선할 때 수명: 2주
가장 좋은 활용법: 생으로 또는 말려서

세이지

생으로 먹기에는 맛이 너무 강하다. 버터에 튀기면 감미로운 맛의 가니쉬(고명)로 제격이다. 또는 잘라서 지방이 많은 고기와 함께 요리하면 좋다.

신선할 때 수명: 2주
가장 좋은 활용법: 생으로 또는 말려서

과학적인 논리

질긴 허브의 단단한 잎은 부드러운 허브보다 맛 분자를 더 서서히 내보낸다.

질긴 허브는 잎이 탱탱하고 줄기가 단단하다.

요리 테크닉

요리 초반에 질긴 허브와 지방을 넣으면 잎에서 기름이 더 빨리 분출되고 허브가 부드러워진다.

질긴 허브

기름 분비선
기름방울로 가득 찬 분비선에는 맛 분자가 풍부하다.

지용성
허브의 맛 분자 대부분은 지방과 기름에 잘 녹는다. 따라서 허브의 맛과 기름이 잘 어우러진다.

월계수

단단한 월계수 잎은 서서히 나무 향을 발산한다. 신선한 잎은 맛이 살짝 쓰기 때문에 말려서 사용하는 것이 좋다. 요리를 시작하자마자 기름에 말린 잎을 넣는다.

신선할 때 수명: 2주
가장 좋은 활용법: 말려서

부드러운 허브

민트

잎을 자르거나 으스러뜨리면 기름이 흘러나와 맛이 더욱 강해진다. 줄기는 빼고 요리한다.

신선할 때 수명: 2주
가장 좋은 활용법: 생으로

바질

바질을 담배처럼 만 후에 깔끔하게 자르면 갈변을 막을 수 있다. 다른 허브와는 달리 차갑게 식히면 오히려 시든다. 따라서 상온에서 보관해야 한다.

신선할 때 수명: 2주
가장 좋은 활용법: 생으로

플랫리프 파슬리(잎이 납작한 파슬리)

활용도가 높은 허브로 그대로 가니쉬로 쓰기에 매우 좋다. 또는 요리가 거의 끝날 때쯤 재료로 더해도 좋다. 말린 파슬리는 맛이 떨어지므로 신선한 상태로 먹는 것이 좋다.

신선할 때 수명: 3주
가장 좋은 활용법: 생으로

코리앤더(고수)

고온 또는 오랫동안 열에 노출되면 맛 분자가 분해된다. 따라서 요리 후반에 넣는 것이 좋다. 마르거나 새이 누렇게 변한 잎은 맛이 없으므로 버린다.

신선할 때 수명: 3주
가장 좋은 활용법: 생으로

퍼져나오는 맛
허브를 자르거나 으스러뜨리면 기름 분비선이 터져 맛 분자가 흘러나온다.

질긴 허브 보관하기
질긴 허브를 키친타월로 감싸 수분을 제거한다. 그런 다음 밀폐 용기에 넣어 냉장고에 보관한다.

과학적인 논리

부드러운 허브의 잎과 줄기를 따거나 잘라서 요리하면 맛 분자가 더 빨리 분산된다.

요리 테크닉

요리를 먹기 직전 부드러운 허브를 잘라서 가니쉬로 더하거나 허브 맛이 그대로 전해지도록 요리 마무리 단계에서 넣는다.

부드러운 허브 보관하기
싱싱한 꽃을 보관할 때와 마찬가지로 적은 양의 물에 줄기째 똑바로 세워서 보관하다.

부드러운 허브는
잎이 섬세하고 줄기가 연하다.

부드러운 허브

허브 다발

싱싱한 허브를 다루는 가장 좋은 방법은 무엇일까?

싱싱한 허브를 어떻게 다루느냐에 따라 맛의 강렬함과 향이 새어 나오는 속도가 달라진다.

허브의 맛 분자는 잎 표면 또는 안에 있는 기름 분비선에 들어 있다. 허브에 상처가 나면 이 기름 분비선이 터져 허브의 맛을 내는 향긋한 방향유가 새어 나온다.

허브를 다루는 데 있어 두루 적용되는 만능 해결책은 없다. 단, 허브의 종류는 크게 질긴 허브와 부드러운 허브로 나눌 수 있다. 로즈메리, 월계수와 같이 질긴 허브는 주로 건조한 기후에서 재배된다. 단단한 잎이 수분과 기름을 잘 잡고 있기

때문에 맛이 진하다. 반면 바질 또는 코리앤더처럼 부드러운 허브는 잎이 연하다. 은은한 꽃향기가 나며 맛이 금방 날아간다. 바질과 민트를 비롯한 대부분의 부드러운 허브는 세포가 손상되면 활성화되는 갈변 효소와 폴리페놀 산화효소(PPO) 함유량이 많아 쉽게 갈변한다. 아래 표에는 질긴 허브와 부드러운 허브의 맛을 오랫동안 유지할 수 있는 여러 방법이 나와 있다.

종류가 중요하다

나폴레타노 바질과 같은 몇몇 허브는 갈변에 유독 강하다.

허브 안의 기름 분비선

부드러운 허브와 질긴 허브의 맛은 잎 안 미세한 분비선에 들어 있는 기름으로부터 나온다. 잎에 상처가 나면 분비선이 터져 허브의 향과 맛이 새어 나온다.

허브	다루는 방법
부드러운 허브 맛이 빨리 새어 나온다. 따라서 음식이 익기 전에 맛이 사라지지 않도록 재료를 준비하는 과정에서 잎이 손상되거나 심한 상처가 나지 않도록 주의해야 한다. **바질 · 차이브 · 코리앤더 · 딜 · 민트 · 파슬리 · 타라곤**	• 갈변되는 것을 막으려면 자르기 전에 먼저 90℃에서 5~15초 동안 허브를 찌거나 데친다. 이 과정에서 갈변 효소가 파괴된다. 하지만 너무 오랫동안 데우면 잎이 쪼글쪼글해진다. • 잎을 자르기 전에 말린다. 매우 날카로운 칼로 깔끔하게 잘라야 부수적인 피해를 줄이면서 분비선을 터뜨릴 수 있다. • 자른 잎 위에 기름을 부으면 손상을 입은 세포가 공기에 노출되어 갈변 반응이 일어나는 것을 막을 수 있다. 또는 자른 잎을 레몬즙에 넣으면 갈변 효소의 효율성을 떨어뜨릴 수 있다.
질긴 허브 건조한 환경에서 자라는 질긴 허브는 잎이 탱탱하고 맛이 천천히 새어 나온다. 때문에 다양하게 활용할 수 있다. **월계수 · 오레가노 · 로즈메리 · 세이지 · 타임**	• 은근한 맛을 내려면 로즈메리 또는 타임과 같은 질긴 허브를 통째로 스튜나 그 외 천천히 만드는 요리에 넣은 다음 먹기 전에 건져 낸다. • 잎을 잘게 잘라 기름 분비선을 더욱 많이 깨트리면 더욱 강렬한 맛이 빠른 시간 안에 우러나온다.

어떻게 하면 건조 허브를 가장 잘 활용할 수 있을까?

월계수 잎을 제외한 허브는 건조했을 때 향이 좋은 물질이 증발된다.

대부분의 허브는 건조 과정에서 맛을 내는 기름이 증발하면서 향이 좋은 분자도 함께 빠져나온다. 또한 허브에 따라 발향 물질의 조합이 독특한데, 증발하는 속도도 다르다. 따라서 건조한 허브는 맛이 크게 변하기도 한다.

따뜻한 기후에서 재배하는 질긴 허브는 부드러운 허브보다 건조 과정을 더 잘 견딘다. 가혹한 한낮의 열기에도 수분을 잃지 않도록 잎과 줄기가 단단하게 발달했기 때문이다. 잎 안에 갇힌 맛 분자가 건조 과정에서 더욱 잘 보존된다. 따라서 건조한 후에도 생허브와 거의 비슷한 맛이 강하게 난다.

하지만 건조 과정을 잘 견디는 허브도 시간이 지나면 맛이 서서히 날아간다. 싱싱한 허브와 마찬가지로 건조 허브 역시 어떻게 다루는지에 따라 맛이 크게 달라진다(오른쪽 참고).

적절한 양 사용하기

싱싱한 허브의 3분의 1 정도가 적당하다.

먼저 곱게 갈기

절구와 절굿공이에 건조 허브를 넣고 갈아서 사용하면 풍부한 맛의 기름이 나온다.

기름에 섞기

건조 허브를 기름에 섞으면 허브의 맛 분자를 촉진시킬 수 있다.

조심해서 보관하기

빛과 열은 허브의 맛을 떨어뜨린다. 밀폐 용기에 담아 선선하고 어두운 곳에 보관해야 한다.

직접 키우기

가장 맛있는 건조 허브를 만들려면 집에서 직접 키운 허브를 오븐에 넣고 말린다.

말린 로즈메리

요리할 때 허브는 언제 넣는 것이 좋을까?

적당한 타이밍에 질긴 허브와 부드러운 허브를 넣어야 가장 훌륭한 맛을 이끌어낼 수 있다.

허브는 질긴지 또는 부드러운지에 따라 다루는 방법뿐만 아니라 조리법도 달라진다. 질긴 허브는 대체적으로 푸짐하고 강한 '고기' 맛이 난다. 반면 부드러운 허브는 맛이 감미롭다.

질긴 허브는 잎의 구조가 탄탄하고 기름 성분이 강력해 요리 시작 단계에 넣는 것이 가장 좋다. 허브의 맛 분자가 요리 전체에 골고루 퍼지기 때문이다. 부드러운

허브는 맛이 금방 날아가므로 요리 마무리 단계에서 넣거나 위에 뿌려 가니쉬로 활용하는 것이 좋다. 너무 일찍 넣으면 접시 위에 오르기도 전에 팬의 열기에 의해 은근한 맛이 파괴된다.

요리 시작 단계

월계수 · 오레가노 · 로즈메리 · 세이지 · 타임

요리 마무리 단계

바질 · 차이브 · 코리앤더 · 딜 · 민트 · 파슬리 · 타라곤

어떻게 하면 마늘의 강한 맛을 더 끌어낼 수 있을까?

양파와 리크처럼 파속 식물인 마늘은 톡 쏘는 황을 함유하고 있다.

양파나 리크와 마찬가지로 마늘은 손상된 세포를 통해 맛이 증폭된다. 마늘의 방어기제가 황을 포함한 단백질을 냄새가 강하고 톡 쏘는 맛의 분자로 전환시키기 때문이다. 이 얼얼한 마늘 맛을 만들어내는 물질을 가리켜 알리신이라고 하는데, 고추에 들어 있는 캡사이신(190~191쪽 참고)처럼 열을 느끼는 혀의 감각 기관을 자극한다.

매운맛의 강도

마늘쪽을 더 잘게 다질수록 알리신이 더 많이 생성되어 매운맛이 강해진다. 방어효소가 계속해서 알리신을 만들어내도록 다진 마늘을 1분 정도 놔두었다가 요리에 넣으면 얼얼한 맛을 더욱 증폭시킬 수 있다. 다진 마늘쪽의 알리신 함유량은 상온에서 60초 정도가 되면 가장 많아진다. 이후부터는 알리신을 비롯한 다른 분자가 분해되어 한층 더 복잡한 맛이 나기 시작한다. 온도가 60℃ 이상으로 오르면 알리신을 생성하는 효소가 비활성화된다.

마늘 냄새

소화되고 난 마늘의 알리신은 특유의 냄새가 나는 유황 물질을 만들어 내는데, 이 때문에 마늘을 먹고 나면 입에서 마늘 냄새가 난다. 마늘 냄새는 그 분자가 혈류 속으로 흡수되기 때문에 완전히 없애기 어렵다. 하지만 강도를 줄이는 방법은 있다.

마늘 냄새 없애기

- 일부 식물성 음식에는 알리신을 분해하는 효소가 들어 있다. 버섯이나 우엉, 바질, 민트, 카다멈, 시금치, 가지 등과 마늘을 함께 요리해보자.
- 사과와 샐러드 잎에 들어 있는 효소는 냄새가 나는 분자를 분해하는 데 탁월하다.
- 과일즙의 산이 마늘 맛을 내는 효소를 비활성화한다.
- 우유의 유지방이 마늘의 향 분자를 가둔다.

민트

비상용 마늘

밀폐 용기에 넣어 선선한 곳에 보관한 마늘 가루는 알리신이 수개월 동안 그대로 유지된다.

다진 정도와 맛의 강도

마늘을 얼마나 다지느냐에 따라 생으로 먹거나 요리했을 때 매운맛의 강도가 크게 달라진다.

칼로 다진 마늘

칼로 굵직굵직하게 마늘을 썰면 세포 손상을 줄일 수 있다. 즙의 양이 적다.

- **생으로 먹을 때:** 은은한 맛이 난다. 덩어리가 없도록 곱게 다져 드레싱에 넣으면 좋다.
- **요리할 때:** 열에 노출되면 탄수화물이 설탕으로 분해되면서 은근하고 단맛이 난다.

갈릭 프레스로 다진 마늘

마늘을 국수처럼 길쭉하고 촉촉하게 다질 수 있다. 많은 세포가 손상을 입는다.

- **생으로 먹을 때:** 맛이 강하지만 달콤하다. 농도가 알맞아 음식과 잘 섞인다.
- **요리할 때:** 매운맛이 적당하다. 알갱이가 그슬릴 수 있으므로 액체를 넣기 전에 기름에 살짝 익힌다.

절구로 다진 마늘

마늘을 절구와 절굿공이로 다지면 갈릭 프레스로 다질 때보다 더 많은 세포가 손상된다.

- **생으로 먹을 때:** 갈릭 프레스로 다진 마늘보다 맛이 살짝 더 강하다. 음식과 골고루 잘 섞인다.
- **요리할 때:** 열을 가하면 매운맛과 단맛이 적당하며 강하고 복합적인 냄새가 난다.

퓌레처럼 다진 마늘

마늘을 부드럽고 걸쭉한 퓌레로 다졌을 때 세포 손상이 가장 심하다.

- **생으로 먹을 때:** 세포가 손상되면서 더 많은 알리신이 만들어진다. 맵고 화끈한 맛이 강해진다.
- **요리할 때:** 열에 노출되면 매운맛이 급격하게 줄고 단맛이 요리 골고루 번진다.

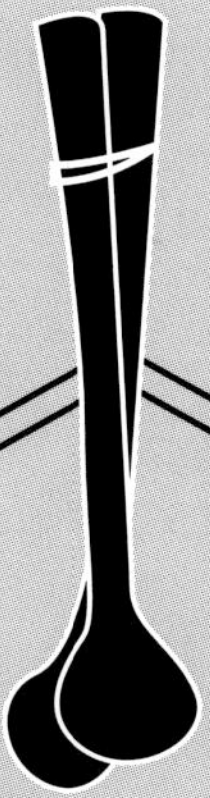

"통마늘을 2주 동안 매달아
설탕과 맛을 내는 화합물이
줄기에서 마늘쪽으로 흘러가도록
하는 건조 방법은
마늘의 맛을 강화하는 데
효과적이다."

어떻게 하면 향신료의 맛을 최대한 활용할 수 있을까?

대부분의 향신료는 향긋하고 풍부한 맛을 내는 물질로 가득하다.

뿌리와 나무껍데기, 씨앗 등 식물의 잎을 제외한 모든 부분으로 만드는 향신료는 통째로 쓰거나 곱게 갈아서 활용한다.

대부분의 통 향신료는 미리 건조하는데, 경우에 따라 매우 높은 열을 사용하기도 한다. 하지만 허브와 달리 향신료는 건조했을 때 맛이 훨씬 더 풍부해진다.

외부 요소로부터 강인한 식물의 부분으로 만들어진 향신료는 본질적으로 단단하다. 따라서 주로 강한 맛을 잘 다스려야 한다.

마늘과 마찬가지로 통 향신료에 손상을 가하면 방어효소가 활성화되어 맛을 생성하는 연쇄 반응이 일어난다. 또한 통 향신료를 오랫동안 요리하면 세포가 분해되고, 고열로 인해 마이야르 반응이 일어나 깊고 고소한 향이 새어 나온다.

미리 가루를 낸 향신료의 경우 세포가 으깨지면서 맛을 내는 연쇄 반응이 이미 일어난 상태이므로, 더 조심해서 다뤄야 한다. 아래 도움말을 참고해 향신료를 통째로 사용하거나 갈아서 사용하는 가장 좋은 방법을 알아보자.

푹 담가두기

건조한 겨자씨는 물에 담갔을 때만 강한 향이 뿜어져 나온다. 따라서 3~4시간 정도 미리 물에 담가두면 좋다.

통 향신료

섬유질로 이루어진 식물 조직 안에 갇혀 있는 맛을 밖으로 끌어내야 한다.

통 향신료를 으깨거나 가는 순간 맛이 깊어지기 시작한다.

통 향신료는 오랫동안 요리할수록 맛이 풍부해지므로, 요리 시작 단계에 넣는 것이 좋다.

고온은 맛을 숙성하고 활성화하는 데 효과적이다.

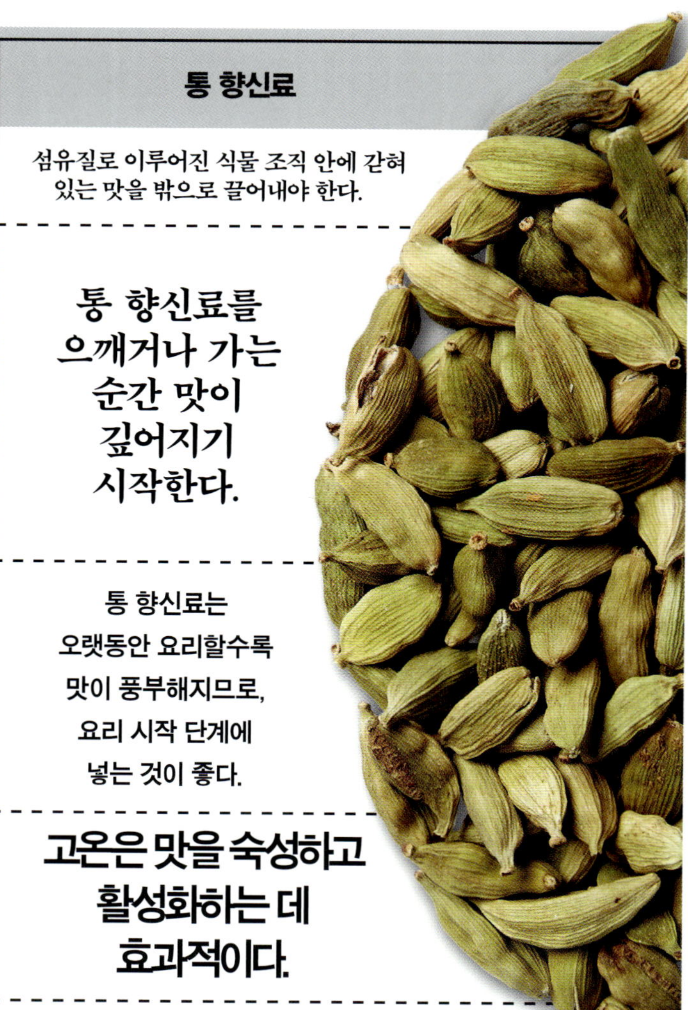

카다멈 씨앗 ▶

향신료 가루

미리 다진 향신료는 맛이 훨씬 더 빨리 날아간다.

향신료 가루는 밀폐 용기에 넣어서 보관한다.

선선하고 어두운 장소에 보관해야 맛 분자를 보존할 수 있다.

세포가 으깨지는 순간 이미 맛이 풍부해지기 시작하므로, 요리 마무리 단계에 넣어 조리 시간을 최소화해야 한다.

향신료 가루는 쉽게 타므로 매우 높은 열은 피해야 한다.

◀ 카다멈 가루

요리 시작 단계에서 향신료를 기름에 넣는 이유는 무엇일까?

기름은 향신료의 맛이 요리 골고루 퍼지도록 도와준다.

향신료를 통째로 또는 막 다진 다음 다른 재료보다 먼저 기름어 넣고 요리하면 향신료 사이로 열기가 골고루 전달되어 타지 않는다. 무엇보다 기름과 만난 향신료의 맛이 극에 달한다. 온도가 올라갈수록 기름 속 맛 분자가 활발하게 움직이고 분해되면서 기름과 향신료의 맛을 한층 더 풍부하게 만든다.

맛의 운반책

허브와 마찬가지로 향신료의 맛 분자는 주로 물보다 기름에 더 잘 녹는다. 또한 요리 과정에서 새어 나오는 맛 분자가 기름 속으로 스며든다. 예를 들어 마른 고춧가루를 기름에 넣고 20분 동안 93℃에서 요리하면 물에 넣고 요리할 때보다 매운맛이 두 배 더 강해진다.

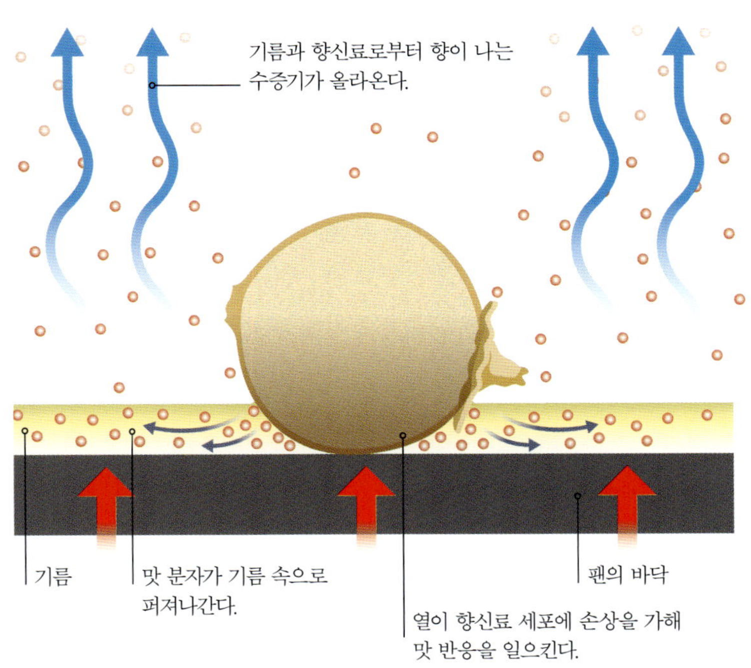

향신료의 맛이 '극에 달하는' 과정

사프란은 왜 비쌀까?

계피와 재스민 향이 살짝 가미된 건초 비슷한 냄새가 나는 사프란의 맛을 흉내 낸 제품도 많다.

짙은 붉은색의 얇은 사프란 가닥은 사프란 꽃의 미세한 암술머리다. 직접 손으로 일일이 따야 하는 사프란은 꽃봉오리마다 암술머리가 3개뿐이다. 놀랍게도 향신료 450g를 만드는 데 10만~25만 송이의 사프란과 200시간이 넘는 노동이 필요하다.

이 귀중한 식재료의 맛을 내는 물질은 150여 개가 넘는다. 매일 저녁 밥상에 어울리는 요리를 할 때는 강황을 대신 사용하면 비슷한 노란색을 낼 수 있다. 하지만 강황은 사프란보다 맛이 더 강해 달콤한 요리에는 적합하지 않다. 다른 향신료와는 달리 사프란의 맛 분자는 기름보다 물에 더 잘 녹는다. 사프란을 20분 동안 물에 담그면 사프란 가닥이 다시 물을 흡수해 맛이 더욱 풍부해진다. 반드시 사프란을 물에 담가야 하는 것은 아니지만, 사프란의 맛을 충분히 살리는 데 도움이 된다.

> **"150여 개가 넘는 맛을 내는 물질 덕분에 사프란은 매우 독특한 맛을 낸다."**

재료 포커스:
고추

고추의 주요 성분인 캡사이신은 독한 자극물로, 입안이 타들어 가는 듯한 강한 매운맛을 가지고 있다. 하지만 적절한 양을 사용하면 요리에 맛있는 매콤함을 더한다.

외부로부터 고추를 지키는 역할을 하는 캡사이신은 거의 모든 포유류에게 혐오감을 준다. 하지만 사람은 적어도 6천 년 전부터 고추를 즐겨 먹어왔다.

캡사이신에는 사실 맛이나 향이 없다. 대신 입속 신경과 열원으로 인한 고통을 감지하는 혀에 달라붙어 통증을 유발한다. 이는 뇌로 하여금 타는 듯한 화끈거림을 느끼도록 한다(190~191쪽 참고). 그럼에도 불구하고 얼얼한 고추는 인기 있는 향신료다. 고추에서 가장 매운 부분이 고추씨라는 생각은 사실이 아니다. 고추씨에서는 매운맛이 거의 또는 아예 나지 않는다. 고추의 속살 역시 특별히 맵지 않다. 대부분의 캡사이신은 가운데 부드럽고 흰색을 띤 태좌에서 아주 작은 방울 형태로 분출된다(아래 참고). 많은 사람들이 고추씨를 제거하면 매콤함이 줄어든다고 생각하지만, 사실 흰 부분인 태좌를 긁어내야 고추의 매운맛이 줄어든다.

과학적인 논리

고추의 매운맛을 내는 캡사이신은 기름에서는 잘 녹는 반면 물에서는 거의 녹지 않는다.

요리 테크닉

고추를 기름이나 지방이 들어간 소스에 넣고 요리해야 매콤한 맛이 요리 전체에 골고루 퍼진다.

씁쓸한 맛

고추의 씨를 제거해도 매운맛이 줄어들지 않는다. 하지만 고추씨에 들어 있는 쓴맛을 내는 물질은 제거된다.

껍질

아무런 맛도 나지 않는 껍질은 구우면 타서 갈색으로 변한다.

고추 제대로 알기

고추의 매운맛을 알 수 있는 가장 유명한 측정법은 스코빌 지수다. 스코빌 지수의 단위는 SHU이다. 고추는 품종에 따라 강도가 매우 다양하다. 아래에는 세계에서 식재료로 가장 흔히 쓰이는 고추가 나와 있다.

스코빌 지수

100,000~350,000SHU
지름 2~3cm

스카치 보네트

매우 매운 고추로 단맛도 난다. 스튜 또는 커리에 통째로 넣으면 좋다. 단, 고추가 터지면 엄청나게 매울 수 있다.

100,000~350,000SHU
길이 4~8cm

태국 고추

'새눈 고추'라고도 불리는 크기가 작은 고추로 아주 맵다. 감귤 또는 코코넛과 함께 요리하면 은근한 맛을 낸다. 타이식 커리 요리에도 많이 쓰인다.

50,000~100,000SHU
길이 8~10cm

피리피리

최근 들어 피리피리 나무 대부분이 아프리카에서 생산되지만, 원래는 남아메리카의 재배 식물이다. 피리피리 소스는 포르투갈에서 처음으로 만들어졌다.

태국 고추

속살
살짝 촉촉한 부분으로 고추의 아삭함과 식감을 살린다.

씨
색이 희고 아무런 맛이 나지 않는다. 캡사이신이 거의 들어 있지 않다.

태좌
흰색의 태좌에서 입안을 얼얼하게 만드는 캡사이신이 만들어져 미세한 방울 형태로 저장된다.

할라페뇨 고추를 훈제해서 말리면 치포슬 고추가 된다.

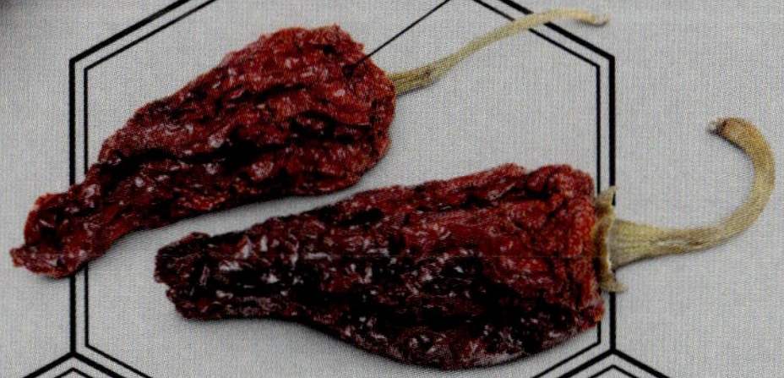

과학적인 논리
고추를 말리면 풍미가 더욱 진해지고 흙 맛과 고소한 맛이 섞인 복합적인 맛이 난다.

요리 테크닉
줄기와 씨를 제거한 말린 고추의 껍질이 부풀어 오를 때까지 굽는다. 물에 넣고 불린 후 잘 섞어 소스에 더한다.

말린 고추

아지 리몬
종종 '레몬 드롭' 고추라고도 불린다. 페루 고추로 감귤류와 비슷한 맛 때문에 이름 붙여졌다. 고기 요리 또는 스튜에 매콤함을 더한다.

30,000~50,000SHU
길이 5~8cm

세라노
상큼하고 싱싱한 맛이 나는 세라노 고추는 주로 생으로 먹거나 차가운 요리에 사용하는데, 훈제하거나 구우면 맛이 더욱 진해진다. 할라페뇨와 함께 멕시칸 요리의 주요 재료로 사용된다.

10,000~25,000SHU
길이 3~5cm

할라페뇨
종류에 따라 매운맛의 강도가 다양하다. 멕시칸 요리에서는 훈제한 다음 건조해서 사용하는데, 이를 가리켜 치포슬(chipotle) 고추라고 부른다.

3,500~10,000SHU
길이 5~8cm

카스카
둥그런 모양의 고추로 고소하고 달콤하며 크기가 작다. 고기나 닭고기, 생선과 잘 어울리며 주로 굽거나 소스와 스튜의 재료로 많이 사용한다.

1,500~2,500SHU
지름 2~3cm

피미엔토
다른 고추보다 매운맛이 덜하다. 스페인에서 가장 사랑받는 고추로, 달콤하고 촉촉하며 향긋하다. 주로 다져서 올리브 속에 넣어 사용한다.

100~500SHU
길이 8~10cm

지나치게 매운맛을 어떻게 중화할 수 있을까?

음식에 고추를 너무 많이 넣으면
매운맛을 잡기가 쉽지 않다.
몇 가지 응용 방법을 알아두면 좋다.

안타깝게도 혀가 타들어 가는 듯한 고추의 캡사이신 성분을 제거하기는 어렵다. 따라서 예방이 가장 효과적인 해결책이다. 생고추 또는 건고추를 통째로 또는 갈아서 사용할 때는 맛을 보면서 한 번에 조금씩 넣어가며 적절한 양을 맞추어야 한다(음식이 식으면 매운맛이 덜해진다). 이미 고추를 너무 많이 넣었다면 다른 재료를 더해 매운맛을 중화하거나 감출 수 있다 (아래 참고). 매운 요리에 향신료를 더할 때는 다른 맛보다 고추의 매콤함이 늦게 나타난다는 점을 기억해야 한다. 캡사이신이 열을 감지하는 혀의 수용 기를 자극하는 데 약간의 시간이 필요하다.

물 또는 채소
고추가 들어간 소스에 물이나 다른 채소를 넣으면 캡사이신 분자가 더 넓게 퍼져나가 매콤함이 줄어든다.

크림 또는 요구르트
유화 단백질인 카세인으로 둘러싸인 유제품의 지방구가 캡사이신 분자를 흡수한다.

소금은 금지
소금은 열을 감지하는 혀의 수용기를 더욱 민감하게 만들어 캡사이신의 강력한 매운맛이 더욱 잘 느껴지게 한다.

꿀 또는 설탕
꿀이나 설탕같이 단맛이 강한 재료는 열을 감지하는 혀의 수용기를 둔감시켜 고추의 매운맛을 누그러뜨린다.

산은 피한다
식초나 감귤류 즙과 같은 산성 재료는 열에 민감한 혀 신경을 자극한다. 반대로 알칼리성인 베이킹소다를 넣어 매운맛을 중화시킨다.

고추의 열을 누그러뜨리는 좋은 방법은 무엇일까?

고추로 인한 화상을 예방하는 과학적인 방법을 알아보자.

고추로부터 느껴지는 '열'은 캡사이신이라는 성분 때문이다. 캡사이신은 신경 통증의 열 수용기에 달라붙는 고약한 특성을 가지고 있다. 우리의 뇌는 직접적인 화상과 고추의 '열'을 같은 감각으로 받아들인다.

일반적으로 고추로 인한 화상에 좋다고 알려진 알코올이나 탄산음료 등은 사실 상처를 더욱 악화시킨다. 너무 고통스럽다면 몇 가지 즉효 약을 응용하는 것이 좋다(아래 참고). 무엇보다 시간이 가장 효과적인 약이다. 고추로 인한 타는 듯한 통증은 3분이 지나면 가라앉기 시작해 15분 후에는 완전히 사라진다.

화상 통증을 완화시키는 방법

얼음
고추를 너무 많이 먹은 후에 얼음 한두 개를 입에 물고 있으면 타들어 가는 듯한 고통을 줄일 수 있다. 뇌가 차가운 얼음 온도에 집중하면서 고추로 인한 열을 잠시 잊어버린다.

우유와 요구르트
우유와 요구르트의 지방과 카세인 단백질이 캡사이신을 흡수해 통증을 느끼는 수용기에 달라붙는 것을 방해한다. 냉장 보관한 우유와 요구르트의 낮은 온도와 질감이 혀를 진정시킨다.

민트
캡사이신이 입안 열을 감지하는 신경에 영향을 미치는 것처럼, 민트의 멘톨은 차가움을 느끼는 신경을 자극한다. 싱싱한 민트 잎 몇 장을 씹거나 차갑게 식힌 요구르트 라이타에 넣어서 먹으면 타들어 가는 듯한 고추의 매운맛을 중화할 수 있다.

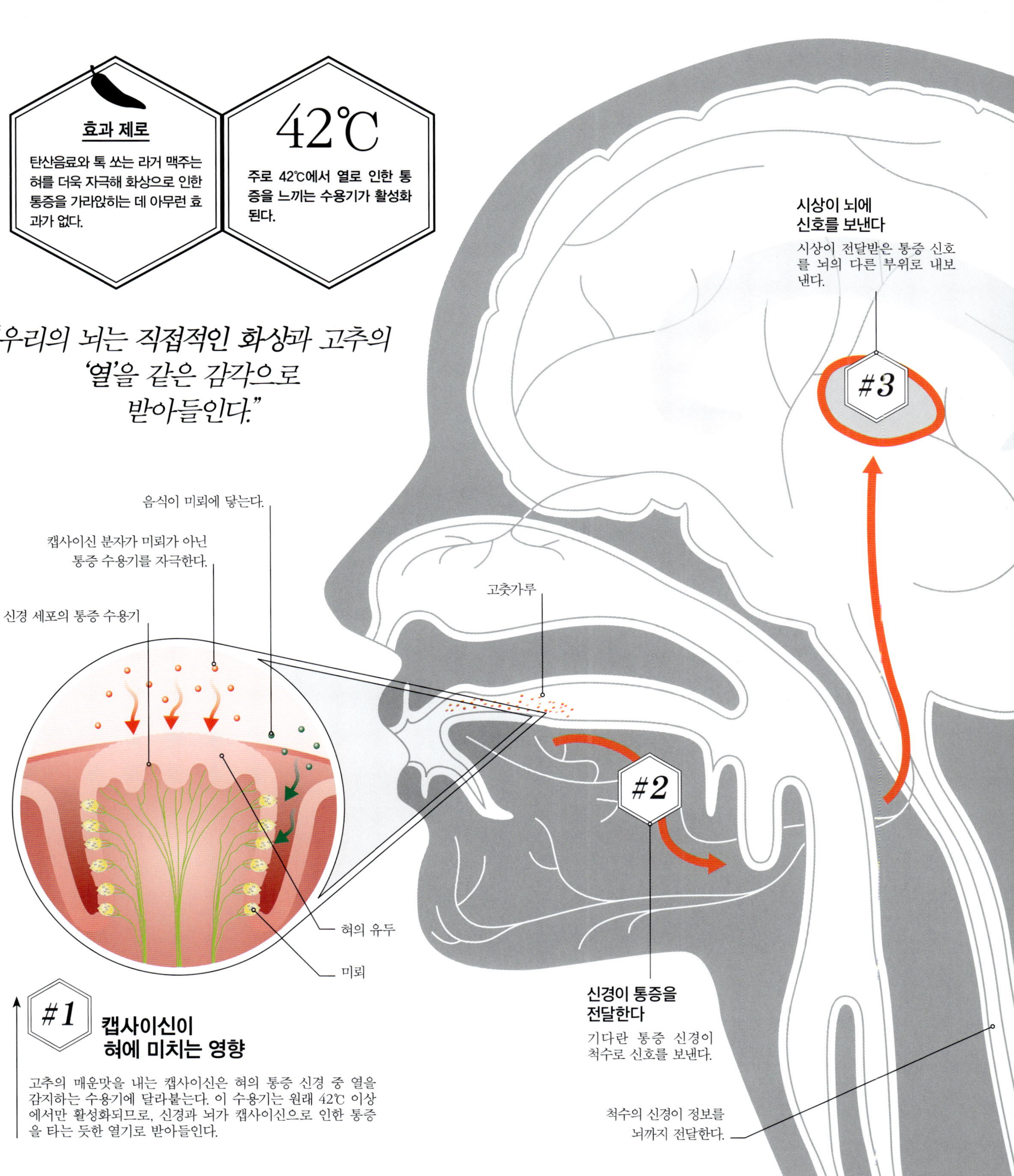

효과 제로
탄산음료와 톡 쏘는 라거 맥주는 혀를 더욱 자극해 화상으로 인한 통증을 가라앉히는 데 아무런 효과가 없다.

42℃
주로 42℃에서 열로 인한 통증을 느끼는 수용기가 활성화된다.

"우리의 뇌는 직접적인 화상과 고추의 '열'을 같은 감각으로 받아들인다."

시상이 뇌에 신호를 보낸다
시상이 전달받은 통증 신호를 뇌의 다른 부위로 내보낸다.

#3

음식이 미뢰에 닿는다.

캡사이신 분자가 미뢰가 아닌 통증 수용기를 자극한다.

신경 세포의 통증 수용기

고춧가루

#2

혀의 유두

미뢰

#1 캡사이신이 혀에 미치는 영향

고추의 매운맛을 내는 캡사이신은 혀의 통증 신경 중 열을 감지하는 수용기에 달라붙는다. 이 수용기는 원래 42℃ 이상에서만 활성화되므로, 신경과 뇌가 캡사이신으로 인한 통증을 타는 듯한 열기로 받아들인다.

신경이 통증을 전달한다
기다란 통증 신경이 척수로 신호를 보낸다.

척수의 신경이 정보를 뇌까지 전달한다.

재료 포커스:
유지

맛 분자를 다른 재료로 퍼뜨리는 유지는 고유의 맛 또한 가지고 있다.

기름은 주로 식물로부터 추출하며 상온에서 액체 상태를 유지한다. 반면 지방은 주로 동물에서 얻으며 고체 형태이다. 기름에는 불포화오메가-3와 오메가-6 지방이 들어 있다. 동물성 포화지방은 콜레스테롤을 높인다.

기름과 지방 모두 음식의 맛과 식감을 더욱 풍요롭게 만든다. 허브와 향신료의 맛 분자가 기름에 녹아들어 음식 전체에 골고루 퍼져나간다. 기름은 향을 내는 다른 물질과 잘 어울린다. 그래서 고추, 레몬, 로즈메리, 그리고 바질과 같은 재료와 섞어서 활용한다. 하지만 물과 달리 유지는 고온에서 음식을 익히기 때문에 조심해서 다루어야 한다.

끓는점에 다다르기 전 유지의 분자가 찢어지면서 분해되어 색이 짙어지는데, 이를 가리켜 '발연점'이라고 한다. 이로 인해 음식에서 매캐한 냄새가 나고 맛이 엉망이 된다. 희미한 푸른색 연기가 피어오르면 팬을 불에서 내려야 한다.

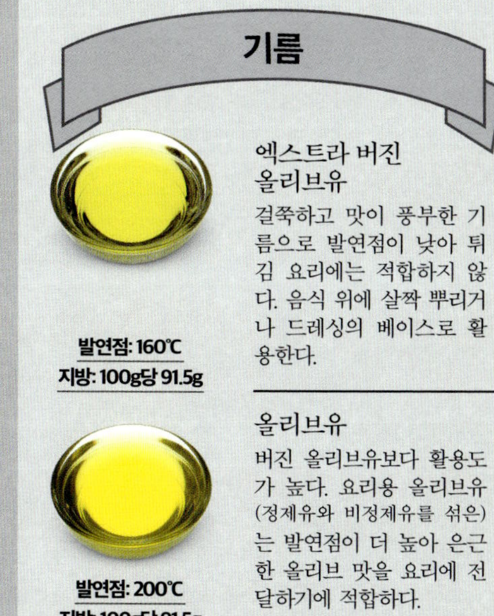

맛이 우러나오는 과정
온도가 올라갈수록 기름이 맛 분자를 재료 속으로 녹이면서 요리 전체에 맛이 퍼져나간다.

유지 제대로 알기

정제하지 않은 기름에는 미네랄과 효소, 그리고 쉽게 타는 성질을 가진 맛을 내는 불순물이 들어 있다. 유지는 저마다 다른 온도에서 타기 시작하는데, 이를 가리켜 발연점이라고 부른다. 아래에 나온 발연점을 참고해 각각의 조리법에 적절한 유지를 골라보자.

기름

엑스트라 버진 올리브유
걸쭉하고 맛이 풍부한 기름으로 발연점이 낮아 튀김 요리에는 적합하지 않다. 음식 위에 살짝 뿌리거나 드레싱의 베이스로 활용한다.
발연점: 160℃
지방: 100g당 91.5g

올리브유
버진 올리브유보다 활용도가 높다. 요리용 올리브유(정제유와 비정제유를 섞은)는 발연점이 더 높아 은근한 올리브 맛을 요리에 전달하기에 적합하다.
발연점: 200℃
지방: 100g당 91.5g

카놀라유
다용도 일반용 기름으로 흙 맛과 고소한 맛이 난다. 하지만 지나치게 정제하면 맛이 사라진다. 정제 카놀라유는 발연점이 꽤 높아 튀김 요리 또는 구이 요리에 유용하다.
발연점: 205℃
지방: 100g당 91.7g

더욱 깊은 맛

좋은 품질의 올리브유에서는 과일과 후추, 그리고 채소의 맛이 복합적으로 느껴지며 향긋한 꽃향기가 난다.

보관 방법

올리브유를 초록색 또는 짙은 색의 유리병에 담아서 보관하면 지방 분자의 분해 과정을 촉진하는 자외선을 차단해 맛이 빨리 변하는 것을 막을 수 있다.

과학적인 논리

지방 속 단백질과 그 외 고체들이 열에 반응해 갈변 반응을 촉진하며 새로운 향을 만들어낸다.

버터 넣기

맛과 식감을 한층 더 끌어올리는 버터는 페이스트리의 껍질을 얇게 만드는 데 효과적이다.

요리 테크닉

포화지방은 소스와 페이스트리, 그리고 빵의 식감을 더욱 풍부하게 만드는 데 제격이다.

버터

엑스트라 버진
올리브유

땅콩기름

발연점이 높아 고온에서 볶음 요리를 할 때 적합하다. 다른 견과유와는 달리 부드럽고 고소한 맛이 완성된 요리에서도 고스란히 느껴진다.

발연점: 230℃
지방: 100g당 91.4g

코코넛 오일

점점 더 인기가 높아지는 기름으로 상온보다 조금 더 높은 온도에서 고체가 액체로 녹는다. 비정제한 코코넛 오일은 튀기는 과정에서 과도한 연기를 내뿜는다.

발연점: 175℃
지방: 100g당 97.3g

포화지방

버터

따라올 수 없는 풍부한 맛이 소스와 빵 등을 더욱 맛있게 만든다. 수분이 전체의 16%까지 차지하며 발연점이 낮아 튀기는 조리법에는 적합하지 않다.

발연점: 175℃
지방: 100g당 82.9g

기(ghee) 버터

고소한 맛이 나는 기 버터는 인도 음식에서 주로 쓰인다. 물을 걷어내면 '정화된' 깨끗한 버터가 모습을 드러낸다. 발연점이 높아 튀김 요리에 유용하다.

발연점: 230℃
지방: 100g당 100g

라드와 우지

돼지기름으로 만든 라드와 소기름으로 만든 우지는 상온에서 고체 형태를 유지한다. 매우 안정적이며 여러 번 튀겨도 끄떡없다.

발연점: 라드 185℃
우지 205℃
지방: 100g당 98.8g

올리브유마다 왜 품질에 차이가 날까?

‘엑스트라 버진’이라고 쓰여 있는 올리브유는 품질이 좋은 편이다.
하지만 ‘콜드프레스’ 또는 ‘퍼스트프레스’를 보고 헷갈리는 사람들이 많다.

올리브유를 만들려면 먼저 수확한 올리브를 갈아 황갈색의 반죽으로 만든다. 옛날에는 삼베를 담근 후 프레스로 짜내어 올리브유를 완성했지만, 요즘에는 주로 올리브유 반죽을 원심 분리기에 넣고 회전시켜 기름을 짜낸다. 공기 접촉을 줄이고 속도도 빨라 완성된 올리브유의 품질이 뛰어나다. 반죽을 데우면 기름을 더 효과적으로 짜낼 수 있지만, 열기에 노출되어 맛과 향이 날아가고 기름이 산패하는 과정이 촉진된다는 단점이 있다.

‘콜드프레스’ 또는 ‘냉압착’이라고 쓰인 기름은 27℃ 이하의 저온에서 추출한 것으로 가격이 더 비싸다. 가장 좋은 품질의 올리브유를 고르려면 ‘버진’이라고 표시된 제품이 좋다. 신선한 올리브를 압착하거나 한 번만 회전시켜 가장 좋은 기름을 짜낸다. 산성 농도를 보면 압착 과정에서 올리브가 훼손되어 지방 분자가 지방산으로 분해되었는지를 알 수 있다. 고품질의 버진 오일은 산성이 낮다.

엑스트라 버진 올리브유

맛이 뛰어난 기름에만 붙는 이름으로, ‘엑스트라’로 분류되려면 산성이 0.8% 이하여야 한다.

버진 올리브유

기본적인 국제 맛 표준을 통과해야 하며 산성이 1.5% 이하다.

올리브유

‘버진’ 등급에 못 미치는 올리브유로 불순물을 제거하기 위해 정제한다. 정제유는 맛이 없지만 고온의 열에도 강하다.

> “버진 올리브유는 신선한 올리브를 압착하거나 한 번만 회전시켜 가장 좋은 기름을 짜낸 것이다. 사실 한 번 이상 압착한 버진 올리브유는 없다. ‘퍼스트프레스(최초 압착)’라는 표현은 마케팅 수단에 불과하다.”

가장 맛있는 오일을 고르는 방법

가장 뛰어난 품질과 맛을 가진 신선하고 달콤한 기름을 고르는 과정은 때때로 복잡하고 어렵다. 진한 녹색 또는 황금색이 난다고 해서 좋은 올리브유는 아니다. 실제로 최상급 올리브유 중에서는 색이 연한 것도 있다. 수확 일자가 1년 이내여야 가장 신선하다. 또는 유통기한이 2년 이하인 것이 좋다. 비정제 올리브유는 바닥에 침전물이 보이기도 하는데, 맛이 더 뛰어난 것은 아니다. 오히려 더 빨리 산패할 수 있다.

올리브유는 어떻게 보관해야 좋을까?

와인과 마찬가지로 은근한 맛이 나는 비정제 올리브유는 잘못 보관하면 퀴퀴한 냄새가 나고 맛이 변한다.

열, 빛, 그리고 공기는 모두 올리브유의 맛을 떨어뜨리는 주범이다. 수는 적지만 냄새가 강한 올리브유의 향 분자는 과일이나 씨앗, 견과를 짜는 과정에서 만들어진다. 기름은 신선할 때 맛이 가장 좋으며 시간이 지나도 개선되지 않으므로, 올리브유의 향이 최대한 유지되도록 보관해야 한다.

산소는 기름 맛을 완전히 망가뜨린다. 따라서 올리브유는 밀폐 용기에 넣어 보관한다. 열은 맛을 손상시키는 반응을 촉진하고 빛은 비정제유의 연약한 분자를 사정없이 파괴한다.

맛있어 보이는 녹색 올리브유에는 엽록소라는 녹색 식물 색소가 잔뜩 들어 있어 태양의 에너지를 흡수한다. 따라서 녹색 올리브유는 더 빨리 산패한다. 밀폐 용기에 넣어 선선한 곳에 두더라도 햇빛, 특히 강력한 자외선이 산화를 일으킬 수 있다(아래 참고).

약간의 도움

기름 표면에 질소와 아르곤 같은 불활성 기포가 있는 채로 밀봉하면 더 오랫동안 보관할 수 있다.

병에 든 올리브유

가닥이 3개인 지방 분자

기름의 분자 구조

기름의 분자는 주로 가닥이 3개인 지방 분자 트라이글리세라이드로 이루어져 있다. 산소, 빛, 그리고 열이 분자의 가닥을 분해하면, 각 가닥은 매우 민감한 지방산으로 변해 연쇄 반응을 일으킨다. 그 결과 맛이 고약하게 변하는데, 이를 가리켜 산화 작용이라고 한다.

산화된 3개의 가닥이 분해되어 맛을 산패시킨다.

용기 종류

병 색깔이 짙을수록 더 좋다. 짙은 갈색은 녹색보다 빛을 더 잘 차단한다. 플라스틱은 서서히 공기가 유입되므로 병으로 된 용기가 바람직하다.

온도

열은 맛을 변질시키는 반응을 촉진한다. 따라서 열 또는 햇빛으로부터 멀리 보관해야 한다.

공기와의 접촉

산소는 기름의 맛을 파괴한다. 따라서 기름은 반드시 밀폐 용기에 보관해야 한다.

차갑게 보관해야 하는 기름도 있다

기름의 종류에 따라 차갑게 보관해야 하는 것과 너무 차갑게 보관하면 안 좋은 기름이 있다.

- 비정제(버진과 엑스트라 버진) 올리브유는 상온보다는 살짝 선선하고 냉장고보다는 따뜻한 14~15℃에서 보관하는 것이 가장 좋다. 올리브유는 차갑게 식히면 좋지 않다. 온도가 낮아질수록 가장 안정적이고 빛에 강한 지방이 먼저 고체화되어 연약한 트라이글리세라이드만 액체 상태로 남기 때문이다.

- 정제한 요리용 기름은 여과 또는 세척 과정에서 불순물과 함께 대부분의 맛이 사라진다. 하지만 보관 기간은 더 길다. 다른 기름과는 달리 견과유와 종자 기름은 냉장고에 오랫동안 보관해도 괜찮다. 탁해지거나 굳을 수는 있지만 맛은 그대로 유지된다.

왜 음식은 튀겼을 때 더 빨리 익을까?

시간이 촉박할 때는 튀김 요리가 가장 좋다.
프라이팬 또는 튀김 냄비를 활용한 요리가 가장 빨리 완성되는 이유는 기름의 화학적 성질에 있다.

재료를 기름에 튀기는 프라잉은 음식을 가장 빨리 요리하는 조리법 중 하나다. 물을 사용하는 조리법보다 훨씬 신속한데, 기름 온도가 물보다 더 높이 올라가기 때문이다. 음식을 튀길 때는 주로 175~230℃의 온도를 사용하는 반면, 재료를 물에 끓일 때는 온도가 100℃까지밖에 올라가지 않는다. 또한 기름은 물보다 더 빨리 뜨거워지며 뜨거운 오븐보다 더 효율적으로 재료에 열을 전달한다.

맛도 좋아진다

재료를 기름에 튀기는 방법의 장점이 속도와 열전달만 있는 것이 아니다. 음식의 표면 또는 두드린 표면의 온도가 140℃에 다다르면 마이야르 반응이 일어나 표면이 더욱 바삭하고 맛있어진다. 165℃에서는 음식의 당이 캐러멜화되면서 더욱 복합적인 맛이 난다. 여기에 기름 자체의 맛도 더해져 음식이 한층 더 풍요로워진다. 버터는 가장 맛있는 지방 중 하나지만, 음식을 튀겨서 요리할 때는 발연점이 높은 기름을 선택해야 한다(192~193쪽 참고). 그래야 버터 지방이 타지 않고 갈변과 캐러멜화 반응이 일어나는 고온에서 요리할 수 있다. 기름은 여러 번 사용해도 좋으며 반복해서 쓸수록 맛이 더 좋아진다. 일부 지방 분자가 열에 반응해 만들어진 감미로운 맛이 음식 전체에 골고루 퍼져 껍질이 더욱 쫀득해진다.

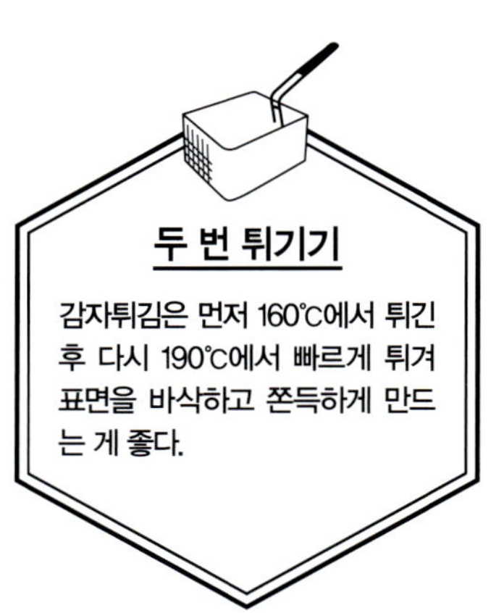

두 번 튀기기

감자튀김은 먼저 160℃에서 튀긴 후 다시 190℃에서 빠르게 튀겨 표면을 바삭하고 쫀득하게 만드는 게 좋다.

요리 속도 비교하기

오른쪽 표에는 조리법에 따라 닭 한 마리를 익히는 데 필요한 시간이 나와 있다. 갈변이 시작되는 온도인 100℃ 이상으로 오르려면 먼저 표면의 수분이 날아가야 한다.

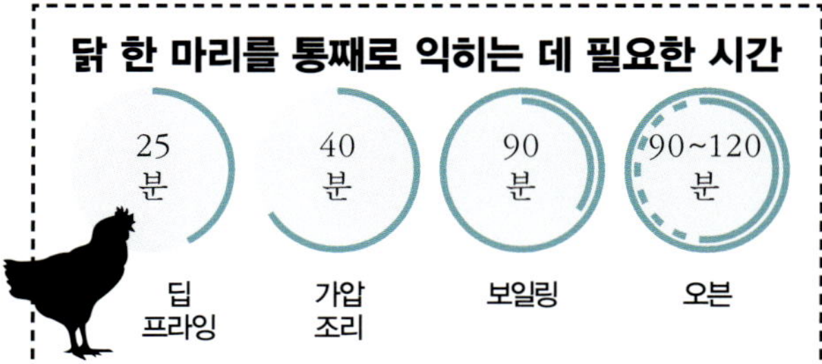

왜 튀긴 음식은 몸에 안 좋을까?

튀김은 몸에 좋지 않기로 유명하지만,
좀 더 건강한 튀김 요리를 만드는 방법도 있다.

튀긴 음식은 다른 조리법으로 요리한 음식에 비해 에너지(칼로리)가 훨씬 더 많다. 요리 과정에서 기름이 재료 안으로 흡수될 뿐만 아니라 표면에도 남아 있기 때문이다. 지방이 무조건 나쁜 것은 아니지만, 과다 섭취하면 분명 몸매 유지에 악영향을 미친다. 그램 대비 지방은 단백질 또는 탄수화물보다 칼로리가 두 배 이상 높다. 뜨거운 기름에서 재료를 튀기는 동안 과열된 증기가 터져 나오면서(76~77페이지 참고) 재료 안으로 흡수되는 기름의 양을 제한한다. 따라서 음식이 흡수하는 기름의

칼로리 계산하기

지방 1테이블스푼은 120칼로리이므로, 기름은 최대한으로 사용하고 적당히 튀기는 것이 좋다.

80%는 프라이팬 또는 튀김 냄비에서 꺼낸 직후 몇 초 사이에 음식 안으로 들어간다. 이때 키친타월로 신속하게 지나친 기름기를 닦아내면 튀긴 음식의 지방 함유량을 낮출 수 있다.

칼로리 외에도 기름 온도가 너무 높으면 건강에 좋지 않다. 기름 온도가 발연점에 가까워지면 푸른색 연기나 아지랑이가 피어오르면서 몸에 해로운 화학 물질이 생성된다. 따라서 재료를 튀길 때는 발연점이 높고 몸에 좋은 기름을 선택해 조심해서 열을 가하는 것이 중요하다.

기름은 재사용할수록 맛이
더욱 좋아진다. 부분적으로
산화된 기름이 더 풍부한 맛을
만들어내기 때문이다. 하지만
너무 많은 지방이 산화되면
맛이 변질된다.

알코올은 어떻게 음식의 맛을 향상시킬까?

취하게 만드는 알코올은 음식에 맛을 더하기 때문에 주방에 없어서는 안 될 필수품이다.

와인, 맥주, 사이다는 스튜와 소스, 그리고 디저트의 맛을 한 층 더 향상시킨다. 술 안에 들어 있는 알코올뿐만 아니라 당에서 나오는 달콤한 맛, 산에서 나오는 예리한 맛, 그리고 아미노산에서 나오는 짭짤한 맛이 음식과 잘 어우러져 완벽한 조합을 선보인다.

조심해서 요리할 것

알코올이 포함된 음료는 향을 내는 분자가 빠르게 증발하면서 그다지 유쾌하지 않은 맛이 남고 액체가 모두 산성으로 변하기 때문에 가볍게 끓여야 한다. 와인을 너무 오래 끓이면 기생충을 억제하기 위해 과일이 만들어내는 물질인 타닌에서 떫은맛이 나올 수 있다. 오래된 빈티지 와인은 미세한 향기가 다른 재료와 섞여서 날아가므로 피해야 한다. 오른쪽 표를 보면 음료에 따라 잘 어울리는 음식을 알 수 있다.

음료	절인 고기/햄	붉은색 고기	가금류	생선	조개류	치즈 소스	토마토 소스	디저트
사이다								
맥주(에일)								
맥주(라거)								
화이트와인								
레드와인								
위스키								

알코올로 요리하기
위 표에는 요리에 따라 적절한 술의 종류가 나와 있다. 원의 크기가 클수록 궁합이 더 잘 맞는다.

플랑베 조리법이란?

플랑베는 요리에 활기를 불어넣는 화려한 조리법이다.

30%
플랑베 요리를 위해서는 알코올 도수가 30% 이상이어야 한다.

불길이 없다면
와인과 맥주는 플랑베 요리에 활용할 수 없다. 가연성 수증기가 충분히 나오지 않기 때문이다.

매우 인상적인 구경거리인 플랑베는 사실 매우 간단하다. 끓지 않는 팬에 도수가 높은 따뜻한 술 또는 상온의 술을 붓고 불길 쪽으로 팬을 기울이거나 손잡이가 긴 라이터로 불을 붙인다. 액체가 아닌 증발하는 알코올 수증기가 타면서 푸르스름한 불길이 음식 위를 맴돈다.

　팬에 알코올을 붓기 전에 이미 만든 소스 대부분을 옮겨야 한다. 소스의 알코올 농도가 충분히 높아야 음식에 불이 붙기 때문이다. 소스의 알코올 함유량이 30% 이하면 불이 잘 붙지 않는다. 알코올 불길은 빠르게 상승하므로 머리카락과 소매가 불에 닿지 않도록 조심해야 한다. 또한 불이 확 타오를 때를 대비해 커다란 금속 뚜껑을 준비하는 것이 좋다.

더 맛있을까?

맛에 있어 플랑베 요리는 특별하지 않다. 불길의 온도가 요리의 표면이 타들어 가고 탄내가 나는 260℃까지 올라가지만, 불길은 대부분 요리 위에서 맴돈다. 블라인드 실험 결과 불길이 음식의 맛에 큰 영향을 미치지는 않았다. 많은 요리사가 맛을 위해서가 아니라 손님의 감탄을 자아내기 위한 쇼맨십 차원에서 플랑베 요리를 활용한다.

알코올은 정말 요리하면서 모두 날아갈까?

알코올은 오래 요리할수록 더 많이 날아가는데, 일부 알코올은 그대로 남아 있다.

알코올은 쉽게 분해되어 향 분자를 내뿜으며 맛의 깊이를 더한다. 하지만 끓이거나 희석시키는 조리법의 경우 알코올이 완성된 요리 농도의 1% 이상을 차지하면 다른 맛을 누그러뜨린다. 그 결과 음식에서 전체적으로 쓴맛이 강해진다. 알코올은 또한 통증 수용기를 자극하므로 술을 요리에 넣을 때는 조심해야 한다.

알코올은 얼마나 남을까?

요리 과정에서 알코올 대부분이 날아간다. 하지만 오랫동안 요리한 후에도 일부 알코올은 요리에 그대로 남아 있다.

모든 알코올을 제거하려면 인내심이 필요하다. 뜨거운 불 위에서 2시간 이상 소스를 끓여도 알코올이 10%까지 남아 있을 수 있다. 술을 식재료로 활용할 때는 이러한 점을 기억해두는 것이 좋다.

> "요리 과정에서 알코올 대부분이
> 날아가지만, 오랫동안
> 요리한 후에도 일부 알코올은
> 요리에 그대로 남아 있다."

오해 또는 진실

오해
플랑베를 하면 알코올이 전부 날아간다.

진실
일반적인 요리 지식과는 달리, 플랑베 역시 모든 알코올을 제거하지는 못한다. 팬 바로 위 알코올의 공기 농도가 3% 떨어지면 불길이 지속되지 못하고 꺼진다. 하지만 알코올의 3분의 2 이상이 팬에 그대로 남아 있다.

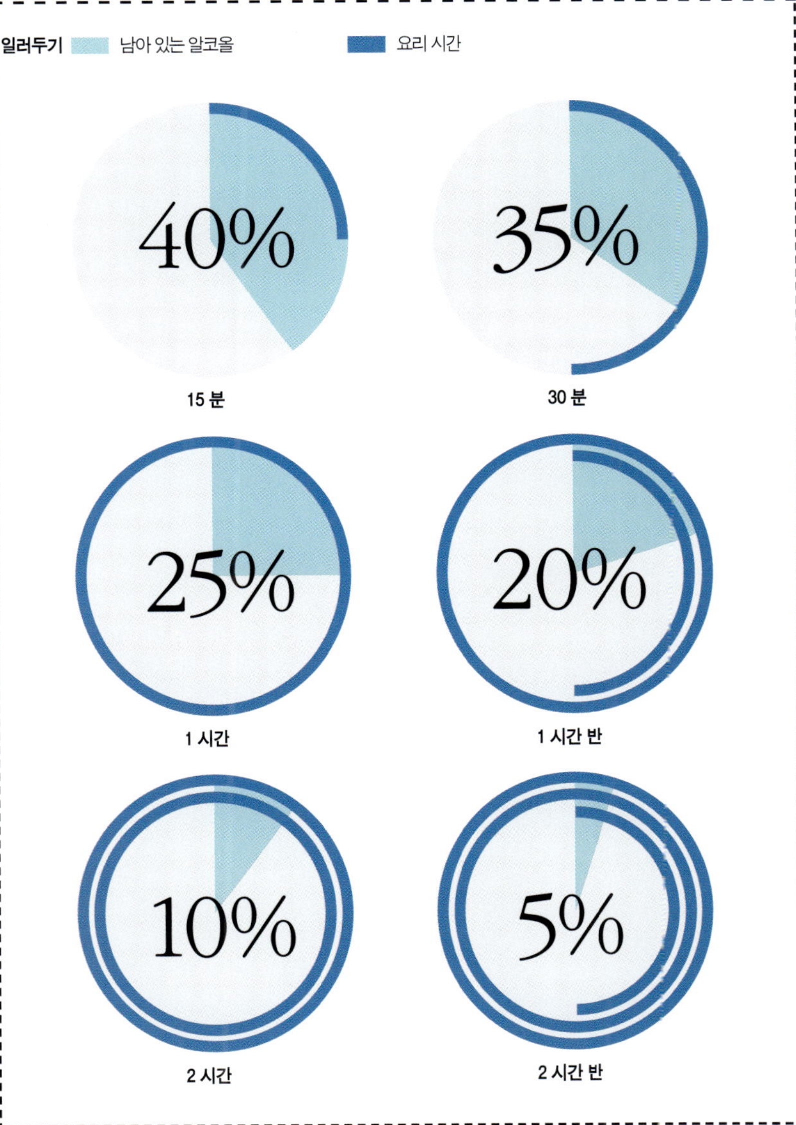

어떻게 하면 샐러드 드레싱이 분리되지 않을까?

기름과 식초의 분자 구조를 볼 때 잘 섞이지 않고 분리되는 것은 당연하다.
기름과 식초를 꽁꽁 묶을 추가 성분이 필요하다.

올리브유와 발사믹 식초를 섞으면 크기가 작은 기름방울로 이루어진 탁한 거품이 만들어지는데, 몇 분이 지나면 다시 분리된다. 물 분자는 전하가 균형을 이루지 못해 양극의 성질을 가지고 있다. 부메랑과 비슷한 모양으로, 양 끝에는 양전하가, 가운데 구부러지는 부분에는 음전하가 있다. 음전하가 가까이에 있는 다른 분자의 양전하 사이에 자리 잡으면서 물 분자가 서로 뭉친다. 기름과 같은 무극성 물질은 이와

같은 끌어당기는 힘이 없기 때문에 표면 위로 올라온다. 지방과 물을 단단하게 고정하는 '유화제'를 넣어야 결합물을 유지할 수 있다. 겨자씨에는 유화제 역할을 하는 걸쭉하고 끈적끈적한 점액이 들어 있다. 식초 240ml에 겨자 1테이블스푼(기름과 식초 비율이 3:1)을 섞으면 점액이 충분히 만들어져 드레싱이 분리되지 않고 샐러드 잎을 부드럽게 감싼다.

발사믹 식초는 등급에 따라 맛에도 큰 차이가 날까?

1,000년이 넘는 시간 동안 발사믹 식초는 색이 짙고 달콤하며 맛이 풍부한 양념으로 자리 잡았다.

포도즙으로 만든 발사믹 식초는 만드는 방법이 매우 특별하다. 화이트와인 식초 등은 알코올성 음료와 알코올을 소화시켜 산을 만들어내는 균을 섞어 만드는데, 이 과정을 산성화라고 부른다. 발사믹 식초는 발효와 포도즙 산성화를 동시에 진행해서 만드는데, 그 결과 다른 식초와는 완전히 다른 종류의 양념이 만들어진다. 정통 발사믹 식초는 이탈리아 북부 에밀리아로마냐 지방에서 재배되는데, 사실 쉽게 구할 수 없다. 저렴한 발사믹 식초는 복합적인 맛이 제대로 나지 않는다. DOP(denominazione di origine protetta)는 최상급 발사믹 식초에 주어지는 인증 마크다. 또한 IGP(indicazione geographica protetta) 표시와 이탈리아발사믹식초관리협회에서 인가하는 콘소르치오디 발사미코 콘디멘토(Consorziodi Balsamico Condimento) 마크가 있는지 살펴보자.

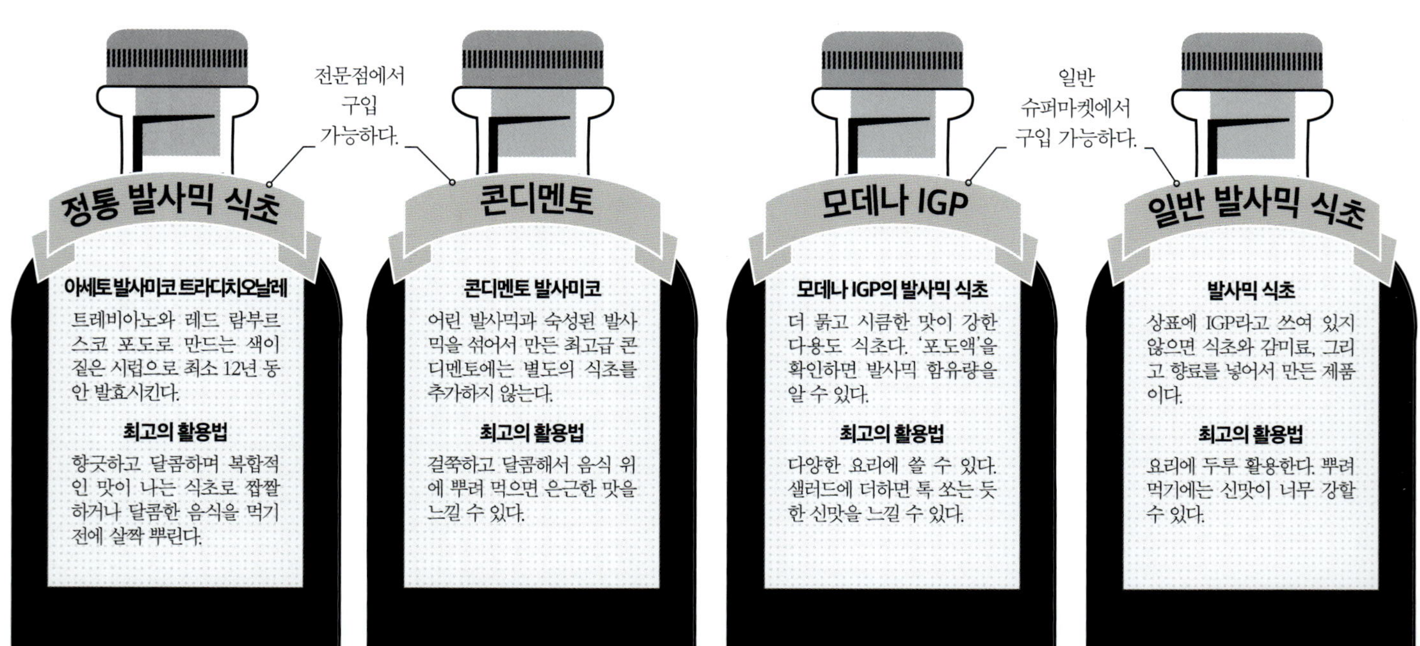

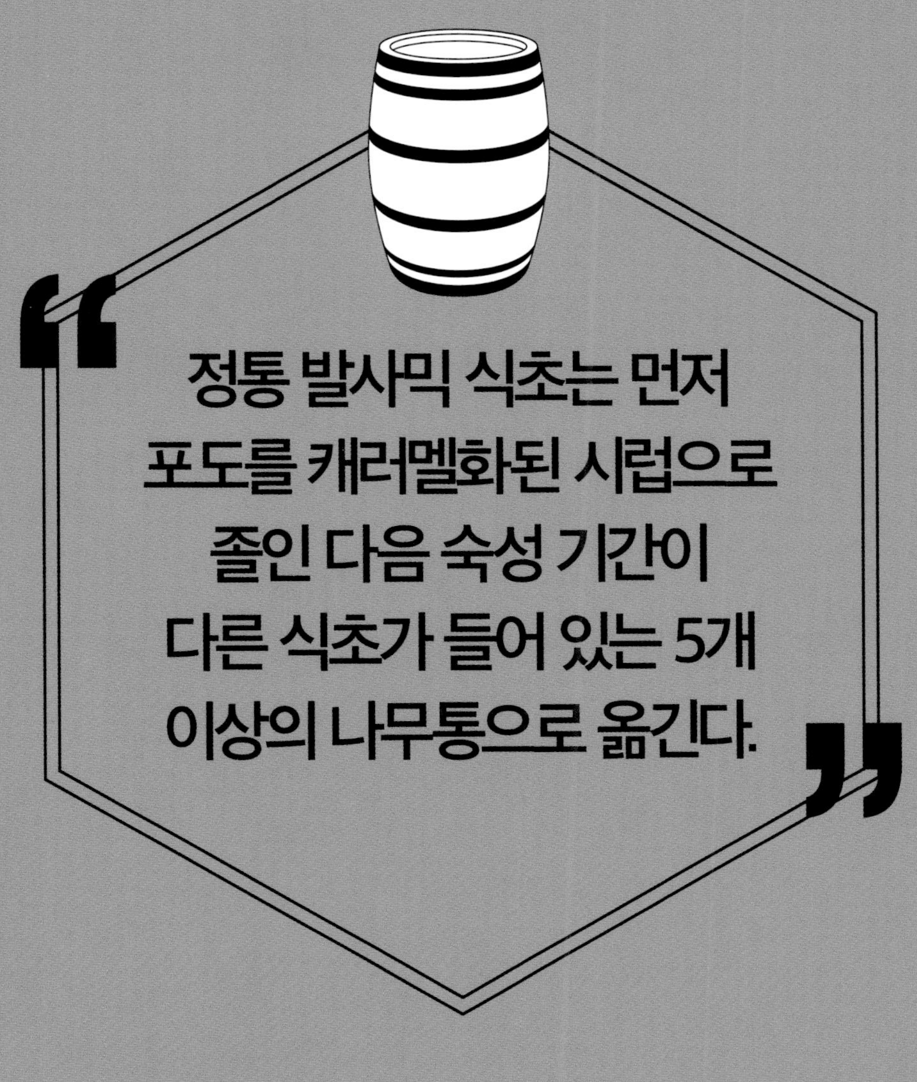
정통 발사믹 식초는 먼저
포도를 캐러멜화된 시럽으로
졸인 다음 숙성 기간이
다른 식초가 들어 있는 5개
이상의 나무통으로 옮긴다.

재료 포커스:
소금

찬장 속 양념 중에서 가장 중요한 것은 당연히 소금이다. 어떤 요리든 소금만 살짝 뿌리면 음식의 맛이 훨씬 더 풍부하고 진해진다.

우리 몸은 소금을 필요로 한다. 소금이 있어야 주요 기능이 제대로 작동하기 때문이다. 하지만 과도한 소금 섭취는 고혈압으로 이어질 수도 있으므로, 적당량을 지키는 것이 중요하다.

고유의 맛을 가진 소금은 또한 다른 재료의 맛에도 영향을 미친다. 쓴맛을 줄이고 단맛과 감칠맛을 증폭시키므로 여러 디저트에 소금을 더해 달콤함을 더한다. 맛을 강화하는 능력 외에도 소금은 두루 사용할 수 있는 만능 요리 재료다. 반죽에 넣으면 글루텐 형성을 촉진해 빵을 더욱 단단하게 만든다. 뿐만 아니라 빵이 구워지는 과정에서 더욱 잘 부풀어 오른다. 소금은 또한 고기와 생선 표면의 수분을 제거해 껍질을 더욱 바삭하게 만든다. 소금물은 고기의 육즙을 더욱 풍부하게 한다. 일반적으로 소금은 모든 음식을 보존할 때 유용하다. 정제염과 비정제염(오른쪽 참고)은 주로 질감에서 차이가 난다.

소금 제대로 알기

소금은 사실 염화나트륨이라고 부르는 미네랄인데, 염화나트륨은 염소와 나트륨으로 이루어져 있다. 소금의 종류는 다양한데, 크게 바다에서 나는 소금과 땅에서 나는 소금으로 나눌 수 있다. 정제염은 잘게 간 소금으로 '고결방지제'를 더해 알갱이가 뭉치는 것을 방지할 수 있다. 거칠고 굵은 비정제염은 알갱이가 더 크다. 대부분의 소금은 다목적으로 활용할 수 있다. 하지만 일부 소금은 고기에 문지르는 등 특정 용도로 사용하기에 알맞다.

소금의 모양
굵고 거친 비정제염은 결정 모양이 제각각인 반면 정제염의 결정 구조는 일정하다.

과립형 소금
크기가 작고 밀도가 높다. 소금 결정이 재료 속으로 골고루 잘 퍼지므로 요리 전 고기에 문지르거나 빵을 구울 때 사용하면 좋다. 고결방지제를 넣으면 소금이 덩어리지지 않아 소스가 탁해지지 않는다.

결정 크기: 작음 (0.3mm)

요오드 소금
전 세계 일부 지역에서는 식염에 요오드를 넣어 갑상선과 관련한 문제를 해소하고 뇌 발달을 촉진한다. 또한 요오드와 산의 반응을 억제하는 첨가제를 넣기도 한다. 과립형 소금과 마찬가지로 질감이 곱고 부드러워 고기에 문지르기에 좋다.

결정 크기: 작음 (0.3mm)

절임용 소금

음식을 보존할 때 쓰는 절임용 소금은 식염과 아질산나트륨을 섞은 것이다. 아질산나트륨은 심각한 질병인 보툴리눔 식중독을 일으키는 세균 증식을 억제한다.

결정 크기: 작음
(0.3mm)

비정제염

암염(굵은 소금)

굵게 갈아 알갱이가 큰 소금을 암염이라고 부른다. 모양이 들쭉날쭉해 음식에 넣으면 씹는 맛을 느낄 수 있다. 요리할 때 양념으로 쓰거나 먹기 전에 살짝 뿌리면 좋다. 결정 크기가 커서 양을 쉽게 가늠할 수 있다.

결정 크기:
크고 일정하지 않음

해염

바닷물로 만든 해염은 가공 과정이 간단해 염화마그네슘과 같은 미네랄을 함유하고 있다. 해염은 두루 사용할 수 있는 다용도 소금으로 굵은 소금과 똑같은 맛이 난다.

결정 크기:
거칠고 뾰족함

컬러 소금

컬러 소금은 종류가 다양한데, 그중 히말라야 핑크 소금은 먹기 직전 요리 위에 뿌려도 잘 못 느낄 정도로 맛이 은근하다. 요리에 섬세하고 바삭한 질감을 더한다.

결정 크기:
크고 일정하지 않음

소금의 색

소금 결정 대부분은 흰색이며 주로 투명하다. 하지만 미량의 무기물로 인해 다양한 색을 띠기도 한다.

과학적인 논리

요리 표면에 붙은 비정제염을 깨물면 짭짤한 맛이 느껴진다.

요리 테크닉

요리 마무리 단계에 비정제염을 넣으면 비정제염의 은근한 맛이 쓴맛을 중화시킨다.

비정제염

굵고 거친 암염

소금을 너무 많이 넣은 음식을 수습할 수 있을까??

요리에 소금을 더할 때는 일정한 규칙을 지켜야 한다.

안타깝게도 한번 음식에 들어간 소금은 다시 걷어낼 수 없다. 하지만 설탕이나 지방, 또는 레몬즙과 같은 신맛이 나는 재료를 넣어 과도한 짠맛을 감출 수는 있다. 하지만 우리의 혀는 소금 맛을 잘 감지하기 때문에 이러한 방법의 효과는 미미한 경우가 대부분이다. 감자가 소금을 흡수하는 데 탁월하다며 감자를 넣은 다음 먹기 전에 꺼내라고 제안하는 요리사도 있지만, 과학적으로 봤을 때 효과가 없는 방법이다. 감자가 익으면서 조리액을 소량 흡수하기는 하지만, 소금을 제거하지는 못한다. 감자를 꺼낸 후에도 소스의 농도는 변하지 않는다. 소금을 너무 많이 넣은 요리를 수습하는 유일한 방법은 액체를 더 많이 넣어 희석하는 것이다. 재료를 더 많이 넣는 방법 역시 입안으로 들어오는 소스의 양을 줄이는 데 도움을 준다.

'화학' 간장

비닐봉지에 들어 있는 간장은 대개 효모균을 넣지 않은 '화학적' 유사품이다. 기름을 만들고 남은 고체 콩찌꺼기를 강력한 염산과 섞어 만든다. 탄수화물과 단백질이 설탕과 아미노산으로 분해된다. 그런 다음 탄산나트륨을 넣어 목이 타들어 가는 듯한 산성을 완화한다. 옥수수 시럽을 넣어 맛과 색을 낸 화학 간장은 대개 맛이 고약하다. 그래서 진짜 간장을 조금 섞는다.

소금

소금물

소금의 구조

소금은 나트륨과 염소 원자로 이루어져 있다. 이 두 원자가 만나면 서로 합쳐져 격자 모양의 결정을 형성한다.

물이 소금에 미치는 영향

소스에 소금을 넣으면 소금 결정 주변으로 물 분자가 모여들어 나트륨과 염소를 분해하기 시작한다.

소금 원자의 분리

물에 둘러싸인 나트륨과 염소가 따로 분리되기 때문에 소금을 따로 격리시켜 걷어낼 수 없다.

묽은 간장의 맛과 사용 방법

묽은 간장은 농도가 연하고 짠맛이 강하다.

간을 할 때 두루두루 사용해 짠맛과 풍미를 더한다.

볶음 요리를 할 때 휙 두르기 좋다.

닭과 같이 색이 연한 고기의 양념으로 쓰고기 색을 그대로 유지할 수 있다.

초밥의 은근한 맛을 살릴 때 쓴다.

차가운 전채요리에 흩뿌리거나 만두를 찍어 먹는 소스로 활용한다.

요리할 때 묽은 간장과 진간장 중 어떤 것을 써야 할까?

간장은 감칠맛과 신맛, 단맛, 짠맛이 모두 느껴진다. 밋밋하고 심심한 밥에 생기를 불어넣는다.

진짜 간장을 희석하면 묽은 간장이 만들어진다고 생각하는 사람들이 많다. 하지만 이는 사실이 아니다. 또한 간장은 칼로리가 낮은 음식에도 속하지 않는다. 묽은 간장과 진간장은 성분도 다르고 사용법도 다르다 (아래 참고).

간장을 만들기 위해서는 먼저 콩과 볶은 밀을 섞어야 한다. 그런 다음 두 번에 걸쳐 발효시키는데, 처음에는 탄수화물을 설탕으로 분해하는 아스페르길루스라는 곰팡이를 넣어서 3일 동안 발효시킨다. 그런 다음 소금과 효모균, 그리고 젖산균을 넣어 6개월 동안 놔두면 설탕을 분해해 톡 쏘는 젖산이 만들어진다. 진간장은 더 오랫동안 발효시키기 때문에 맛이 더욱 진하다. 발효 과정에서 그 외 다양한 미생물이 밋밋한 간장 성분을 우리가 알고 있는 간장 맛 분자로 분해한다. 발효한 간장에는 알코올이 2% 정도 들어 있다. 결정적으로 단백질이 아미노산의 일종인 글루타민산으로 분해되는데, 그 결과 간장 특유의 감칠맛이 완성된다. 시중에서 파는 대부분의 간장은 일본식 간장이다. 밀을 넣지 않은 중국식 간장보다 맛이 달고 농도가 진하다.

상표에 주의할 것

식물단백질 가수분해물이 들어간 간장을 피해야 한다. 진짜 간장을 흉내 낸 값싼 모조품이다.

묽은 간장 ▲

진간장의 맛과 사용 방법

더 오랫동안 발효시킨 진간장은 맛이 진하고 강렬하다.

국수 요리에 색을 더할 때 사용한다. 맛이 진해지지 않도록 조금씩 쓰는 것이 좋다.

대개 설탕과 당밀을 함께 사용하므로 단맛이 난다.

자극적이고 진하며 짠맛이 덜해 마리네이드와 브레이즈, 그리고 스튜에 많이 쓰인다.

달콤한 맛이 나는 진간장은 뜨겁거나 차가운 전채요리 소스로 안성맞춤이다.

▲ 진간장

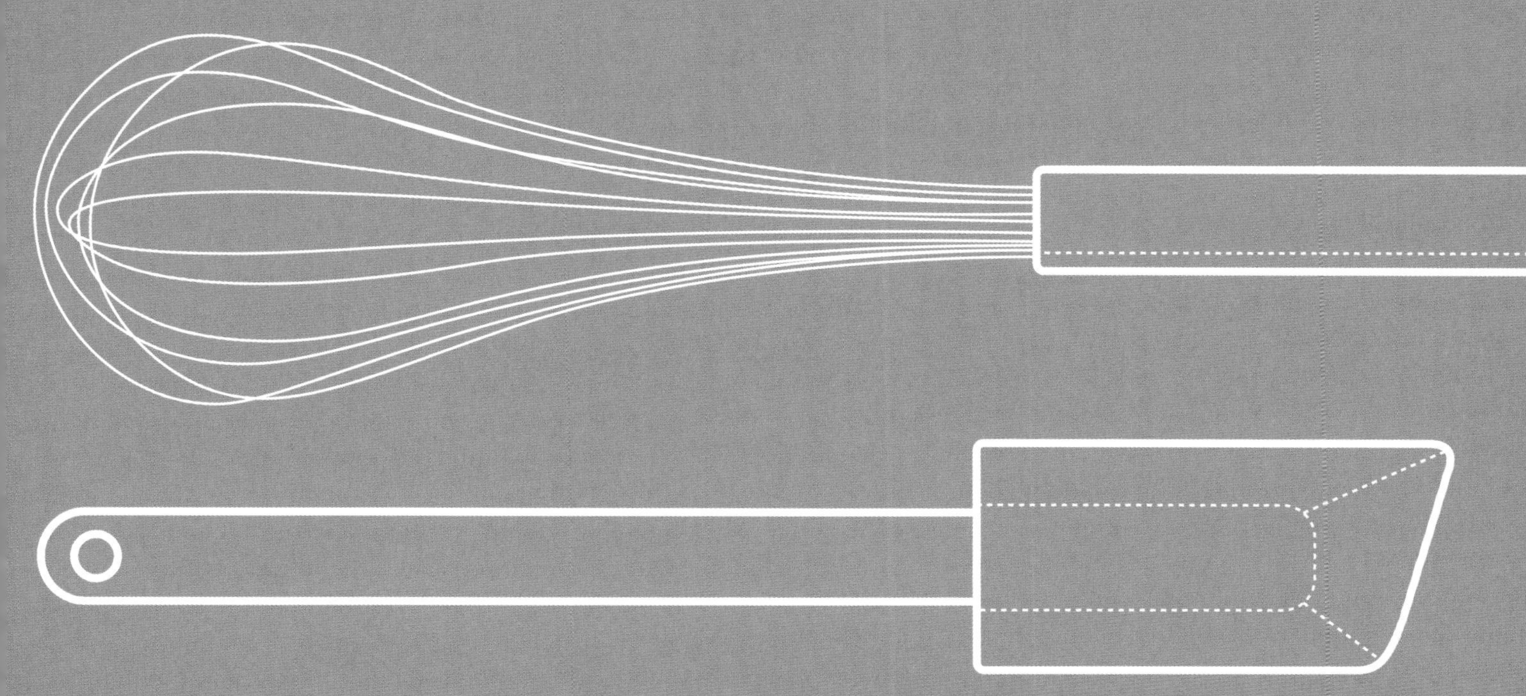

빵 & 단 음식

재료 포커스:
밀가루

밀가루는 모든 주방에 꼭 필요한 필수 재료다. 단 음식과 짠 음식을 만들 때 농도를 진하게 하거나 재료를 뭉치는 용도로 사용한다.

밀로 만든 밀가루는 찬장에 늘 구비해두어야 할 기본 재료다. 말린 밀싹 식물을 곱게 갈거나 으깨서 밀가루를 만든다. 곱게 간 후에는 알맹이의 각 부분, 즉 탄수화물인 중심 부분(배유)과 섬유로 이루어진 겨, 그리고 영양소가 풍부한 배아(싹)를 체에 걸러 분리한다. 맛이 뛰어난 갈색의 겨와 배아는 거의 또는 전부 버린다. 겨와 배아가 함유한 기름이 빨리 산패하기 때문이다. 모든 곡물에는 탄수화물이 풍부하다. 빵을 만들 때처럼 밀가루를 물에 섞은 다음 주무르면 밀가루의 두 가지 단백질이 글루텐을 생성한다. 굉장히 강력하고 잘 늘어나는 물질인 글루텐이 기포를 감싸 안아 빵이 오븐 안에서 풍성하게 부풀어 오르도록 한다. 밀가루의 단백질 함유량은 많을 수도 있고 적을 수도 있는데, 이에 따라 반죽했을 때 글루텐의 양을 가늠할 수 있다. 만드는 음식에 필요한 단백질 함유량의 밀가루를 고르는 것이 중요하다(오른쪽 참고).

밀가루 제대로 알기

밀가루는 정제 정도에 따라 종류와 색깔이 다양하다. 색깔이 흴수록 더 많이 정제된 것이다. 글루텐이 얼마나 들어 있는지 알 수 있는 단백질 함유량 또한 밀가루의 종류와 색을 결정하는 요소다. 빵을 만들 때는 단백질이 풍부해 더욱 유연한 글루텐을 형성하는 밀가루가 좋다. 케이크와 페이스트리에 글루텐이 너무 많으면 질감이 무거워지기 때문에 글루텐 함유량이 적은 밀가루가 적합하다. 파스타용 밀가루는 글루텐이 적당히 있어야 면이 탱글탱글하다.

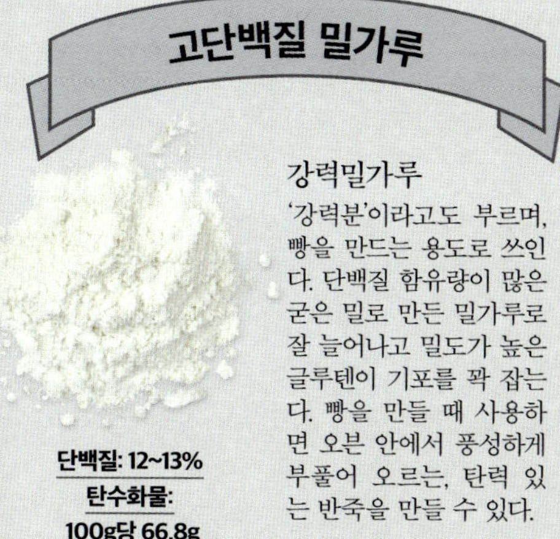

과학적인 논리

막 제분한 밀가루의 글루텐은 힘이 없지만, 시간이 지나면서 단백질과 산소가 반응하면서 점점 더 강력해진다.

요리 테크닉

글루텐 단백질이 형성되고 더욱 단단해지도록 반죽을 주무른 다음 일정 기간 놔둔다. 효모균과 섞으면 글루텐이 기포를 감싼다.

글루텐

글루텐 기포가 커지면 빵의 부피 또한 늘어난다.

풍부한 영양소

통밀가루에는 곡물 중에서 맛이 뛰어난 부분인 겨와 배아가 원래 비율대로 들어 있다. 겨와 배아는 섬유소와 단백질, 그리고 철분과 비타민 B군과 같은 영양소가 풍부하다.

고단백질 밀가루

강력밀가루

'강력분'이라고도 부르며, 빵을 만드는 용도로 쓰인다. 단백질 함유량이 많은 굳은 밀로 만든 밀가루로 잘 늘어나고 밀도가 높은 글루텐이 기포를 꽉 잡는다. 빵을 만들 때 사용하면 오븐 안에서 풍성하게 부풀어 오르는, 탄력 있는 반죽을 만들 수 있다.

단백질: 12~13%
탄수화물: 100g당 66.8g

통밀가루

'완전 밀가루'라고도 부른다. 겨와 배아를 포함한 밀가루다. '갈색' 밀가루는 겨를 일부 남겨둔 것이고, '잡곡' 밀가루에는 여러 곡물가루가 뒤섞여 있다. 일반 밀가루보다 맛이 한층 더 풍부하고 영양가도 높은 빵을 만들 수 있다.

단백질: 11~15%
탄수화물:

통밀가루

보관 방법
통밀가루는 다른 정제밀에 비해 유통기한이 짧으므로 햇빛이 닿지 않는 선선한 곳에 보관해야 한다.

체에 걸러 분리하기
통밀가루에는 제분 과정 후에도 곡물 알갱이의 각 부분이 모두 들어 있다. 따라서 고도로 정제한 밀가루에 비해 색이 짙고 거칠어 보인다.

탄수화물이 케이크 믹스 안의 기포를 잡고 있다.

과학적인 논리
케이크 믹스에 더하면 탄수화물이 강화되어 거품 막을 형성한다. 때문에 빵을 굽는 과정에서 모양을 그대로 유지한다.

탄수화물

요리 테크닉
단백질 함유량이 적은 밀가루는 글루텐 대신 탄수화물로 구조와 질감을 유지한다.

중-저단백질 밀가루

00 밀가루
매우 곱게 간 이탈리아산 밀가루다. 단백질 함유량이 7~11%라서 단단한 정도가 중간인 글루텐을 만든다. 따라서 파스타의 쫄깃한 식감을 살릴 수 있다. 가벼운 페이스트리와 케이크, 비스킷을 만들 때도 사용한다.

단백질: 7~11%
탄수화물: 100g당 68.9g

흰 밀가루
정제 과정을 통해 겨와 싹을 제거한 밀가루로, 부족한 영양소를 추가로 넣어 보충하는 것이 좋다. 여러 요리에 두루두루 활용할 수 있다. 식감이 부드러워 달콤한 빵이나 걸쭉한 소스를 만들 때 사용한다.

단백질: 7~10%
탄수화물: 100g당 76.2g

팽창제 혼합 밀가루
베이킹파우더를 넣은 밀가루로, 반죽의 발효시간이 줄어든다. 물과 섞으면 베이킹파우더의 화학 물질인 중탄산나트륨이 반응해 이산화탄소가 만들어지면서 케이크가 부풀어 오른다.

단백질: 7~8%
탄수화물: 100g당 74.3g

밀가루를 체로 치는 이유는?

옛날부터 제분한 밀가루를 매우 고운 가루로 만들기 위해 체로 치는 방법을 활용했다.

요즘에는 밀가루 입자를 제분해서 0.25mm보다 작은 체로 친다. 하지만 케이크를 만들 때는 여전히 밀가루를 사용하기 전에 다시 체로 거르는 것이 중요하다. 밀의 탄수화물을 분해하기 위해서라기보다는 비닐 포장 안에서 짓눌러져 덩어리진 입자가 분리되도록 공기를 통하게 하기 위함이다. 케이크 믹스의 가루 재료를 체로 치면 골고루 흩어지게 할 수 있을 뿐만 아니라 밀가루의 부피 또한 커진다. 체로 치지 않은 밀가루는 작게 덩어리져 물을 더하면 더 큰 덩어리로 뭉치기 때문에 거품기 등으로 저어야 한다. 이 덩어리가 기포벽을 더욱 두껍게 만들어 반죽이 무겁고 밀도가 높은 스펀지처럼 변한다.

빠르게 섞기

케이크를 만들 때 푸드 프로세서를 사용하면 밀가루를 체로 치지 않아도 잘 분산되지만, 체질은 여전히 중요한 단계다.

> "체질은 밀가루 사이에 공기가 통하도록 해 비닐 포장 안에서 덩어리진 밀가루 입자를 분리한다."

체질이 필요 없는 경우

빵을 만들 때는 반죽을 치대는 과정에서 밀가루가 납작하게 눌리기 때문에 체로 치지 않아도 된다.

체로 치지 않은 밀가루를 넣으면

비닐봉지 안 밀가루를 체로 치지 않고 용기에 부으면 입자가 서로 뭉쳐 밀도가 다소 높고 촘촘한 덩어리가 생긴다.

체로 친 밀가루를 넣으면

같은 양의 밀가루를 체로 치면 덩어리진 입자가 분리되기 때문이 부피가 50%가량 늘어난다.

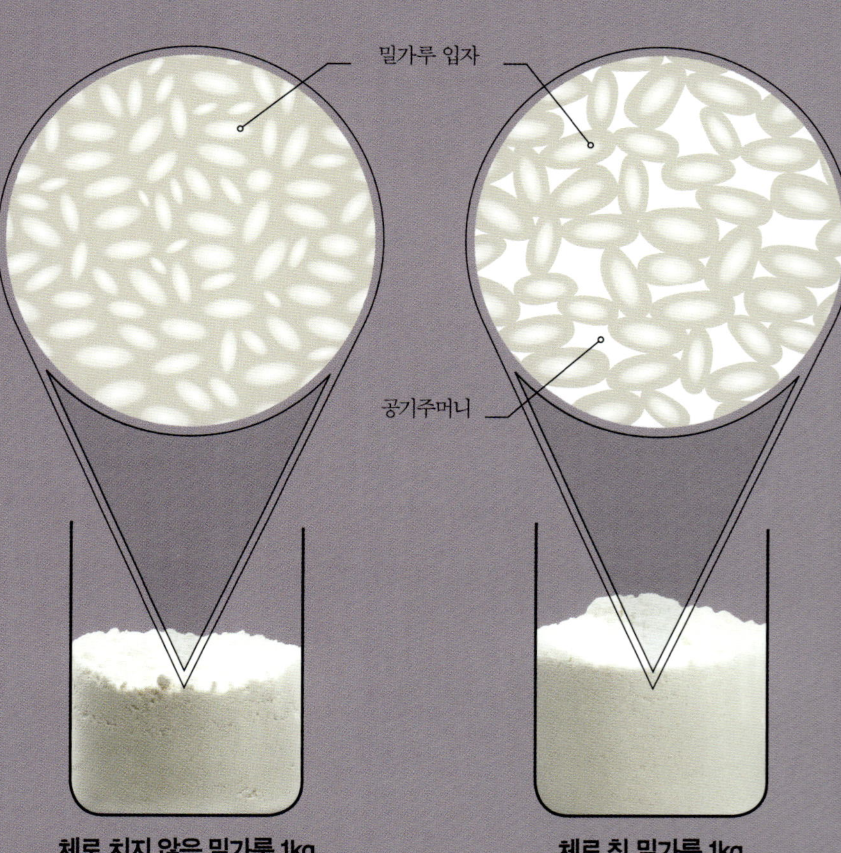

왜 제빵 레시피에서는 소금을 넣으라고 할까?

우리의 미각은 원래 짭짤한 소금 맛을 좋아한다.

소금은 거의 모든 음식의 맛을 향상시킨다. 감칠맛과 단맛, 그리고 신맛을 감지하는 수용기가 특히 소금에 민감하다. 반면 쓴맛은 줄어든다. 소금을 너무 많이 넣으면 맛이 너무 강해질 수 있지만, 아주 약간만 사용하면 단맛을 강화하는 데 매우 효과적이다. 설탕 1티스푼을 넣어 달게 만든 차에 소량의 소금을 뿌리면 마치 설탕 3티스푼을 넣은 것처럼 달콤한 맛을 즐길 수 있다.

케이크 혼합 재료에 소금을 너무 많이 넣으면 케이크가 지나치게 부드러워질 수 있다. 수분을 그대로 유지한 설탕이 케이크의 격자형 구조망을 구성하는 단백질이 느슨해져 재구성되는 것을 방해하기 때문에 전체적으로 불안정해진다(달콤한 빵에 설탕을 넣으면 글루텐 단백질에도 똑같은 불안정 효과가 나타난다). 소금은 음식의 질감을 떨어뜨리지 않으면서 손쉽게 단맛을 더한다.

중탄산나트륨 대신 베이킹파우더를 써도 될까?

중탄산나트륨과 베이킹파우더는 둘 다 팽창제의 일종이지만,
한 가지 중요한 차이점 때문에 사용방법이 다르다.

팽창제가 만들어지기 전에는 반죽이나 혼합물을 온힘을 다해 주물러 공기를 억지로 밀어 넣어야 했다.

중탄산나트륨(베이킹소다)과 베이킹파우더는 혼합물에 기체를 더한다. 하지만 구성 요소에 따라 사용법이 달라진다. 중탄산나트륨을 사용해 케이크를 부풀리려면 산이 필요하다(오른쪽 참고). 반면 베이킹파우더에는 산 분말이 이미 포함되어 있다. 베이킹파우더 대신 베이킹소다를 활용하려면 베이킹파우더 1티스푼당 베이킹소다 0.25티스푼과 타르타르 크림과 같은 산 0.5티스푼을 넣어야 한다. 반대로, 베이킹소다 1티스푼당 베이킹파우더 3~4티스푼을 넣는다. 타르타르 크림은 따로 더할 필요가 없다. 다른 재료에 들어 있는 산과 균형을 맞추기 위해 베이킹소다를 사용하는 레시피도 있으니 꼼꼼히 살펴보는 것이 좋다.

차이점 알기

중탄산나트륨

베이킹소다로도 알려진 알칼리성 화학 팽창제이다.

 **작용 원리:** 베이킹소다가 반응하려면 산이 필요하다. 그래야 서로 중화되어 케이크가 팽창하도록 도와주는 이산화탄소를 만든다. 타르타르 크림과 발효한 버터밀크, 요구르트, 과일즙, 코코아, 갈색 설탕, 당밀은 모두 산을 포함한 재료다.

 **활용 방법:** 비스킷에 넣으면 마지막 단계에서 갑자기 부풀어 올라 농도가 케이크와 비슷해지는 것을 막을 수 있다.

베이킹파우더

중탄산나트륨에 타르타르 크림과 같은 산 분말이 섞여 있다.

 **작용 원리:** 산이 이미 섞여 있으므로 바로 팽창제로 사용하면 된다. 물과 섞으면 기포가 생기기 시작해 오븐 안에서도 계속 생성된다. 일부 분말은 두 가지 산이 섞여 있는데, 하나는 빨리 반응하는 산이고 다른 하나는 나중에 기체를 만들어 이중으로 부풀어 오른다.

 **활용 방법:** 이중으로 부풀어 올라 부피가 더욱 커지므로 케이크를 만들 때 적합하다.

빵을 만들 때
가장 적합한 지방은?

지방마다 장단점이 다르다.

빵을 만들 때 연화제 역할을 하는 지방을 더하면 한층 더 바슬바슬한 케이크와 얇게 벗겨지는 페이스트리를 만들 수 있다. 물이 밀가루와 섞이는 것을 예방할 수 있고 글루텐 생성이 둔화된다. 지방 분자는 또한 글루텐 가닥이 서로 단단하게 뭉치는 것을 막아 케이크가 뻑뻑해지거나 페이스트리가 질겨지지 않도록 한다. 따라서 선택한 지방의 수분 함유량이 빵의 질감에 큰 영향을 미친다.

하지만 질감뿐만 아니라 편리성, 맛, 식감, 그리고 기포를 얼마나 확보하는지 등을 고려해야 한다. 마가린과 식물성 쇼트닝은 굉장히 가벼운 케이크를 만들 때 유용하다. 또한 페이스트리를 만들 때 버터보다 훨씬 더 편하게 쓸 수 있다. 하지만 페이스트리와 비스킷의 맛에서는 버터를 따라갈 수 없다. 오른쪽 표를 통해 빵을 만들 때 사용하는 지방의 종류와 적절한 사용 방법을 알아보자.

질감

과일을 넣은 머핀를 만들 때 케이크 믹스에 공기를 더하지 않았다면 액체 기름과 같은 순수 지방을 더해 질감을 가볍게 만든다.

갓 구운
머핀

지방의 종류	수분 함유량	✔ 장점
 버터	15~20%	녹는점이 체온보다 낮은 20℃로 마치 입에서 녹는 듯한 풍부한 맛이 인상적이다. 케이크 반죽에 공기를 더할 때 크림 형태 또는 거품을 내서 사용한다.
 식물성 쇼트닝	0%	공기를 잘 포착한다(쇼트닝 중에는 미리 공기를 첨가한 제품도 있다). 수분이 없기 때문에 케이크를 더욱 가볍게 만든다. 단단할 뿐만 아니라 녹는점이 46~49℃로 페이스트리 반죽에 쉽게 활용할 수 있다. 질감이 단단하고 바삭하다.
 라드	2%	수분 함유량이 적고 녹는점이 30℃라서 버터보다 더 수월하게 돌돌 말아 페이스트리를 만들 수 있다. 버터보다 맛도 뛰어나다. 예전 인식과는 달리 건강에 해롭지 않다는 연구 결과도 있다.
 제빵용 마가린	20~25%	기름 분자를 으깨면 동물성 지방보다도 작은 크기로 줄어든다. 케이크를 만들 때 사용하면 공기를 효과적으로 포착한다. 녹는점이 높아 한층 더 바삭하고 얇게 찢어지는 페이스트리를 만들 수 있다.
 액체 지방	0%	수분이 전혀 없는 액체 지방은 케이크 반죽을 누르는 힘이 버터보다 부족해 케이크가 한층 더 풍성하게 부풀어 오른다.
 저지방 스프레드	최대 90%	뚜렷한 장점이 없다. 수분 함유량이 매우 높으므로 빵을 만들 때 저지방 스프레드와 마가린은 반드시 피해야 한다.

✗ 단점	적절한 사용 방법
페이스트리 재료로는 적합하지 않다. 식은 상태에서는 잘 섞이지 않는다. 또한 20℃에서 빠르게 녹으면서 수분이 밀가루로 빠져나가고 페이스트리 반죽이 딱딱해진다. 완성된 스펀지케이크의 질감이 살짝 무겁다.	페이스트리와 비스킷의 맛과 식감을 훌륭하게 만든다. 반면 케이크의 경우 버터의 맛과 식감을 잘 느낄 수 없다.
아무런 맛이 나지 않는다. 체온과 같은 온도에서 고체 상태를 유지하므로 입안에서 살살 녹는 맛 역시 없다. 식물성 쇼트닝을 넣은 페이스트리에서 기름진 맛이 느껴질 수 있다. 몸에 좋지 않은 경화 유지(트랜스 지방이라고도 한다)로 만든 합성 제품이다.	스펀지케이크를 크게 부풀린다. 질감을 가볍게 하고 부스러기 또한 약하고 부드럽다. 페이스트리에 사용하면 질감이 굉장히 얇고 바삭하지만, 맛과 식감이 흠이다.
버터와는 달리 은은하면서도 짭짤한 향이 난다. 따라서 달콤한 빵에는 어울리지 않는다. 슈퍼마켓에서 파는 제품 중 일부는 유통기한을 늘리기 위해 몸에 나쁜 트랜스 지방을 주입해 수소 처리한 것도 있다.	짭짤한 빵과 페이스트리의 맛을 한층 더 살린다.
식물성 쇼트닝과 비슷한 방식으로 만든다. 따라서 아무런 맛이 나지 않는다. 마가린을 넣은 페이스트리에서 기름진 맛이 날 수 있다. 쇼트닝보다 수분 함유량이 많다.	가볍고 잘 바스러지며 높게 부풀어 오른 케이크를 만들 수 있다. 가벼운 스펀지케이크의 경우 버터 맛과 큰 차이가 없다. 지방 함유량이 최소 80%인 제빵용 마가린을 사용하면 깃털처럼 가벼운 케이크를 만들 수 있다.
공기를 포착하는 크림으로 만들 수 없다. 따라서 팽창제에 의존해 부풀어 오르는 케이크의 재료로 적합하다. 글루텐을 여러 층으로 분리할 수 없으므로 얇게 찢어지는 페이스트리를 만들기 어렵다.	당근 케이크와 같이 크림으로 만들지 않는 케이크에 액체 지방을 사용하면 질감이 굉장히 가볍고 촉촉해진다. 잘 바스러지는 페이스트리를 만들 때 고체 지방 대신 사용할 수 있다.
크림으로 만들 수 없으며 기포를 포착하지 못한다. 수분 함유량이 많아 케이크의 질감이 무겁고 퍽퍽하다. 또한 한층 한층 살아있는 페이스트리를 만드는 일이 거의 불가능에 가깝다.	전혀 없다. 저지방 스프레드와 마찬가지로 펴 바르는 마가린 역시 수분 함유량이 너무 높아 제빵용 재료로는 적합하지 않다.

오븐 예열은 얼마나 중요할까?

시간이 들더라도 예열 과정을 꼭 거치는 것이 좋다.

완전히 예열한 오븐은 온도가 낮아질 때를 대비한 효과적인 보험이나 마찬가지다. 하지만 오븐 속 공기뿐만 아니라 내부의 금속 벽이 목표 온도로 오를 때까지 인내심을 가지고 기다려야 한다. 뜨거워진 금속은 열을 저장하는 역할을 한다. '열흡수원'이라고도 하는데, 열을 내부로 발산해 오븐 온도를 일정하게 유지한다. 오븐 문을 열 때마다 뜨거운 공기가 바깥으로 쏟아진다. 이때 내부 벽의 온도가 낮으면 다시 공기를 데우기 위해 크기가 작은 발열체가 온힘을 다해야 한다. 하지만 오븐 내부 벽이 뜨거우면 공기 온도를 손쉽게 원위치로 되돌릴 수 있다.

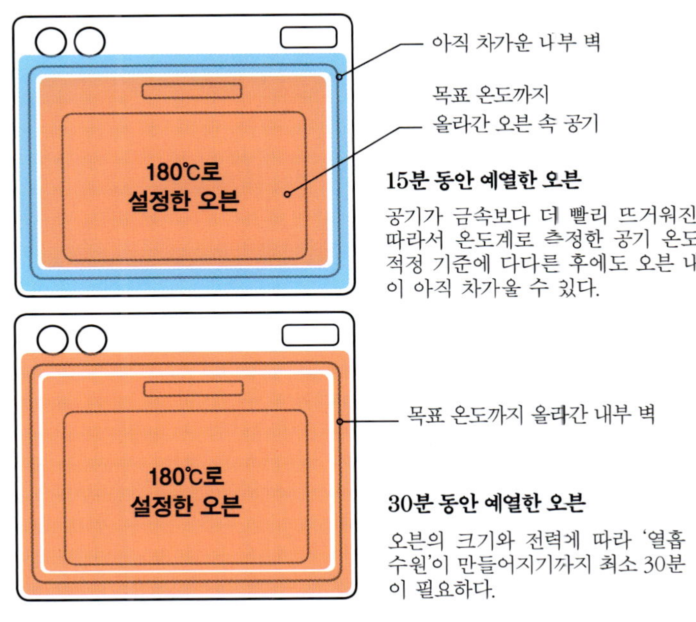

15분 동안 예열한 오븐

공기가 금속보다 더 빨리 뜨거워진다. 따라서 온도계로 측정한 공기 온도가 적정 기준에 다다른 후에도 오븐 내벽이 아직 차가울 수 있다.

30분 동안 예열한 오븐

오븐의 크기와 전력에 따라 '열흡수원'이 만들어지기까지 최소 30분이 필요하다.

오해 또는 진실

— 오해 —
오븐 문을 열면 케이크가 푹 꺼진다.

— 진실 —
오븐을 목표 온도까지 완전히 예열하는 것이 중요하다. 온도가 한창 오르고 있는 상태에서 오븐 문을 열면 케이크가 납작해질 수 있다. 오븐 속 공기 온도가 갑자기 낮아지기 때문이다. 하지만 완전히 예열한 오븐은 온도 변화를 금방 만회하므로 오븐 문을 재빨리, 그러나 살살 닫았다는 전제하에 케이크가 푹 꺼지는 참사를 막을 수 있다.

케이크가 부풀어 오르지 않는 이유는?

케이크 굽기의 화학적 이론을 이해하면 문제의 원인을 더욱 쉽게 파악할 수 있다.

케이크 굽기는 크게 세 단계로 나눌 수 있다. 첫 번째는 달콤한 반죽이 부풀어 오르는 팽창 단계다. 두 번째 단계에서는 케이크가 응고하면서 반죽의 구멍 또는 기포가 제자리에 고정된다. 마지막으로 표면의 색이 변하는 '갈변' 단계를 거쳐 케이크가 완성된다.

　반죽을 만든 방법, 재료의 양, 그리고 오븐 온도에 따라 케이크가 부풀어 오르는 정도가 달라진다. 일반적인 오븐 온도는 175~190℃이지만, 가정용 오븐 온도계는 정확도가 떨어져 오차 범위가 25℃이다. 오븐을 예열하면 빵을 굽는 과정에서 오븐 문이 열려도 온도를 빨리 회복할 수 있다(213쪽 참고).

　아래 표는 빵을 굽는 과정과 각 단계에서 일어나는 실패의 원인을 살펴본다.

솜털같이 보송보송한 믹스

푸드 프로세서로 버터와 설탕이 크림처럼 되도록 최소 2분 정도 섞으면 가벼운 믹스를 만들 수 있다.

케이크 굽기

	1단계: 팽창			2단계: 응고	
	0~80℃			**80~140℃**	
변화 과정	**기포가 커지기 시작한다** 베이킹파우더가 활동하기 시작한다. 크림처럼 만든 케이크 믹스 안에 갇힌 기포가 커진다. 온도가 올라가면서 이산화탄소를 생성하는 화학 반응이 가속화된다. 반죽을 저어 공기를 주입한다.	**이중으로 팽창한다** 마무리 단계에서 한 번 더 팽창하는 베이킹파우더를 사용하는 경우 50℃에 다다르면 두 번째 산이 활발해지면서 더 많은 기체를 만들어내 반죽이 더욱 크게 부풀어 오른다. 새로운 기포가 생성된다.	**기포의 크기가 커진다** 70℃부터 물이 급속도로 증발하기 시작한다. 수증기가 단단한 반죽의 작은 구멍을 더욱 크게 넓힌다. 기포의 크기 역시 계속해서 커진다. 수증기가 기포를 팽창시킨다.	**단백질이 느슨해진다** 80℃가 되면 달걀 단백질이 느슨해지면서 단단한 젤을 형성한다. 글루텐 대신 달걀 단백질이 분자의 대들보 역할을 해 케이크의 질감과 씹는 맛을 더한다. 케이크 반죽 안에 달걀을 충분히 넣는 것이 중요하다. 단백질이 기포 주변에서 재결성한다.	**탄수화물이 물을 흡수한다** 케이크가 응고하면서 밀가루의 탄수화물이 물을 빨아들인다. 나중에 케이크의 부드러운 부스러기가 되는 젤라틴 생성 과정이 시작된다. 설탕은 탄수화물이 자리 잡는 속도를 늦춘다. 따라서 단맛이 매우 강한 케이크는 단단해지는 데 더 오래 걸린다. 탄수화물이 부스러기를 형성한다.
문제의 원인	**덜 섞인 반죽** 버터와 설탕이 제대로 섞이지 않으면 기포를 충분히 잡아 감싸지 못한다. 따라서 완전히 크림처럼 될 때까지 섞어야 한다. 버터와 설탕의 혼합물은 가볍고 폭신폭신해야 한다.	**잘못된 양** 팽창제를 너무 적게 넣으면 기체가 충분하지 않아 빵이 부풀어 오르지 않는다. 반면 팽창제를 너무 많이 쓰면 기체가 지나치게 많아져 반죽이 스스로 무너진다.	**밀도가 높은 반죽** 밀가루 또는 액체가 너무 많거나 반죽을 너무 많이 저으면 글루텐 섬유가 뻑뻑해져 반죽이 무거워진다. 밀가루가 덩어리지지 않도록 체에 거르는 게 좋다.	**잘못된 온도** 오븐이 너무 뜨거우면 기체가 팽창해 케이크가 부풀어 오르기 전에 반죽 겉이 먼저 굳는다. 결국 남아 있는 기체가 터지면서 케이크 윗면이 갈라진다. 반대로 오븐 온도가 낮으면 팽창하는 기체를 제대로 잡지 못해 케이크 속에 커다란 구멍이 생기면서 케이크가 무너진다.	

왜 시간이 지나면 케이크는 딱딱해지고 비스킷은 부드러워질까?

이 달콤한 간식의 주성분 함유량을 알면 시간이 지나면서 일어나는 변화를 쉽게 이해할 수 있다.

케이크는 시간이 지나면서 퍽퍽해지고 딱딱해진다. 스펀지 같은 케이크 속 수분이 증발하고 탄수화물이 단단한 결정 형태로 변하는 퇴화 과정이 일어나기 때문이다. 이 과정은 온도가 낮을수록 빨리 일어나므로 케이크는 항상 통 안에 넣어 상온에서 보관하고 절대 냉장고에 넣지 않는다. 반면 비스킷은 촉촉함을 유지하는 설탕 함유량이 훨씬 더 높다. 물을 끌어당기는 설탕 분자의 성질을 가리켜 흡습성이라고 한다. 시간이 지나면 설탕이 물을 흡수하기 때문에 비스킷이 축축해진다. 꿀과 당밀이 들어간 갈색 설탕은 일반 설탕보다 흡습성이 더 뛰어나므로, 끈끈한 비스킷 또는 브라우니를 만들 때 흰설탕 대신 사용한다.

3단계: 갈변

140°C 이상 ✓

표면이 갈색으로 변한다

표면이 마른다. 140°C에 다다르면 설탕과 단백질이 서로 반응해 마이야르 반응을 촉진한다. 갓 구운 케이크 특유의 향긋한 냄새가 온 집안에 퍼진다. 수분이 증발하고 달걀 단백질이 쪼그라들어 케이크가 팬 위로 올라온다.

마이야르 반응으로 인해 껍질이 바삭해진다.

알맞은 팬 준비하기

팬의 크기가 너무 크면 케이크가 충분히 부풀어 오르지 못한다. 또한 반죽이 뜨거운 공기에 노출되어 더 빨리 마른다.

너무 익은 케이크 ✗

케이크를 너무 오랫동안 익히면 케이크가 건조해진다. 160~170°C에서 표면에 있던 설탕이 캐러멜화되면서 고소한 버터 향이 난다. 하지만 180°C가 되면 표면이 그을리기 시작한다.

완벽하게 구워진 케이크 / 탄 케이크

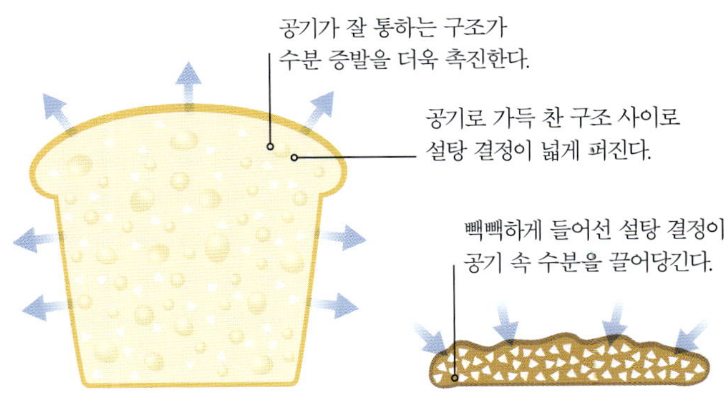

케이크

퇴화

탄수화물을 포함한 벌집 모양의 케이크에서 수분이 증발하면서 젤 형태의 탄수화물이 퍽퍽해지고 건조한 결정으로 덩어리지는 퇴화 과정이 일어난다.

비스킷

흡습

설탕은 흡습성이 뛰어나 시간이 지나면 주변 공기의 수분을 빨아당긴다. 따라서 비스킷이 점점 더 축축해진다.

> *"꿀과 갈색 설탕은 특히 흡습성이 뛰어나 물을 잘 흡수하므로 부드러운 비스킷 재료로 적합하다."*

사워도우 발효제란?

**제빵사들은 지난 천 년 동안 거품이 떠 있는
촉촉한 반죽을 이용해 새로운 빵을 만들었다.**

정제한 건조 효모를 쉽게 구할 수 있는 요즘에는 발효한 반죽을 스타터 또는 발효
제로 활용해 새로운 빵을 만들지 않아도 된다. 하지만 전통 조리법이 인기를 끌면
서 반죽 발효제가 다시금 주목을 받고 있다. 재배한 천연 야생 효모가 들어 있는
발효제로 만든 빵인 사워도우는 대개 순수 효모로 만든 빵보다 맛이 훨씬 더 입
체적이다. 발효제에는 여러 종류의 효모와 정제 과정에서 밀 표면에 번식하는 균
이 섞여 있기 때문이다. 야생 균은 종류가 다양해 발효제에 따라 완성된 빵의 맛
이 미묘하게 다르다. 발효제에 들어 있는 우유 맛을 시큼하게 만드는 젖산균과 산
을 생성하는 균이 젖산과 아세트산을 만들어 사워도우만의 독특한 신맛을 강화
한다.

사워도우 발효제 만들기

시간	만드는 방법
1일	• 커다란 유리병 안에 제빵용 밀가루 200g과 미지근한 물 200ml를 넣고 잘 저어 반죽을 만든다. 병 위를 공기가 통하는 천으로 덮은 다음 고무줄로 고정한다. • 유리병을 너무 뜨겁지 않은 따뜻한 곳에 보관한다. 밀가루 속 효모와 균들이 증식하기 시작한다.
3~6일	• 3일째 또는 4일째 발효제에 거품이 일기 시작하면 반 정도인 200g을 버린다. 그런 다음 제빵용 밀가루 100g과 물 100ml를 넣고 잘 섞는다. 효모의 수가 계속해서 빠른 속도로 증가하려면 신선한 재료를 끊임없이 공급해야 한다. 그렇지 않으면 증식이 정체되어 결국 죽는다. 매일 반복한다. • 표면에 맥주 거품 비슷한 거품이 생기면 따라 버리고 밀가루와 물을 더한다.
7~10일	• 발효제에 거품이 일고 맥주와 비슷한 시큼한 냄새가 나기 시작한다. • 이제 빵을 만들 때 활용해도 된다. 발효제 절반을 반죽에 섞는다. 나머지 발효제에는 밀가루와 물을 더한다. 빵 반죽의 경우 밀가루와 발효제 비율을 2:1로 섞는다. • 10일이 지나도 거품이 생기지 않을 때는 발효제를 다시 만들어야 한다.

현미경으로 들여다본 사워도우 발효제

배양한 사워도우 발효제에는 빵의 맛과 식감을 끌어
올리는 다양한 미생물이 들어 있다. 비료와 살충제
는 밀가루에 포함된 균과 효모의 양에 상당한 영향
을 끼치므로 가능하다면 유기농 야생 밀가루를 준비
하는 것이 좋다.

발효제는 추가 재료를
넣지 않으면
2주까지 냉장 보관할 수 있다.
사용하기 24시간 전에 꺼내
밀가루와 물을 넣고 따뜻한
곳에 보관하면 된다.

좋은 빵 반죽의 기본 조건은 무엇일까?

글루텐 형성 과정을 조금만 이해하면 빵 반죽을 쉽고 간단하게 만들 수 있다.

빵 반죽은 여러 방법으로 만들 수 있다. 열두 명의 제빵사에게 빵 만드는 요령을 물어보면 모두 다른 대답을 내놓을 것이다. 밀가루와 물만 넣어 반죽을 만드는 방법이 가장 간단하다.

반죽 만들기

밀가루와 물을 섞으면 단백질과 탄수화물, 그리고 물 분자가 합쳐진 반죽이 만들어진다. 밀가루에는 두 종류의 단백질이 들어 있는데, 하나는 글루테닌이고 다른 하나는 글리아딘이다. 이 두 단백질이 서로 합쳐져 길고 잘 늘어나는 단백질인 글루텐을 형성한다.

반죽을 잘 섞어 치대는 중요한 과정을 통해 단백질이 단단한 글루

27℃

27℃에서 효모 반죽이 가장 잘 부풀어 오른다. 온도가 더 높으면 효모 맛이 너무 강해진다.

텐 망으로 바뀐다. 열을 가하면 글루텐 망이 기포를 감싸 안은 후 응고되어 구운 빵의 식감과 구조를 완성한다(220~221쪽 참고).

부풀어 오르는 빵

효모, 베이킹파우더, 또는 베이킹소다는 질감이 빽빽하고 납작한 빵을 공기가 잘 통하는 풍성한 빵으로 변신시킨다. 세 가지 재료 모두 조리 과정에서 기체를 발산하는데, 기체가 반죽 안에서 팽창하면서 빵이 부풀어 오른다. 미세한 크기의 생물인 효모는 가장 흔히 쓰이는 팽창제로, 완성된 빵의 맛을 깊게 만들고 식감을 가볍게 한다.

빵 반죽 만들기

초기 단계가 잘 이루어져야 완벽한 빵을 만들 수 있다. 효모에 수분을 더하고 글루텐을 단단하게 만들어야 탱글탱글하고 부드러우며 맛이 풍부한 빵이 완성된다. 이 레시피는 효모를 넣어 부풀린 흰 빵을 만드는 레시피로, 사워도우 발효제 또는 통밀가루를 추가해도 좋다.

밀가루에 기체를 주입한다

강력분 750g을 커다란 그릇에 붓는다. 급속 건조 효모 15g과 소금 1티스푼을 넣고 잘 섞는다. 효모가 밀가루의 탄수화물을 설탕으로 바꿔 섭취하면서 이산화탄소와 에탄올을 생성한다. 그 결과 빵이 부풀어 오른다. 소금은 반죽에 맛을 내고 글루텐 조직을 더욱 단단하게 하며 효모가 너무 빨리 증식해 효모 맛이 강해지지 않도록 한다.

미지근한 물로 효모에 수분을 더한다

잘 섞은 가루 한가운데를 움푹하게 판 다음 미지근한 물 450ml를 붓는다. 물 분자를 빨아들인 밀가루의 탄수화물이 커지면서 반죽이 더욱 걸쭉해진다. 밀가루의 글루테닌과 글리아딘 단백질이 수분과 합쳐지면서 글루텐이 만들어진다. 미지근한 물이 건조 효모에 수분을 더하고 따뜻하게 만들어 효모 수가 늘어난다.

잘 섞어 글루텐을 형성한다

액상 혼합물에 천천히 밀가루를 붓는다. 밀가루가 잘 섞일 때까지 나무 숟가락으로 잘 젓는다. 반죽을 저으면 단백질이 더 많이 형성되고 글루텐 가닥이 합쳐지면서 빵의 구조와 식감이 살아난다. 부드럽고 끈적끈적한 반죽이 그릇에서 떨어질 때까지 숟가락으로 계속해서 젓는다.

반죽을 치대 글루텐을 강화한다

밀가루를 살짝 뿌린 작업대 위에 반죽을 올려놓고 치댄다. 몸쪽으로 반죽을 접은 다음 손바닥 끝을 이용해 아래와 바깥쪽으로 민다. 반죽을 뒤집어 접은 다음 다시 바깥쪽으로 민다. 반죽이 너무 끈적거려 작업하기 까다로울 때는 밀가루의 탄수화물이 수분을 흡수하도록 1~2분 정도 놔둔다.

부드럽고 잘 늘어날 때까지 치댄다

5~10분 동안 반죽을 치댄다. 충분히 치대야 반죽의 단백질이 서로 뭉쳐 잘 늘어나는 글루텐 망이 형성된다. 반죽을 구우면 글루텐이 효모에서 발산된 기체를 잡아서 응고시킨다. 그 결과 빵의 질감이 풍부해진다. 반죽이 덩어리 없이 부드럽고 잘 늘어날 때까지 계속해서 치댄다.

부풀어 오르도록 놔둔다

치댄 반죽을 공 모양으로 만든 다음 기름을 살짝 부은 커다란 그릇 안에 담는다. 기름 막 때문에 반죽이 그릇에 달라붙지 않는다. 부풀어 오르도록 상온에 1~2시간 놔둔다(220쪽 참고). 시간이 지나면서 효소가 탄수화물을 분해해 설탕을 만든다. 효모가 설탕을 섭취해 에탄올과 이산화탄소를 만들어내면 반죽이 풍선처럼 부풀어 오른다.

왜 반죽을 굽기 전에 부풀릴까?

반죽이 충분히 부풀도록 기다리는 만큼 맛과 식감이 풍부해진다.

단일 세포 곰팡이인 효모는 빵을 풍성하게 부풀리는 역할을 하는데, 오랫동안 발효시킬수록 더욱 좋다. 이산화탄소 기체가 반죽 속 기포를 만들어 반죽의 높이와 부피가 커진다. 효모는 또한 화학 물질을 발산해 빵의 맛을 더욱 입체적으로 만든다.

두 번째 팽창

시간이 오래 걸리는 첫 번째 팽창(218~219쪽 참고) 후에 부풀어 오른 빵에서 공기를 빼낸 다음 두 번째 팽창이 일어나도록 기다려야 한다. 즉, 빵을 다시 부풀리는 과정이 중요하다. 첫 번째 팽창 후 효모가 만들어낸 기체를 제거하는 과정에서

미리 부풀리기

반죽을 하룻밤 동안 냉장고에 보관하면 효모가 활동하는 속도를 늦추고 맛을 향상시킬 수 있다.

반죽의 질감이 한층 더 부드러워진다. 크기가 아주 작은 효모 세포가 탄수화물에서 분해된 설탕을 먹고 자라면서 에탄올과 그 외 화학 물질을 내뿜는데, 빵의 구조를 더욱 단단하게 만들고 풍미를 더한다.

뜨거운 오븐에 굽기

일반 오븐에서 빵을 구울 때는 260℃ 이상의 온도에서부터 반죽이 잘 부풀어 오르고 껍질이 바삭해진다. 집에서 사용하는 오븐을 예열한 다음 빵을 구워야 성공할 확률이 높다.

반죽 부풀리기

흰 반죽(218~219쪽 참고)을 효모로 부풀리는 간단한 레시피를 응용해보자. 효모가 발효되어 맛을 만들어내는 시간이 충분해 빵의 질감이 거칠어진다. 첫 번째 단계 이후 반죽을 작은 덩어리로 나눈다. 냉장고에 하룻밤 동안 보관하면 맛이 한층 더 숙성된다.

부풀어 오른 반죽의 기체를 뺀다

반죽을 치댄 후 1~2시간이 지나면 효모가 이산화탄소 기포를 만들어내면서 반죽의 크기가 두 배로 커진다. 글루텐이 완전히 늘어나 반죽을 찔렀을 때 다시 제자리로 돌아오지 않을 때까지 기다려야 한다. 밀가루를 뿌린 표면 위에 반죽을 올린 후 주먹으로 내리쳐 공기를 뺀다. 1~2분 동안 치댄다. 작은 기포가 생겨 반죽을 부드럽게 만든다.

제빵 틀에 넣고 부풀린다

반죽을 타원 모양으로 만든 다음 기름을 두른 1kg짜리 제빵 틀 안에 넣는다. 반죽이 촉촉해지도록 물에 적신 깨끗한 행주를 덮는다. 따뜻한 곳에 1시간 반에서 2시간 동안 놔둬 반죽을 다시 부풀린다. 또는 크기가 두 배로 커질 때까지 기다린다. 두 번째 팽창 과정을 통해 발효 효모가 발산한 화학 물질이 반죽의 맛을 더욱 풍요롭게 한다.

반죽을 구워 탄수화물과 글루텐을 굳힌다

반죽이 부풀어 오르는 동안 오븐을 230℃로 예열한다. 부풀린 반죽을 덮은 행주를 치우고 밀가루를 뿌린 다음 뜨거운 오븐 안에 넣는다. 반죽이 오븐 안에 들어가는 순간 효모 온도가 올라가면서 더 많은 기체를 만들어낸다. 반죽 온도가 60℃ 이상으로 올라가면 효모가 기체 발산을 멈추고 죽는다. 반죽이 부드러워지는 동시에 에탄올과 수분이 빠르게 증발하는데, 이때 수증기가 빵 속 기포 구멍을 더욱 크게 만든다.

더욱 풍성하게

빵이 마지막으로 팽창하는 '오븐 스프링' 단계는 껍질이 딱딱해지기 전인 최초 10분 사이에 일어난다.

#4

수분이 안정될 때까지 기다린다

30~40분 또는 반죽이 적당히 부풀어 오를 때까지 굽는다. 설탕과 단백질이 마이야르 반응을 일으키면서 껍질이 단단하고 노르스름해진다. 제빵 틀을 뒤집어 완성된 빵을 철제 선반 위에 올리고 온도를 낮춘다. 수분이 안정되고 탄수화물이 껍질 전체를 바삭하게 만들도록 완전히 식힌 다음 빵을 자른다.

기본 원리

크기가 작은 발열체가 금속 벽과 내부 공기를 데운다. 금속 벽과 내부 공기 모두 음식에 열을 발산한다.

알맞은 재료

빵, 케이크와 제과, 비스킷, 감자, 또는 크기가 큰 생선과 고기 조각.

고려해야 할 점

더욱 맛있는 빵을 구우려면 오븐을 충분히 예열해 금속 벽의 온도를 적정 수준으로 끌어올려야 한다.

오븐 베이킹 요리 과정

오븐 베이킹은 비교적 조리 속도가 느리다. 뜨겁고 건조한 오븐 내부 공기를 이용해 음식을 데운다.

뜨겁고 건조한 오븐 속 공기는 음식을 천천히 익힌다. 오븐의 발열체는 대개 크기가 작고 출력이 낮다. 오븐을 예열하면 뜨거워진 내부 벽이 공기를 데우고 음식에 열을 바로 발산하다. 가장 두꺼운 내부 벽에서 열이 가장 많이 발산된다. 팬 오븐은 일반 오븐보다 공기 순환이 원활하고 오븐 위쪽과 아래쪽의 온도 차이가 줄어들어 음식을 더욱 빨리 익힌다. 오븐 문이 열리면 뜨거운 내부 공기가 빠르게 빠져나가므로 예열이 매우 중요하다.

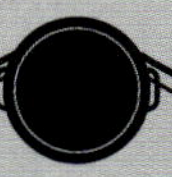

여분의 열

하단 선반 위에 피자용 돌을 올리면 진짜 돌 오븐과 비슷한 효과를 거둘 수 있다. 많은 양의 열을 흡수해서 오븐 위로 내뿜는다.

습기 조절하기

오븐 안에 물을 뿌리거나 얼음 조각을 넣으면 습기가 높아져 조리 시간이 단축된다.

오븐 대청소

오븐 벽과 문에 때가 축적되면 발산되는 열의 양이 줄어든다.

자세히 들여다보기

빵을 굽는 과정에서 반죽의 수분과 효모의 알코올이 증발하고 수증기가 반죽의 기포를 더욱 크게 만든다. 이를 통해 반죽의 부피가 커지는 것을 가리켜 '오븐 스프링'이라고 한다. 이때 반죽 내부의 탄수화물-글루텐 조직이 굳는다.

일러두기

기포를 둘러싼 액체

탄수화물-글루텐 조직

기포 주위로 형성된 액체 막이 빵을 굽는 동안 마른다.

고온에서 효모의 수증기와 이산화탄소가 팽창하면서 기포 또한 커진다.

베이킹

고체가 아닌 혼합물을 고체가 될 때까지 오븐에 넣고 굽는다. 감자와 같은 재료는 마른 상태에서 굽는다.

조리 온도: 빵은 대개 고온을 일정하게 유지하면서 굽는다.

맛과 질감: 질감은 때에 따라 편차가 크다. 케이크와 빵, 수플레 안에 생긴 기포 때문에 전체적인 질감이 가볍다. 기름이나 액체를 사용하지 않고 재료를 굽는다. 빵과 케이크에 글레이즈를 바르기도 한다.

로스팅

고기와 같이 딱딱한 재료가 갈색으로 변할 때까지 완전히 익히는 조리법이다.

조리 온도: 고기는 주로 저온에서 오랫동안 조리해 밀도가 높은 조직 세포를 완전히 익힌다. 시작 단계 또는 마무리 단계에서 온도를 높여 표면을 갈변시킨다.

맛과 질감: 건조한 오븐 속 공기가 고기와 채소의 수분을 제거한다. 주로 갈변을 촉진하기 위해 재료 위에 지방이나 기름을 뿌린다.

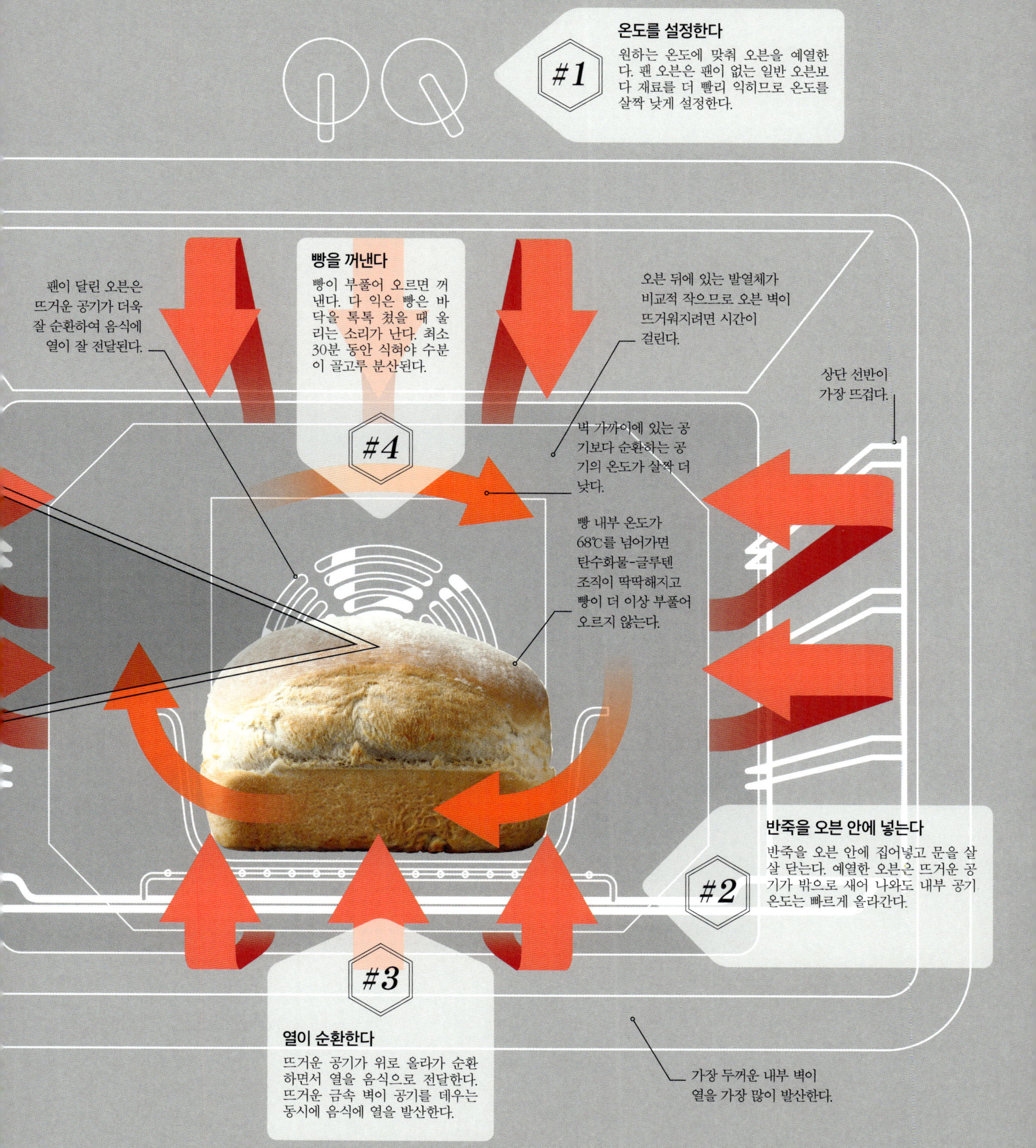

온도를 설정한다

#1 원하는 온도에 맞춰 오븐을 예열한다. 팬 오븐은 팬이 없는 일반 오븐보다 재료를 더 빨리 익히므로 온도를 살짝 낮게 설정한다.

빵을 꺼낸다

빵이 부풀어 오르면 꺼낸다. 다 익은 빵은 바닥을 톡톡 쳤을 때 울리는 소리가 난다. 최소 30분 동안 식혀야 수분이 골고루 분산된다.

팬이 달린 오븐은 뜨거운 공기가 더욱 잘 순환하여 음식에 열이 잘 전달된다.

오븐 뒤에 있는 발열체가 비교적 작으므로 오븐 벽이 뜨거워지려면 시간이 걸린다.

상단 선반이 가장 뜨겁다.

#4

벽 가까이에 있는 공기보다 순환하는 공기의 온도가 살짝 더 낮다.

빵 내부 온도가 68℃를 넘어가면 탄수화물-글루텐 조직이 딱딱해지고 빵이 더 이상 부풀어 오르지 않는다.

반죽을 오븐 안에 넣는다

#2 반죽을 오븐 안에 집어넣고 문을 살살 닫는다. 예열한 오븐은 뜨거운 공기가 밖으로 새어 나와도 내부 공기 온도는 빠르게 올라간다.

#3

열이 순환한다

뜨거운 공기가 위로 올라가 순환하면서 열을 음식으로 전달한다. 뜨거운 금속 벽이 공기를 데우는 동시에 음식에 열을 발산한다.

가장 두꺼운 내부 벽이 열을 가장 많이 발산한다.

왜 무글루텐 빵은 덜 부풀어 오를까?

글루텐은 빵을 풍성하게 부풀릴 뿐만 아니라 탄수화물을 함유한 음식을 더 잘 결합하고 빵이 바스러지지 않도록 돕는다.

밀은 활용도가 매우 높다. 특히 물에 섞으면 두 종류의 단백질이 뭉쳐 글루텐을 형성한다(오른쪽 참고). 단단하고 잘 늘어나는 글루텐은 기포를 가두고 빵을 팽창시킨다. 밀이 들어 있지 않은 가루는 글루텐이 만들어지지 못하므로 완성된 빵이 납작하다. 이러한 빵을 풍성하게 만들기 위해 대개 크산탄 검과 같은 끈적끈적한 시크너를 넣는다. 크산탄 검을 물에 섞으면 걸쭉하고 끈적한 젤로 변하는데, 단단해서 기포를 잘 가둔다. 지방과 물에 섞어서 사용하는 유화제 역시 기포 주변으로 잘 뭉친다. 영양소와 질감 면에서 밀을 대체할 수 있는 탄수화물은 없다. 대부분의 무글루텐 밀가루는 영양소와 농도를 밀가루와 비슷하게 하기 위해 탄수화물을 섞는다.

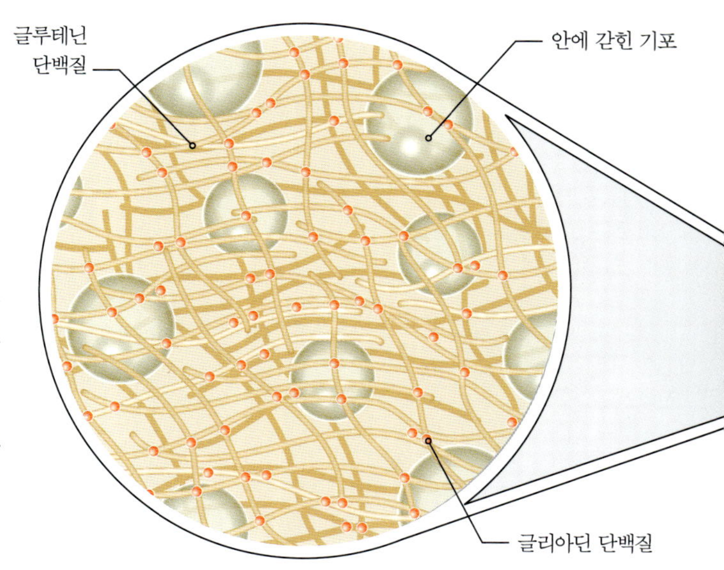

글루텐이 형성되고 빵이 팽창되는 과정

잘 치댄 밀가루 반죽 속은 전체적으로 글루텐 가닥으로 가득 차 있다. 밀가루 단백질과 글루테닌, 그리고 글리아딘을 함께 뭉치면 글루텐이 만들어진다. 글루텐은 효모의 기포를 가둬 빵을 부풀린다.

왜 집에서 만든 빵은 시중에서 파는 제품보다 어두울까?

요즘에는 밀가루를 거의 무게가 느껴지지 않을 정도로 가늘게 정제한 후 빵을 만든다.

한때 우리는 먹는 음식을 손으로 일일이 공들여서 준비했었다. 하지만 오늘날 점점 증가하는 인구가 먹을 식량을 더욱 값싸게 생산하기 위해 기계를 이용한다. 예전과는 비교할 수 없는 빠른 속도로 반죽을 치대고 부풀려 빵을 만드는 것이다. 기계화된 혼합기와 약간의 재료를 더해 모든 공정을 4시간 만에 완료해 대량으로 빵을 생산해낸다.

강력한 혼합기가 반죽을 휘저어 글루텐을 급속도로 만들어낸다. 여기에 화학 물질을 추가하면 반죽을 식히거나 부풀리지 않아도 된다. 저단백질 밀가루로도 빵을 만들 수 있다. 확실히 편리하기는 하다. 그러나 시중에서 파는 빵이 어떻게 만들어졌는지를 정확하게 알아둘 필요가 있다.

추가적인 도움

아세트산과 같은 보존제를 넣은 시중에서 파는 빵은 일주일 이상 놔둬도 곰팡이가 생기지 않는다.

시간

반죽을 섞어 치댄 다음 부풀 때까지 기다렸다가 오븐에 넣고 구우려면 최소 6시간이 걸린다.

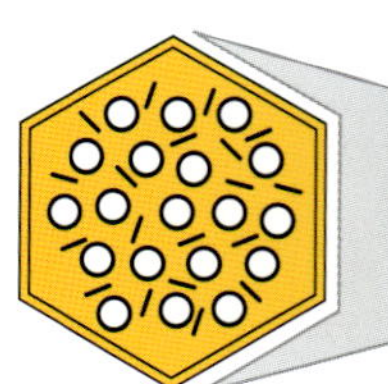

색과 질감

집에서 만든 빵은 밀가루의 종류에 따라 색이 달라진다. 흰색 반죽은 보통 하얗지 않고 약간 누런색을 띤다. 밀가루를 더 많이 사용해야 하고 글루텐이 강화되는 데 오래 걸려 빵이 더 빽빽하고 씹는 맛이 강하다.

맛

발효되는 시간이 더 긴 집에서 만든 빵은 맛이 진하다. 또한 효모 맛도 느껴진다. 시중에서 파는 제품보다 밀도가 높으므로 밀가루의 맛이 더 선명하다.

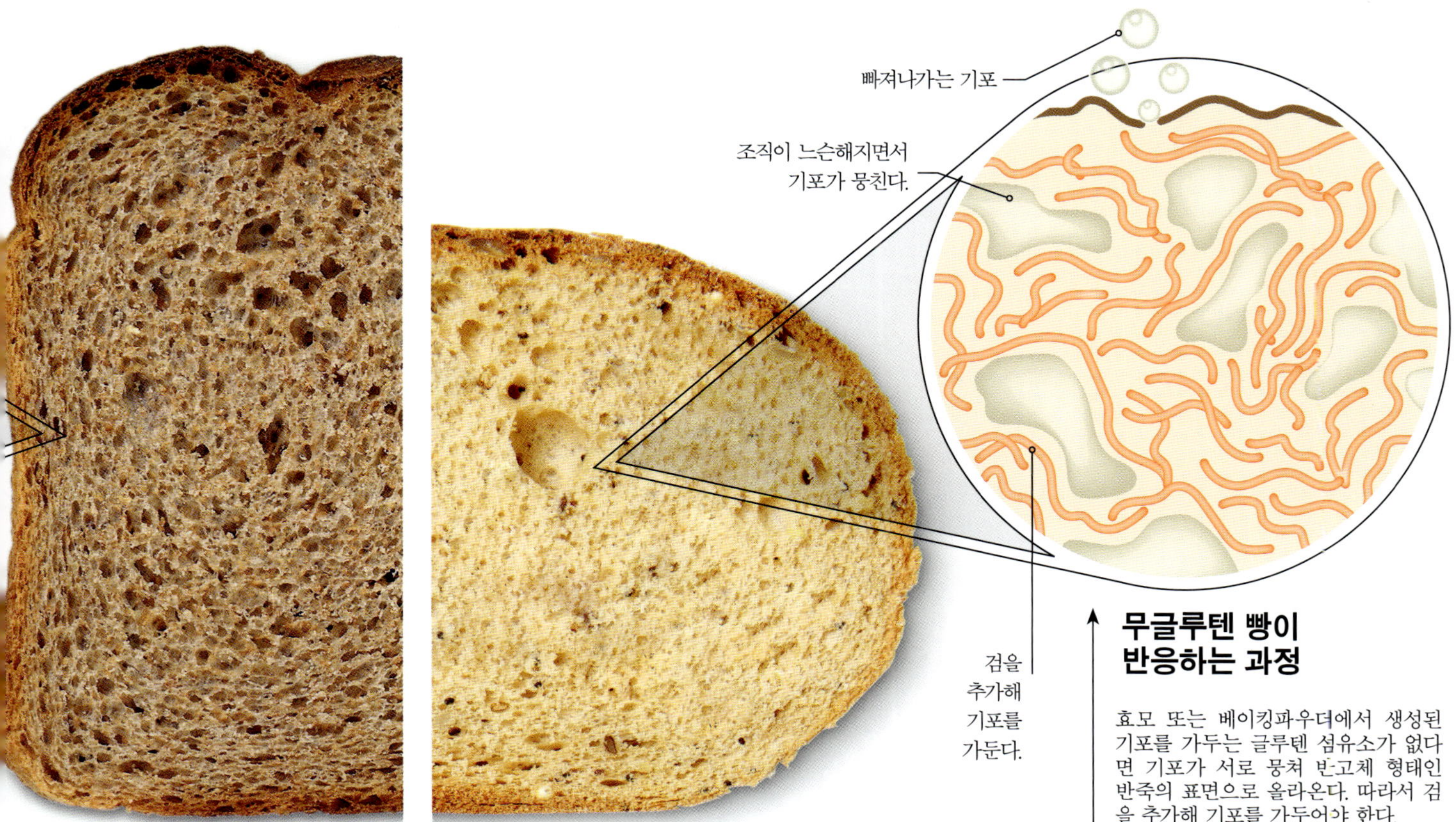

빠져나가는 기포

조직이 느슨해지면서 기포가 뭉친다.

검을 추가해 기포를 가둔다.

글루텐을 함유한 빵

무글루텐 빵

↑ 무글루텐 빵이 반응하는 과정

효모 또는 베이킹파우더에서 생성된 기포를 가두는 글루텐 섬유소가 없다면 기포가 서로 뭉쳐 반고체 형태인 반죽의 표면으로 올라온다. 따라서 검을 추가해 기포를 가두어야 한다.

추가한 효소는 효모가 더 많은 기포를 생성하도록 유도한다.

시간

식품 첨가물, 추가 효모, 그리고 강력한 혼합기가 힘을 모아 빵을 대량으로 만들어낸다. 밀가루를 잘 부풀린 빵으로 만드는 데 4시간이면 충분하다.

색과 질감

콩가루를 섞으면 크림처럼 새하얀 색이 나온다. 식품 첨가물인 아스코르브산(비타민 C)을 넣으면 추가 효모가 빵을 부풀리는 동안 글루텐 단백질인 글루테닌과 글리아딘이 더 빨리 뭉친다.

맛

대량 생산 과정에서 기포를 더 잘 확보하기 위해 여분의 지방과 유화제를 넣는다. 추가한 지방과 기름 때문에 입안에서 녹는 것처럼 느껴진다. 식감이 스펀지같이 부드럽고 농도가 일정하다.

집에서 만든 빵

시중에서 파는 빵

빵의 색깔이 더 밝고 선명하다.

왜 페이스트리 반죽은 너무 치대면 안 될까?

가볍고 바삭한 페이스트리를 만들 때는
기존의 제빵 조리법을 모두 잊어야 한다.

글루텐은 밀가루를 적셨을 때만 생성된다. 따라서 유연한 페이스트리 반죽을 만들려면 물을 충분히 부어야 한다. 그러나 물이 너무 많으면 페이스트리가 딱딱하고 고무처럼 변한다. 차가운 버터와 밀가루를 잘 섞어 반죽으로 만든 다음 밀가루 100g당 차가운 물 3~4테이블스푼을 넣는다. 물을 부은 반죽은 최대한 만지지 않는 것이 중요하다. 잘못하면 글루텐이 너무 많이 생성되기 때문이다. 얇게 폈을 때 반죽이 튀어 오르면 너무 많이 치댄 것이다. 이럴 때는 밀가루와 지방을 더 넣어 글루텐 섬유가 넓게 퍼지도록 하자.

차이점 알기

페이스트리 반죽

페이스트리 반죽은 차가운 손으로 조심해서 다뤄야 글루텐 생성을 최소한으로 줄일 수 있다.

질감: 강력하고 탱글탱글한 글루텐이 지나치게 많으면 페이스트리가 바삭하고 가벼운 대신 딱딱해진다.

빵 반죽

빵을 만들 때 반죽을 치대는 이유는 글루텐을 최대한 만들어내기 위함이다.

질감: 부드럽고 잘 늘어나는 빵 반죽을 만들려면 강력하고 유연한 글루텐이 충분해야 한다. 그래야 반죽 안에 기포가 많아 오븐 안에 넣으면 풍성하게 부풀어 오른다.

퍼프 페이스트리의 버터

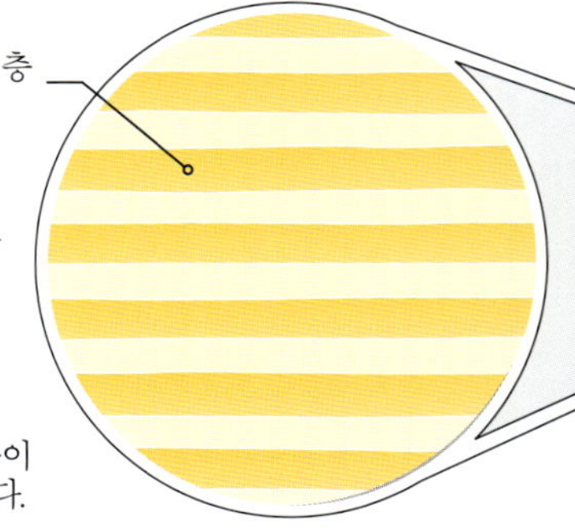

차갑게 식힌 지방은 아주 얇은 반죽 층을 분리한다. 반죽을 뜨거운 오븐 안에 넣었을 때 지방이 고체 상태이면 반죽의 수분이 수증기로 증발한다. 글루텐이 풍부한 얇은 층이 찢어지면서 높이가 네 배까지 커진다.

얇은 페이스트리의 버터

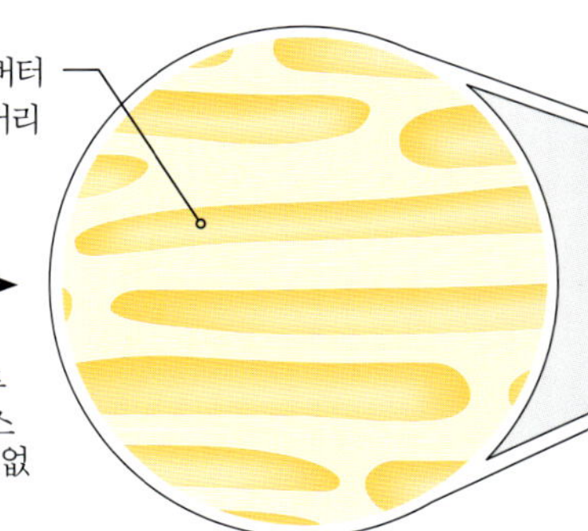

퍼프 페이스트리의 '속성 버전'으로 덩어리진 버터가 반죽에 골고루 분포되어 있다. 때문에 얇은 페이스트리는 촘촘함이 부족해 인정사정없이 부서진다.

파삭한 페이스트리의 버터

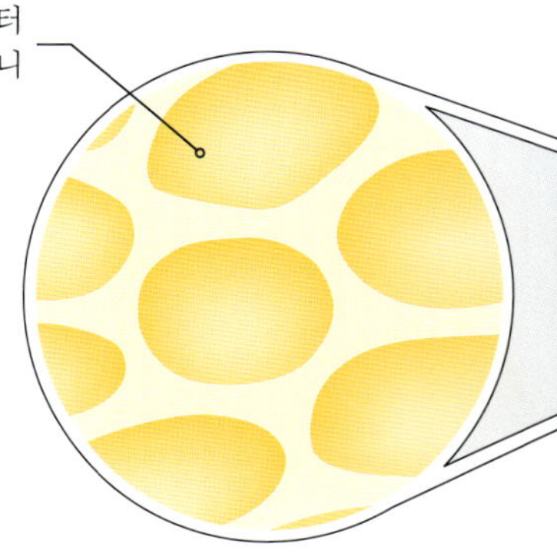

파삭한 페이스트리의 경우 지방이 반죽 입자를 둘러싼 다음 분리한다. 작은 지방 주머니를 밀가루가 감싸면서 페이스트리가 잘 바스러진다.

페이스트리를 얇게 펴기 전에 차갑게 식혀야 할까?

냉장고 안에 페이스트리를 넣고 식히면 늘어난 글루텐이 원래 모양으로 되돌아간다.

페이스트리를 얇게 펴기 전에 항상 15분 정도 식히는 것이 좋다. 퍼프 페이스트리의 경우 버터를 바른 후 다시 얇게 펴 바를 때마다 식혀야 한다.

반죽을 랩이나 유산지로 감싼 다음 냉장고에 넣는다. 반죽을 식히는 이유는 여러 가지다. 먼저 온도가 내려가면서 글루텐 생성 반응이 더뎌지고 고형 지방이 녹아 수분이 밀가루로 빠져나가는 것을 막는다(버터는 20%가 수분으로 이루어져 있다).

또한 반죽이 식는 동안 반죽의 수분이 골고루 퍼져나가고 덜 늘어나는 글루텐 섬유소가 원래 길이로 되돌아가므로 모양 내기가 더 수월하다. 반죽을 10~20분 동안 한 번 더 놔둔 다음 얇게 밀어서 피면 굽는 동안 가장자리 부분이 쪼그라들지 않는다.

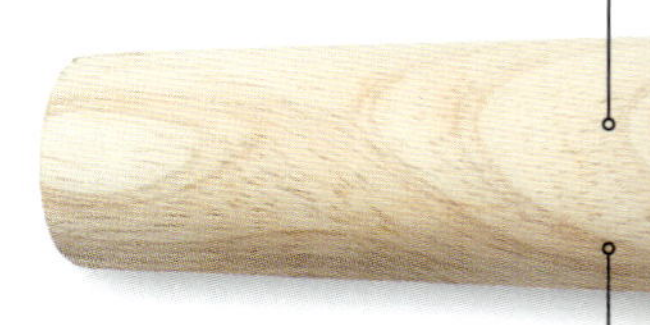

나무 밀방망이는 마른 밀가루가 잘 달라붙을뿐더러 손에서 나오는 열을 전달하지 않아 유용하다.

끝이 얇고 손잡이가 없는 밀방망이는 회전하거나 기울여서 쓰기 좋다.

가벼운 퍼프 페이스트리를 만드는 비법은?

퍼프 페이스트리의 아주 얇은 층들은 입안에서 단번에 녹아 없어진다.

만드는 데 굉장히 오랜 시간이 걸리는 퍼프 페이스트리는 마스터하기 가장 까다로운 페이스트리로 손꼽힌다.

일반적인 페이스트리 반죽을 치대서 납작하게 편 다음 차갑게 식힌다. 반죽 맨 위에 차가운 버터를 두껍게 발라 가운데로 모은 다음 다시 밀어서 편다(아래 참고). 정통 퍼프 페이스트리의 경우 이 과정을 총 6번 반복한다. 반죽이 얇아질 때마다 층의 개수가 기하급수적으로 늘어난다. 반죽을 식히는 것이 중요한데, 반죽을 미는 과정에서 버터가 녹으면 탄수화물이 부풀어 올라 페이스트리가 늘어진다. 또한 버터 층이 하나로 합쳐진다. 반죽을 굽기 전에 한 시간 동안 냉장고에 보관하는 것이 가장 좋다.

퍼프 페이스트리

얇은 페이스트리

파삭한 페이스트리

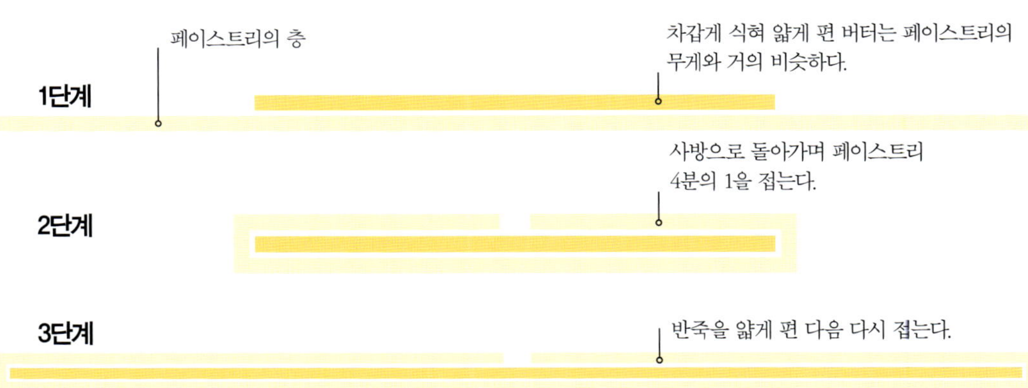

퍼프 페이스트리 만들기

페이스트리 층 가운데 버터를 바른다. 페이스트리 반죽의 가장자리를 접어 버터를 덮는다. 이 과정을 6번 반복해 총 729개의 층을 완성한다.

베이킹 준비하기

페이스트리가 뜨겁고 건조한 공기와 닿으면 수분이 버터로 흡수되는 대신 증발하도록 오븐을 예열한다.

차갑게 유지하기

반죽을 미는 도구와 작업 표면은 열전도율이 낮은 것으로 준비해야 페이스트리를 차갑게 유지할 수 있다. 선선한 대리석판과 나무 밀방망이가 가장 좋다.

어떻게 하면 파이 바닥이 눅눅해지지 않을까?

재료를 감싸는 파이 껍질이 단단하고 바삭하며 버터 맛이 나야 한다.

페이스트리 반죽은 적어도 50%가 물을 흡수하는 탄수화물 밀가루다. 그래서 바삭하고 맛있는 파이 윗부분과는 달리 바닥이 눅눅해지기 쉽다.

파이를 굽는 동안 미세한 탄수화물 결정이 물을 흡수해 부드럽고 매끈한 젤로 변한다. 동시에 탱글탱글한 글루텐이 건조되고 지방의 수분은 수증기로 증발한다. 완전히 건조된 파이의 표면은 갈색을 띠며 마이야르 반응으로 인해 캐러멜과 비슷한 향이 난다. 하지만 파이 속을 없으면 파이 껍질의 수분이 증발할 수 없다. 오히려 파이 속의 수분을 페이스트리가 빨아당긴다.

지방이 많고 밀도가 높은 페이스트리는 액체를 과도하게 흡수하지 않고 단단한 상태를 유지한다. 지방이 파이 속으로 밀가루가 들어오는 것을 막기 때문이다. 그러나 파이 바닥에 지방이 풍부하다고 해서 마냥 안심할 수는 없다. 파이 속보다 껍질이 늦게 익을 수 있다.

아래 도움말을 참고해 바삭하고 맛있으며 바닥까지 보송보송한 파이를 만들어보자.

황금 비법

공기에 노출된 페이스트리 위에 달걀을 펴 바르면 단백질이 추가되어 갈변 반응이 촉진되고 맛이 더욱 풍부해진다.

속을 채우지 않고 파이 껍질만 만드는 '블라인드 베이킹' 조리법으로 바닥을 먼저 만들어두면 파이 속에 액체가 스며들어 바닥이 눅눅해지는 것을 막을 수 있다. 수증기가 빠져나가도록 포크로 파이 바닥을 찌른 다음 포일이나 유산지로 덮고 무거운 물건을 올리자. 그리고 220℃에서 15분 동안 굽는다.

블라인드 베이킹 전에 파이 바닥에 달걀 푼 물 또는 거품 낸 달걀흰자를 바르면 단백질이 물에 강한 보호막을 형성한다.

블라인드 베이킹을 할 때 세라믹 베이킹빈 또는 생쌀, 콩, 백설탕 등을 바닥 위에 올려 무게를 더한다.

두꺼운 도자기 그릇은 피해야 한다. 열이 천천히 전달되므로 버터가 서서히 녹으면서 표면이 번질거리고 완성된 페이스트리가 흐느적거린다.

파이 속이 오븐의 뜨거운 공기가 바닥까지 전달되는 것을 막는다. 따라서 오븐의 열을 잘 흡수하는 어두운 금속 그릇을 사용하거나 오븐에 사용해도 되는 유리그릇을 통해 광선이 바닥을 지나 음식에 바로 닿게 한다.

오븐의 발열체가 바닥에 있는 경우 파이를 가장 낮은 선반 위에 올려 바닥 온도가 빠르고 고르게 올라가도록 한다.

버터의 10~20%가 수분이다. 따라서 고온에서 재빨리 페이스트리를 조리하면 수분이 밀가루로 흡수되는 대신 증발한다.

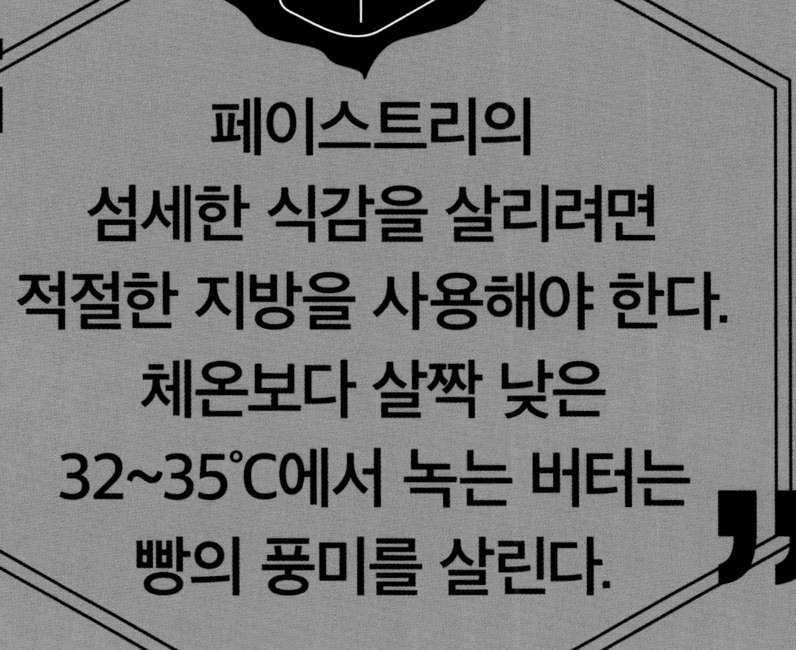

"페이스트리의
섬세한 식감을 살리려면
적절한 지방을 사용해야 한다.
체온보다 살짝 낮은
32~35℃에서 녹는 버터는
빵의 풍미를 살린다."

재료 포커스:
설탕

설탕만큼 우리를 기쁘게 하는 재료가 여럿 있을 수 있지만, 입안에서 살살 녹는 케이크와 단 음식만이 설탕이 가지고 있는 매력의 전부는 아니다.

우리가 오늘날 단맛을 더하기 위해 사용하는 설탕 대부분은 사탕수수 또는 무처럼 생긴 사탕무에서부터 추출한 것이다. 하지만 활용도가 다양한 설탕은 단순한 감미료라고 볼 수 없다. 반죽이나 유제품에 넣으면 단백질이 단단하게 뭉치는 것을 방지한다. 따라서 빵이 부드러워지고 커스터드가 매끄러워진다. 아이스크림을 만들 때 설탕을 추가하면 물의 어는점을 낮추고 커

다란 얼음 결정이 생기는 것을 방지해 전체적인 맛이 꺼끌꺼끌해지지 않는다. 설탕은 또한 공기 중의 수분을 흡수해 빵의 질감을 조절하고 오랫동안 부드러움을 유지한다. 열을 가하면 설탕이 진한 맛의 시럽으로 분해되는데 이 과정을 캐러멜화 또는 캐러멜라이즈라고 한다. 설탕 시럽을 식힌 후 용도에 따라 모양을 만들어 사용한다.

"전 세계적으로 한 사람당 일 년에 23kg의 설탕을 섭취한다."

과학적인 논리
온도가 충분히 올라가면 설탕 분자가 서로 부딪쳐서 깨지며 수백 개의 새로운 형태로 재탄생한다.

요리 테크닉
캐러멜화를 통해 설탕의 맛이 훨씬 더 깊어지고 진하고 고소하며 럼과 비슷한 향이 난다.

캐러멜화 과정을 거치며 설탕 분자가 맛 분자로 분해된다.

캐러멜

설탕 제대로 알기

현대 인류는 20만 년 동안 꿀과 말린 과일에서 설탕을 뽑아 썼다. 하지만 요즘에는 대량 생산 과정을 통해 설탕을 만든다. 그래서 우리는 설탕이 하얀 가루 형태라고 생각하지만, 사실 설탕의 종류는 흰색에서부터 갈색, 그리고 시럽까지 다양하다.

흰설탕

일반 설탕
대개 사탕무 또는 사탕수수에서 추출한 자당이다. 가정용 레시피에서 흔히 쓰이며, 두루두루 활용할 수 있다.

크기: 중간
(정제)

정제 설탕
알갱이의 크기가 일반적인 흰설탕보다 작아 더 빨리 녹는다. 달걀 흰자에 뿌려서 휘젓거나 간단한 시럽을 만들 때 유용하다.

크기: 작음
(정제)

가루 설탕
가장 입자가 고운 설탕으로, 매우 빠르게 녹는다. 크림을 휘저어 매끄러운 아이싱을 만들 때 쓰거나 디저트 위에 뿌리는 용도로 활용한다.

크기: 매우 작음
(정제)

갈색 설탕

갈색 설탕
흰설탕에 당밀을 입힌 설탕으로, 갈색을 띠며 살짝 쌉쌀한 맛이 난다. 양념하거나 장식용으로 안성맞춤이다.

크기: 다양
(부분적으로 정제)

비정제 설탕
무스코바도와 같은 비정제 설탕은 사탕수수 즙을 액체 그대로 함유하고 있다. 맛이 강한 편으로 디저트와 음료에 추가한다.

크기: 굵음
(비정제)

시럽

당밀
걸쭉하고 쓴맛과 단맛이 동시에 난다. 끓인 사탕수수 즙에서 추출한다. 바비큐 소스, 감초, 그리고 루트 비어 등을 만들 때 쓴다.

형태: 액상
(부분적으로 정제)

옥수수 시럽
옥수수 탄수화물에 효소를 더하면 걸쭉하고 달콤한 시럽이 만들어진다. 식품업에서 흔히 쓰는 감미료다.

형태: 액상
(비정제)

몰트 시럽
빵을 굽거나 맥주를 만들 때 쓴다. 맥아를 첨가한 보리 또는 첨가하지 않은 보리를 조리해서 만든다. 가루 형태로도 판매된다.

형태: 액상
(비정제)

사탕수수 즙으로부터 얻은 당밀 때문에 비정제 설탕이 갈색을 띤다.

빵을 구울 때 전화당을 넣으면 질감이 걸쭉하고 부드러워진다.

과학적인 논리
포도당과 과당을 섞은 전화당은 일반 설탕보다 단맛이 더 진하고 수분 흡수력도 더 뛰어나다.

요리 테크닉
당밀, 갈색 설탕, 그리고 꿀은 전화당을 함유하고 있어 빵의 식감이 부드럽고 쫄깃하다.

전화당

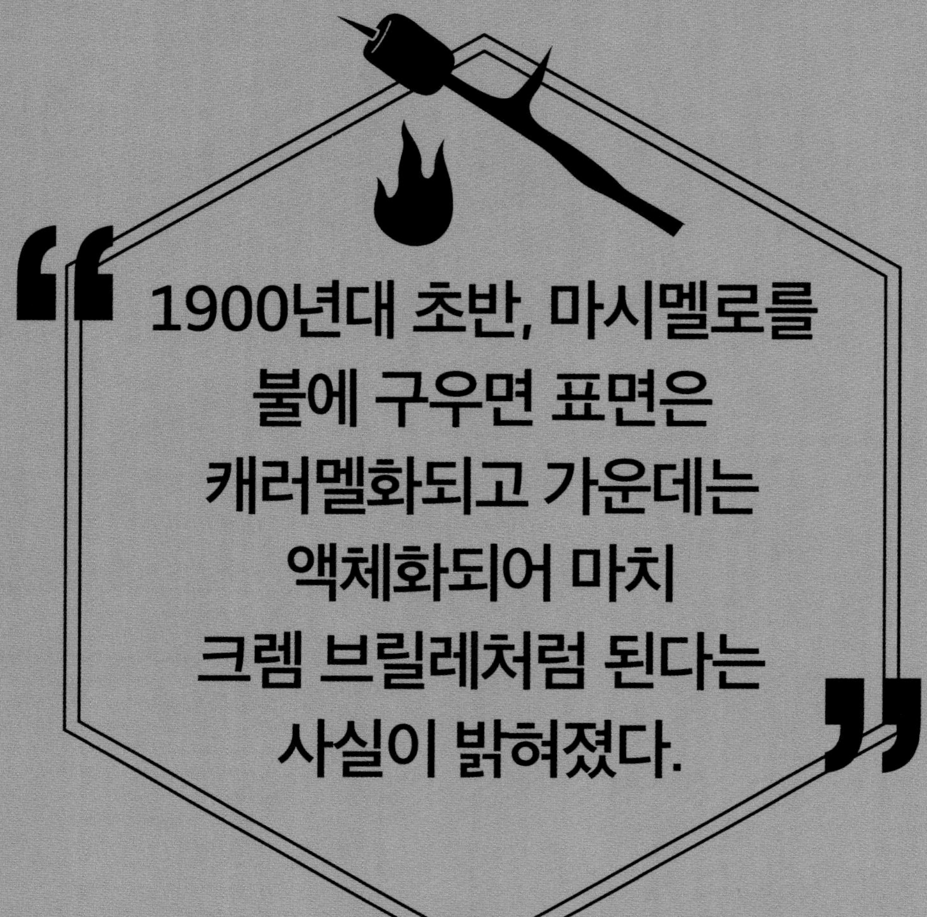
1900년대 초반, 마시멜로를
불에 구우면 표면은
캐러멜화되고 가운데는
액체화되어 마치
크렘 브릴레처럼 된다는
사실이 밝혀졌다.

집에서도 보송보송한 마시멜로를 만들 수 있을까?

하얗고 달콤한 마시멜로는 오랜 역사를 자랑한다.

고대 이집트에서 처음으로 마시멜로 작물 뿌리의 쫀득쫀득한 즙을 먹기 시작했다. 뿌리에서 풀과 비슷한 수액 또는 점액이 나오는데, 다양한 설탕 분자가 뒤섞여 있어 점성이 높다. 끈적한 과자류의 재료로 안성맞춤이다.

1800년대에는 프랑스인들이 질척거리는 추출물에 설탕을 넣고 휘저어 공기가 통하는 거품을 만들었다. 그런 다음 젤을 더욱 단단하게 하기 위해 단백질을 함유한 달걀흰자를 넣어 마시멜로 반죽을 만들었다. 시간이 지나면서 점액 대신 값이 싼 동물성 젤라틴을 사용하기 시작했다. 요즘에는 설탕을 끓여 걸쭉한 시럽으로 만든 다음 젤라틴 가루, 달걀흰자를 넣고 반고체 형태가 될 때까지 공기를 주입해 마시멜로를 만든다. 식힌 마시멜로는 사람 체온과 비슷한 온도에서 녹는다. 한입 베어 물면 부드럽고 굉장히 달콤하다.

주요 재료

조리한 설탕과 젤라틴, 그리고 물을 섞은 다음 공기가 통하는 스펀지 형태가 될 때까지 휘젓는다.

설탕의 역할

걸쭉하고 달콤한 시럽이 마시멜로 거품 속 기포벽을 감싸 더욱 단단하게 만든다.

집에서 마시멜로를 만들 때 주의할 점

마시멜로 레시피를 따라 할 때 아래 도움말을 기억하자.

반죽을 너무 많이 젓거나 덜 저으면 안 된다. 머랭과 마찬가지로 걸쭉한 반죽의 가운데가 부드럽게 솟아오를 때 농도가 깃털처럼 가볍고 폭신하다.

농도가 끈적한 마시멜로를 만드는 비법은 설탕이 걸쭉한 시럽이 될 때까지 121℃로 끓이는 것이다.

꿀과 포도당처럼 당을 혼합하면 결정을 최소화해 촉감이 꺼끌꺼끌해지는 것을 막을 수 있다.

더 많은 기포를 주입할수록 마시멜로 맛이 더욱 달다. 설탕 분자가 더 빨리 혀에 닿기 때문이다.

설탕의 양을 낮추면 농도가 무스와 비슷한 젤리 형태로 달라진다.

당밀에는 다양한 종류의 설탕이 들어 있으며 씹는 맛이 느껴진다.

캐러멜화의 비밀은?

열로 인해 산산조각 난 설탕 분자가 갈색의 부드러운 캐러멜로 변한다.

180~190℃의 열을 가한 캐러멜을 견과류 위에 부으면 '브리틀'을 만들 수 있다.

캐러멜화보다 변신 과정이 극적인 조리법은 손에 꼽을 정도로 흔치 않다. 캐러멜화는 열만 활용해 흰 설탕을 풍성한 캐러멜로 탈바꿈시킨다.

설탕이 열에 반응하는 과정

캐러멜화는 설탕을 단순하게 녹인다기보다는 '열 분해' 반응을 이용해 완전히 새로운 물질을 만들어 낸다.

온도가 충분히 올라가면 설탕 분자가 서로 부딪 치기 시작한다. 움직임이 격렬해지면서 산산조각 난 설탕 분자가 수천 개의 새로운 향 분자로 거듭난 다. 톡 쏘는 맛에서부터 쓴맛, 은근한 맛과 버터 맛

이 복합적으로 난다.

캐러멜을 만드는 방법은 건식과 습식으로 나뉜 다. 아래 나와 있는 습식 방법은 응용방법이 그야말 로 무궁무진하다(235쪽 표 참고). 반면 건식 방법은 활용도가 덜하지만 바닥이 두꺼운 팬에 설탕을 붓 고 열만 가하면 되므로 손쉽고 간단하다.

캐러멜을 만들 때는 설탕의 색이 황색에서 갈색 의 순서로 변한다. 또한 입자가 분해되면서 단맛이 사라진다. 짙은 호박색일 때 가장 맛있다. 완성된 캐 러멜을 견과류 위에 부어 브리틀을 만들거나 소스 의 베이스로 활용할 수 있다.

'습식' 캐러멜 만들기

설탕을 녹인 물을 끓이면 농도가 진해져 서서히 물의 끓는점이 올라간다. 온도가 올라감에 따라 설탕이 캐러멜로 변하면서 색이 진해진다. 식히는 과정에서 농도에 따라 부드러운 젤에서부터 단단한 사탕까지 질감이 다 양한 고체 안에 결정이 쌓인다.

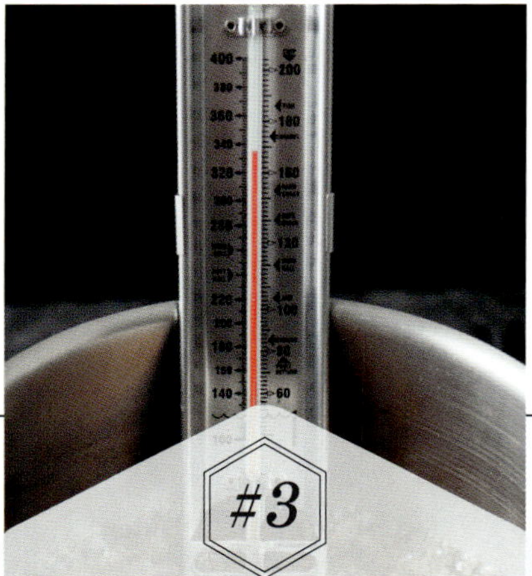

물에 설탕을 녹인다

물 150ml, 흰설탕 330g, 그리고 액상 포도 당 120g(선택 사항)을 바닥이 두꺼운 소스 팬에 붓는다. 나무 스푼 또는 고무 주걱으 로 젓는다. 중간 불에서 시럽을 끓인다. 설 탕 알갱이에 들러붙지 않도록 팬 가장자리 를 적신 페이스트리용 붓으로 닦는다. 이를 통해 시럽의 결정화를 촉진할 수 있는데, 특 히 단 음식과 퍼지를 만들 때 중요하다.

젓지 말고 빙빙 돌린다

온도를 관찰하면서 혼합물을 끓인다. 설탕 의 농도가 진해지면서 끓는점이 올라간다. 원하는 상태가 되면 멈춘다. 완벽하게 캐러 멜화하려면 옅은 황갈색이 될 때까지 끓인 다. 혼합물을 살살 젓되, 설탕이 녹아 색이 변하기 시작하면 젓는 것을 멈춘다. 숟가락 이 결정 생성을 촉진해 덩어리질 수 있기 때문이다.

적정 온도까지 끓인다

시럽의 농도가 진해지면 온도가 갑자기 올 라갈 수 있으므로 시럽이 끓는 동안 잘 관 찰해야 한다. 짙은 갈색으로 변한 시럽을 식 히면 딱딱한 사탕이 된다. 열을 가한 시럽은 단 음식과 토피 사탕, 그리고 퍼지의 기본 재료로 활용할 수 있다. 우유, 크림, 또는 버 터를 더하면 설탕과 단백질이 갈변되어 버 터 스카치와 토피 맛이 풍부해진다.

습식 제조 과정의 온도	
물과 설탕 농도에 따른 끓는점	상온에서 나타나는 변화
112~115℃ 농도: 85%	부드러운 공 모양으로 퍼지 또는 프랄린을 만들 수 있다.
116~120℃ 농도: 87%	단단하지만 탄성이 좋은 공 모양으로 캐러멜 사탕을 만들 수 있다.
121~131℃ 농도: 92%	딱딱한 공 모양으로 누가 또는 토피 사탕으로 변형시킬 수 있다.
132~143℃ 농도: 95%	단단하지만 질감이 유연해 딱딱한 토피 사탕을 만들 수 있다.
165℃ 이상 농도: 99%	일반 설탕이 캐러멜화하여 황색과 갈색으로 순서대로 색이 변한다. 온도가 205℃가 되기 전에 멈춘다.

조리를 멈춘다

적정 온도에 다다르면 조리를 바로 멈춘다. 얼음 물을 담은 얕은 그릇 안에 냄비를 넣으면 온도가 계속 올라가 혼합물의 색이 짙어지는 것을 막을 수 있다. 꺼끌꺼끌하지 않는 부드러운 캐러멜을 만들려면 팬을 최대한 건드리지 않아야 한다. 다양한 종류의 설탕(자당과 포도당처럼)을 사용하면 커다란 결정이 생기는 것을 막아 전체적인 질감이 매끄러워진다.

어떻게 하면 잼을 제대로 굳힐 수 있을까?

조리용 접착제의 작용 원리를 이해하면 더욱 능숙하게 잼을 만들 수 있다.

간단하게 말해 잼은 과일과 설탕을 물에 넣고 끓인 것에 불과하다. 과일의 수성 콜로이드 물질인 펙틴이 과일 시럽이 식는 동안 굳히는 유착제 또는 접착제 역할을 한다(아래 참고).

화학적 접착제인 펙틴은 과일을 끓여서 추출한다. 하지만 과일에는 펙틴이 소량만 들어 있어 농도가 짙은 젤 형태로 만들어야 한다. 넓은 팬을 반 정도만 채우면 물이 증발하고 펙틴의 농도가 진해질 공간이 충분하다. 부드러워질 때까지 몇 분 정도 가볍게 끓이면 과일 세포가 파열되기 시작하면서 펙틴이 물속으로 흘러나온다. 혼합물을 달콤하고 걸쭉하게 만들기 위해 설탕을 과일과 1:1 비율로 더하면 펙틴 분자에서 수분이 날아가면서 펙틴 가닥이 엉킨다. 5~20분 동안 온도를 올리면 혼합물이 끓으면서 거품이 세차게 인다. 이를 통해 시럽이 걸쭉해지고 펙틴이 젤과 비슷한 상태로 변하면서 잼이 적절하게 촘촘해진다.

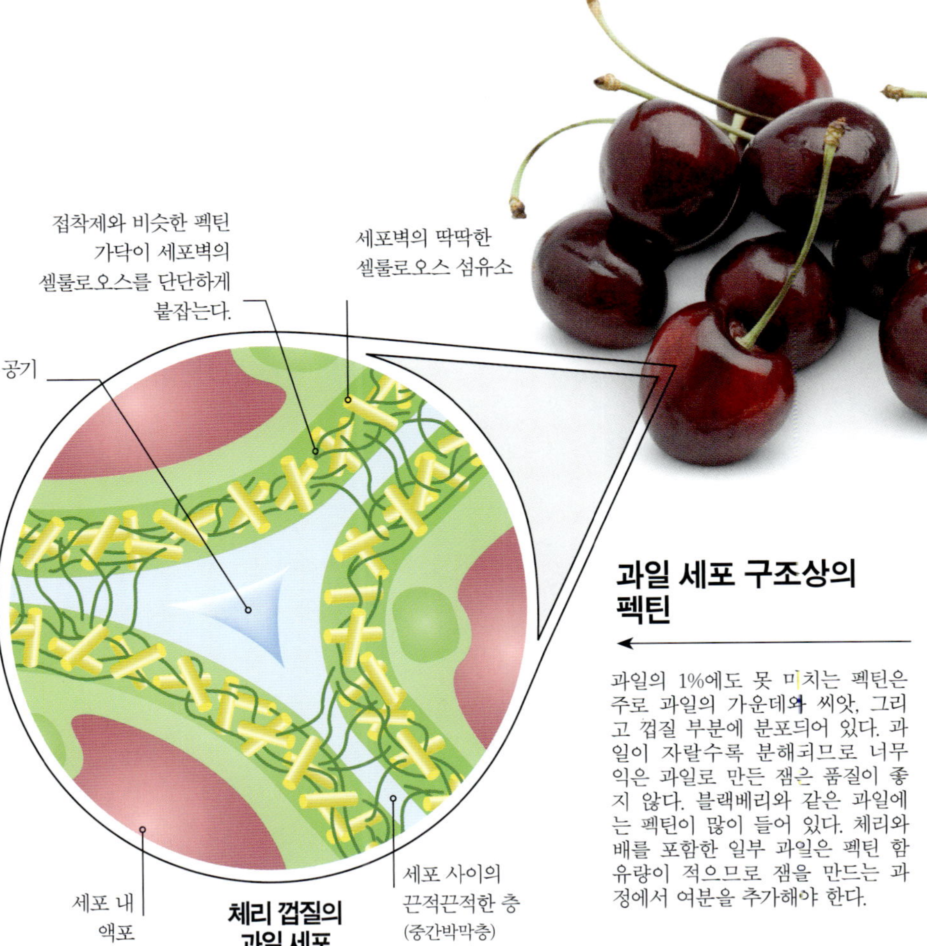

과일 세포 구조상의 펙틴

과일의 1%에도 못 미치는 펙틴은 주로 과일의 가운데와 씨앗, 그리고 껍질 부분에 분포되어 있다. 과일이 자랄수록 분해되므로 너무 익은 과일로 만든 잼은 품질이 좋지 않다. 블랙베리와 같은 과일에는 펙틴이 많이 들어 있다. 체리와 배를 포함한 일부 과일은 펙틴 함유량이 적으므로 잼을 만드는 과정에서 여분을 추가해야 한다.

재료 포커스:
초콜릿

만인이 사랑하는 초콜릿은 옛날부터 귀중한 식재료로 여겨졌다. 아즈텍 원주민은 카카오 씨를 화폐로 사용했으며 카카오나무가 세상과 천국을 잇는 연결 다리라고 생각했다.

초콜릿 제품은 종류가 셀 수 없이 다양하다. 그래서 초콜릿을 쉽게 만들 수 있다고 오해할 수 있다. 하지만 이는 전혀 사실이 아니다.

카카오 씨는 맨 처음에 하얗고 끈적거린다. 딱딱한 나무 꼬투리 안에 씨가 들어 있는데, 초콜릿 맛이 전혀 나지 않는다. 꼬투리에서 힘들여 뽑아낸 다음 한 군데에 쌓아 올려 맛이 나도록 발효시킨다. 건조시킨 씨는 초콜릿 공장으로 보낸다. 공장에 도착한 카카오 씨를 구운 다음 흙 맛과 고소한 맛을 더한다. 그러고는 깨드려서 못 먹는 껍질은 버리고 카카오닙스만 남긴다. 카카오닙스는 갈아서 카카오 버터 또는 단단한 카카오 조각을 만든다. 이때 설탕과 양념을 더한 다음 초콜릿을 가열하고 템퍼링해 가게에서 파는 제품처럼 반짝이는 초콜릿 바를 완성한다.

초콜릿 제대로 알기

초콜릿의 종류에 따라 카카오 고체 가루와 카카오 지방('버터'라고도 부른다), 설탕, 그리고 분말 우유 함유량이 다르기 때문에 각자 가지고 있는 성질도 다르다. 재료를 모두 섞은 후에 가루로 으깨어 템퍼링한다.

100% 카카오 초콜릿

설탕을 넣지 않고 카카오 씨로만 만든 초콜릿으로, 때에 따라 카카오 버터를 소량 더한다. 100% 카카오 초콜릿은 쏩쏠한 맛이 강하다. 걸쭉한 스튜 또는 구운 고기에 조금만 사용한다.

카카오: 100%
설탕: 0%
분말 우유: 0%

다크 초콜릿

카카오의 쓴맛과 톡 쏘는 향을 중화하기 위해 설탕을 추가한 초콜릿이다. 카카오 함유량이 많을수록 맛이 더 강렬한데, 함유량이 50% 이상 되어야 카카오 본연의 맛을 느낄 수 있다. 브라우니, 케이크, 무스를 만들 때 쓰거나 크림과 섞어 부드러운 가나슈, 초콜릿을 만든다.

카카오: 35~99%
설탕: 1~65%

올바른 방법으로 템퍼링하고 보관한 좋은 품질의 초콜릿은 표면이 매끈하고 반질거린다.

초콜릿의 결정 구조가 단단하면 똑 하는 큰 소리와 함께 부서진다. 또한 입안에서 균일하게 녹는다.

다크 밀크 초콜릿

우유 고형물은 초콜릿의 녹는점을 낮춘다. 따라서 입에서 부드럽게 녹고 강한 다크 초콜릿 맛이 더 빨리 새어 나와 전체적으로 균형 잡힌 은근한 맛이 난다. 초콜릿 고형 그대로 먹거나 갈아서 음식 위에 뿌리면 좋다.

카카오: 35~60%
설탕: 20~45%
분말 우유: 20~25%

밀크 초코릿

사람들이 가장 많이 찾는 종류로 대개 말린 과일, 견과류, 또는 향신료와 같은 향료와 유화제를 첨가해 다양한 맛을 살린다. 품질이 낮은 밀크 초콜릿에는 카카오 버터가 아닌 식물성 기름이 들어 있다. 밀크 초콜릿 조각은 다크 초콜릿보다 녹는점이 낮아 빵을 만들 때 유용하다.

카카오: 20~25%
설탕: 25~55%
분말 우유: 25~35%

카카오 고체 미함유 초콜릿

화이트 초콜릿

화이트 초콜릿에는 유일하게 카카오 버터만 들어간다. 그래서 다른 초콜릿과는 달리 초콜릿 특유의 갈색과 카카오 고체의 맛이 나지 않는다. 카카오 버터는 맛이 순해서 설탕과 분말 우유, 바닐라 향료로 맛을 낸다.

카카오: 30%(버터)
설탕: 40%
분말 우유: 30%

카카오 함유량이 높은 초콜릿을 레시피에 활용하면 단맛과 짠맛이 나는 요리에 쌉쌀한 매력을 더할 수 있다.

카카오 씨의 종류와 굽는 방법에 따라 다크 초콜릿의 독특한 맛이 달라진다.

초콜릿이 45℃가 될 때까지 열을 가한 다음 조심해서 식히고 다시 데우는 과정을 템퍼링이라고 한다.

과학적인 논리

템퍼링(239쪽 참고) 과정에서 크기가 각양각색인 결정이 분해되어 하나의 구조로 재탄생한다.

요리 테크닉

템퍼링한 초콜릿으로 덮은 과자는 반질거리고 깔끔하게 부서지며 입안에서 균일하게 녹는다.

템퍼링

왜 원산지에 따라 초콜릿 맛이 다를까?

초콜릿 애호가는 원산지가 다른 초콜릿의 맛을 단번에 구분한다.

외국에서 먹는 초콜릿은 국내에서 먹었던 초콜릿과는 맛이 완전히 다르다. 이는 나라마다 '초콜릿' 표기를 위한 최소 카카오 함유량 등 초콜릿 제품의 상표 표기와 관련된 법적 기준이 다르기 때문이다. 제과 제조사가 이익을 최대화하기 위해 이를 이용하기도 하므로, 같은 상표의 제품이라도 나라에 따라 맛이 다를 수 있다.

　카카오 함유량은 제품에 따라 편차가 크다. 따라서 겉면에 쓰인 '다크' 또는 '밀크' 표시보다는 성분 목록을 확인하는 것이 좋다. 매끄러운 카카오 버터 대신 값싸고 기름진 식물성 기름을 사용한 제품은 피해야 한다. 카카오 씨의 종류와 원산지 또한 초콜릿의 맛에 큰 영향을 미친다.

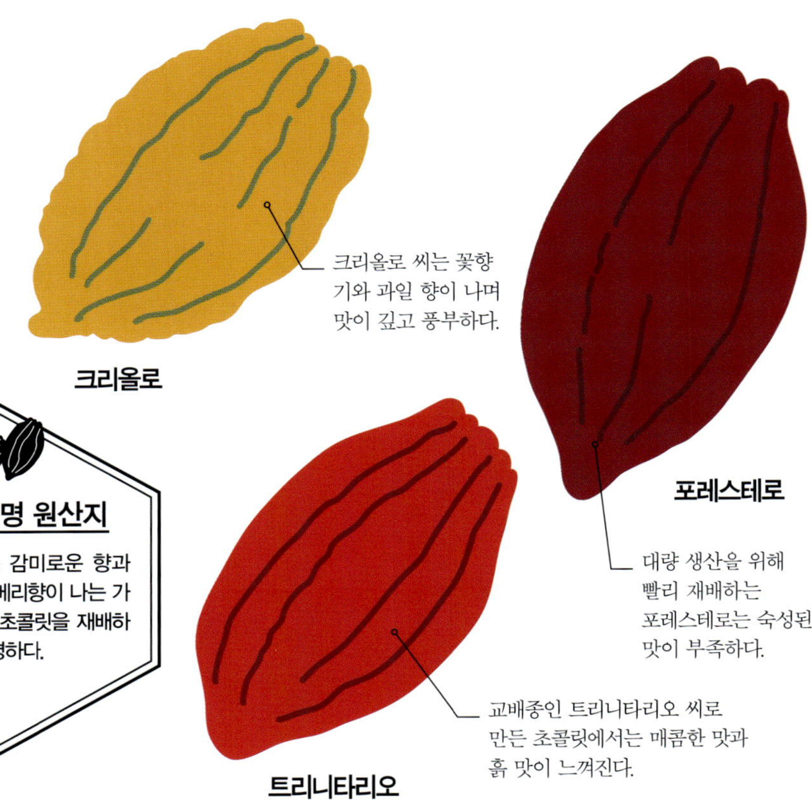

카카오 유명 원산지

마다가스카르는 감미로운 향과 감귤향, 그리고 베리향이 나는 가장 독특한 맛의 초콜릿을 재배하는 원산지로 유명하다.

카카오의 종류

카카오나무의 열매 꼬투리에 들어 있는 씨로 초콜릿을 만든다. 카카오는 품종이 다양한데, 품종마다 맛이 다양하다. 가장 흔히 사용하는 세 가지 품종은 위와 같다.

초콜릿 원산지

코트디부아르 33%
기타 나라들 25%
콜롬비아 1.1%
도미니카공화국 1.4%
멕시코 1.66%
페루 1.8%
가나 17.5%
브라질 5.3%
에콰도르 5.6%
인도네시아 7.45%

초콜릿 원산지

세계에서 가장 규모가 큰 카카오 재배지는 수확한 카카오를 대기업에 납품한다. 대기업은 여러 지역에서 모은 카카오 씨를 섞어 일정한 맛을 만든다. 남미에서 재배한 카카오는 과일 향과 꽃향기가 나며 맛이 진하고 풍부하다.

뇌 역시 초콜릿을 좋아한다

초콜릿의 중독성은 맛과 지방, 그리고 카카오 씨에 들어 있는 천연 화학 물질뿐만 아니라 중독성이 강한 설탕 때문이다.

카카오의 화학적 성질

카카오에는 600여 개의 맛을 내는 물질과 지방(코코아 버터)이 들어 있다. 초콜릿 바에 들어 있는 카카오와 설탕 비율은 우리 뇌에서 즐거움을 담당하는 부분을 자극하기에 완벽하다. 카카오는 각성제인 카페인과 테오브로민 또한 함유하고 있어 초콜릿을 먹으면 흥분을 느낀다.

알아두면 좋은?

초콜릿을 녹이는 것과 템퍼링은 어떻게 다를까?

템퍼링 기술을 완벽하게 익혀두면 완벽한 초콜릿 과자를 만드는 데 도움이 된다.

녹인 초콜릿은 따뜻하게 먹는 디저트 또는 빵에 잘 어울린다. 하지만 상온에서 먹는 초콜릿 과자의 경우 템퍼링 과정을 거치는 것이 좋다. 템퍼링이란 초콜릿을 가열해 식힌 다음 다시 가열해 지방 결정의 생성을 억제하고 고체화한 초콜릿의 질감을 개선하는 과정을 가리킨다. 템퍼링은 카카오 버터의 지방을 알맞게 굳히기 때문에 표면이 반질거리고 입안에서 쉽게 부서지며 기름 없이 깔끔하게 녹는 고형 초콜릿을 만들 수 있다.

놀랍게도 카카오 버터의 지방 분자는 여섯 개의 각기 다른 '결정'으로 굳는다. I, II, III, IV, V, 그리고 VI형 결정은 각자 밀도와 녹는점이 다르다. 몰턴 초콜릿을 자연적으로 식히면, 초콜릿이 굳은 후 몇 달이 지나야 생성되는 VI형 결정을 제외한 나머지 결정이 섞인 혼합물로 굳어진다. 이러한 초콜릿은 질감이 부드럽고 잘 부서지며 뒷맛이 느끼하다.

V형 결정만이 완벽하게 딱딱한 초콜릿을 만들므로, 아래 단계별 레시피와 같이 I~IV형 결정이 생기지 않도록 하는 것이 관건이다.

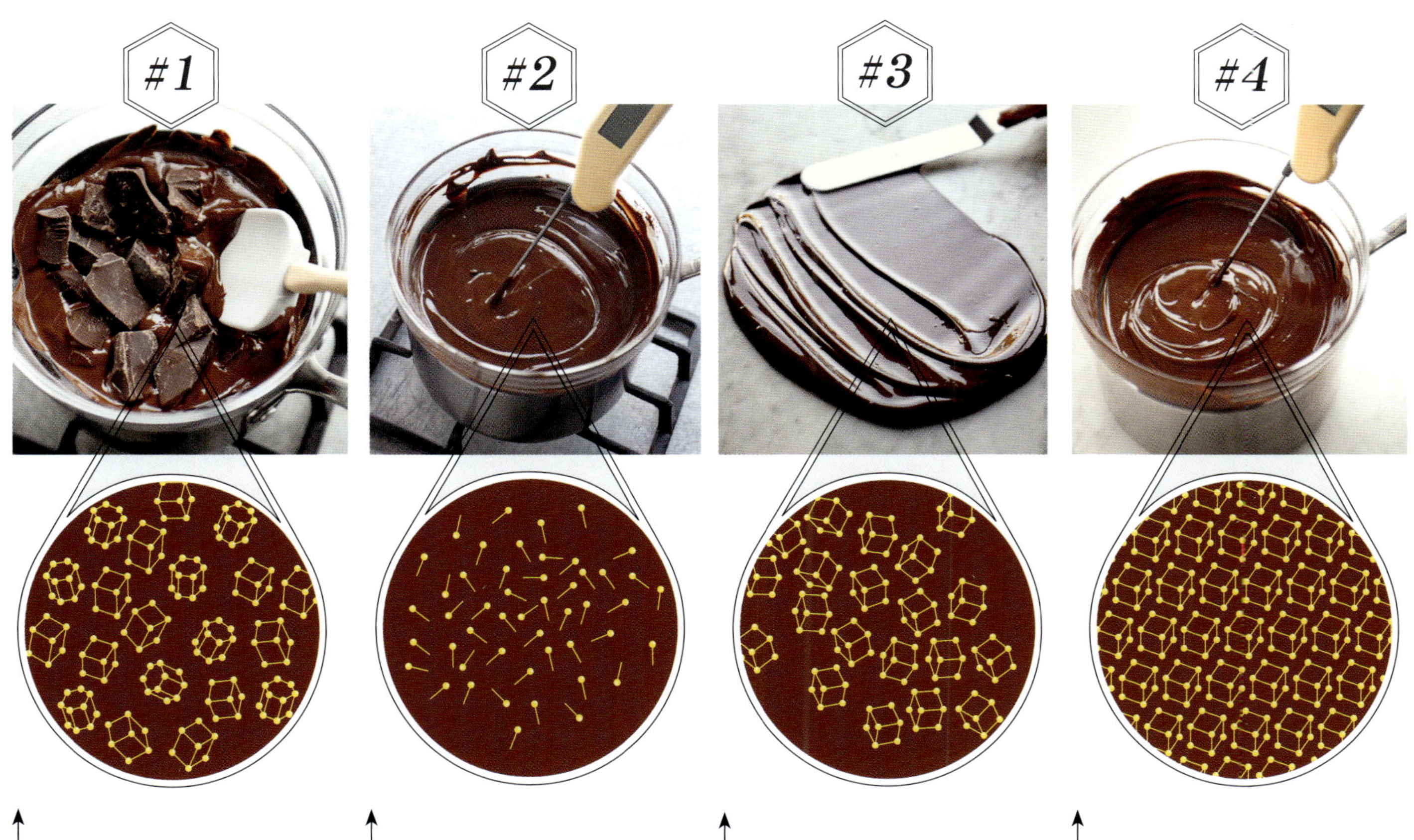

#1 초콜릿을 데운다

제대로 템퍼링하지 않은 초콜릿에는 다양한 지방 결정이 들어 있다. 이러한 초콜릿을 다시 녹이려면 지방이 V형 결정으로 굳도록 신경 써서 열을 가하고 식혀야 한다.

#2 지방 결정을 녹인다

초콜릿은 30~32℃ 사이에서 녹지만, 45℃까지 온도를 높여야 모든 지방 결정이 완전히 녹는다. 초콜릿을 주기적으로 저으며 온도를 세심하게 관찰한다.

#3 IV형과 V형 결정이 만들어진다

온도가 28℃로 떨어질 때까지 초콜릿을 식히면 V형 지방 결정이 많이 생긴다. 또한 IV형 결정도 조금 생긴다.

#4 V형 결정만 남는다

식힌 초콜릿을 매우 조심스럽게 31℃까지 끓이면 IV형 결정이 녹아 없어진다. V형 결정만 남아 템퍼링한 초콜릿이 완성된다.

초콜릿 '블럼'

지방 블럼은 초콜릿의 지방이 액화되면서 크기가 크고 눈에 보이는 덩어리로 재탄생하면서 생긴다. 설탕 블럼은 표면 수분에 녹은 설탕이 증발하고 남은 얇은 설탕 껍질이다.

덩어리진 녹인 초콜릿을 어떻게 되살릴 수 있을까?

초콜릿의 구성 요소를 이해하고 조금만 신경 쓴다면 어떠한 실수라도 만회할 수 있다.

대개 녹인 초콜릿이 물이나 수증기에 노출되면서 덩어리가 진다. 물 한두 방울이 녹인 초콜릿에 떨어지는 순간 단단한 응어리가 생기는 것이다. 이를 가리켜 '시징'이라고 하는데, 설탕 때문에 이러한 변화가 일어난다. 일반적으로 극미한 설탕 분자는 카카오 버터 속에 골고루 퍼져 있다. 하지만 물이 들어오면 설탕이 빠르게 녹으면서 물방울 주변으로 모여든다. 따라서 녹인 초콜릿이 시럽처럼 걸쭉하게 굳는다. 맛에는 큰 변화가 없지만, 덩어리가 지면서 질감이 끈적해진다. 따라서 녹인 초콜릿이 수분에 노출되지 않도록 신경 써야 한다. 만약 실수로 시징이 일어났을 때는 다음과 같은 방법을 활용해보자.

물 조심

초콜릿 100g에 물이 0.5티스푼만 떨어져도 시징이 일어난다.

초콜릿 더 넣기

극소량의 물이 초콜릿에 떨어진 경우에는 초콜릿을 더 넣어 물을 희석한다.

크림 더하기

크림은 초콜릿을 매끄러운 액체 소스로 만든다. 크림이 물과 우유 지방구를 섞은 혼합물이기 때문에 가능한 방법이다.

물 더 넣기

수분 함유량이 20% 가량이 되면 소스가 시럽으로 변한다. 남아 있는 카카오와 지방 분자가 시럽을 걸쭉하게 만든다.

덩어리진 녹인 초콜릿을 되살리는 방법

하얗게 변한 초콜릿을 써도 될까?

초콜릿의 주요 성분이 어떻게 반응하느냐에 따라 겉면에 하얀색의 먼지 같은 '블럼'이 생기기도 한다.

바와 코팅, 과자 등 모든 종류의 초콜릿은 마치 곰팡이처럼 보이는 얼룩덜룩한 하얀 반점이 생길 수 있다. 하지만 이러한 초콜릿을 먹거나 요리하고 빵에 사용해도 좋은 이유는 크게 두 가지다. 첫째로, 초콜릿은 수분 함유량이 매우 적어 설탕량이 많은데도 불구하고 미생물이 증식하기 어렵다. 둘째로, 카카오는 지방이 산화해 맛이 변하는 것을 막는 천연 항산화 물질이 풍부하다. 다크 초콜릿은 최소 2년까지 보관할 수 있다. 카카오 버터의 지방보다 더 빨리 산패하는 유지를 함유한 밀크 초콜릿과 화이트 초콜릿은 만든 후 1년까지 안심하고 먹어도 좋다. 가루 같은 표면 얼룩은 시간이 지나면서 제대로 템퍼링하지 않았거나 따뜻하고 축축한 곳에서 보관한 초콜릿에 생기는 자연스러운 현상이다. '블럼'이라고 부르는 이 자국은 초콜릿 표면의 지방 또는 설탕 침전물로 인해 만들어진 것이다.

초콜릿 가나슈를 만드는 방법은?

주로 전문 제빵사가 만드는 초콜릿 가나슈는 의외로 쉽게 익힐 수 있다.

크림과 초콜릿을 섞은 간단하면서도 맛이 훌륭한 가나슈는 트러플을 채우거나 케이크의 아이싱으로 쓸 수 있다. 또는 그 자체로도 충분히 매력적인 디저트가 된다.

지방과 물 섞기

과학적으로 보자면 가나슈는 초콜릿 맛을 낸 크림에 가깝다. 즉, '유화액'이자 '현탁액'이다. 크림은 물속에 떠다니는 우유 지방구에 초콜릿의 전성분인 카카오 버터, 카카오 입자, 그리고 설탕을 모두 섞은 유화액이다(그 외 초콜릿에 들어 있는 유고형분이나 기름도 넣는다). 카카오 버터 방울은 우유 지방구와 함께 액체 사이로 넓게 퍼진다. 물에 녹은 설탕은 시럽에 단맛을 더한다. 고형 카카오 분자는 액체 사이로 흩어지기 위해 물을 흡수하면서 부풀어 오른다. 초콜릿과 더블 크림의 비율을 똑같이 맞추면 부드러운 가나슈를 만들 수 있다. 반면 초콜릿이나 카카오 함유량을 높이면 농도가 진해지고 맛이 더욱 강렬해진다.

무조건 살살

가나슈는 절대로 33℃ 이상 데우면 안 된다. 기름이 혼합물로부터 분리될 수 있기 때문이다.

초콜릿 가나슈 만들기

저지방 크림을 사용하면 묽고 맛이 순한 가나슈 또는 글레이즈를 만들 수 있다. 더 진한 가나슈를 만들려면 초콜릿을 더 넣으면 된다. 진한 가나슈로는 트러플을 만들거나 녹인 초콜릿을 위에 붓는다. 또는 과실 분말이나 알코올 또는 기름을 함유한 향료를 초콜릿과 함께 사용한다.

우유 단백질을 그슬린다

다크 초콜릿 200g을 비슷한 크기의 매우 작은 조각으로 자른다. 더블 크림 200ml를 소스팬에 붓고 거품이 생기기 시작할 때까지 약한 불에 끓인다. 이를 통해 우유의 단백질이 그슬리면서 크림의 맛은 더욱 풍부해진다. 펄펄 끓이지 않도록 주의해야 한다. 지방구가 분해되어 혼합물이 분리될 수 있다.

지방과 물 분자를 섞는다

소스팬을 불에서 내린 후 잘게 자른 초콜릿 조각을 크림에 넣고 30초 동안 녹인다. 초콜릿을 더 잘게 자를수록 더 빨리 녹는다. 조각의 크기가 일정해야 녹는 속도가 비슷해 덩어리가 지지 않는다.

두드려 유화시킨다

액화된 카카오 버터와 카카오, 그리고 설탕 분자가 뜨거운 크림과 잘 섞이도록 주걱으로 젓는다. 혼합물이 합쳐지면서 지방과 물이 완벽하게 결합한 부드러운 가나슈가 완성된다. 뜨거운 소스로 쓰거나 얕은 그릇에 부어 식힌 다음 과자로 먹거나 타르트를 채우는 속으로 활용한다.

아이스크림에 부으면 딱딱하게 굳는 초콜릿 소스를 만들려면?

이 조리법의 과학적인 논리는 사실 비교적 간단하다.

아이스크림 위에 뿌리자마자 딱딱하게 굳는 맛을 첨가한 소스의 비밀은 바로 코코넛 오일이다. 다른 식물성 기름과는 달리 코코넛 오일은 포화지방이 풍부하다. 따라서 상온에서 고체 상태로 굳는다. 하지만 코코넛 오일의 지방은 다른 동물성 지방보다 다양성이 부족해 갑자기 녹거나 굳는다. 설탕과 섞어서 초콜릿 소스로 요리하면 지방 분자가 덜 응고하므로 녹는점을 상온 이하로 떨어뜨릴 수 있다. 소스를 직접 만들려면 정제한 코코넛 오일 4테이블스푼, 잘게 자른 다크 초콜릿 85g, 그리고 소금 한 꼬집을 그릇에 넣고 전자레인지에 2~4분 데운 후 젓는다. 상온에서 식힌 후 아이스크림 위에 붓는다.

코코넛 오일은 상온에서 빨리 굳는다.

부수적인 혜택

소스 겉면이 따뜻한 공기로부터 아이스크림을 보호해 아이스크림이 오랫동안 고체 상태를 유지한다.

고체 오일

갑자기 굳어버리는 코코넛 오일의 신기한 능력은 감탄을 자아낸다.

수플레가 부풀어 오르는 과정

굽는 과정에서 반고체인 달걀 거품 속에 갇힌 공기가 팽창한다. 또한 수분이 수증기로 증발하면서 공기주머니가 더 크게 부풀어 오른다. 달걀노른자로 만든 베이스가 달걀흰자와 기포 사이에 벽을 형성한다.

크기가 작은 기포가 팽창한다.

단백질이 기포를 제자리에 고정한다.

미리 준비하기

달걀흰자 거품은 공기가 천천히 빠지므로 노른자를 섞기 전에 베이스를 먼저 만든다.

조리하지 않은 수플레 믹스

초콜릿 수플레를 만드는 요령은?

달콤하면서도 짭짤한 초콜릿 수플레는 달걀흰자 머랭에 지방이 풍부한 베이스를 더해 조심스럽게 접어서 만드는 기본 공식을 그대로 따른다.

달걀흰자 거품은 모든 수플레의 베이스가 된다. 머랭을 거품기로 휘저으면 가운데가 봉긋하게 솟아 오르는데, 그 안에 갇힌 기포가 오븐 안에서 팽창하면서 수플레의 윗면이 부풀어 오른다. 노른자로 만든 지방이 풍부한 베이스에서부터 깊은 맛이 나오는데, 이 레시피의 경우 카카오와 설탕을 추가한다. 섞는 과정에서 두 가지 문제점이 발생할 수 있

다. 달걀흰자 거품의 기포가 지방과 만나면 터질 수 있으므로 조심해서 살살 섞어야 한다. 달걀흰자와 노른자를 2:1의 비율로 사용하고 고무 주걱으로 살살 접어 2~3회분을 만든다. 카카오와 설탕이 베이스를 걸쭉하게 하고 기포벽을 안정화한다. 하지만 베이스의 밀도가 너무 빽빽하면 무게가 무거워 팽창하는 기체와 수증기가 위로 올라가지 못한다.

> "가운데가 부드럽게
> 솟아오를 때까지 달걀흰자를
> 휘저은 다음 노른자와 섞는다."

조리한
수플레 믹스

가라앉은
수플레
믹스

찾아보기

근육 단백질 59, 75, 80

근육 세포 46, 82, 83, 87

근육 종류 63

근육막 80

글레이즈 57, 241

글루콘산제일철 172

글루타메이트 74, 123

글루타민산 19, 205

글루타민산염 15, 19

글루테닌 218, 224

글루텐 128, 139, 142, 144, 202, 208, 209, 211, 212, 214, 218, 219, 220, 222-226, 228

글루텐 망 142, 144, 218, 219

글리아딘 218, 224, 225

금속 스패출러(주걱) 27

금속 원자 22, 86

금속체 27

급속 냉동 72, 80, 170

기 버터 193

기름 분비선 180, 182

기름방울 107, 180, 200

기름진 맛 14, 15, 17, 213

기생충 63, 78, 88, 198

기포 94, 98, 102, 106, 113, 116, 117, 152, 195, 208, 209, 211-214, 218, 220, 222, 224-226, 233, 242, 243

기포벽 208

껍질 생성 114

꿀 16, 46, 190, 215, 230, 231, 233

끓는점 55, 62, 76, 134, 234, 235

ㄴ

나무 숟가락 27, 219

나트륨 15, 202, 204

난대 95

날개다랑어 68

날음식 75, 88

냄비 24-27, 48, 54, 55, 62, 83-85, 100-102, 104, 105, 114, 125, 131, 135, 141, 152, 153, 163, 180, 196, 235

냉동 과일 170

냉동 보관 78, 166, 168

냉동고 42, 62, 80, 116, 117, 154, 170, 176

냉동상 42

냉장 보관 78, 110, 119, 125, 132, 133, 144, 149, 154, 190, 217

냉훈법(콜드 스모킹) 48

넙치 83

노화 99, 131, 163

녹는점 212, 237, 239, 242

녹말 60, 61, 74

논 스틱 프라이팬 25, 27

농어 67, 82, 86

농축 우유 109

농후난백 95

농후제 60, 61

뇌 건강 69, 97

뇌 기능 69

뇨키 143

누가 235

눈다랑어 88

느타리버섯 151

니콜라 161

ㄷ

다크 밀크 초콜릿 237

다크 초콜릿 236, 237, 240-242

단립종 128

단맛 14, 15, 49, 61, 67, 74, 79, 83, 105, 109, 111, 112, 123, 152, 154, 155, 169, 171, 175, 184, 188, 190, 202, 205, 211, 214, 230, 231, 234, 237, 241

단백질 그물망 105

단백질 분자 78, 91, 104, 112

단일불포화지방 175

달걀 16, 19, 84, 94, 95-107, 116, 128, 142, 144, 214, 215, 228, 242

달걀노른자 19, 94, 96, 105, 242

달걀의 노화 99

달걀흰자 27, 46, 79, 94, 96, 98, 99, 106, 228, 233, 242, 243

닭가슴살 32, 34, 42, 48, 56, 84, 152

닭고기 30, 36, 40, 42, 44, 56, 58, 62, 63, 76, 135

닭고기 육수 62

당근 62, 70, 84, 149, 150, 151, 156-158, 167, 213

당근 케이크 213

당밀 47, 205, 211, 215, 231, 233

대구 67, 68, 78, 82, 86

대규모 농장 148

대두 137

대량 생산 97, 144, 148, 225, 230, 238

더블 스킨 밀크 푸딩 115

더블 크림 105, 112, 113, 241

덩굴 식물 148

덩이줄기 161

데글레이즈 팬소스 60

데니시 블루 122

 ㅇ

ㅊ

지은이 / 스튜어트 페리몬드

식품학 전문가로, 과학과 건강 전문 작가이자 강연자, 그리고 소통가로 활동하고 있다. TV와 라디오, 공개 행사 등 다수의 매체에 정기적으로 출연하고 있다. 「뉴사이언티스트」, 「인디펜던트」, 「워싱턴 포스트」 등 유명 언론 매체에 식품 연구에 관한 다양한 주제의 글을 기고하고 있다.

옮긴이 / 김은지

미국에서 고등학교를 졸업한 후 워싱턴대학교 경영학과를 졸업했다. 현재 번역에이전시 엔터스코리아에서 출판 기획 및 전문 번역가로 활동하고 있다. 옮긴 책으로는 『자연의 정직함을 담은 아름답고 특별한 비누 레시피』, 『종이접기, 마음 펴기』, 『아이가 자라는 집』 등이 있다.

감사의 말

연어 낚시와 훈연, 그리고 저장 방법에 대해 자세히 알려준 알래스카고등해양연구프로그램 소속 해산물 기술 연구원인 크리스 산니토에게 감사의 말을 전한다. 오늘날 물고기 양식의 현실에 관해 설명해주고 인터넷에 떠돌아다니는 논란에 종지부를 찍어준 세계야생동물기금협회 프로그램 담당자 머리엘 맥레오드에게도 감사의 말을 전한다. 전 세계에 걸친 소의 품종과 고기 품질에 영향을 미치는 다양한 요소에 대한 전문적인 지식을 나누어준 영국농업원예발전이사회의 소고기 및 양고기 책임 과학자 매리 비커스와 따근따근한 최근 통계 수치를 제공해준 영국양계협회의 케빈 콜스에게도 감사의 말을 전한다. 영국 월트셔에 소재한 뉴맥도날드 농장의 루이스와 매트 맥도날드의 배려 덕분에 알을 낳는 암탉을 더욱 자세히 관찰할 수 있었다. 우유와 크림, 그리고 버터 가공 과정에 대한 나의 소상한 호기심을 해결해주고, 영국 왕실에 우유를 제공하는 농장인 아이비 하우스 팜 농장을 구석구석 오랫동안 보여준 조프 보울스에게 진심으로 감사하다. 영국 월트셔에 소재한 하틀리 농장의 도살업자인 케빈 존스는 고맙게도 시간을 내 나에게 칼과 도축에 관해 알아야 하는 모든 것을 보여주었다. 또한 윌 브라운은 숙성된 고기를 고르는 방법을 전수해주었다. 주방장 게리 세이즈와 요리 강사 스티브 로이드는 각자의 주방 문을 활짝 열고 '프로'가 요리하는 방법을 기꺼이 보여주었다. 오븐 베이커리의 네이션 올리브와 앤지 브라운은 내가 사워도우를 찌르고 오븐 안을 샅샅이 조사하도록 해주었을 뿐만 아니라 제과 제빵의 미묘한 차이점에 대한 나의 궁금증을 풀어주었다. 이 외에도 이 책을 쓰는 데 도움을 주었지만 미처 떠오르지 않는 분들이 많다. 그러나 『모더니스트 퀴진(Modernist Cuisine)』의 작가 네이션 미어볼드와 다양한 종류의 초콜릿과 비스킷을 전자 현미경을 통해 (작디작은 벌레까지 모두) 세세하게 들여다볼 수 있도록 허락해준 런던 UCL의 짐 데이비스에게 특별한 감사의 말을 전하고 싶다. 또한 이렇듯 흥미진진하고 신나는 프로젝트에 참여할 기회를 제공해준 DK북스의 던 헨더슨과 동료들에게 감사의 말을 전한다. 이 책에 실린 아름다운 사진과 이미지를 만들어준 예술가와 디자이너에게 경외감을 표하고 싶다. 특히 클레어는 내가 쓴 원고를 독자들이 소화할 수 있는 책으로 만들기 위해 열과 성의를 다해주었다. 나의 저작권 대리인 조나단 페그는 처음부터 끝까지 계속해서 지지를 보내주었다. 무엇보다도 책을 쓰는 동안 변함없는 애정을 보내주고 밤늦게까지 원고에 몰두하면서 제정신을 잃지 않도록 도와준 사랑하는 아내와 가족, 그리고 친구들에게 진심을 다해 감사하다는 말을 전하고 싶다.

Photography Will Heap, William Reavell
Food stylists Kate Turner and Jane Lawrie
Design assistance Helen Garvey
Editorial assistance Alice Horne, Laura Bithell
Proofreading Corinne Masciocchi
Indexing Vanessa Bird

The publisher would like to thank the following for their kind permission to reproduce their photographs:

(Key: a-above; b-below/bottom; c-centre; f-far; l-left; r-right; t-top)

22 Dreamstime.com: Alina Yudina (ca); Demarco (ca/Stainless steel); Yurok Aleksandrovich (c). **24 Dreamstime.com:** Demarco (cr); Fotoschab (cr/Copper); James Steidl (crb). **25 Dreamstime.com:** Alina Yudina (cl); Liubomirt (clb). **27 123RF.com:** tobi (bl). **33 123RF.com:** Reinis Bigacs / bigacis (crb); Kyoungil Jeon (cla). **Dreamstime.com:** Erik Lam (c); Kingjon (c/Raw t-bone). **39 123RF.com:** Mr.Smith Chetanachan (br). **117 Alamy Stock Photo:** Huw Jones (tc). **124 Dreamstime.com:** Charlieaja (tl). **140-141 Dreamstime.com:** Coffeemill (cb). **145 Dreamstime.com:** Eyewave (l). **150 Depositphotos Inc:** Maks Narodenko (tr). **154 Dreamstime.com:** Buriy (bl). **188 Dreamstime.com:** Viovita (crb). **212 123RF.com:** foodandmore (bl). **233 123RF.com:** Oleksandr Prokopenko (cb)

All other images © Dorling Kindersley
For further information see: www.dkimages.com